U0234318

普通高等教育"十三五"规划教材

先进金属基复合材料

Advanced Metal Matrix Composites

薛云飞 等 ◎ 编著

北京理工大学出版社
BEIJING INSTITUTE OF TECHNOLOGY PRESS

内 容 简 介

近年来，随着新技术、新方法和新理论的出现，涌现出了一批新型高性能金属基复合材料，现有教材已无法反映现有金属基复合材料的发展水平。本教材以金属基复合材料的设计–界面控制–力学性能为主线，注重结合理论和实际，分 3 个层次介绍先进金属基复合材料：第一个层次围绕金属基复合材料的发展、设计、增强体的选择、界面控制及制备技术展开讨论；第二个层次突出传统高性能金属基复合材料的发展、制备和性能评价，主要包括镁基复合材料、铝基复合材料及钛基复合材料等；第三个层次主要介绍新近发展起来的新型高性能金属基复合材料，如非晶复合材料和高熵复合材料，并进一步探讨了复合材料结构设计的新理念，如构型复合化的研究进展。

版权专有 侵权必究

图书在版编目（CIP）数据

先进金属基复合材料 / 薛云飞等编著. —北京：北京理工大学出版社，2019.4（2020.12重印）
ISBN 978-7-5682-6482-2

Ⅰ. ①先…　Ⅱ. ①薛…　Ⅲ. ①金属基复合材料　Ⅳ. ①TB333.1

中国版本图书馆 CIP 数据核字（2018）第 280697 号

出版发行 / 北京理工大学出版社有限责任公司
社　　址 / 北京市海淀区中关村南大街 5 号
邮　　编 / 100081
电　　话 /（010）68914775（总编室）
　　　　　（010）82562903（教材售后服务热线）
　　　　　（010）68948351（其他图书服务热线）
网　　址 / http://www.bitpress.com.cn
经　　销 / 全国各地新华书店
印　　刷 / 北京虎彩文化传播有限公司
开　　本 / 787 毫米×1092 毫米　1/16
印　　张 / 21.25
字　　数 / 499 千字
版　　次 / 2019 年 4 月第 1 版　2020 年 12 月第 2 次印刷
定　　价 / 58.00 元

责任编辑 / 王玲玲
文案编辑 / 王玲玲
责任校对 / 周瑞红
责任印制 / 李志强

图书出现印装质量问题，请拨打售后服务热线，本社负责调换

前言

金属基复合材料（Metal Matrix Composites，MMCs）已存在很久，但一直到20世纪中后期才开始作为工程材料展开应用研究。金属基复合材料从最早的"小众"材料逐渐成长为在航空航天、电子包装、汽车、娱乐领域广泛应用的先进材料。尤其是进入21世纪以来，随着各种新材料、新技术的井喷式涌现，金属基复合材料得到了前所未有的快速发展。人们重新定义和认识了金属基复合材料，其中尤以多尺度强化、纳米碳材料增强及非均质构型设计等为特点的先进金属基复合材料发展迅猛，但主要通过期刊、会议报告等方式进行报道，没有形成知识体系，针对先进金属基复合材料的教材则非常匮乏。基于此，我们想编著一本能够在一定程度上反映当前金属基复合材料发展趋势、水平的教材，以推动先进金属基复合材料的进一步发展。

我们在编著这本教材时有以下几点期望：① 为准备从事金属基复合材料的学生或者已经开展这方面工作但尚未跟上所有令人兴奋的新发展的学者/工程师等提供一本能体现最新发展水平的入门级教材；② 进一步总结和凝练金属基复合材料近50年来的发展成果，完善先进金属基复合材料的理论结构体系；③ 进一步促进和推动未来先进金属基复合材料的创新和发展，以实现其在更广阔领域的应用。

在内容安排上，本书以金属基复合材料的设计－界面控制－力学性能为主线，注重结合理论和实际，分3个层次介绍先进金属基复合材料：第一个层次围绕金属基复合材料的发展、设计、增强体的选择、界面控制及制备技术展开讨论；第二个层次突出传统高性能金属基复合材料的发展、制备和性能评价，主要包括镁基复合材料、铝基复合材料及钛基复合材料等；第三个层次主要介绍新近发展起来的新型高性能金属基复合材料，如非晶复合材料和高熵复合材料，并进一步探讨了复合材料结构设计的新理念，如构型复合化的研究进展。

本书第1、2、10、11章由北京理工大学薛云飞执笔，第3章由青海大学马丽莉执笔，第4章由中国科学院金属研究所姚佳昊执笔，第5章由北京理工大学王本鹏执笔，第6章由哈尔滨工业大学王晓军执笔，第7章由北京理工大学王扬卫执笔，第8章由北京理工大学张洪梅执笔，第9章由北京理工大学薛云飞和中国科学院金属研究所张海峰共同执笔。全书由北京理工大学薛云飞统稿。

感谢哈尔滨工业大学黄陆军、上海交通大学郭强、北京工业大学谈震给予的建议和支持，感谢梁耀健、曹堂清、周上程、肖遥、肖乾、简瑞枝、张昕嫱、钟鑫、刘超超、于本钦、许洁等同学的付出。

由于编著者的学识有限，书中难免有不妥之处，如读者发现并能通过邮件（xueyunfei@bit.edu.cn）告知，将非常感谢，作者会在后续工作中予以更正。

目 录
CONTENTS

第1章
绪　　论

人类文明发展开始于对材料的发现和探索。可以说，人类的文明史也就是材料的发展史。图1-1展示了一万年以来人类社会发展和使用材料的概况，生动地再现了材料发现、发展和设计的一系列过程。如图1-1所示，进入到20世纪60年代以来，科学技术的迅猛发展，特别是随着宇航、导弹、原子能、船舶等尖端科学技术的突飞猛进，对材料的性能要求越来越高。在许多方面，传统单相材料的性能已不能满足实际需求，因而，复合化成为当代新材料发展的一个重要趋势，这促进了现代复合材料的发展。图1-2给出了复合材料与其他单质材料力学性能的比较。复合的目的是改善材料的性能，或满足某种物理性能上的特殊功能要求。

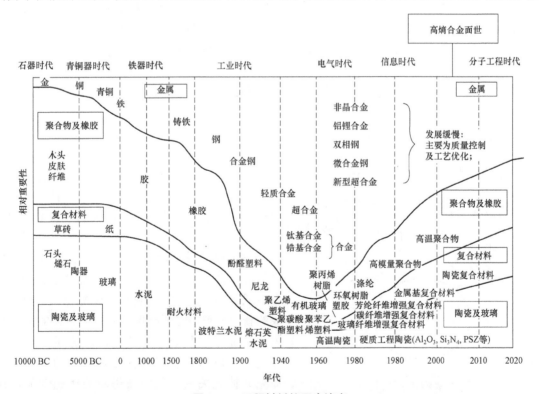

图1-1　工程材料的历史演变

相比于人类早期以各种天然材料制成的如工艺品漆器、篱笆墙、城墙砖等常规复合材料，1942年第二次世界大战中，玻璃纤维增强聚酯树脂复合材料成功应用于美国空军飞机的事件，标志着现代复合材料新纪元的开启。金属基复合材料的发展开始于1980—1990年间，其中以纤维增强铝基复合材料的应用最为广泛。

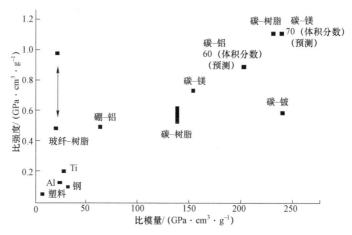

图1-2　复合材料与传统材料的性能对比

　　复合材料各组分之间可取长补短、协同作用，这弥补了单相材料的缺点，改进了单相材料的性能，甚至可产生单一材料所不具备的新性能。复合材料的诞生和发展，是现代科学技术不断进步的结果，也是材料设计方面的一个突破。它综合了各种材料如纤维（晶须）、树脂、橡胶、金属、陶瓷等的优点，按需要设计、复合成综合性能优异的新材料。博采众长的复合材料代表了材料的发展方向，目前已得到世界各发达国家的高度重视，是各国优先发展的新材料领域之一。

1.1　复合材料的定义、命名和分类

1.1.1　复合材料的定义

根据国际标准化组织（International Organization for Standardization，ISO）为复合材料所

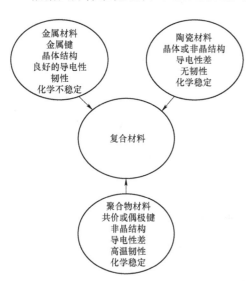

图1-3　不同体系材料的特点

下的定义，复合材料是指由两种或两种以上物理和化学性质不同的物质组合而成的一种多相固体材料。

　　《材料科学技术百科全书》给出了相对更加具体的定义：复合材料是由有机高分子、无机非金属或金属等几类不同材料通过复合工艺组合而成的新型材料。它既能保留原组分材料的主要特色，又能通过复合效应获得原组分所不具备的性能。可以通过材料设计使各组分的性能互相补充并彼此关联，从而获得新的优越性能，这与一般材料的简单混合有本质区别。图1-3列出了不同体系材料的主要性能特点，通过彼此的复合，可实现性能设计。

　　从复合材料的定义中可以看出，复合材料主

要具有以下特点：

① 复合材料不仅可以保留原组成材料固有的物理和化学特性（区别于化合物和合金），而且通过各组分的相互补充和关联，可实现性能的叠加效应。

② 复合材料具有极强的可设计性。复合材料一般由基体组元与增强体或功能组元所组成。根据使用中的受力条件或者功能需要，通过对组元选材、分布和工艺条件优选等，设计出满足使用要求的复合材料。

③ 复合材料可获得原组分所不具备的新性能。即复合材料在设计合理的前提下，不仅可以保持各组分的固有特性，还可通过组分间的复合效应，赋予原组分所不具备的优良特殊新性能。

④ 复合材料各组分间存在着明显的界面，是各组分之间被明显界面区分的多相材料。

⑤ 复合材料是由人设计、制备，并具有复合结构的人工材料，其不同于具有某些复合材料形态特征的天然物质。

1.1.2　复合材料的命名

复合材料可根据增强材料和基体材料的名称来命名，一般有以下 3 种情况：

① 强调基体时，以基体材料的名称为主。如聚合物基复合材料、金属基复合材料、陶瓷基复合材料等。

② 强调增强体时，以增强体材料的名称为主。如晶须增强复合材料、纤维增强复合材料、颗粒增强复合材料等。

③ 基体材料名称与增强体材料名称并用。这种命名方法常用于表示某一种具体的复合材料，习惯上把增强体材料的名称放在前面，基体材料的名称放在后面。如石墨烯/钛复合材料、玻璃纤维/环氧树脂复合材料、钨丝/非晶复合材料等。

1.1.3　复合材料的分类

复合材料一般由基体与增强体或功能组元组成，依据金属材料、无机非金属材料和有机高分子材料等的不同组合，可构成各种不同的复合材料体系，因此分类方法也较多。按照不同的标准和要求，复合材料通常有以下 3 种分类方法。

（1）按使用性能分类

按使用性能不同，复合材料可分为结构复合材料和功能复合材料。

结构复合材料是作为承力结构使用的材料，基本上由能承受载荷的增强体组元与能连接增强体成为整体材料同时又起传递力作用的基体组元构成。结构复合材料的特点是可根据材料在使用中的受力要求进行组元选材设计，更重要的是，还可进行复合结构设计，即增强体排布设计，能合理地满足需要并节约用材。

功能复合材料一般由功能体组元和基体组元组成，基体不仅起到构成整体的作用，而且能产生协同或加强功能的作用。功能复合材料是指除机械性能以外，还提供其他物理性能的复合材料。功能体可由一种或一种以上功能材料组成。多元功能体的复合材料可以具有多种功能。同时，还有可能由于复合效应而产生新的功能。

（2）按基体材料类型分类

复合材料所用基体主要有聚合物（如热固/塑性树脂和橡胶）基复合材料、金属（如铝、镁、钛及其合金）基复合材料及无机非金属（如玻璃、水泥及碳）基复合材料。图1-4是结构复合材料按不同基体分类的简单示意图。

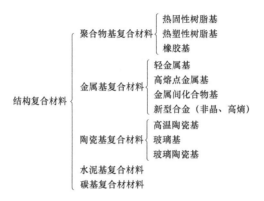

图1-4　结构复合材料按不同基体类型分类

（3）按增强体几何形态分类

颗粒（如弥散颗粒（间距0.01～0.3 μm）、粒子（间距1～25 μm））增强型、纤维（连续纤维、短纤维）增强型、片状增强型、混合增强型、层叠式复合及多孔复合等。图1-5是结构复合材料按不同增强体形态分类的简单示意图。

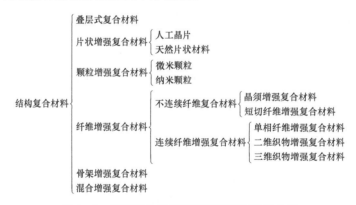

图1-5　结构复合材料按不同增强体形态分类

1.2　金属基复合材料概述

金属基复合材料（Metal matrix composites，MMCs），与其他复合材料类似，由至少两种化学与物理不同的相组成，可获得任何单相所不具备的优异性能。一般来说，是以陶瓷（长纤维、短纤维、晶须、颗粒）或金属（丝、析出物）为增强体，金属/合金（如铝、镁、钛、镍、铁、铜及新型合金）为基体材料复合而成的。金属基复合材料其实已在日常生活中的诸多领域得到应用，如最为常见的含石墨碳的铸铁、含碳化物的钢及硬质合金等，均由碳化物和金属基体构成，是典型的金属基复合材料。但实际上，一般所指的金属基复合材料，主要指的是以铝、镁、钛等轻金属/合金为基体的一类先进金属基复合材料。

为什么要发展金属基复合材料？随着现代科学技术的飞速发展，人们对材料的要求越来越高。在结构材料方面，不但要求高强度，还要求质量小，在航空航天领域尤其如此，而传统的金属或合金已无法满足未来科技的发展，亟须发展金属基复合材料。相比金属或合金，金属基复合材料具有比强度和比刚度更高、尺寸更加稳定、高温性能和疲劳性能更好等特点；相比聚合物基复合材料，金属基复合材料具有高强度/刚度、更高的服役温度、良好的导电性和热导率、更好的连接性能、优异的抗辐照性能及低的环境污染性能（无脱气或者水分吸收）等性能优势；相比陶瓷材料，金属基复合材料又具有高的韧性和抗冲击性能。因此，金属基复合材料得到了令人瞩目的发展，成为各国高新技术研究开发的重要领域。

金属基复合材料经历了从最早的"小众"材料逐渐成长为在航空航天、电子包装、汽车、娱乐领域广泛应用的先进材料。尤其进入 21 世纪以来，随着各种新材料、新技术的井喷式涌现，金属基复合材料得到了前所未有的快速发展。

金属基复合材料品种繁多，有各种分类方式，归纳为以下 3 种。

（1）按使用性能分类

① 结构复合材料。主要用作承力结构，具有高比强度、高比模量、尺寸稳定、耐热等特点，用于制造各种航天、航空、电子、汽车、先进武器系统等高性能构件。

② 功能复合材料。指除力学性能外，还有其他物理性能的复合材料，如电、磁、热、声、阻尼、摩擦等特性，主要用于电子、仪器、汽车、航空、航天、武器装备等领域的功能件。

（2）按基体类型分类

主要有铝基、镁基、锌基、铜基、钛基、镍基、耐热金属基、金属间化合物基等复合材料。目前以铝基、镁基、钛基复合材料发展较为成熟，已在航天、航空、电子、汽车等工业中应用。

① 铝基复合材料。铝合金质量小、密度小、可塑性好。铝基复合材料不仅性能优异（如比强度和比刚度高、耐高温、抗疲劳、耐磨、阻尼性能好、热膨胀系数低），而且制备技术相对简单，易于加工。因此，铝基复合材料已成为金属基复合材料中最常用的、最重要的材料之一。

② 镁基复合材料。镁合金是密度最小的工程结构材料。镁基复合材料不仅结构性能（低密度、高比强度/比刚度、抗震耐磨、抗冲击、尺寸稳定性和铸造性能）优异，而且还有良好的阻尼和电磁屏蔽等功能特性，是极具竞争力的结构功能一体化轻金属基复合材料。

③ 钛基复合材料。钛拥有比其他任何结构材料更高的比强度。钛基复合材料以其高的比强度、比刚度和优异的抗高温特性而成为超高速宇航飞行器构件和先进航空发动机的候选材料，比铝合金显示出了更大的优越性，前景广阔。

（3）按增强体类型分类

① 连续增强金属基复合材料。典型的连续增强方式有连续纤维增强和骨架增强两种。

连续纤维增强金属基复合材料是利用高强度、高模量、低密度的纤维增强体（如碳/石墨、硼、碳化硅、氧化铝等）与金属基体复合而成的高性能复合材料，纤维可以以单向、二维和三维编织的形式存在。单向纤维增强复合材料各向异性明显，二维编织复合材料在织物平面方向和垂直方向的力学性能不同，三维编织复合材料则基本是各向同性的。

骨架增强金属基复合材料的增强体呈三维联通网络结构，增强体是高强度、高模量、低密度的陶瓷（如碳化硅）或者金属（如钛）等。通过调节增强体的孔径大小、均匀性等改善复合材料的性能。相比其他增强方式，骨架增强复合材料中的两相相互约束作用更加明显，对裂纹扩展的阻碍作用更强，性能上呈完全各向同性。

②　非连续增强金属基复合材料。非连续增强金属基复合材料，是指由短纤维、晶须、颗粒为增强体与金属基体组成的复合材料，增强体随机均匀分散在金属基体中，因而其性能宏观上呈各向同性。特殊条件下，短纤维也可通过对复合材料进行二次加工（挤压）实现定向排列。在此类复合材料中，金属基体仍起着主导作用，增强体在基体中随机分布，其性能呈各向同性。非连续增强体的加入，明显提高了金属的耐磨、耐热性，提高了高温力学性能、弹性模量，降低了热膨胀系数等。

相比连续增强金属基复合材料，非连续增强金属基复合材料制造方法简便，制造成本低，适合大批量生产，在汽车、电子、航空、仪表等工业中有广阔的应用前景。

③　片层状金属基复合材料。指在韧性和成型性较好的金属基体材料中含有重复排列的高强度、高模量片层状增强体的复合材料。片层的间距是微观的，所以，在正常的比例下，材料按其结构组元看，可以认为是各向异性和均匀的。

层状复合材料的强度和大尺寸增强物的性能比较接近，而与晶须或纤维类小尺寸增强物的性能差别较大。因为增强薄片在二维方向上的尺寸相当于结构件的大小，因此增强物中的缺陷可以成为长度和构件相同的裂纹的核心。

尽管薄片增强复合材料的增强效果不如纤维增强复合材料，但相比于纤维增强复合材料仅沿纤维方向增强效果显著，层片状复合材料在增强平面的各个方向上都有增强效果，这与纤维单向增强的复合材料相比，具有明显的优越性。

1.3　金属基复合材料的性能特点

金属基复合材料的性能取决于所选用金属或合金基体和增强体的特性、含量、分布等。通过优化组合可获得既具有金属特性，又具有高比强度、高比模量、耐热、耐磨等综合性能的复合材料。综合归纳金属基复合材料有以下性能特点：

（1）高比强度、高比模量

由于在金属基体中加入了适量的高强度、高模量、低密度的纤维、晶须、颗粒等增强体，明显提高了复合材料的比强度和比模量，如图 1-6 所示，特别是高性能连续纤维，如硼纤维、碳（石墨）纤维、碳化硅纤维等，具有很高的强度和模量。密度只有 1.85 g/cm³ 的碳纤维的最高强度可达到 7 000 MPa，比铝合金强度高出 10 倍以上，石墨纤维的模量为 230～830 GPa。硼纤维密度为 2.4～2.6 g/cm³，强度为 2 300～8 000 MPa，模量为 350～450 GPa。碳化硅纤维密度为 2.5～3.4 g/cm³，强度为 3 000～4 500 MPa，模量为 350～450 GPa。加入 30%～50% 的高性能纤维作为复合材料的主要承载体，复合材料的比强度、比模量成倍地高于基体合金的比强度和比模量。图 1-7 所示为典型金属基复合材料与基体合金性能的比较。

用高比强度、高比模量复合材料制成的构件质量小、刚性好、强度高，是航天、航空技术领域中理想的结构材料。

（2）导热、导电性能

金属基复合材料中金属基体占有很高的体积分数，一般在 60% 以上，因此仍保持金属所特有的良好导热和导电性。良好的导热性可以有效地传热，减小构件受热后产生的温度梯度和迅速散热，这对尺寸稳定性要求高的构件和高集成度的电子器件尤为重要。良好的导电性可以防止飞行器构件产生静电聚集的问题。

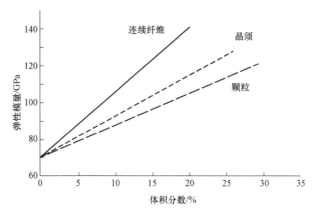

图 1-6　不同增强体复合材料的性能对比

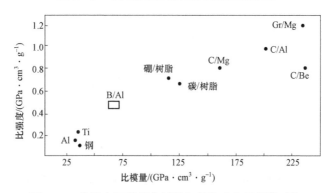

图 1-7　典型金属基复合材料与基体合金性能的对比

在金属基复合材料中采用高导热性的增强体还可以进一步提高金属基复合材料的热导率，使复合材料的热导率比纯金属基体的还高。为了解决高集成度电子器件的散热问题，现已研究成功的超高模量石墨纤维、金刚石纤维、金刚石颗粒增强的铝基及铜基复合材料的热导率比纯铝、铜的还高，如图 1-8 所示。用它们制成的集成电路底板和封装件可迅速地把热量散去，提高集成电路的可靠性。

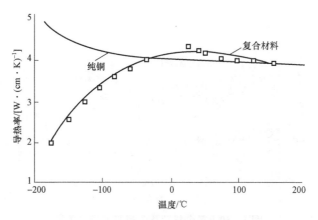

图 1-8　纯铜与复合材料导热率的对比

（3）热膨胀系数小，尺寸稳定性好

金属基复合材料中所用的碳纤维、碳化硅纤维、晶须、颗粒、硼纤维等增强体既具有很小的热膨胀系数，又具有很高的模量，特别是高模量、超高模量的石墨纤维具有负的热膨胀系数。加入相当含量的增强体不仅大幅度提高材料的强度和模量，也使其热膨胀系数明显下降，并可通过调整增强体的含量获得不同的热膨胀系数，以满足各种工况要求，如图1-9所示。典型的如石墨纤维增强镁基复合材料，当石墨纤维的体积分数达到48%时，复合材料的热膨胀系数为零，即在温度变化时，使用这种复合材料制成的零件不会发生热变形，这对人造卫星构件特别重要。

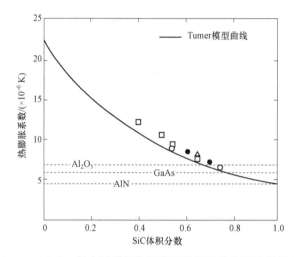

图1-9　SiC_p/Al 复合材料的热膨胀系数随颗粒体积分数的变化

通过选择不同的基体金属和增强体，以一定的比例复合在一起，可得到导热性好、热膨胀系数小、尺寸稳定性好的金属基复合材料。

（4）良好的高温性能

由于金属基体的高温性能比聚合物高很多，增强纤维、晶须、颗粒在高温下又都具有很高的高温强度和模量，因此，金属基复合材料具有比基体金属更高的高温性能，如图1-10所示，特别是连续纤维增强金属基复合材料。在复合材料中，纤维起着主要的承载作用，纤

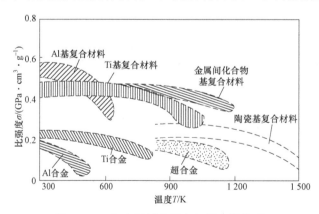

图1-10　复合材料比强度与温度的关系

维强度在高温下基本上不下降，可保持到接近金属熔点，并比金属基体的高温性能高许多。如钨丝增强耐热合金，其 1 100 ℃、100 h 下高温持久强度为 207 MPa，而基体合金的高温持久强度只有 48 MPa；又如石墨纤维增强铝基复合材料，在 500 ℃ 高温下仍具有 600 MPa 的高温强度，而铝基体在 300 ℃ 时已下降到 100 MPa 以下。因此，金属基复合材料被选用在发动机等高温零部件上，可大幅度提高发动机的性能和效率。总之，由金属基复合材料做成的零构件比金属材料、聚合物基复合材料零件能在更高的温度条件下使用。

（5）耐磨性好

金属基复合材料，尤其是陶瓷纤维、晶须、颗粒增强的金属基复合材料具有很好的耐磨性。这是由于在基体金属中加入了大量的陶瓷增强体，特别是细小的陶瓷颗粒所致。陶瓷材料硬度高、耐磨、化学性质稳定，用它们来增强金属不仅提高了材料的强度和刚度，也提高了复合材料的硬度和耐磨性。图 1-11 是 $Al_2O_3 \cdot SiO_2$ 颗粒增强铝基复合材料的耐磨性与基体材料和铸铁耐磨性的比较，可见复合材料的耐磨性比铸铁的还好，比基体金属的高出几倍。

高耐磨性复合材料在汽车、机械工业中有重要的应用前景，可用于汽车发动机、制动盘、活塞等重要零件，能明显提高零件的性能和寿命。

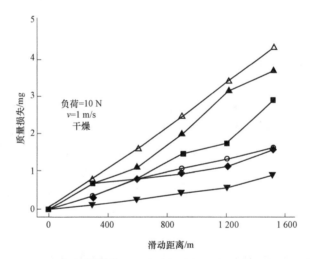

图 1-11　$Al_2O_3 \cdot SiO_2/Al$ 复合材料的耐磨性与体积分数的关系（—△—未补强合金；
—▲—MMC（3%）；—■—MMC（4.5%）；
—◆—MMC（5.5%）；—▼—MMC（7%）；—○—铸铁）

（6）良好的疲劳性能和断裂韧度

金属基复合材料的疲劳性能和断裂韧度取决于纤维等增强体与金属基体的界面结合状态，增强体在金属基体中的分布及金属、增强体本身的特性，特别是界面状态。最佳的界面结合状态既可有效地传递载荷，又能阻止裂纹的扩展，提高材料的断裂韧度。据美国宇航公司报道，C/Al 复合材料的疲劳强度与抗拉强度比为 0.7 左右。硼纤维增强铝基复合材料，铝合金本身的 K_{IC} 为 37 MPa·$m^{1/2}$，当硼纤维以 0°、90° 和 0°/90° 取向排列时，得到的 K_{IC} 值分别为 100、34 和 61～63 MPa·$m^{1/2}$。

（7）不吸潮，不老化，气密性好

与聚合物相比，金属性质稳定、组织致密，不存在老化、分解、吸潮等问题，也不会发生性能的自然退化，这比聚合物基复合材料优越，在空间使用时，也不会分解出低相对分子质量的分子物质来污染仪器和环境，有明显的优越性。

总之，金属基复合材料由于具有高比强度、高比模量、良好的导热性、导电性、耐磨性、高温性能、低的热膨胀系数、高的尺寸稳定性等优异的综合性能，在航天、航空、电子、汽车等领域均具有广泛的应用前景。

1.4 金属基复合材料的应用方向

金属基复合材料的起源可追溯到 20 世纪 50—60 年代。1963 年，美国国家航空航天局（NASA）成功制备出钨丝增强铜基复合材料，这被认为是金属基复合材料研究的标志性起点。1982 年，日本丰田公司率先报道了 $Al_2O_3 \cdot SiO_2/Al$ 复合材料在汽车发动机活塞上的应用，开创了金属基复合材料用于民用产品的先例。20 世纪 90 年代掀起了工业应用的研究热潮。金属基复合材料是在传统合金不能满足航空航天技术要求的驱动下发展起来的，并逐步向汽车、电子、体育器材等方面扩展，被认为是"21 世纪"的材料。目前，金属基复合材料已在航空航天等军事领域及汽车、电子仪表等行业中显示出了巨大的应用潜力。但是，金属基复合材料由于加工工艺不够完善、成本较高，还没有形成大规模批量生产，因此仍是当前研究和开发的热点。

下面将重点介绍一些金属基复合材料的典型应用，并指出未来可能的应用方向。

（1）航天航空

构件减重永远是航天应用中优先考虑的选项之一。金属基复合材料在航天上的首次成功应用是硼纤维增强铝基复合材料用于航天飞机机身框架的管形支柱和机翼的肋骨支撑件，如图 1-12 所示。与原设计相比，减重 45%。另一典型实例是碳纤维/6061 铝基复合材料因其质量小、弹性模量高、热膨胀系数低而成功应用于哈勃太空望远镜的高增益天线悬架，如图 1-13 所示。该悬架长 3.6 m，复合材料优异的性能可确保空间测量过程中天线的位置正确，同时，良好的导电性还可确保飞行器与控制系统之间的信号传输。

图 1-12 航天飞机轨道器中硼/铝复合材料构件

（a）　　　　　　　　　　　（b）

图 1-13　碳纤维/6061 铝基复合材料在哈勃太空望远镜天线悬架中的应用

（a）整合前；（b）空间装备后

　　尽管连续纤维增强金属基复合材料在空间领域应用广泛，但制备工艺复杂、缺陷难以控制、成本较高，制造和装配问题仍有待解决，这限制了该类材料在航天航空领域的应用。相比之下，非连续增强金属基复合材料具有非常好的比强度和刚度、各向同性、易于精准制造、优良的热和电性能及承载能力强等特点，因此在空间领域可大范围应用，尤其是高结构效率和各向同性的特点符合桁架节点在高负荷时多轴加载的需求。20 世纪 80 年代，SiC_p/Al 颗粒和 SiC_p/Al 晶须增强金属基复合材料引起了广泛的关注，其潜在的应用包括桁架结构、纵梁、电子封装、热面接头和连接配件、机械外壳和衬套。表 1-1 列出了用于航天器和商业应用的非连续增强铝基复合材料的性能。图 1-14 为近终形铸造工艺制造出的 SiC_p/Al 桁架节点多进口装置。

表 1-1　非连续增强铝基复合材料的性能

性能参数	石墨颗粒增强铝基复合材料（GA 7-230）	Al6092/SiC/17.5p	Al/SiC/63p
密度/（g·cm^{-3}）	2.45	2.8	3.01
杨氏模量/GPa	88.7	100	220
压缩屈服强度/MPa	109.6	406.5	—
抗拉强度/MPa	76.8	461.6	253
抗压强度/MPa	202.6	—	—
热导率/［W·（m·K）$^{-1}$］（x–y）（z）	190 150	165 —	175 170
热膨胀系数/（×10^{-6}K^{-1}）	6.5～9.5	16.4	7.9
电阻率/（Ω·m）	6.89	—	—

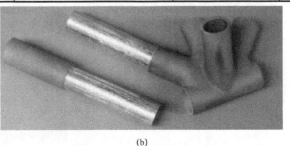

（a）　　　　　　　　　　　（b）

图 1-14　铸造铝合金配件

（a）桁架节点多进口装置；（b）钎焊到多进口管上的铸造接头

金属基复合材料高的比强度和比刚度可以显著提高飞机的性能。颗粒增强铝基复合材料代替 F-16 战斗机的铝门，不仅质量减小，疲劳断裂情况也得到极大改善。将金属基复合材料用于 F-16 的后机身下翼，如图 1-15 所示，其组件寿命增加了 4 倍，节约了 2 600 万美元，将其应用到 F-16 燃料通道门上也可以得到类似的提升。SiC 纤维增强钛基复合材料已经应用到了 F-16、F-119 引擎的喷嘴装置上。

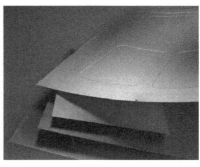

图 1-15　碳化硅颗粒增强铝基复合材料用于 F-16 后机身下翼

20 世纪 90 年代末，SiC 颗粒增强铝基复合材料取代碳/环氧复合材料在波音 777 引擎风扇出口导叶上获得应用，如图 1-16 所示，不仅显著提高了耐冲击性能和抗冲蚀能力，而且成本大幅度下降。

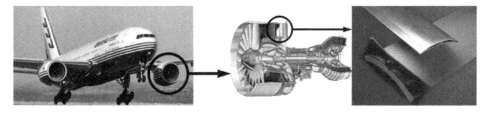

图 1-16　SiC 颗粒增强铝基复合材料在波音 777 引擎风扇出口导叶上的应用

如图 1-17 所示，金属基复合材料在航空领域另一重要的应用是直升机上的叶片轴套。叶片轴套需要承载离心载荷，因此对疲劳寿命、微动磨损、韧性及比强度均要求较高。采用粉末冶金工艺制备得到的碳化硅颗粒增强铝基复合材料，成功应用于欧直公司生产的 N4 和 EC-120 新型直升机，疲劳强度铝合金高出 50%~70%，与钛合金相比，构件减轻约 25%。

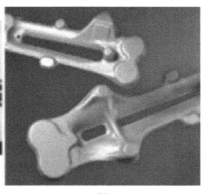

(a)　　　　　　　　　　　　　　　　(b)

图 1-17　叶片轴套（a）和锻造部件（b）

2003 年，美国通过在碳纤维上化学气相沉积碳化硅制成短纤维，再利用等离子喷涂与钛结合，形成钛基复合材料，用来制造荷兰皇家空军的 F-16 战斗机起落架部件。这是首次将金属基复合材料用于飞机起落架上。利用金属基复合材料替代传统高强度钢，达到了减重 40% 的效果，其具有比钢或铝更好的耐腐蚀性能。

随着对导弹性能要求的提高，传统的铝合金不具备所需的强度和耐温性，钢和钛也不太适合。金属基复合材料在保持重量适中的同时，可以增加导弹的强度和刚度。又因为导弹处于高温的时间很短，所以金属基复合材料在导弹机翼和散热片部位具有很好的应用价值，如图 1-18 所示。

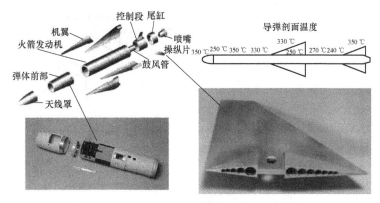

图 1-18 金属基复合材料在导弹上的应用

近十几年来，欧美国家不断加大金属基复合材料在航空航天领域的应用，尤其在装甲防护领域取得突破性进展，如美国空军 C-130 运输机的防护装甲用的就是碳化硼/铝基复合材料，不仅防护性能优异，且密度仅 2.6 g/cm³，可使飞机减重 1 365 kg。

除铝基复合材料外，含有 Nb、Ta 或 Cr 不连续第二相的铜基复合材料在需要高导热性和高强度的领域也有很好的应用前景，如火箭发动机推力室的高热通量中的应用。

（2）交通运输（汽车铁路）

与常用汽车材料铝合金相比，铝基复合材料具有质量小、比强度高和弹性模量高、耐热性和耐磨性好等优点，是汽车轻量化的理想材料，已经在活塞及活塞环、缸套、连杆、汽车制动盘、制动鼓及刹车盘、保持架、驱动轴、传动轴、轴承、发动机零件上得到应用。最早成功在发动机上的应用是丰田柴油发动机中的选择性增强铝活塞。碳化硅颗粒增强铝基复合材料应用于赛车活塞，通过降低热膨胀系数，减小活塞和气缸壁之间的间隙，进而实现性能提升。图 1-19 为短纤维增强铝基复合材料活塞，这种活塞利用 Al_2O_3 短纤维扩大了凹部范围，类似的结构元件特征只有应用粉末冶金铝合金或者使用钢制活塞时才能实现。

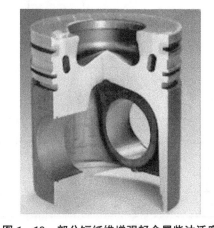

金属基复合材料广泛应用于汽车领域的传动轴。图 1-20 是用氧化铝颗粒增强铝基复合材料制备得到的传动轴。相比钢制传动轴，其密度仅为 2.95 g/cm³，

图 1-19 部分短纤维增强轻金属柴油活塞

同时，比模量比钢的高 36%。

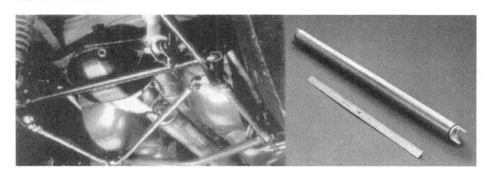

图 1-20　颗粒增强铝基复合材料的传动轴

金属基复合材料在汽车领域的另一重要潜在应用就是连杆。连杆要求在高达 150 ℃的温度下仍具有良好的抗疲劳性能。图 1-21 为某连杆模型图。表 1-2 列出了碳化硅颗粒增强铝基复合材料（MMC）连杆和钢连杆的质量对比。相比钢制连杆，复合材料连杆可降低质量 57%。此外，据统计，连杆每减少 1 kg 质量，支持和平衡结构就可以减少 7 kg。其他动力系统中的应用是进气阀和排气阀。这些部件在高温下必须具有良好的高循环疲劳性能、良好的滑动耐磨性和抗蠕变性。在这些领域中，TiB$_2$ 增强钛合金复合材料逐渐取代了奥氏体不锈钢。

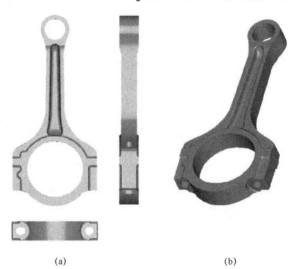

(a)   (b)

图 1-21　连杆模型

（a）二维视图；（b）三维视图

表 1-2　MMC 和钢连杆质量比较

g

质量类型	2080/SiC/20p	钢
销质量	65.2	144.7
曲柄质量	184.0	437.7
总质量	249.2	582.4

高速列车基础制动装置通常采用盘形制动，其中制动闸片是保证高速列车运行安全的关键部件，其性能直接影响到制动性能、制动盘和闸片本身的使用寿命及列车的安全运行，如图 1-22 所示。由于制动闸片和制动盘是易损部件，需要定期更换，具有巨大的市场需求，因此已成为各工业国家及有关公司激烈竞争的高技术领域。利用多重浇铸程序制备得到碳化硅颗粒增强铝基复合材料，替代球墨铸铁盘用于制动系统，不仅可显著减少成本，且减小质量 43%。图 1-23 为磨损试验后铝基复合材料和钢刹车盘的照片，钢刹车出现了大量的裂纹，而复合材料刹车处于相对良好的状态。

图 1-22　颗粒增强铝基复合材料制动盘

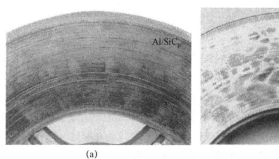 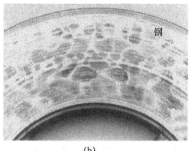

(a)　　　　　　　　　　　　　　(b)

图 1-23　磨损试验后铝基复合材料和钢刹车盘

(a) Al/SiC$_p$；(b) 钢

颗粒增强复合材料的使用，特别是铝基复合材料，已在制动鼓和制动转子领域替代了铸铁。金属基复合材料不仅耐磨性高、热导率高，而且还可以减重 50%～60%。图 1-24 和图 1-25 分别是铝基复合材料用于客车排气制动盘和盘式制动钳。

（3）电子封装

随着现代电子信息技术的不断发展和提高，所应用的电子器件不断微型化、高度集成化，并且可靠性要求越来越高，这就要求未来电子封装材料具有更低的密度、更高的热导率及与芯片热膨胀良好的匹配性。传统的封装材料无法满足各方面性能的综合要求，只有金属基复合材料才能全面满足以上要求。其中，Al/SiC 具有高热导率、低密度及与芯片材料良好的热膨胀匹配性，非常符合未来金属基封装材料高性能、低成本、低密度和集成化的发展需求，必然具有广阔的应用天地，尤其在航空航天用电子封装材料领域。

图1-24 颗粒增强铝基复合材料客车排气制动盘

（a） （b）

图1-25 传统铸铁客车盘式制动钳（a）和纤维增强铝基复合材料客车盘式制动钳（b）

目前，一些碳化硅颗粒或石墨增强铝基复合材料制电子仪器组件已用于通信卫星和全球定位系统卫星，如图1-26所示。这些组件不仅比以前的合金制造的零件轻得多，而且成本更低。此外，金属基复合材料目前已取代了高密度、低热导率的铜钨合金而用于地球同步轨道通信卫星航天器的功率半导体组件的热管理上，年产量近100万件。

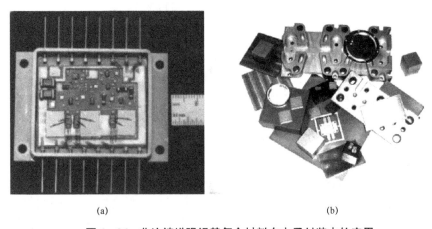

（a） （b）

图1-26 非连续增强铝基复合材料在电子封装中的应用
（a）遥控电源控制器碳化硅/铝电子仪器组件；（b）铸造石墨/铝零件

在微波封装领域，金属基复合材料同样发挥了显著的优势作用。碳化硅颗粒增强铝基复合材料替代镍钴铁合金应用于微波封装领域，不仅质量显著减小、导热性能改善，同时降低成本 65%。图 1-27 所示为碳化硅颗粒增强铝基复合材料在微处理器与光电子封装的应用。在绝缘栅双极晶体管功率模块基板领域中，碳化硅或碳增强铝基复合材料因其高的热导率和轻量化而得到广泛应用。

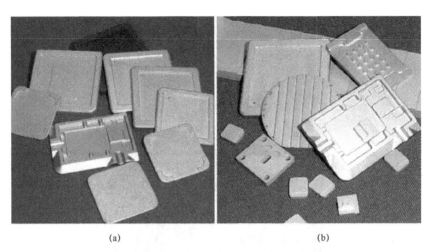

(a)　　　　　　　　　　　　　　(b)

图 1-27　碳化硅颗粒增强铝基复合材料在微处理器（a）与光电子封装（b）的应用

在电子封装的应用中，除了考量热膨胀的匹配性外，金属基复合材料的高比刚度还可以降低热循环和振动引起的疲劳，如碳化硅颗粒增强铝基复合材料用于移动电话基站功率放大器混合电路的载波功能件、连续硼纤维增强铝基复合材料用作片式载体多层板中的散热片等，都需要其既具有热物性能，也具有良好的力学性能。

（4）体育娱乐及基础设施工业领域

除以上典型应用外，金属基复合材料的应用还涵盖了体育、休闲、制造业及基建等领域。出于比赛和竞争的需要，运动器材和娱乐用品往往对材料性能要求较高，如球拍类（网球、羽毛球）、杆类（如高尔夫球杆、垒球棒、跳高撑杆、滑雪杆/板、钓鱼竿、箭和弓等）及自行车、摩托车、航模飞机、滑翔机、赛车、赛艇等。

美国 DURALCAN 公司将氧化铝颗粒增强 6061 铝基复合材料应用于山地自行车车架和车链齿轮，不仅减小质量，而且刚度高，不易挠曲变形。图 1-28 所示为金属基复合材料制备的轨道鞋钉，增强体是氧化铝、碳化硅、碳化硼或者碳化钛颗粒，基体是铝合金，颗粒的体积分数可在 5%～30% 范围变化，其尖峰的独特形状可以减缓运动员的脚或腿在奔跑时受到的冲击和压力。

工业领域既包括如硬质合金、金刚石工具、触头等传统市场，也包括输电线缆、耐磨及中子吸收材料等新兴领域。这些新兴领域的表现在很大程度上决定着金属基复合材料的未来发展。如碳化钛增强铁和镍基复合材料，具有出色的硬度和良好的耐磨性能，在工业中广泛应用。低密度、高刚度和高强度的增强体颗粒加入铁/镍合金基体中，在降低材料密度的同时，提高了它的弹性模量、硬度、耐磨性和高温性能，可应用于切削、轧制、喷丸、冲压、穿孔、拉拔、模压成型等方面。如氧化铝/铝复合材料制高架电缆产品能将电力输送量提高 200%～300%，若能广泛应用于基础电网，能带来巨大的经济效益。

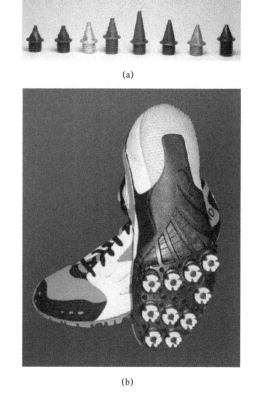

(a)

(b)

图 1-28　颗粒增强金属基复合材料轨道的鞋钉（a）和带有 MMC 钉的履带鞋（b）

金属基复合材料已经得到了快速的发展，但仍处于市场应用的初期发展阶段，真正的大规模应用尚未实现。随着航空航天、轨道交通、通信、电子等领域的技术提升，特别是面对人类能源问题而引发的轻量化需求，金属基复合材料将会显示出更加明显的技术优势，在某些领域已经成为不可或缺的材料。未来工业技术对金属基复合材料的需求将更加多样化。随着科学技术的不断发展，以及相关领域研究工作的不断深入，金属基复合材料的理论基础和制备技术将会有更大的突破，其应用范围不只在导弹、火箭、人造卫星等尖端工业中，也会逐步从军用扩展到汽车、造船、机械、冶金、建材、电力、医疗、体育等民用领域，显示出广阔的应用前景和巨大的经济效益及社会效益。

1.5　金属基复合材料的发展趋势

目前，金属基复合材料应用的广度、发展的速度和规模，已成为衡量一个国家材料科技水平的重要标志之一。美国、英国、日本是位列前三的金属基复合材料消费大国，消耗了全球 2/3 以上的金属基复合材料。与国外先进水平相比，我国先进金属基复合材料技术基础及产业化水平仍然存在一定差距，尤其是具有自主知识产权的原创性研究成果明显不足。

当今，相关学科、技术的发展使得金属基复合材料设计的视野不断扩大，复合材料设计工作的深入发展依赖于跨学科思维、跨学科跨领域的合作，也依赖于在原材料技术、基础物理、化学理论方面的突破。这就需要我们瞄准国际前沿，立足国内需求，融合当前最先进的材料开发理念和方法，积极开展工作，以推动甚至引领先进金属基复合材料的发展。

（1）金属基复合材料的基础理论问题

复合材料的基础理论问题较多，最突出的当属界面问题，界面问题是复合材料特有的问题，也是影响其性能最关键的因素。尤其针对金属基复合材料，制备/成型温度基本上在金属基体的熔点之上，这对界面控制带来了极大的挑战。界面问题一直是复合材料研究的重点和难点，如界面表征方法、界面优化设计方法、界面改性方法等。金属基复合材料另一需要重点关注的就是其可靠性问题。可靠性问题也是制约金属复合材料发展的"瓶颈"问题，需要予以足够重视。金属基复合材料的可靠性与其组分、设计、加工和环境等密切相关，同时也需要进一步完善评价、检测和监控的方法。

（2）发展低成本制备/成型技术

一方面，金属基复合材料的应用需求不断扩大；另一方面，金属基复合材料的成本却一直居高不下，这无疑极大地制约了金属基复合材料的应用和发展。因此，下一步金属基复合材料的发展，必须要面对和亟须解决的问题，就是其低成本的问题。美国"面向未来轻量化创新中心"于 2017 年启动了"低成本铝合金金属基复合材料"新研究项目，为大批量生产汽车和航空航天零件寻求开发成本更低的制备方法。这项为期两年的项目将考虑用各种不同的生产技术作为替代热等静压的选项，包括挤压、近净形热等静压、烧结或者薄板成型。

金属基复合材料成本偏高的主要原因为原材料成本高、制备工艺复杂、设备昂贵、质量稳定性较低、构件成型加工费用较高等。因此，为降低复合材料及其构件的成本，需要在以下 5 个方面着重开展研究工作：① 开发成本低、性能高、产量大并适用于金属基复合材料的增强体材料，实现高性能金属基复合材料的低成本化；② 优化制备工艺，提高金属基复合材料性能的稳定性和质量可靠性，降低工艺成本；③ 进一步控制、优化成型工艺流程，实现金属基复合材料复杂构件的材料设计、制备与成型一体化，以降低原料使用量并减少后续构件的机械加工量；④ 设计高性能易加工的新型金属基复合材料并突破高效率加工技术；⑤ 改变传统观念的设计模式，融合材料科学和计算机技术，运用大数据，多学科交叉虚拟设计，以缩短研发周期，降低研发成本。

（3）发展结构/功能一体化的金属基复合材料

结构/功能一体化已成为当今材料科学与技术发展的一个共性前沿方向，是未来先进材料的必然发展趋势。这不仅符合"一材多用"的经济性原则，节约资源，而且还可简化系统结构、降低重量及成本，同时还能提高系统性能，尤其是稳定性和可靠性。复合材料具有多组分的特点，具有发展结构/功能一体化的天生优势。

金属基复合材料可依据不同的服役性能要求进行多种匹配设计。对于金属基复合材料，随着体系变得日益复杂，所获性能提升与制造和加工成本增加呈非线性同步关系。在满足金属基复合材料力学性能提升的基础上，尽可能多地考虑功能性，将是未来金属基复合材料发展的主流趋势。

通过选择具有适当光、电、磁、热响应特征的敏感材料作为其中一个或多个组分，可以在不过分增加材料制造或加工成本的情况下，使金属基复合材料保持其所设定的力学性能的同时，获得所需的功能特性。除以上性能要求外，还可根据其他的性能要求进行设计。比如，在医疗技术领域，耐腐蚀、低退化及生物相容性就必须要考虑进去。

（4）发展金属基复合材料设计新思维、新技术

随着材料科学和计算机技术的不断发展，复合材料的可设计性将得到更加充分的体现，也是进一步提升复合材料结构/功能特性的关键技术途径。在材料基因组计划的引领下，融合高通量计算和制备、表征技术，将金属基复合材料的设计理念由"经验型"的传统模式逐步向"理论预测、试验验证"的新模式转变，可突破低效、高耗的研发模式困境，而且有望设计全新的构型。

通过复合构型及多种效应协同作用提升相关性能，已成为推动金属基复合材料发展的必然趋势。复合构型在金属基复合材料中取得初步成效，但目前来看，构型比较单一，主要集中于层状结构，如何才能设计并实现最优化的复合构型呢？最有效、最直接的办法就是向大自然学习，因此金属基复合材料的仿生设计成为人们关注的热点。自然界生物结构材料（如贝壳珍珠层、骨骼、牙齿等）中精细的复合构型为金属结构材料综合性能的提升提供了极好的范例，也为人工复合材料的构型优化设计提供了灵感和启迪。仿生复合，就是通过模仿具有优异力学和功能特性的自然生物材料的微观复合构型，并将其应用于工程材料的复合过程中，制备具有多尺度、多层次仿生物结构的金属基复合材料。

目前国际上对于金属材料构型复合化的研究还只是开始，有许多关键科学和技术问题亟待解决，如构型复合化制备技术的放大、综合力学性能的定向调控、非均匀复合结构的多功能响应机制等。只有解决了这些关键科学与技术问题，才能推动金属基复合材料在更广泛领域的应用。

（5）进一步扩大复合材料的应用范围

随着计算机技术和复合材料科学与工程的共同发展，人们对复合材料的应用不再局限于特殊领域。先进的复合材料修补技术、循环回收技术及环境影响检测技术，使复合材料进入"绿色材料"之列。纤维增韧的陶瓷复合材料在耐高温及耐热冲击领域开始获得广泛应用。

目前，我国复合材料在汽车、船舶（渔船）和飞机中的应用量较少，存在巨大的市场潜力。在应用技术方面存在的各类问题，需要我们去关注、研究、探讨和实践。要努力实现我国复合材料在汽车、船舶（渔船）和飞机中的应用量达到世界先进水平，尽快使"全复合材料"的国产大飞机和超声速客机获得适航许可，并赢得1/3以上的全球市场份额。

（6）发展纳米复合材料

纳米材料是指尺度为 $1 \sim 100$ nm 的超微粒经压制、烧结或溅射而成的凝聚态固体。纳米复合材料是指分散相尺度至少有一维小于 100 nm 的复合材料。纳米材料将产生不同于传统材料的纳米效应，如量子尺寸效应、宏观量子隧道效应、表面与界面效应等。由于这些效应的存在，纳米复合材料不仅具有优良的力学性能，而且还会产生光学、电学的功能作用，纳米技术将为金属基复合材料的性能设计带来新的发展机遇。

例如，相比传统增强体（包括陶瓷颗粒、碳纤维），纳米增强体（如碳纳米管、石墨烯）等具有低密度、高力学性能、高导热率及低热膨胀性能，见表 1-3。分析表明，在金属基体中引入纳米增强体，所得的金属基复合材料往往可以呈现出超出传统概念的高强度和可塑性，以及导电、导热、耐磨、耐蚀、耐高温、抗氧化等性能，将有希望带来金属基复合材料综合性能的飞跃。

表1-3 石墨烯与金属基复合材料常用增强体的性能对比

材料	密度 ρ/ $(g \cdot cm^{-3})$	弹性模量/ /GPa	抗拉强度/ /GPa	热膨胀系数/ $(\times 10^{-6} \, ℃^{-1})$	热导率/ $[W \cdot (m \cdot K)^{-1}]$
SiC 颗粒	3.21	450	—	4.7	490
Al_2O_3 颗粒	3.9	400	—	7	30
C 纤维	1.5~2	<900	<7	约 0.7 (//*)	<1 000
多壁碳纳米管（//）	<1.3	200~950	13~150	-2.8	3 500
石墨烯	<1.06	>1 000	>120	约 7	4 840
*"//"表示沿其轴向的性能。					

虽然目前一些金属基纳米复合材料的制备工艺仍停留在试验阶段，但随着分析方法的不断进步、制备工艺的不断成熟和制备成本的不断降低，金属基纳米复合材料必将以其优良的特性在新材料、冶金、自动化和航空航天等领域发挥更加巨大的作用。

（7）废料再利用和回收技术

考虑到经济效益和生态需求，对于需求越来越大的先进金属基复合材料，其生态化技术及再生和回收利用是将来必须要面对和解决的工程和社会问题。目前，由于在金属基复合材料的设计方面欠缺环境意识，所以目前的再生技术尚处于非常低的水平。不同种类的金属基复合材料具有不同结构特点，因此，应该单独考虑其再生技术的开发。对于长纤维增强金属基复合材料，由于其自身的结构特点，基本不考虑其再生和回收问题。对于某些利用熔炼或者粉末冶金制备得到的非连续（颗粒、晶须）增强金属基复合材料，在特定条件下，可通过循环废料或者碎屑实现重复利用。尤其针对颗粒增强的铸造铝合金基复合材料，这种方法比较有效。然而，直接熔化产生的碎屑将造成极其严重的污染问题。

金属基复合材料的回收与其制备工艺、界面反应、结合状态及两相物理性质等密切相关。对于增强体主要为陶瓷的金属基复合材料，由于陶瓷主要以颗粒、晶须、纤维的形式存在于金属基体中，因此以金属基体和增强体再利用为目的的材料分离几乎是不可能的。当然，利用传统的熔炼处理工艺回收金属基体是没有任何问题的。由于金属基复合材料基体材料熔点差别较大，增强相的形态和尺寸种类繁多，使得金属基复合材料的循环再生利用技术研究还不充分。目前金属基复合材料的循环再生利用技术主要有熔融盐处理技术、电磁分离技术和化学溶解技术。

参考文献

[1] Yeh J W, Chen S K, Lin S J, et al. Nanostructured high-entropy alloys with multiple principal elements: novel alloy design concepts and outcomes [J]. Advanced Engineering Materials, 2004, 6 (5): 299-303.

[2] 吴人洁. 复合材料 [M]. 天津：天津大学出版社，2000.

[3] 周曦亚. 复合材料 [M]. 北京：化学工业出版社，2004.

[4] 材料科学技术百科全书编委会. 材料科学技术百科全书 [M]. 北京：中国大百科全书出

版社，1995.

[5] 尹洪峰，魏剑. 复合材料 [M]. 北京：冶金工业出版社，2010.

[6] 汤佩剑. 复合材料及其应用技术 [M]. 重庆：重庆大学出版社，1998.

[7] 赵玉涛，戴起勋，陈刚. 金属基复合材料 [M]. 北京：机械工业出版社，2007.

[8] 朱和国，张爱文，复合材料原理 [M]. 北京：国防工业出版社，2013.

[9] 贾成厂，郭宏. 复合材料教程 [M]. 北京：高等教育出版社，2010.

[10] 克莱因，威瑟斯. 金属基复合材料导论 [M]. 余永宁，等，译. 北京：冶金工业出版社，1996.

[11] 贾成厂. 陶瓷基复合材料导论 [M]. 2版. 北京：冶金工业出版社，2002.

[12] 于春田，等. 金属基复合材料 [M]. 北京：冶金工业出版社，1995.

[13] Chawla K K，Chawla N. Metal Matrix Composites [M]. Second Edition. Berlin：Springer Science+Business Media，2006.

[14] 陶杰，赵玉涛，潘蕾，等. 金属基复合材料制备新技术导论 [M]. 北京：化学工业出版社，2007.

[15] McDanels D L，Jech R W，Weeton J W. Stress-strain behavior of tungsten-fiber-reinforced copper composites [J]. NASA TND－1881，1963.

[16] Gordon J E. Some considerations in the design of engineering materials based on brittle solids [J]. Proceedings of the Royal Society A：Mathematical Physical and Engineering Science，1964（282）：16－23.

[17] Weisinger M D. Boron aluminum tube struts for the NASA space shuttle [J]. Journal of Composites，Technology and Research （ASTM International），1979，1（2）：CTR10660J.

[18] Rawal S P. Metal-matrix composites for space applications [J]. JOM，2001，53（4）：14－17.

[19] Beffort O. Metal matrix composites（MMCs）from space to earth. Werkstoffefür Transportund VerkehrMaterials Day [D]. Switzerland：ETH-Zürich，2001.

[20] Miracle D B. Aeronautical Applications of Metal Matrix Composites [J]. ASM Handbook Volume 21，Composites（ASM International），2001：1043－1049.

[21] Shakesheff A J，Purdue G. Designing metal matrix composites to meet their target：particulate reinforced aluminium alloys for missile applications [J]. Materials Science and Technology，1998，14：851.

[22] 黄伯云，肖鹏，陈康华. 复合材料研究新进展（上）[J]. 金属世界，2007，2：46－48.

[23] Henning W，Köhler E. Reinforced aluminium alloys for optimising light components；Verstaerkte Aluminiumlegierungen zur Optimierung von Leichtbauteilen [J]. Maschinenmarkt，1995（101）：50－55.

[24] Chawla N，Williams J J，Saha R. Mechanical behavior and microstructure characterization of sinter-forged SiC particle reinforced aluminum matrix composites [J]. Journal of Light Metals，2002，2（4）：215－227.

[25] Hunt W H，Miracle D B. ASM Handbook-Composites，volume 21 [M]. Ohio：ASM International，2001.

［26］Zeuner T，Stojanov P，Sahm P R，et al. Developing trends in disc bralke technology for rail application［J］. Metal Science Journal，1998，14（9－10）：857－863.

［27］Uggowitzer P J，Beffort O. Aluminum verbundwerkstoffe für den Einsatz in Transport und Verkehr［J］. Ergebnisse der Werkstofforschung，1994（6）：3－37.

［28］吴树森. 日本金属基复合材料的研究与应用［J］. 兵器材料科学与工程，1999（3）：56－60.

［29］尹庆方. 金属基复合材料及其在发动机制造中的应用［J］. 中国金属通报，2017（5）：41－42.

［30］曲选辉，章林，吴佩芳，等. 现代轨道交通刹车材料的发展与应用［J］. 材料科学与工艺，2017，25（2）：1－9.

［31］张文毓. 金属基复合材料的现状与发展［J］. 国内外动态，2017（2）：79－83.

［32］武高辉. 金属基复合材料发展的挑战与机遇［J］. 复合材料学报，2014（5）：1228－1237.

［33］曾星华，徐润，谭占秋，等. 先进铝基复合材料研究的新进展［J］. 中国材料进展，2015，34（6）：417－424，460－461.

［34］谢霞，余军，温秉权，等. 复合材料在汽车上的应用［J］. 国际纺织导报，2010（12）：56－58，60.

［35］张文毓. 电子封装材料的研究与应用［J］. 上海电气技术，2017，10（2）：72－77.

［36］任淑彬，陈志宝，曲选辉. 电子封装用金属基复合材料的研究进展［J］. 江西科学，2013，31（4）：501－507.

［37］Thaw C，Minet R，Zemany J，et al. Metal Matrix Composites for Microwave Packaging Components［J］. JOM，1987，39（5）：55－55.

［38］Miracle D B. Metal Matrix Composites for Space Systems：Current Uses and Future Opportunities［M］. Affordable Metal-Matrix Composites for High Performance Applications II. John Wiley & Sons，Inc.，2013.

［39］李晓宾，陈跃. 金属基复合材料的性能和应用［J］. 热加工工艺，2006，35（8）：71－74.

［40］王耀先. 复合材料力学与结构设计［M］. 上海：华东理工大学出版社，2012.

［41］刘万辉，于玉城，高丽敏. 复合材料［M］. 哈尔滨：哈尔滨工业大学出版社，2011.

［42］师昌绪. 材料大辞典［M］. 北京：化学工业出版社，1994.

［43］Ashby M F. Materials Selection in Mechanical Design［M］. Oxford：Butterworth-Heinemann，Elsevier，2011.

［44］张文毓. 金属基复合材料的现状与发展［J］. 国内外动态，2017（2）：79－83.

［45］武高辉. 金属基复合材料发展的挑战与机遇［J］. 复合材料学报，2014（5）：1228－1237.

［46］曾星华，徐润，谭占秋，等. 先进铝基复合材料研究的新进展［J］. 中国材料进展，2015，34（6）：417－424，460－461.

［47］谢霞，余军，温秉权，等. 复合材料在汽车上的应用［J］. 国际纺织导报，2010（12）：56－58，60.

［48］李晓宾，陈跃. 金属基复合材料的性能和应用［J］. 热加工工艺，2006，35（8）：71－74.

［49］张文毓. 电子封装材料的研究与应用［J］. 上海电气技术，2017，10（2）：72－77.

［50］任淑彬，陈志宝，曲选辉. 电子封装用金属基复合材料的研究进展［J］. 江西科学，2013，31（4）：501－507.

[51] Kainer K U. Metal Matrix Composites：Custom-made Materials for Automotive and Aerospace Engineering [J]. Weinheim：WILEY‒VCH Verlag GmbH & Co. KGaA，2006.

[52] Sellinger A，Weiss P M，Nguyen A，et al. Continuous self-assembly of organic–inorganic nanocomposite coatings that mimic nacre [J]. Nature，1998，394（6690）：256‒260.

[53] Tang Z Y，Kotov N A，Magonov S，et al. Nanostructured artificial nacre [J]. Nature Materials，2003，2（6）：413‒418.

[54] Bonderer L J，Studart A R，Gauckler L J. Bioinspired Design and Assembly of Platelet Reinforced Polymer Films [J]. Science，2008，319（5866）：1069‒1073.

[55] Cheng Q，Duan J，Zhang Q，et al. Learning from nature：constructing integrated graphene-based artificial nacre [J]. Acs Nano，2015，9（3）：2231‒2234.

[56] Fritzen F，Böhlke T. Periodic three-dimensional mesh generation for particle reinforced composites with application to metal matrix composites [J]. International Journal of Solids and Structures，2011，48（5）：706‒718.

[57] Zhang X X，Zhang Q，Zangmeister T，et al. A three-dimensional realistic microstructure model of particle-reinforced metal matrix composites [J]. Modelling and Simulation in Materials Science & Engineering，2014，22（3）：1‒21.

[58] Zhang X X，Xiao B L，Andrae H，et al. Multi-scale modeling of the macroscopic，elastic mismatch and thermal misfit stresses in metal matrix composites [J]. Composite Structures，2015（125）：176‒187.

[59] Zhang X X，Xiao B L，Andrae H，et al. Multiscale modeling of macroscopic and microscopic residual stresses in metal matrix composites using 3D realistic digital microstructure models [J]. Composite Structures，2016（137）：18‒32.

[60] Zhang X X，Xiao B L，Andra H，et al. Homogenization of the average thermo-elastoplastic properties of particle reinforced metal matrix composites：The minimum representative volume element size [J]. Composite Structures，2014，113（1）：459‒468.

[61] Chen B，Li S，Imai H，et al. Load transfer strengthening in carbon nanotubes reinforced metal matrix composites via in-situ tensile tests [J]. Composites Science and Technology，2015（113）：1‒8.

[62] Bastwros M M H，Esawi A M K，Wifi A. Friction and wear behavior of Al–CNT composites [J]. Wear，2013，307（1‒2）：164‒173.

[63] Wu J，Zhang H，Zhang Y，et al. Mechanical and thermal properties of carbon nanotube aluminum composites consolidated by spark plasma sintering [J]. Materials and Design，2012（41）：344‒348.

[64] Jiang L T，Wu G H，Sun D L，et al. Microstructure and mechanical behavior of sub-micro particulate‒reinforced Al matrix composites[J]. Journal of Materials Science Letters，2002，21（8）：609‒611.

[65] Dong R H，Yang W S，Wu P，et al. High content SiC nanowires reinforced Al composite with high strength and plasticity [J]. Materials Science and Engineering A，2015（630）：8‒12.

[66] 肖伯律，刘振宇，张星星，等. 面向未来应用的金属基复合材料 [J]. 中国材料进展，

2016，35（9）：666－673.

［67］Kouzeli M，Mortensen A．Size dependent strengthening in particle reinforced aluminium ［J］．Acta Materialia，2002，50（1）：39－51.

［68］Ma Z Y，Tjong S C，Li Y L，et al．High temperature creep behavior of nanometric Si_3N_4 particulate reinforced aluminium composite［J］．Materials Science and Engineering A，1997，225（1–2）：125－134.

［69］Ma Z Y，Li Y L，Liang Y，et al．Nanometric Si_3N_4 particulate-reinforced aluminum composite．Materials Science and Engineering A，1996（219）：229－231.

［70］Dai L H，Ling Z，Bai Y L．Size-dependent inelastic behavior of particle-reinforced metal–matrix composites ［J］．Composites Science and Technology，2001，61（8）：1057－1063.

［71］Ashby M F．The Deformation of Plastically Non-Homogeneous Materials［J］．Philosophical Magazine，1970，21（170）：399－424.

［72］Wang Y M，Ma E．Strain hardening，strain rate sensitivity，and ductility of nanostructured metals ［J］．Materials Science and Engineering A，2004（375－377）：46－52.

［73］Shin S，Choi H J，Hwang J Y，et al．Strengthening behavior of carbon/metal nanocomposites ［J］．Scientific Reports，2015，5（16114）：1－7.

［74］Wang J Y，Li Z Q，Fan G L，et al．Reinforcement with grapheme nanosheets in aluminum matrix composites ［J］．Scripta Materialia，2012（66）：594－597.

［75］高顺，郭小敏，李有元．有色金属材料再生资源利用技术研究 ［J］．科技风，2017（4）：86.

［76］Ondracek G．Werkstoffkunde：Leitfaden für Studium und Praxis ［M］．Würzburg：Expert-Verlag，1994.

［77］罗宋靖．复合材料液态挤压 ［M］．北京：冶金工业出版社，2002.

［78］张国定，赵昌正．金属基复合材料 ［M］．上海：上海交通大学出版社，1996.

［79］武高辉．金属基复合材料设计引论 ［M］．北京：科学出版社，2016.

第2章
金属基复合材料的设计基础

虽然复合材料的各组分保持其相对独立性，但复合材料的性能却不是组分材料性能的简单叠加，而是有着重要的改进。复合材料的出现与发展为材料及结构设计者提供了前所未有的发展机会。设计者可以根据外部环境的变化与要求来设计具有不同特性与性能的复合材料，以满足工程实际对高性能复合材料及结构的要求。这种可设计的灵活性及复合材料优良的特性（高比强、高比模等）使复合材料在不同应用领域竞争中成为特别受欢迎的候选材料。

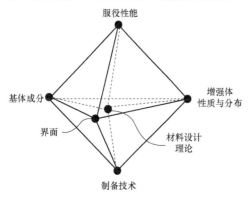

图2-1 金属基复合材料性能设计的基本问题

涉及传统金属材料基本科学与工程问题的4个基本要素是成分/结构、性能、制备及服役行为。与金属材料不同，金属基复合材料的基本科学与工程问题更加复杂，如图2-1所示的六面体模型，多出了第二相与界面两个要素。与传统材料的设计不同，复合材料的设计是一个复杂的系统性问题，它涉及环境载荷、设计要求、材料选材、成型方法及工艺过程、力学分析、检验测试、维护与修补、安全性、可靠性及成本等诸多因素。对于给定的特性及性能规范，要想通过对上述设计变量进行系统的优化是一件比较复杂的事情。在对复合材料及结构进行设计时，应抓住主要因素，综合、系统地考虑以上各种问题。

复合材料设计是指根据服役条件对材料性能的要求，依据有关复合理论，将组分材料性能及复合材料细/微观结构同时考虑，通过合理选择原材料体系、比例、配置和复合工艺类型及参数等，以获得人们所期望的材料及结构特性。目前，复合材料的应用已从航空、航天及国防扩展到汽车及其他领域。另外，复合材料的成本高于传统材料，这在一定意义上限制了它的应用。因此，只有降低成本才可扩大它的应用，而材料的优化设计是降低成本的关键之一。

2.1 复合材料的可设计性

复合材料最显著特点是可设计性强，人们可以根据对外部环境的变化与要求来设计具有不同特性构件的复合材料，以满足工程实际对高性能复合材料及结构的要求。复合材料的可设计性赋予了结构设计者更大的自由度，从而有可能设计出能够充分发掘与应用材料潜力的优化结构，在不同应用领域竞争中成为特别受欢迎的候选材料。

复合材料与传统均质材料的主要差别是它的各向异性和非均质性。复合材料在弹性常数、热膨胀系数和材料强度等方面具有明显的各向异性。各向异性虽使复合材料的分析工作复杂化，但也给复合材料的设计提供了良好契机。根据不同方向对材料刚度和强度的特殊要求，人们能够有针对性地设计复合材料及其结构，以满足工程实际中的特殊需求。复合材料的不均匀性也是其显著的特点之一。这种不均匀性对复合材料宏观刚度的影响不太明显，然而对其强度的影响却特别显著，主要原因在于材料的强度过分依赖于局部特性。这一点在复合材料的设计中应特别注意。有些复合材料的拉压弹性模量及强度并不相同，且是非线性的。对复合材料进行分析时，需首先判断材料内部的拉压特性，并结合不同的强度准则对其进行分析。此外，复合材料的几何非线性及物理非线性也是要特殊考虑的。

复合材料的结构可在不同层次呈现，可以划分为纳观（纳米尺度）、微观（微米尺度）、介观（毫米尺度）及宏观（米尺度）4 个层次，各个层次材料设计的基础理论又各有所不同。例如，纳观层次的设计主要以分子动力学、第一性原理为基础，以合金元素为基本设计要素。金属基复合材料设计目前处于微观和介观层次的较多见，是以金属学和细观力学为基础的设计。

复合材料的可设计性不同于传统材料。传统材料设计是根据项目的使用目的和性能要求，拟定其材料、结构、工艺及费用等方面的计划与估算，类似于材料选择，而非严格意义上的材料设计。较少考虑材料的结构与制造工艺问题，设计与材料具有一定意义上的相对独立性，但复合材料的性能与结构、工艺具有很强的依赖性，可使某一方向上具有较强的性能，即具有可设计性，是一种可设计的材料。复合材料设计也不同于冶金设计，即根据性能要求、工艺特点所进行的成分设计。复合材料的设计，其材料—工艺—设计必须形成一个有机的整体，形成一体化。另外，在对复合材料结构进行设计的同时，也应对其性能进行适当的评价，以判断产品结构是否达到预期指标。所以，复合材料的材料—设计—制造—评价一体化技术是21 世纪发展的趋势，它可以有效地促进产品结构的高度集成化，并且能保证产品的可靠性。因此，复合材料及其结构的设计打破了材料研究和结构研究的传统界限。设计人员必须把材料性能和结构性能一起考虑，换言之，材料设计和结构设计必须同时进行，并将它们统一在同一个设计方案中。

在复合材料及结构设计时，减小质量与降低成本既是矛盾的，又是统一的。对于航空、航天、船舶、汽车及其他大型结构，减小结构自重可带来巨大的经济效益，但为此付出的代价往往是很高的，这需要在设计时加以权衡。通常，复合材料及结构的刚度和强度是设计中需要重点考虑的因素。对于前一个问题，已有较成熟的理论和方法，而对于后一个问题，目前仍有许多悬而未决的疑难问题需要解决。除了材料的强度和刚度外，复合材料的制造工艺也应在设计时加以考虑。由于复合材料的成型工艺过程较复杂，影响材料性能的因素很多，因此生产出来的产品质量不稳定，可靠性差。这些都给复合材料及结构的设计带来不少困难和问题，也影响了复合材料及结构的广泛应用。因此，应采用先进的成型工艺方法，消除不利因素，确保产品的质量。

设计复合材料及结构时，必须进行系统的试验工作，了解并掌握复合材料及结构在静载荷、动载荷、疲劳载荷及冲击载荷作用下，在不同使用环境（室温、高温、低温、湿热、辐射和腐蚀等）下的各种重要性能数据，建立不同材料体系性能的完整数据库，为材料的设计工作提供科学依据。随着计算机技术的迅速发展，材料的设计和制造已可以在计算机上以虚拟的形式实现。这样做的主要优点在于：① 可节省大量的人力、物力和财力；② 缩短设计和研制周期；③ 可考虑每一设计参数对复合材料及结构性能的影响；④ 在计算机上可对虚拟设计及制造的产品进行评价，优化设计方案和成型工艺方法及过程。

复合材料的设计基于物理、化学、力学原理，它涉及多相混合物体系的性能估算。因为复合材料学是一门新兴的学科，而且是一门典型的边缘学科，因此需要复合材料及结构设计者与相邻学科的专家密切配合，努力学习有关知识，使自己具有广泛的、各门学科的综合知识，并能灵活应用；复合材料设计中遇到的问题往往是崭新的、没有现成答案的探索性课题，这给复合材料的设计增加了困难，但同时也给复合材料工作者提供了发展新思维、新概念、新方法的广阔空间与动力。

2.2 复合材料结构设计方法

2.2.1 设计步骤

复合材料设计的一般步骤如下：

1）确定设计目标。

设计目标是由构件功能所要求的材料使用性能、使用条件和约束条件共同决定的。因此，可根据材料使用性能、使用条件和约束条件来确定设计目标。

使用性能主要包括：① 物理性能，如密度、导热性、导电性、磁性、吸波性、透光性、反射性等；② 化学性能，如抗腐蚀性、抗氧化性等；③ 力学性能，如强度、模量、硬度、韧性、耐磨性、抗疲劳性、抗蠕变性等。

使用条件包括使用温度、环境气氛、载荷性质、接触介质等。

约束条件，如资源、能耗、环保、成本、周期、寿命等。

2）选择组分材料。

根据复合材料应具有的性能，选择组分材料（基体与增强体），包括组分材料的种类、组分比例、几何形状、分布形式等。这部分工作主要是基于人们对已有材料体系基本性能的了解和掌握，并借鉴相关理论计算的成果开展的。组分材料的选择应注意以下 3 个方面：

① 由于组分种类的限制，复合材料的性能不可能呈连续函数，而只能呈阶梯形式变化。

② 应明确各组分所承担的功能，并据此确定增强体的形状（颗粒、纤维、晶须等）。

③ 要能够充分发挥各组分在复合材料中的预定功能，产生所需要的复合效应。

3）选择制备方法和工艺参数。

制备方法有很多种，特点各有不同，需要设计人员根据设计要求做合理选择，必要时需对工艺过程进行优化。选择时需要注意的事项如下：

① 制备过程中尽量减少对增强体的污染和损伤。

② 确保增强体按设计要求分布。

③ 确保基体与增强体界面结合良好。

4）按预定方案试制样品。

5）测定样品性能，分析复合材料内部响应行为，确定复合材料及其结构的损伤演化及破坏过程，检验是否达到使用性能要求和设计目标。

6）考察样品的可靠性、安全性和经济性，总结经验，进一步优化设计。

2.2.2 设计条件

在结构设计中，首先应明确设计条件。复合材料设计的条件就是指根据结构和使用条件提出的各种要求，包括力学条件、环境条件，功能性要求、结构重量、几何形状及尺寸要求，可靠性、安全性及经济性要求，以及可修复性、可回收性要求等，这些均是设计任务书的内容。

设计条件有时并不十分明确，尤其是在结构所受载荷性质和大小都是变化的情况下更突出，因此明确设计条件有时也是一个反复的过程。

（1）结构性能要求

为了使结构满足使用要求，必须确保结构能够有效地抵抗外部环境载荷的作用。结构承载分为静载荷和动载荷。静载荷作用下，构件的质量加速度及其相应的惯性力可以忽略不计，结构一般应设计成具有抵抗破坏和抵抗变形的能力，即具有足够的强度和刚度；而在动载荷下，不仅构件会产生较大的加速度，并且不能忽略由此而产生的惯性力。动载荷又可分为瞬时作用载荷、冲击载荷和交变载荷。在冲击载荷作用下，应使结构具有足够抵抗冲击载荷的能力；而在交变载荷作用下，疲劳问题较为突出，应按疲劳强度和疲劳寿命来设计结构。通常，复合材料结构的强度与刚度是两个主要要求，并且经常是同时存在的。

结构的性能与结构重量的比值是衡量材料优劣的一个重要指标。比如，在运输机械和飞行器结构（如车辆、汽车、船舶、飞机、火箭等）中，若结构自身的质量小，则运输及运载的效率就高，这一点在航空及航天领域内显得非常重要。

（2）环境条件

一般在设计结构系统时，除要确定结构使用的目的、要求完成的使命外，还要明确它在保管、包装、运输等整个使用期间的环境条件，以及这些过程的时间和往返次数等，以确保在这些环境条件下结构的正常使用。为此，必须充分考虑各种可能的环境条件，它们既与结构的强度和刚度有关，也与材料的腐蚀、磨损、变质等有关。通常的环境条件包括以下几方面：

① 机械条件，如振动、冲击、噪声、加速度等；

② 物理条件，如压力、温度、湿度等；

③ 气象条件，如风雨、雷电、冰雪、日光等；

④ 大气条件，如放射线、盐雾、风沙等。

分析各种环境条件下的作用与了解复合材料在各种环境条件下的性能，对于正确进行结构设计是很有必要的。除此之外，还应从长期使用角度出发，积累复合材料的变质、磨损、老化等长期性能变化的数据。

（3）功能性条件

随着结构—功能一体化的要求越来越迫切，复合材料的功能性要求也越来越高。如高强高导电、低膨胀、高导热等；化工装置要求的耐腐蚀性；雷达罩、天线等要求的电、磁性能；飞行器上的复合材料构件要求有防雷击的措施等，这在很大程度上决定了复合材料体系的选择。

（4）可靠性、安全性与经济性条件

现代的结构设计，特别是飞机结构设计，对于设计条件，往往还提出结构可靠度的要求，必须进行可靠性分析。对于飞机、火箭或人造卫星等航空航天器，减小结构质量、提高有效载荷是设计者追求的永恒主题。可靠性、安全性和经济性要求对于飞机、火箭或人造卫星等航空、航天器等可靠性和安全性是至关重要的。因此，材料的选择和获得必要的最大限度的安全性对经济贡献很大，而经济性是第二位的；而对于某些民用零部件，在保证一定的安全性条件下，经济性是一个重要指标。

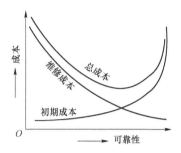

图 2-2　结构成本与可靠性关系

结构设计的合理性最终主要表现在可靠性和经济性两方面，对一个结构，可靠性和经济性必须同时考虑。一般来说，要提高可靠性就得增加初期成本，而维修成本是随可靠性而降低的，所以总成本降低时（及经济性最好）的可靠性最为合理，如图 2-2 所示。

（5）可修复性和可回收性要求

随着现代技术的发展和节能、环保意识的提高，对复合材料的可修复性和可回收性要求逐渐加强，但目前该方面要求相对较差。对于一些复合材料，如果在设计和工艺过程中进行优化，上述目标是可以达到的。

2.2.3　设计类型

复合材料的设计类型对应不同的设计目标，可以有 5 种设计类型：安全设计、单项性能设计、等强度设计、等刚度设计和优化设计。

1）安全设计：要求所设计的结构或构件在使用条件下安全工作，不致发生失效。具体到材料，则表现为必须达到特定的性能指标（如强度、模量等）。在使用条件下不致失效，主要为强度和模量。

2）单项性能设计：使复合材料的某项性能符合要求。如吸波、透波、零膨胀、耐高温或耐某种化学介质等，在满足单项主要性能要求时，还要兼顾其他要求，以避免结构复杂和臃肿。

3）等强度设计：要求材料性能的各向异性能够符合工作条件和环境要求的方向性。

4）等刚度设计：要求材料的刚度能够满足对于构件变形的限制条件，并且没有过多的冗余。

5）优化设计：是目标函数取极值的设计，但由于目标函数可以有多种，因此按不同目标有不同的优化对象，例如最小质量、最长寿命、最低成本、最低单位时间使用费用等。

2.2.4　材料设计

材料设计，通常是指选用几种原材料组合制成具有所要求性能的材料的过程。这里所指的原材料主要是指基体材料和增强材料。

2.2.4.1　原材料选择

原材料的选择直接影响着复合材料的性能。因此，正确选择合适的原材料就能得到需要的复合材料的性能。一般来说，材料的比较和选择标准根据用途而变化，如物性、成型工艺、可加工性、成本等，至于哪一个最重要，应视具体结构而定。

通常原材料的选择依据以下原则：

1）比强度、比刚度高的原则。特别是航空、航天结构，在满足强度、刚度、耐久性和损伤容限等要求的前提下，应使结构质量最小。

2）材料与结构的使用环境相适应的原则。通常，根据结构的使用温度范围和材料的工作温度范围对材料进行合理的选择。

3）满足结构功能一体化的原则。除了结构刚度和强度以外，许多复合材料还要求有一定的功能性。如飞机雷达罩要求有透波性、隐身飞机要求有吸波性、客机的内装饰件要求有阻燃性等。

4）满足工艺性要求的原则。由于金属所固有的物理和化学特性，在制造金属基复合材料时，必须满足加工温度高、界面润湿性差及增强体按设计要求分布于基体中的工艺技术问题。

5）成本低、效益高的原则。成本包括初期成本和维修成本，而初期成本包括材料成本和制造成本。效益指减重获得节省材料、提高性能、节约能源等方面的经济效益。

2.2.4.2　基体选择

金属基体在复合材料中占有很大的体积比，连续纤维增强金属基复合材料中，基体占 50%～70%。颗粒增强金属基复合材料中，根据不同性能要求，基体体积比可在 25%～90% 范围内变化，多数为 80%～90%；短纤维、晶须增强金属基复合材料中，基体体积比在 70% 以上，一般为 80%～90%。

（1）金属基体在复合材料中所起的主要作用

① 固结增强体，与增强体一起构成复合材料整体；保护纤维，使之不受环境侵蚀。

② 传递和承受载荷，在颗粒增强金属基复合材料中，基体是主要的承载相；在纤维增强金属基复合材料中，基体对力学性能的贡献也远大于聚合物基体和陶瓷基体在复合材料中的贡献。

③ 赋予复合材料一定形状，保证复合材料具有一定的可加工性。

④ 复合材料的强度、刚度、密度、耐高温、耐介质、导电、导热等性能均与基体的相应性质密切相关。

（2）选择基体的一般原则

目前，用作金属基复合材料的基体主要有铝及铝合金、镁合金、钛合金、镍合金、铜与铜合金、锌合金、铅、钛铝、镍铝金属间化合物等。基体材料成分的正确选择对能否充分组合和发挥基体金属及增强物性能特点、获得预期的优异综合性能、满足使用要求十分重要。在选择基体金属时，应考虑以下 3 个方面：

① 金属基复合材料的使用要求。

金属基复合材料构件的使用性能要求是选择金属基体材料最重要的依据。不同领域、不同工况条件对复合材料构件的性能要求差异非常大，这就要求合理选用不同基体的复合材料。

航天、航空领域，高比强度、比模量、尺寸稳定性是其最重要的性能要求。作为飞行器和卫星构件，宜选用密度小的轻金属合金作为基体，如镁合金、铝合金等。其与高强度、高模量的石墨纤维、硼纤维等复合制成复合材料，可用于航天飞行器、卫星的结构件。

高性能发动机则要求复合材料不仅有高比强度、比模量性能，还要求复合材料具有优良的耐高温性能，能在高温、氧化性气氛中正常工作。这就需要选择钛合金、镍合金及金属间化合物作基体材料。如碳化硅/钛、钨丝/镍基超合金复合材料可用于喷气发动机叶片、转轴等重要零件。

在汽车发动机中，要求其零件耐热、耐磨、导热，并具有一定的高温强度等，同时，又要求成本低廉，适合批量生产，则铝合金作为基体材料较为合适。如碳化硅/铝复合材料、碳纤维、氧化铝/铝复合材料可制作发动机活塞、缸套等零件。

工业集成电路需要高导热、低膨胀的金属基复合材料作为散热元件和基板。选用具有高导热率的银、铜、铝等金属为基体，与高导热性、低热膨胀的超高模量石墨纤维、金刚石纤维、碳化硅颗粒复合成具有低热膨胀系数、高导热率、高比强度和高比模量等性能的金属基复合材料，可能成为解决高集成电子器件的关键材料。

② 金属基复合材料的组成特点。

由于增强物的性质和增强机理的不同，在基体材料的选择原则上有很大差别。

对于连续纤维增强金属基复合材料，纤维是主要承载物体，纤维本身具有很高的强度和模量，而金属基体的强度和模量远低于纤维的性能。因此，在连续纤维增强金属基复合材料中，基体的主要作用应是以充分发挥增强纤维的性能为主，基体本身应与纤维有良好的相容性和塑性，而并不要求基体本身有很高的强度。在研究碳/铝复合材料基体合金优化过程中，发现铝合金的强度越高，复合材料的性能越低，这与基体和纤维的界面状态、脆性相的存在、基体本身的塑性有关。图 2-3 所示为不同铝合金基体复合材料的性能对比。

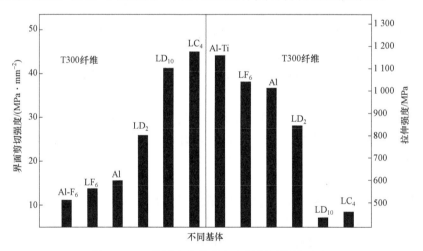

图 2-3　不同铝合金基体复合材料的性能对比

对于非连续增强（颗粒、晶须、短纤维）金属基复合材料，基体是主要承载相，基体的强度对复合材料具有决定性的影响。因此，要获得高性能的金属基复合材料，必须选用高强度的合金为基体，这与连续纤维增强金属基复合材料基体的选择完全不同。

总之，针对不同的增强体系，要充分分析和考虑增强体的特点来正确选择基体合金。

③ 基体金属与增强物的相容性。

由于金属基复合材料需要在高温下成型，所以金属基体与增强体在高温复合过程中，处于高温热力学不平衡状态下的两相之间很容易发生化学反应，在界面形成反应层。这种界面反应层大多呈脆性特征，容易引起纤维断裂，导致复合材料整体破坏。再者，由于基体金属中往往含有不同类型的合金元素，这些合金元素与增强体的反应程度不同，反应后生成的反应产物也不同，需在选用基体合金成分时充分考虑，尽可能选择既有利于金属与增强体润湿复合，又有利于形成合适稳定界面的合金元素。

2.2.4.3　增强体选择

根据其形态，增强体分为连续长纤维、短纤维、晶须、颗粒等。增强体应具有高比强度、高模量、高温强度、高硬度、低热膨胀等，使之与基体金属配合，取长补短，获得材料的优良综合性能。增强体还应具有良好的化学稳定性，与基体金属有良好的浸润性和相容性。

（1）连续纤维

连续纤维长度很长，沿其轴向有很高的强度和弹性模量。根据其化学组成，连续纤维可分为碳（石墨）纤维、碳化硅纤维、氧化铝纤维和氮化硅纤维。纤维直径为 $5.6\sim14\ \mu m$，通常组成束丝使用；硼纤维、碳化硅纤维直径为 $95\sim140\ \mu m$ 时，以单丝使用。

（2）晶须

晶须是在人工控制条件下长成的小单晶，其直径在 $0.2\sim1.0\ \mu m$，长几十微米。由于晶体缺陷很少，其强度接近完整晶体的理论值，可明显提高复合材料的强度和弹性模量。金属基复合材料常用的晶须有碳化硅、氧化铝、氮化硅、硼酸铝等。

（3）颗粒

金属基复合材料的颗粒增强体主要有氧化铝、碳化硅、氮化硅、碳化铁、硼化铁、碳化硼及氧化钇等。这些陶瓷颗粒具有高强度、高弹性模量、高硬度、耐热等优点。陶瓷颗粒呈细粉状，尺寸小于 $50\ \mu m$，一般在 $10\ \mu m$ 以下。陶瓷颗粒成本低廉，易于批量生产，所以目前颗粒增强金属基复合材料越来越受到重视。

2.2.4.4　界面设计

界面是决定金属基复合材料性能是否能够满足需要的关键因素之一，界面设计的目的主要是增强体与基体之间的相容性。相容性是指复合材料在制造和使用过程中各组分之间相互协调、配合的程度。它关系到各组分材料能否有效发挥其作用，也关系到复合材料整体结构和性能是否长期持久稳定。相容性包括两大方面，即物理相容性和化学相容性。而大多数金属基复合材料中，基体对增强体的润湿性不好，必须设法改善。

很多有应用前景的体系中，增强体与基体之间是靠在界面上生成一定的化合物形成结合的，使之成为一个整体并传递载荷。这些化合物一般很脆，必须严格控制。少数体系中增强体与基体结合不好，必须采取措施来增强它们之间的结合。增强体与基体的弹性性能存在着很大的差异，导致界面力学环境复杂化，往往对复合材料的整体性能有害。增强体与基体之间热膨胀系数的不匹配，会在复合材料中产生热残余应力。

为了解决这些问题，必须对界面进行设计，并采用相应的措施。增强体的表面涂覆处理、在基体中添加合金元素、采用有效的强化工艺方法、严格控制工艺参数等，这些措施都只能解决一个或若干个问题。然而，这些问题本身存在着相互矛盾的方面。一个理想的能解决上述所有问题的界面，应是从成分上及性能上由增强体向基体逐步过渡的区域，它能提供增强体与基体之间适当的结合，以便有效传递载荷；它能阻碍基体与增强体过分的化学反应，以免生成过量的有害脆性化合物；通过控制工艺参数达到合适的界面结合强度，满足各种性能的要求。如果过渡层由脆性化合物组成，则不能太厚，它应是界面允许的脆性化合物层的一部分；过渡层与基体接触的外层应能被液态基体很好润湿。

由于复合材料界面的重要性和复杂性，因此，对界面进行优化设计已成为当前广为关注的问题。然而具体实施尚有一定的难度，有待逐步攻克。界面涉及原材料的选择、工艺方法和参数的设定、使用环境和条件的作用等诸多问题，以及这些条件的彼此相互交叉影响。

2.2.5 结构设计

一般来说，复合材料结构设计除了具有包含材料设计内容的特点外，就结构设计本身而言，无论在设计原则、工艺性要求、许用值与安全系数确定、设计方法和考虑的各种因素方面都有其自身的特点，一般不完全沿用金属结构的设计方法。

复合材料结构设计涉及结构形状、所受环境载荷、边界条件及初始条件、连接情况、结构的功能和特点、承载能力和破坏机理与准则、可靠性与安全性、材料的选择及其性能数据库、成本等一系列问题。要想设计出性能优良的复合材料结构或产品，需要多方面的知识和经验，做多方面权衡和比较。

应弄清楚所设计的复合材料结构是刚度控制还是强度控制，是一次使用、多次使用还是长期使用；环境条件如何，有没有湿热问题和老化问题，会不会产生蠕变、松弛和疲劳问题，是静力还是动力问题，结构破坏的后果如何等。要正确安排结构部件的大小及形式，多采用整体部件，以减少连接。要考虑设计方案与制造工艺间的协同。此外，应搞清楚材料成本、加工费用和维修问题，先进技术和先进工艺的实施问题，数值模拟、试验测试同设计工作的结合问题，采用复合材料结构的性能和效益问题等。

下面就复合材料结构设计中的几个主要问题进行论述。

（1）结构设计的一般原则

满足结构的强度和刚度是结构设计的基本任务之一。复合材料的强度理论是一个非常复杂的问题。尽管人们在这一领域内已经做了一些开拓性的研究工作，但距解决一般的实际问题还相差甚远。目前，复合材料的强度理论已有数十种之多，新的准则还在不断出现，但都不够完善和成熟，需要在现有强度理论的基础上加以改进，使之更为合理和精确，并具有较大的理论价值和应用价值。

建立复合材料结构强度规范的目的，就是要避免过于追求性能最佳（高比强、高比刚等）、成本最低而给结构带来可能的失效问题。复合材料结构与金属在满足强度、刚度的总原则上是相同的，但由于材料特性和结构特性与金属的有很大差别，所以复合材料结构在满足强度、刚度的原则上还有别于金属结构。复合材料结构一般采用按使用载荷设计、按设计载荷校核的方法。

为了确保必要的强度和安全性，在结构设计中需确立复合材料结构强度的最低基准。通常要求的强度基准是：① 在使用载荷作用下不发生有害的变形；② 在设计载荷作用下不发生破坏；③ 对于疲劳结构件，应具有安全性，并确保一定的使用寿命。这种强度的最低基准和确立方法会随结构的不同而不同。

（2）使用载荷、设计载荷和安全系数

加载形式及环境因素与复合材料结构设计的关系非常密切。是静载还是动载、载荷的大小和分布、时间因素、支撑条件和变形约束等，会产生各种力学问题。例如，应力与变形场分析、稳定（屈曲）、颤振、动力响应、断裂、疲劳、损伤、蠕变、松弛等，涉及复合材料力学和复合材料结构力学。对于受压、受弯和受剪切及其联合作用的复合材料结构件，有时会产生静力、动力、黏弹性、弹塑性和非线性屈曲问题。因此，确定复合材料结构的受载情况及力学响应是进行复合材料结构设计必不可少的主要环节。

使用载荷是结构在实际使用中受到的最大载荷。设计载荷是使用载荷乘以安全系数。结构在使用中，有可能出现目前的知识和技术还未掌握的附加载荷、材料自身的缺陷、理论不完善、制造工艺精度不高和工艺规范不严格等问题。为了确保结构安全，设计强度应该比计算强度富裕一些，这个设计强度和计算强度的比值称为安全系数。安全系数的确定也是一项非常重要的工作。许用值是结构设计的关键要素之一，是判断结构强度的基准，因此正确地确定许用值是结构设计和强度计算的重要任务之一。

1）许用值的确定。

使用许用值和设计许用值确定的具体方法如下。

① 拉伸时使用许用值的确定方法。拉伸时使用许用值取由下述 3 种情况得到的较小值。第一，开孔试样在环境条件下进行单轴拉伸试验，测定其断裂应变，并除以安全系数，经统计分析得出使用许用值。开孔试样参见有关标准。第二，非缺口试样在环境条件下进行单轴拉伸试验，测定其基体不出现明显微裂纹所能达到的最大应变值，经统计分析得出使用许用值。第三，开孔试样在环境条件下进行拉伸两倍疲劳寿命试验，测定其所能达到的最大应变值，经统计分析得出使用许用值。

② 压缩时使用许用值的确定方法。压缩时使用许用值取由下述 3 种情况得到的较小值。第一，低速冲击后试样在环境条件下进行单轴压缩试验，测定其破坏应变，并除以安全系数，经统计分析得出使用许用值。有关低速冲击试样的尺寸、冲击能量参见有关标准。第二，带销开孔试样在环境条件下进行单独压缩试验，测定其破坏应变，并除以安全系数，经统计分析得出使用许用值，试样参见有关标准。第三，低速冲击后试样在环境条件下进行压缩两倍疲劳寿命试验，测定其所能达到的最大应变值，经统计分析得出使用许用值。

③ 剪切时使用许用值的确定方法。剪切时使用许用值取由下述 2 种情况得到的较小值。第一，±45° 层合板试样在环境条件下进行反复加载、卸载的拉伸（或压缩）疲劳试验，并逐渐加大峰值载荷的量值，测定无残余应变下的最大剪应变值，经统计分析得出使用许用值。第二，±45° 层合板试样在环境条件下经小载荷加载、卸载数次后，将其单调地拉伸至破坏，测定其各级小载荷下的应力 – 应变曲线，并确定线性段的最大剪应变值，经统计分析得出使用许用值。

设计许用值的确定方法是在环境条件下，对结构材料破坏试验进行数量统计后给出的。对破坏试验结果应进行分布检查（韦伯分布还是正态分布），并按一定的可靠性要求给出设计使用值。

2）安全系数的确定。

在结构设计中，为了确保结构安全工作，又应考虑结构的经济性，要求质量小、成本低，因此，在保证安全的条件下，应尽可能降低安全系数。下面简述选择安全系数时应考虑的主要因素。

① 载荷的稳定性。作用在结构上的外力，一般是经过力学方法简化或估算的，很难与实际情况完全相符。动载比静载应选用较大的安全系数。

② 材料性质的均匀性和分散性。材料内部组织的非均质和缺陷对结构强度有一定的影响。材料组织越不均匀，其强度试验结果的分散性就越大，安全系数要选大些。

③ 理论计算公式的近似性。因为对实际结构经过简化或假设推导的公式，一般都是近似的，

选择安全系数时，要考虑到计算公式的近似程度。近似程度越大，安全系数应选取得越大。

④ 构件的重要性与危险程度。如果构件的损坏会引起严重事故，则安全系数应取大些。

⑤ 加工工艺的准确性。由于加工工艺的限制或水平，不可能完全没有缺陷或偏差，因此工艺准确性差，则应取安全系数大些。

⑥ 无损检验的局限性。

⑦ 使用环境条件。

由于复合材料构件在一般情况下开始产生损伤的载荷（即使用载荷）约为最终破坏载荷（即设计载荷）的70%，故安全系数取1.5～2是合适的。

（3）结构设计应考虑的工艺性要求

各类复合材料制造的共同核心问题是将增强体掺入基体，或者将基体浸渗增强体构成的骨架，使之形成相互复合的固态整体。通常增强体为固态，而基体则需经历由液态（或气态、固态）转变为固态的过程。增强体必须按照设计要求的方向和数量均匀分布，最后固定在已转变为固态的基体之中。原位生长复合材料则是基体由液态转变为固态的过程中，按预定的分布与方向原位生长出一定数量比例的增强体（晶须或颗粒）。

复合材料制造中的关键问题包括：对增强体尽量不造成机械损伤；使增强体按规定方向规则排列并均匀分布；基体与增强体之间产生良好的结合。

选择复合材料的制造工艺是指选择其工艺方法和工艺参数。复合材料结构设计时，结构方案的选取和结构细节的设计对工艺性的好坏也有重要影响。主要复合材料制造工艺已有几十种，分别用于不同的复合材料体系。它们都需要依赖一系列的专用或通用性设备。工艺方法和工艺参数的选择直接影响上述制造要求中所提到的3个关键问题，其中尤其以获得增强体与基体良好结合最为重要。

（4）结构设计与应考虑的其他因素

复合材料结构设计除了要考虑强度和刚度、稳定性、连接接头设计等以外，还需要考虑功能性因素，如电、热、磁、光等特性，实现结构–功能一体化设计。

2.3 复合效应

复合材料无论是力学性能还是物理性能，都取决于组元的形状、尺寸、分布（包括连续性、取向等）和界面状态。复合材料的整体性能并不是其组分材料性能的简单叠加或者平均，这其中还涉及一个复合效应的问题。将A、B两种组分复合起来，得到既具有A组分性能特征又具有B组分性能特征的综合效果，称为复合效应。复合效应实质上是由于组分A与组分B的性能及它们之间所形成的界面性能相互作用和相互补充，使复合材料的性能在其组分材料性能的基础上产生线性或非线性的综合性能。不同组分复合后，可能发生的复合效应主要有线性效应和非线性效应两种。其中，线性复合效应主要包括平均效应、平行效应、相补效应和相抵效应；非线性复合效应主要包括相乘效应、诱导效应、系统效应和共振效应，如图2-4所示。以上各种效应的存在，决定了复合材料性能的多样性和可设计性。

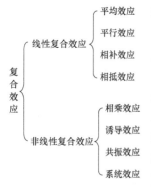

图 2-4　复合效应的种类

2.3.1 线性复合效应

（1）平均效应

平均效应是最常见的一种复合效应，又称混合效应，是组分材料性能取长补短共同作用的结果。它是组分材料性能比较稳定的总体反映。对局部的扰动反应并不敏感。它满足熟知的混合定律，即复合材料的某项性能随合金组元材料的体积含量的变化呈线性改变。通常，薄弱环节、界面、工艺因素等对混合效应没有明显作用。

（2）平行效应

平行效应是最简单的一种线性复合效应。它指复合材料的某项性能与其中某一组分的该项性能基本相当。例如，玻璃纤维增强环氧树脂的耐蚀性能与基体环氧树脂相当，即表明玻璃纤维增强环氧树脂复合材料在耐化学腐蚀性能上具有平行复合效应。

（3）相补效应

复合材料中各组分复合后，可以相互补充，弥补各自弱点，从而产生优异的综合性能，这是一种正的复合效应。

（4）相抵效应

各组分之间出现性能相互制约，结果使复合材料的性能低于混合定律预测值，这是一种负的复合效应。例如，当复合状态不佳时，陶瓷基复合材料的强度往往产生相抵效应。

2.3.2 非线性复合效应

非线性复合效应是指复合材料的性能不再与组元性能呈线性关系，它使复合材料的某些功能得到强化，从而超过组元按体积分数的贡献，甚至具有组元所不具备的新功能。

（1）相乘效应

相乘效应是指把两种具有能量（信息）转换功能的组分复合起来，使它们相同的功能得到复合，而不同的功能得到新的转换。例如，将一种具有 X/Y 转换性质的组元与另一种具有 Y/Z 转换性质的组元复合，结果得到具有 X/Z 转换性质的复合材料。

功能复合材料的相乘效应有多种，见表 2-1。

表 2-1 功能复合材料的相乘效应

A 组元性质 X/Y	B 组元性质 Y/Z	相乘性质 X/Z
压磁效应	磁阻效应	压阻效应
压磁效应	磁电效应	压电效应
压电效应	场致发光效应	压力发光效应
磁致伸缩	压电效应	磁电效应
磁致伸缩	压阻效应	磁阻效应
光电效应	电致伸缩效应	光致伸缩
热电效应	场致发光效应	红外光转换可见光效应
辐照-可见光效应	光-导电效应	辐照诱导导电
热致变形	压敏效应	热敏效应
热致变形	压电效应	热电效应

（2）诱导效应

它是指在复合材料两组分（两相）的界面上，一相对另一相在一定条件下产生诱导作用（如诱导结晶），使之形成相应的界面层，这种界面层结构上的特殊性使复合材料在传递载荷的能力上或功能上具有特殊性，从而使复合材料具有某种特殊的性能。

（3）系统效应

将不具备某种性能的各组分通过特定的复合状态复合后，使复合材料具有单个组分不具有的某种新性能。系统效应的经典例子是利用彩色胶卷分别感应蓝、绿、红 3 种感光乳剂层，即可记录宇宙间千变万化异彩纷呈的各种绚丽色彩。系统效应在复合材料中的体现尚有待说明。

（4）共振效应

共振效应又称强选择效应，是指某一组分 A 具有一系列的性能，与另一组分复合后，能使 A 组分的大多数性能受到抑制，从而使其中某一项性能充分发挥。如实现导电不导热、一定几何形态均有固有频率、适当组合产生吸振功能等。

非线性复合效应中、多数效应尚未被认识和利用，有待于研究和开发。从某种意义上来讲，复合材料作为一门学科所研究的正是这种复合效应。复合材料可看作是一种多层次的结构。复合效应贯穿于从微观、细观到宏观的各个层次和各个层次之间，再加上对某些问题的研究尚不透彻，因而对复合效应做全面的论述在目前是不可能的。

2.4　复合准则

对复合材料进行设计和性能预测、性能分析时，需要用到复合材料理论，这就要求建立组分性能、复合方式与复合材料整体性能之间的联系。基于此，人们提出了很多种复合理论，以推动复合材料设计技术的发展。

2.4.1　力学性能复合准则

2.4.1.1　增强原理

根据增强材料形状的不同，复合材料可大致分为弥散强化、颗粒增强和纤维增强 3 种。弥散强化和颗粒增强的主要区别在于粒子直径大小不同。对于弥散强化复合材料，载荷主要由基体负担，分散微质点阻碍基体中的位错运动，质点阻止位错运动的能力越大，强化效果越好；颗粒增强复合材料的增强原理与弥散强化存在差异，尽管载荷主要由基体承担，但颗粒也承受载荷并约束基体的变形；而纤维增强复合材料在受力时，纤维承受大部分载荷，基体主要作为媒介传递和分散载荷。

（1）弥散强化（$<1~\mu m$）

该类复合材料是由细小弥散的硬质颗粒与金属基体复合而成的。常见的硬质颗粒（增强体）主要包括金属氧化物、碳化物和硼化物等，如 Al_2O_3、TiC、SiC。在该类复合材料中，增强体主要通过与位错发生相互作用来起到强化的效果。由于增强体为不可变形的硬质颗粒，故强化主要通过 Orowan 绕过机制来实现。此时，外加载荷主要由基体承担，细小弥散的硬质颗粒（质点）则阻碍位错在基体中的运动，起增强作用。

如图 2-5 所示，材料承受外加载荷时，位错会在切应力 τ 的作用下发生滑移。当移动位错遭遇增强体时，由于硬质点不可被切过而发生变形，位错线将发生弯曲，此时可得到位错线弯曲部分的曲率半径 $R = G_m b / (2\tau)$，式中，G_m 为基体剪切模量，b 为位错柏氏矢量 $\boldsymbol{b}$ 的模，τ 为位错线绕过颗粒所需的切应力。显然，增强体阻碍位错运动的能力越大，强化效果就越好。

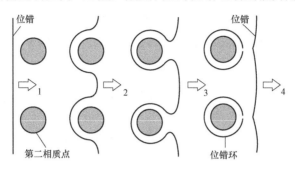

图 2-5　Orowan 位错绕过机制示意图

若增强体之间的平均间距为 D_p，当位错线曲率半径 R 在切应力的作用下增大至 $D_p/2$ 时，复合材料将发生塑性变形，此时对应的切应力即为复合材料的临界分切应力，有

$$\tau_c = G_m b / D_p \tag{2-1}$$

对于常见的金属结构材料而言，剪切模量 $G = 10 \sim 100$ GPa，对于柏氏矢量 $b = a<hkl>/n$ 的位错，其强度为 $|b| = a\sqrt{h^2 + k^2 + l^2} / n$，同时，基体的理论断裂切应力为 $G_m/30$，屈服时的临界分切应力为 $G_m/100$。若假设这两个值分别为位错运动所需切应力的上、下限，即可得出具有增强作用的增强体平均间距的上、下限分别为 0.3 和 0.01 μm。换句话说，对于细小弥散的增强体颗粒而言，当颗粒平均间距在 0.01～0.3 μm 时，可以起到有效的强化。

除了平均间距以外，增强体的尺寸也直接影响着复合材料的性能。若假设颗粒的直径为 d，体积分数为 V_p，且颗粒分布均匀弥散，便可根据体视金相学得到如下关系：

$$D_p = \sqrt{2d^2 / (3V_p)}(1 - V_p) \tag{2-2}$$

随后将等式（2-2）代入等式（2-1）中，可得到

$$\tau_c = \frac{G_m b}{\sqrt{2d^2 / (3V_p)}(1 - V_p)} \tag{2-3}$$

此时复合材料的屈服强度为

$$\sigma_y = M\tau_c = \frac{MG_m b}{\sqrt{2d^2 / (3V_p)}(1 - V_p)} \tag{2-4}$$

其中，$M = 3.06$，为泰勒因子。从等式（2-3）和等式（2-4）中可以看到，细化增强体并提高其体积分数可以有效提升复合材料的强度。通常情况下，为了降低加工成本并获得更优良的综合性能，设计过程中通常保持 $V_p = 1\% \sim 15\%$，$d = 0.1 \sim 0.01$ μm。

（2）颗粒强化（>1 μm）

当增强体与位错的尺寸不可比（不在一个数量级上）时，颗粒-位错相互作用不再是强化效果的主要来源。虽然加载过程中的载荷仍主要由基体承受，但颗粒也承受载荷并约束基体的变形。此时颗粒增强的机制与弥散强化机制不同，强化作用更多来源于载荷的分配，即

高强的硬质增强体承受较大载荷，而基体承担较小载荷，宏观体现为复合材料的强度较基体出现显著提升。

在外加载荷的作用下，由于基体与增强相强度存在差异，会在颗粒上产生应力集中，有

$$\sigma_i = n\sigma \tag{2-5}$$

其中，σ 为复合材料平均强度。根据位错理论，应力集中因子为 $n = \sigma D_p / (G_m b)$，则有

$$\sigma_i = \sigma^2 D_p / (G_m b) \tag{2-6}$$

当 σ_i 达到增强颗粒的强度 σ_p 时，颗粒将发生破坏，产生裂纹。此时假定颗粒破坏的强度 σ_p 为 G_p / C（其中 C 为比例系数），有

$$\sigma_i = \sigma^2 D_p / (G_m b) = \sigma_p = G_p / C \tag{2-7}$$

重排等式（2-7）可得到

$$\sigma_y = \sqrt{G_p G_m b / (D_p C)} \tag{2-8}$$

随后将等式（2-2）代入等式（2-8）中，大颗粒增强复合材料的屈服强度即可根据下式得到

$$\sigma_y = \sqrt{\frac{(1.5 V_p)^{0.5} G_p G_m b}{d(1 - V_p) C}} \tag{2-9}$$

从等式（2-9）中可以看到，增强体尺寸 d 越小，体积分数 V_p 越高，则复合材料的强度越高，颗粒对复合材料的增强效果越好。这一点与细小弥散颗粒的作用是一致的。同样，在大颗粒增强复合材料实际的设计过程中，为了获得更优良的综合性能并减小制备成本，增强颗粒的直径通常为 $1 \sim 50\ \mu m$，颗粒间距保持在 $1 \sim 25\ mm$，颗粒体积分数控制在 $5\% \sim 50\%$。

（3）纤维强化

纤维增强复合材料包括连续（长）纤维及不连续（短）纤维/晶须增强复合材料两种。这类复合材料在承受外加载荷时，高强度、高模量的增强纤维承受大部分载荷，而基体主要作为媒介，传递、分散载荷并起提高体系韧性的作用。

该类复合材料的力学性能除了与纤维和基体的本征性能、纤维体积分数有关以外，还与纤维和基体界面的结合强度、基体剪切强度，以及纤维排列、分布方式和断裂形式等多种因素有关。其中，长纤维增强复合材料中的增强纤维往往保持同向有序排列，宏观体现为材料具有强烈的性能各向异性，沿纤维排列方向（纵向）与垂直纤维方向（横向）的性能差异巨大，纵向通常表现出极高的强度及模量。

由于长纤维增强复合材料工程上都设计其纵向为主要承载方向，因此下面主要介绍纵向加载时的符合准则，横向性能可参阅其他相关文献。通常纤维增强复合材料的纵向的弹性模量可以根据简单的并联模型得到：

$$E_c = k_E [E_f V_f + E_m (1 - V_f)] \tag{2-10}$$

其中，E_f 和 E_m 分别为纤维和基体的弹性模量；V_f 为增强纤维的体积分数；k_E 为比例系数。类似地，断裂强度可写为

$$\sigma_c = k_\sigma [\sigma_f V_f + \sigma_m (1 - V_f)] \tag{2-11}$$

式中，σ_f 和 σ_m 分别为纤维和基体的弹性模量；k_σ 为比例系数。等式（2－10）和等式（2－11）通常被称为混合定律。

相比之下，对于具有特定取向的短纤维增强复合材料，由于端头效应不可忽略，材料性能是纤维长度的函数。为了使纤维承载达到纤维的最大许用应力，纤维的长度必须大于临界纤维长度 l_c 或临界长径比 l_c/d，满足上述条件时，也可根据等式（2－10）和等式（2－11）对复合材料的性能进行估算。然而实际上，制备过程中难以保持完美的定向性，短纤维的强化效果也会随着定向程度的改变而改变，通常可根据实际情况使用比例系数进行修正。

需要注意的是，上述所有强化作用的讨论均是在增强体与基体结合良好的前提下得到的。

2.4.1.2　增强系数

强度增强率 F 是复合材料强度与基体强度之比，即 $F = \sigma_c/\sigma_m$，体现复合材料的增强效果。图 2－6 为室温下各类复合材料的强度增强率。根据等式（2－4），可得到细小弥散颗粒增强复合材料的强度增强率为

$$F_p = \sigma_y / \sigma_m = \tau_c / \tau_m = \frac{G_m b \sqrt{1.5 V_p}}{d(1 - V_p)\tau_m} \tag{2-12}$$

令 $\tau_m = G_m/100$，则有

$$F_p = \frac{100 b \sqrt{1.5 V_p}}{d(1 - V_p)\tau_m} \tag{2-13}$$

类似地，根据等式（2－9）可得到大颗粒增强复合材料强度增强率为

$$F_p = \sigma_y / \sigma_m = \sqrt{\frac{(1.5 V_p)^{0.5} G_p G_m b}{d(1 - V_p)C}} \Big/ \sigma_m \tag{2-14}$$

令 $\sigma_m = M\tau_m = MG_m/100$，则有

$$F_p = \frac{100}{M} \sqrt{\frac{(1.5 V_p)^{0.5} G_p b}{d(1 - V_p)CG_m}} \tag{2-15}$$

从等式（2－13）和等式（2－15）中可以看到，在颗粒增强复合材料中，强度增强率 F 与颗粒体积分数 V_p、直径 d 及其分布密切相关，即，增强体颗粒越细小，F 值越大。对于细小弥散颗粒而言，颗粒尺寸在 0.01～0.1 μm 时，F 的值为 4～15，增强效果显著，但细小颗粒在制备过程中团聚趋势很强，导致制备难度及成本大幅增加。而当颗粒较大（0.1～1 μm）时，$F_s = 1～3$，增强效果大为下降，这是由于质点尺寸在此范围内，易产生应力集中，不利于获得较优的综合性能。但是此时制备成本及难度也将大幅下降。总的来说，增强体种类、尺寸的选择是一个多方面因素综合考虑的折中结果。

同样，根据等式（2－11）可得到纤维增强时的强度增强率：

$$F_f = \sigma_c / \sigma_m = k_\sigma(\sigma_f V_f / \sigma_m + 1 - V_f) \tag{2-16}$$

纤维增强复合材料的强度增强率是纤维体积分数 V_f、纤维直径 d_f、纤维长度 l、纤维纵横比 l/d_f、基体强度及界面强度的函数。其中与界面的强度关系密切，高的界面强度可实现高效可靠的载荷传递，起到优异的增强效果。相比于颗粒增强复合材料，纤维增强不仅

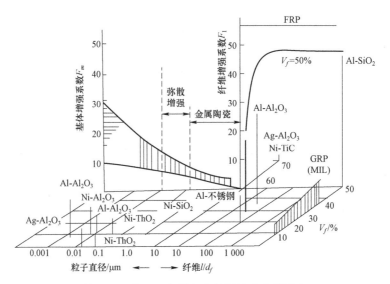

图 2-6 室温下各类复合材料的强度增强率

具有更大的强化效果（强度增强率通常为 30～50），同时也兼具较好的高温特性。尽管如此，该类复合材料体现出强烈的性能各向异性，通常只适合在特定服役条件下使用，选择合适的增强类型是结合实际服役环境综合考虑的结果。

2.4.1.3 性能准则

复合材料具有比强度高、比模量大、抗疲劳性能及减振性能好等优点，用于承力结构的复合材料，利用的就是复合材料这种优良的力学性能；而利用各种物理、化学和生物功能的功能复合材料，在制造和使用过程中，也必须考虑其力学性能，以保证产品的质量和使用寿命。

（1）刚度

复合材料力学性能一般满足组分性能按体积分数加和的混合律。复合材料的刚度特性由组分材料的性质、增强材料的取向和所占的体积分数决定。复合材料的力学研究表明，对于宏观均匀的复合材料，弹性特性的复合是一种混合效应，表现为各种形式的混合律。

如单向复合材料纵向弹性模量满足并联模型的混合律：

$$E_C = E_f \varphi_f + E_m \varphi_m \qquad (2-17)$$

式中，E 为弹性模量；φ 为体积分数。

单向复合材料横向弹性模量满足串联模型的混合律：

$$E_C = \frac{\varphi_f}{E_f} + \frac{\varphi_m}{E_m} \qquad (2-18)$$

单向复合材料在一般情况下力学性能的混合律通式为

$$X_C = X_A^n \varphi_A + X_B^n \varphi_B \qquad (2-19)$$

式中，X 为某项力学件能；下标 A、B 表示组分；n 为指数幂，并联模型中，$n=1$，串联模型中，$n=-1$。

复合材料的细观力学的有效（宏观）模量，通过给出简化假设、抽象出几何模型、构造力学和数学模型，然后进行分析求解，以建立弹性模量与材料细观结构之间的关系，但能找到严格解的，目前只有颗粒增强和单向连续纤维增强复合材料。从实际应用角度来讲，不需要追求严格解。由于制造工艺、随机因素的影响，在实际复合材料中不可避免地存在各种不均匀性和不连续件。残余应力、空隙、裂纹、界面结合不完善等，都会影响到材料的弹性性能。此外，纤维（粒子）的外形、规整性、分布均匀性也会影响材料的弹性性能。但总体而言，复合材料的刚度是材料相对稳定的宏观反映，理论预测相对于强度问题要准确得多、成熟得多。

（2）强度

复合材料强度的复合是一种协同效应，从组分材料的性能和复合材料本身的细观结构导出其强度性质，即建立类似于刚度分析中混合律的协同率时，遇到了困难。复合材料的破坏是一个动态的过程，且破坏模式复杂。各组分性能对破坏的作用机理、各种缺陷对强度的影响，均有待具体深入的研究。事实上，对于最简单的情形，即单向复合材料的强度和破坏的细观力学研究，也还不成熟。其中研究最多的是单向复合材料的轴向拉伸强度，但仍然存在许多问题。试验表明，加载到极限载荷的 60% 时，就有部分纤维发生断裂。

复合材料强度问题的复杂性来自可能的各向异性和不规则的分布，诸如通常的环境效应，也来自不同的破坏模式，并且同一材料在不同的条件和不同的环境下，断裂有可能按不同的方式进行。这些包括基体和纤维（粒子）的结构变化，例如，由于局部的薄弱点、空穴、应力集中引起的效应。除此之外，界面黏结的性质和强弱、堆积的密集性、纤维的搭接、纤维末端的应力集中、裂缝增长的干扰及塑性与弹性响应的差别等，都有一定的影响。复合材料的强度和破坏问题有着复杂的影响因素，且具有一定程度的随机性。近年来，强度和破坏问题的概率统计理论正日益受到人们的重视。

2.4.2　物理性能复合准则

复合材料的物理性能主要有热学性质、电学性质、磁学性质、光学性质、摩擦性质等（见表 2-2）。复合材料的物理性能由组分材料的性能及其复合效应所决定。

表 2-2　复合材料的主要物理性质

热学性质	电学、磁学性质	光学性质	摩擦性质	其他性质
热膨胀率	导电性	透光性		
热导率	绝缘性	蔽光性		减振性
比热容	压电性	吸光性		隔声性
热变性温度	热电性	折射率		吸湿性
玻璃化温度 T_g	介电性	光反射性	摩擦系数	吸气性
熔点 T_m	半导体性	光敏性	磨损率	透气性
隔热性	磁性	紫外线吸收性		吸波性
热辐射	电磁波吸收性	红外线吸收性		放射线吸收性
耐热冲击	电磁波反射性	耐光性		

复合材料许多物理性能的实际复合效果已为人们所熟知，但通过定量关系来预测这种作用的理论则远远落后于复合材料的力学性能，因此，物理性能的复合效应现在仍需依靠大量的经验来判断，作为粗略的近似，经常应用如下通式的混合定律：

$$P_c^n = \sum P_i^n V_i \qquad (2-20)$$

式中，P_c 和 P_i 分别是复合材料和组分的某些性质；V_i 为组分的体积分数，并联模型时，$n=1$，串联模型时，$n=-1$。

物理和化学性能的复合规律，如密度、比热容、介电常数、磁导率等简单物理性能符合线性法则，其中电导率、电阻、磁导率和热导率等物理性能的复合法则与力学性能一样，混合物定律大致是成立的。

2.4.3　组合复合

组合复合效应主要是指组分复合后产生了两种或两种以上的优越性能。随着复合材料逐渐向结构功能一体化的方向发展，许多力学性能优异的复合材料同时要求具有其他的功能性。下面列举几个典型的例子。

（1）热性能与力学性能的组合

在高温环境下使用的复合材料，除优异的力学性能外，还要求具有良好的耐热、耐烧蚀性能，如用于高速动能导弹、航空航天飞行器等的隔热、防护材料。

（2）电性能/热性能/力学性能的组合

如在传统的导电材料中加入增强物质，以提高其强度和耐热能，如 Al_2O_3/Cu 弥散强化复合体系具有很高的强度，使用温度可达 600 ℃，而导电性能与铜相比，几乎没有下降，可满足电气产品高性能、高容量的需求。

（3）吸波性能/热性能/力学性能的组合

在飞机、导弹、坦克、舰艇等各种武器装备要求防护能力越来越高的同时，还要求其同时具有隐身功能，通过吸收侦察电波、衰减反射信号，从而突破敌方雷达的防区，以减少武器系统遭受红外制导导弹和激光武器袭击的一种方法。

（4）摩擦性能与力学性能的组合

复合材料在这方面的应用主要有运动导轨、轴承、齿轮及车辆和工程机械的传动、制动摩擦衬片。除了要求材料具有高的抗冲击、抗压、抗剪切强度及合适的硬度等力学特性外，更主要的是针对不同情况，要有适当的摩擦系数和低的磨损量。

2.5　复合材料设计的新途径

2.5.1　复合材料的一体化设计

在传统材料的设计中，较少考虑材料的结构与制造工艺问题，设计与材料在一定程度上是相对独立的。但复合材料与之不同，其性能往往与结构及工艺有很强的依赖关系。复合材料最显著的特点之一就是材料与构（零）件成型的一致性，这要求结构设计与材料设计同步、结构成型与材料制造同时完成，从而决定了复合材料构件设计—材料—工艺—评价密不可分，进行一体化设计。

复合材料结构一体化设计最典型、最成功的应用就是飞机结构用复合材料的使用。飞机复合材料结构一体化的设计是一项同时实现设计—制造—使用—维修一体化和结构承载—结构功能闪电防护一体化的综合优化设计系统工程。在飞机使用寿命期内，避免由疲劳、环境影响、制造缺陷或意外损伤引起的灾难性破坏。同时，又要避免复合材料结构规模化应用，材料固有特性带来的潜在的闪电、阻燃性、热损伤等危害引起的安全问题。例如，20 世纪 80 年代末，波音公司放弃了壁板组合机身结构方案，通过运用整体筒壳机身一体化设计技术，使波音 737 机身减少了 31 500 个零件。

复合材料的材料—设计—工艺—评价一体化技术是未来发展的趋势，它可以有效地促进产品结构的高度集成化，并保证产品的高效及高可靠性。

2.5.2　复合材料及其结构的软设计

随着科学的发展，社会的进步，产生了硬科学向软化方向发展的倾向，并且迅速渗透到许多学科、工程技术领域。硬科学软化使人们逐渐学会正确处理不确定性（随机性、模糊性和未确知性）因素，充分利用人类经验合理解决问题。复合材料及其结构软设计，就是利用软科学理论、手段来进行复合材料设计。例如，以复合材料最大拉应力准则 $\sigma \leqslant 860$ MPa 作为设计基准时，则意味着 $\sigma = 860$ MPa 是允许的，而 $\sigma = 861$ MPa 则是不被允许的，但二者并无实质性差别。实际上，这里的允许概念是相对的、模糊的，不是绝对的。

把模糊集合人为地规定成有明确边界的普通集合，就造成了矛盾，这个矛盾只有用软科学手段才能解决。此外，材料及结构在使用中会有很多不确定的随机性因素，确定性判据忽略了这些随机性因素，不能说明结构在使用期间的可靠性。目前软科学理论发展十分迅速，已渗透到地质、采矿、地震工程，甚至投资、管理等各个科学领域，出现了许多新学科，如工程软设计理论、结构软设计理论等。复合材料科学也将向软化方向发展，其原因大致有以下 3 点：

① 软科学方法可以克服传统设计中的缺陷。强度允许范围具有模糊性和随机性。如果某一个次要构件的应力稍大于许用应力，只要总的方案可行，仍可采用。而传统设计，尤其是应用计算机设计时，任何约束条件的微破坏，整个方案即被否决。因此，有可能错过非常优秀的设计方案，甚至最适用方案。这个矛盾只有用软科学手段来解决。

② 复合材料及其结构自身有不确定因素。复合材料性能受诸多因素如组分材料的性能、尺寸、体积分数、分布、界面形态、成型工艺等的影响。这些因素存在较大程度的未确知性、模糊性。此外，由于认识的局限性，人为地造成了许多不确定因素，这同样需要软科学手段来解决。

③ 复合材料及其结构使用工况有不确定因素。由于使用过程中环境载荷的不确定性，使得复合材料结构所承受的载荷及其响应很难用数据或函数关系准确地表示出来，具有随机性、模糊性和未确知性，也需要用软科学手段解决。

2.5.3　复合材料的宏观、细观（介观）及微观设计

从复合材料的宏观、细观和微观结构角度来看，可将复合材料分为单向连续纤维增强复合材料、含夹杂复合材料、层状复合材料、蜂窝夹心板壳、编织复合材料和功能梯度复合材

料，如图 2-7 所示。

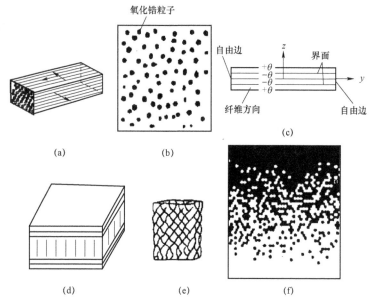

图 2-7　典型复合材料结构

（a）单向纤维增强复合材料；（b）含夹杂复合材料；（c）层状复合材料；（d）蜂窝夹心复合材料；

（e）编织复合材料；（f）功能梯度复合材料

不同结构的复合材料具有各自特定的细观结构形式，对其进行细观力学研究是目前行之有效的手段之一。复合材料细观力学的核心任务是建立复合材料结构在一定工况下的响应规律，为复合材料的优化设计、性能评价提供必要的理论依据和手段。为此，需要了解复合材料的宏观性能同其组分材料性能及细观结构之间的定量关系，揭示不同的材料组合具有不同宏观性能的内在机制，并回答诸如为什么该种复合材料具有如此高的强度、刚度及断裂韧性等问题。

目前，预测复合材料有效性能的细观力学体系较为完善，但由于复合材料损伤和破坏过程的多层次性和相互关联性，复合材料强度及断裂韧性等性能预测的细观力学方法尚未形成完备的理论体系。比如，组分材料的性能，如纤维的强度往往具有较大的统计分散性。这种分散性导致材料破坏过程十分复杂，已经断裂的纤维无疑会影响到尚未断裂纤维的完整性，这种相互作用是复合材料细观强度模型的复杂所在。如果能够考虑到组分材料的性能和细观结构的随机性及它们之间的破坏相关性，建立这一耗散结构的统计模型，相信可以正确预测材料的宏观性能，揭示复合材料细观结构的演化规律。

2.5.4　复合材料及其结构的虚拟设计

模型仿真的方法就是利用相似理论将实际结构模型化后做试验，按相似准则找出各参数之间的函数关系，进而为工程结构设计提供合理的参考数据。相似性原理是几何学相似概念的推广，属线性范畴，其应用范围具有一定的局限性。复合材料及其结构有关的许多特性及性能都是非线性的，如含夹杂复合材料的宏观弹性模量与夹杂的体积分数的关系是非线性的，因此，仅靠比例模型是无法给出实际复合材料及其结构的性能的。

现代工业的高速发展对产品结构的性能和可靠性提出了越来越高的要求。计算机虚拟技术能够在抽象的数学模型上进行反复的仿真试验，可大大降低研制开发费用、缩短研制周期。特别是能解决试验中难以解决的问题，避免危险试验对生命财产的危害。复合材料的虚拟设计是一种运用虚拟技术进行设计的方法，过程复杂，因此计算机仿真比较适用。计算机虚拟仿真技术，就是在计算机上实现复合材料的设计、制造、功能测试和优化设计等本质过程。例如，美国波音 777 客机的研制，从整机设计、制造、各部件性能的测试、组装都是通过虚拟技术实现的。其流程框图如图 2－8 所示。

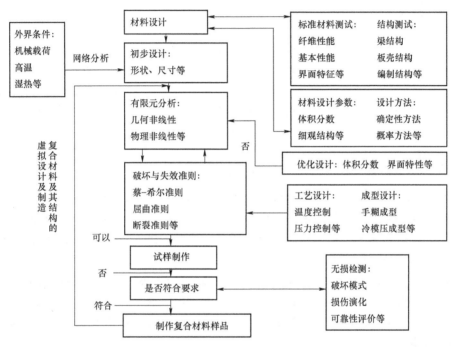

图 2－8　复合材料虚拟设计流程图

虚拟设计的优势在于：

① 可以研究任何一个设计参量单独变化时对复合材料及其结构性能的影响，如材料常数、宏/细微观结构的几何参数、边界条件、初始条件等的变化对复合材料结构的强度、刚度、稳定性、可靠性等的影响。

② 可避免大量复合材料及其结构的制造过程和重复性试验，节约大量人力、物力。

③ 复合材料及其结构的设计、制造、性能优化及性能测试都可在计算机上完成，因此，虚拟设计技术可大大缩短新型复合材料的研制周期。

④ 可处理数学上无法求解或现有条件无法实现的过程。建立数学模型后进行虚拟试验，通过计算机仿真找到最佳方案，而让物理模型试验用于校核。

在复合材料虚拟设计的基础上更进一步，开展智能制造系统研究将是未来发展趋势。复合材料一体化制造系统是根据材料设计、结构设计、工艺及可靠性评价平行发展的概念。一般来说，复合材料实际制造系统是由实际物理系统、实际信息系统和实际控制系统 3 部分组成的。实际物理系统包括所有物质实体，如材料、设备、模具、控制器等；实际信息系统包括信息处理与决策，如信息传递、设计等。而虚拟制造系统是由虚拟物理系统、虚拟信息系统和虚拟控制系统组成的。复合材料智能制造系统则是由虚拟制造系统和实际制造系统组成的。虚拟物理系统可以根据所需要的产品、现存设备和材料形成，而实际物理系统由选择的设备、材料（包括它们的组分）和输入到虚拟信息系统中的初始工艺参数确定。实际工艺参数由来自虚拟物理系统的信息输出所调整的虚拟信息系统和虚拟控制系统确定。实际信息系统通过与虚拟传感信号的在线比较，确定适当的调整工艺参数。通过无损评价，产品最后的性能及指标可被确定下来。

参考文献

［1］罗宋靖. 复合材料液态挤压［M］. 北京：冶金工业出版社，2002.

［2］张国定，赵昌正. 金属基复合材料［M］. 上海：上海交通大学出版社，1996.

［3］李顺林，王兴业. 复合材料结构设计基础［M］. 武汉：武汉工业大学出版社，1993.

［4］王荣国，武卫莉，谷万里. 复合材料概论［M］. 哈尔滨：哈尔滨工业大学，2015.

［5］陶杰，赵玉涛，潘蕾，等. 金属基复合材料制备新技术导论［M］. 北京：化学工业出版社，2007.

［6］吴人洁. 复合材料［M］. 天津，天津大学出版社，2000.

［7］Schwartz M M. Composite Materials Handbook［M］. New York：McGraw–Hill，1984.

［8］Allen R H，Bose A. A hybrik knowledge–based system for preliminary composite materials design［C］. New York：Proceedings of ASME International Computers in Engineering Conference，1987：51–57.

［9］Sticklen J，Kamel A，Hawley M，et al. An artificial intelligent–based design tool for thin film composile materials［J］. J Applied Artificial Intelligence，1992（6）：382–390.

［10］Lee J A，Mykkanen D L. Metal and Polymer Matrix Composites［J］. Noyes Data Corporation，1987.

［11］黄文虎，杜善义，等. 复合材料与现代机械结构设计，1999/2000 中国科学技术前沿［M］. 北京：高等教育出版社，2000.

［12］王光远. 工程软设计理论［M］. 北京：科学出版社，1992.

［13］杜善义，王彪. 复合材料细观力学［M］. 北京：科学出版社，1988.

［14］Eshelby J D. The determination of the elastic field of an ellipsoidal inclusion and related problems［J］. Proceedings of the Royal Society，1957（A241）：376–396.

［15］Hill R. A self–consistent mechanics of composite materials［J］. Journal of the Mechanics and Physics of Solids，1965（13）：213–222.

［16］Budiansky B. On the elastic moduli of some heterogeneous materials［J］. Journal of the Mechanics and Physics of Solids，1965（13）：223–227.

［17］Hashin Z，Shtrikman S. A variational approach to the elastic behavior of multi phase materials［J］. Journal of the Mechanics and Physics of Solids，1963（11）：119–134.

［18］Hashin Z，Shlrikman S. The elastic moduli of heterogeneous materials［J］. J Appl Mech，1962（29）：143–150.

［19］Bruggeman D A G. Berechnung verschiedener physikalischerb konstanten von heterogenen substanzen. Dielektrizi laetskonstanten und Leitfaehigkeiten der Mischkoerper aus isotropen Substanzen [J]. Annalen der Physik，1935（24）：636－679.

[20] Chou T W，Nomura S，Taya M. A self－consistent approach to the elastic stiffness of short－fiber composites [J]. J Comp Mater，1980（14）：178－188.

[21] Wu T T. The effect of inclusion shape on the elastic moduli of a two－phase material[J]. Int J Solids and Struct，1966（2）：1－8.

[22] Kerner E H. The elastic and thermal－elastic properties of composite media[J]. Proceedings of the Physical Society，London，1956（B69）：807－808.

[23] Smith J C. Correction and extension of Van Der Poel's method for calculating the shear modulus of a particulate composite[J]. J Research of the National Bureau of Standards，1974（78A）：355－362.

[24] Christensen R M，Lo K H. Solution for effective shear properties in three phase sphere and cylinder models [J]. Journal of the Mechanics and Physics of Solids，1979，27：315－330.

[25] Roscoe A N. The viscosity of suspensions of rigid spheres [J]. British Journal of Applied Physics，1952（3）：267－269.

[26] Mclaughlin R. A study of the differential scheme for composite materials [J]. International Journal of Engineering Science，1977（15）：237－244.

[27] Taya M，Mura T. On stiffness and strength of an aligned short－fiber reinforced composite containing fiber－end cracks under uniaxial applied stress [J]. Journal of Applied Mechanics，1981（48）：361－367.

[28] Mori T，Tanaka K. Average stress in matrix and average elastic energy of materials with misfitting inclusions [J]. Acta Metallurgica，1973（21）：571－574.

[29] Zhao Y H，Weng G J. Effective elastic moduli of ribbon－reinforced composites[J]. Journal of Applied Mechanics，1990（57）：158－167.

[30] Christensen R M. A critical evaluation for a class of micromechanics models [J]. Journal of the Mechanics and Physics of Solids，1990（38）：379－404.

[31] 吴林志. 含夹杂和分布裂纹弹性介质的细观理论 [D]. 哈尔滨：哈尔滨工业大学，1992.

[32] 杜善义，吴林志. 含球夹杂复合材料的力学性能分析[J]. 复合材料学报，1994，11（1）：105－111.

[33] Wu L Z，Meng S H，Du S Y. The overall response of composite materials with inclusions [J]. International Journal of Solids and Structures，1997（34）：3021－3039.

[34] Halpin J C，Tsai S W. Environmental factors in composite materials design [M]. AFML，TR67－423，1967.

[35] Wu L Z，Du S Y，Qu W. Overall properties of composites with inclusions in plane problems [C]. Japan：The 3rd IURMS Int Conf on Adv Mater，1993.

[36] Kelly A，Davies G J. The principles of the fiber reinforcement of metals[J]. Met Rev，1965：1－77.

[37] Rosen B W. Tensile failure of fibrous composites [J]. AIAA Journal，1964（2）：1985.

[38] Gucer D E，Gurland J. Comparison of the statistics of two fracture modes[J]. Journal of the Mechanics and Physics of Solids，1962（10）：365.

［39］Zweben C. Tensile failure of fiber composites［J］. AIAA Journal，1968（6）：2325.

［40］范赋群，曾庆敦. 单向纤维增强复合材料的随机扩大临界核理论［J］. 中国科学，A 辑，1994，24（2）.

［41］Rosen B W. Fiber Composite Materials［J］. Am Soc Metals Seminar，Chapter 3，Am Soc Metals，1965.

［42］Dow N F，Rosen B W. Evaluations of filament－reinforced composites for aerospace structural applications［S］. NASA QB－207，April，1965.

［43］Lager J R，June R R. Compressive strength of Boron/Epoxy composites［J］. J Comp Mater，1969（3）：48－56.

［44］Davis J G Jr. Compressive instability and strength of uniaxial filament－reinforced epoxy tubes［S］. NASA TN D5697，1970.

［45］Piggott M R，Harris B. Compression strength of carbon，glass and Kevlar－49 fiber reinforced polyester resins［J］. Journal of Materials Science，1980（15）：2523.

［46］Kelly A，Tyson W R. Fiber strengthened materials，High Strength Materials［M］. New York：J Wiley and Sons，Inc，1965：578.

［47］Kelly A. Reinforcement of structural materials by long strong fibers［J］. Met Trans，1971（3）：2313.

［48］Hale D K，Kelly A. Strength of fibrous composite materials，Annual review of materials science［M］. California：Annuol Reuiew，Inc，Palo Alto，1972.

［49］Cox H L. The elasticity and strength of paper and other fibrous materials［J］. Brit J Appl Phys，1952：3.

［50］Bowyer W H，Bader M G. On the reinforcement of thermoplastics by imperfectly aligned discontinuous fibers［J］. Journal of Materials Science，1972（7）：1315.

［51］Fukuda H，Chou T W. A probabilistic theory for the strength of short－fiber composites and variable fiber length and orientation［J］. Journal of Materials Science，1982（17）：1003.

［52］斯普里特 J A. 计算机辅助建模和仿真［M］. 北京：科学出版社，1991.

［53］赵玉涛，戴起勋，陈刚. 金属基复合材料［M］. 北京：机械工业出版社，2007.

［54］于华顺. 金属基复合材料及其制备技术［M］. 北京：化学工业出版社，2006.

［55］胡宝全，牛晋川. 先进复合材料［M］. 北京：国防工业出版社，2006.

［56］李顺林，王兴业. 复合材料结构设计基础［M］. 武汉：武汉工业大学出版社，1993.

［57］朱和国，张爱文. 复合材料原理［M］. 北京：国防工业出版社，2013.

［58］贾成厂，郭宏. 复合材料教程［M］. 北京：高等教育出版社，2010.

［59］武高辉. 金属基复合材料设计引论［M］. 北京：科学出版社，2016.

［60］闻荻江. 复合材料原理［M］. 武汉：武汉工业大学出版社，1998.

［61］张丽华，范玉青. 复合材料构件设计、分析、制造一体化［J］. 宇航材料工艺，2010，40（1）：14－18.

［62］何长川，梁伟，杨乃宾. 新一代大型客机复合材料结构一体化设计的若干特点［J］. 中国管理信息化，2017，20（4）：139－141.

［63］谢怀勤，李地红. 复合材料结构软设计前景初探［J］. 纤维复合材料，1995（2）：24－27.

第3章
金属基复合材料的增强体材料

增强体在复合材料中通常起增强增韧，改善耐热、耐磨性等力学性能的作用。对于金属基复合材料，由于其制备及加工温度较高，为了避免基体材料和增强体材料产生不良界面反应，因此不仅要求增强体材料具有良好的力学性能，有较高熔点和化学稳定性，而且要和基体材料有良好的润湿性。随着材料制备技术的不断发展和新材料的不断出现，可用于金属基复合材料增强体的材料范围不断扩大。

按形态，可将增强体分为连续类和非连续类。连续类增强体包括纤维和骨架，非连续类增强体则包括晶须、颗粒及其他新型增强体。常见的纤维增强体主要有碳（石墨）纤维、碳化硅纤维、氧化铝纤维、硼纤维和金属丝等；骨架增强体是近年发展起来的一种有效的增强体结构形式，常见的骨架增强体有碳化硅、氮化硅等陶瓷类及少数高熔点金属类；晶须增强体主要有碳化硅和氧化铝等；颗粒增强体主要有碳化硅及碳化钛等；此外，随着材料制备技术的不断发展，新型增强体材料如碳纳米管、石墨烯也逐渐进入了人们的研究视野。为了合理选用增强体材料，设计制备高性能金属基复合材料，需要对各种增强体的结构、性能、制造方法有基本认识和了解。本章将在普及各种传统增强体结构、性能及制备工艺等的基础上，进一步介绍一些新型增强体材料的发展情况。

3.1 增强体材料的特点

作为金属基复合材料的增强体，应具有以下基本特点：

① 增强体应具有某一种或几种良好的性能特点，如高的比强度和比模量，良好的导热性、耐热性、耐磨性及低膨胀性等，可明显提高金属基体所需的某种特性或综合性能。

② 增强体应具有良好的化学稳定性，以保证在制备和使用过程中材料的组织结构和性能不发生明显变化和退化。

③ 增强体应与金属基体有良好的浸润性，或通过表面处理，能与金属基体良好浸润、复合和分布均匀。并且增强体应与金属基体具有良好的化学相容性，不发生有害的界面反应，不生成有害于材料性能的反应物。

3.2 连续增强体

3.2.1 纤维类

纤维类增强体按其长度，可分为长纤维和短纤维两种。长纤维的长度以米为单位，排列及性能有方向性。通常，长纤维沿轴向有很高的强度和弹性模量。常见的长纤维有碳纤维、氧化铝纤维、碳化硅纤维、氮化硅纤维、硼纤维等。连续长纤维制造成本高，性能好，主要用于制备高性能复合材料。短纤维的长度则在几毫米到几十毫米间，排列无方向性，通常采用生产成本低、生产效率高的喷射方法制造。主要的短纤维有硅酸铝纤维（又称耐火棉）、氧化铝纤维、碳纤维、碳化硼纤维等，制成的复合材料无明显各向异性。用于金属基复合材料的常见纤维增强体性质见表 3－1。

表 3－1　用于金属基复合材料的常见纤维增强体

纤维类型		直径/μm	密度/(g·cm⁻³)	弹性模量/GPa	抗拉强度/MPa	伸长率/%	纵向膨胀系数/(×10⁻⁶℃⁻¹)
硼	B	32~140	2.4~2.6	365~440	2 300~2 800	1.9	4.5
	B/W	100	2.57	410	3 570	0.9	—
	B/C	100	2.58	360	3 280	—	—
	Borsic	100	2.58	400	8 000	—	—
碳化硅	SCS－3	140	3.05	407	3 450	0.8	—
	SCS－6	142	3.44	420	3 400	—	—
	NicalonNL－201	15	2.55	206	2 940	1.4	3.1
	NicalonNL－231	12	2.55	206	3 234	1.6	3.1
	NicalonNL－401	15	2.30	176	2 744	1.6	3.1
	NicalonNL－501	15	2.50	206	2 940	1.4	3.1
碳	AmocoT－300	7	1.76	231	3 650	1.4	－0.6
	Torayca-T1000	5.3	1.82	294	7 060	—	—
	Torayca-M46J	—	—	451	4 210	—	—
	Torayca-M60J	5	1.94	590	3 800	—	—
	Thomel P120	10	2.18	827	2 370	0.29	－1.45
	Thomel P100	10	2.15	724	2 370	0.32	－1.45

续表

纤维类型		直径/μm	密度/(g·cm⁻³)	弹性模量/GPa	抗拉强度/MPa	伸长率/%	纵向膨胀系数/(×10⁻⁶℃⁻¹)
氧化铝	Saffil	8	3.30	300	2 000	1.5	—
	Sumika	17	3.2	210	1 775	0.8	8.8
	Nextel	13	2.5	152	1 720	1.95	—
	Dupont	20	4.2	385	2 100~2 450	—	—
BN		7	0.90	91	1 400	—	—
ZrO₂		—	4.84	350	2 100	—	—
B₄C		—	2.86	490	2 300	—	—
TiB₂		—	4.48	530	1 100	—	—

3.2.1.1　碳纤维

碳纤维是由有机纤维经碳化及石墨化处理得到的微晶石墨材料,其含碳量通常在 90%以上,直径一般为 5~10 μm。碳纤维的起源可追溯到 19 世纪后期,爱迪生用碳丝制作灯泡的灯丝,从而发明了电灯,带来了光明,但随后碳丝被钨丝所取代,这使得碳丝一度退出了历史舞台。直到 20 世纪 50 年代,为了解决战略武器材料的耐高温和耐烧蚀问题,碳纤维再次进入人们的视角,并自此后在材料科学领域掀起了研究与开发热潮,各种有机纤维均被用来尝试制备碳纤维。中国对碳纤维的研究开始于 20 世纪 60 年代,80 年代开始研究高强型碳纤维。

（1）碳纤维的结构和分类

碳纤维的结构示意图如图 3−1 所示,其结构基元是六边形碳原子晶格。层平面内的碳原子以强共价键相连,键长为 0.142 nm;层平面之间由范德华力相连,层间距在 0.336~0.344 nm。层与层之间碳原子没有规则的固定位置,因而片层边缘参差不齐。处于片层边缘的碳原子和层面内部结构完整的基元碳原子活性不同。层面内部的基元碳原子所受引力是对称的,键能高,反应活性低;处于表面边缘处的碳原子受力不对称,具有不成对电子,活性高。因此,碳纤维的表面活性与处于边缘位置的碳原子数目有关。此外,碳纤维在形成过程中,表面会形成各种微小缺陷,这些空穴和缺陷的存在对碳纤维的强度影响较大,碳纤维的断裂多起源于这些有缺陷或裂纹的地方。

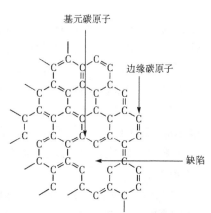

图 3−1　碳纤维的结构示意图

目前,碳纤维的分类无统一标准,通常有如下 3 种分法:

① 按原材料,可分为 3 类。理论上大多数有机纤维都可被制作成碳纤维,实际上主要有 3 种有机纤维体系用作碳纤维的原料:黏胶、沥青和聚丙烯腈。这 3 类碳纤维的主要性能见

表 3-2。其中，聚丙烯腈基碳纤维因具有生产工艺简单、生产成本较低和力学性能优良等特点，已成为发展最快、产量最高、品种最多及应用最广的一种碳纤维。

表 3-2　各种材质碳纤维的主要性能

种类	抗拉强度/MPa	弹性模量/GPa	密度/（g·cm⁻³）	伸长率/%
黏胶碳纤维	2 100～2 800	414～552	2.0	0.7
沥青碳纤维	1 600	379	1.7	1.0
聚丙烯腈碳纤维	＞3 500	＞230	1.76～1.94	0.6～1.2

② 按力学性能，可分为 2 类：通用纤维和高性能纤维，其中高性能纤维又可分为标准型和高强型（抗拉强度＞4 000 MPa）。

③ 按用途，可分为 2 类：24k（1k 为 1 000 根单丝）以下宇航级小丝束碳纤维和 48k 以上工业级大丝束碳纤维。

（2）碳纤维的制备

碳纤维是以碳为主要成分的纤维材料，不同于有机纤维或无机纤维，不能用熔融法或者溶液法直接纺丝，只能以有机物为原料采用间接方法制造，制造方法主要包括 2 种：

① 气相法。气相法是指在惰性气氛中，小分子有机物（如烃或者芳烃等）在高温下沉积成纤维。这种方法只能制造短纤维，不能制造连续长纤维。

② 有机纤维碳化法。该法是先将有机纤维经过稳定化处理变成耐焰纤维，然后再在惰性气氛中于高温下进行焙烧碳化，使有机纤维失去部分碳原子和其他非碳原子，最终形成以碳为主要成分的纤维。此法可用于制造连续长纤维。该法中无论用何种原丝纤维来制造碳纤维，都要经过拉丝、稳定、碳化和石墨化 4 个阶段，其间伴随脱氢、环化、预氧化、氧化及脱氧等化学变化。具体过程如下：

第一，原丝制备。作为烧蚀材料用的黏胶基碳纤维，其原丝要求不含碱金属离子。要制备各向异性的高性能沥青基碳纤维，需先将沥青预处理成中间相、预中间相（苯可溶各向异性沥青）和潜在中间相（喹啉可溶各向异性沥青）等。聚丙烯腈和黏胶原丝主要采用湿法纺丝制得，沥青原丝则采用熔体纺丝制得。要制备高性能聚丙烯腈基碳纤维，需采用高纯度、高强度和质量均匀的聚丙烯腈原丝，制备原丝用的共聚单体为衣康酸等。

第二，热处理（黏胶纤维 240 ℃）、不融化（沥青 200～400 ℃）或预氧化（聚丙烯腈纤维 200～300 ℃），以制得耐热、不熔的纤维。

第三，碳化。黏胶纤维 400～2 000 ℃，沥青 1 500～1 700 ℃，聚丙烯腈纤维 1 000～1 500 ℃。

第四，石墨化。黏胶纤维 3 000～3 200 ℃，沥青 2 500～2 800 ℃，聚丙烯腈纤维 2 500～3 000 ℃。

第五，表面处理。进行气相或液相氧化等，赋予纤维化学活性，以增大亲和性。

第六，上浆处理。该步骤是为了防止纤维损伤，提高纤维的亲和性。

（3）碳纤维的性能及应用

碳纤维作为一种高性能纤维，具有十分优异的力学性能：

① 强度高，密度小，比强度高。碳纤维的拉伸强度为 $2\sim 7\,GPa$，拉伸模量为 $200\sim 700\,GPa$。密度为 $1.5\sim 2.0\,g/cm^3$，仅是钢的 1/4，铝合金的 1/2。高强度和低密度使得碳纤维在所有高性能纤维中具有最高的比强度和比模量。

② 耐高温。在非氧化气氛条件下，碳纤维可在 $2\,000\,℃$ 下使用，在 $3\,000\,℃$ 的高温下不熔融软化，其他任何纤维材料无法与之相比。

③ 耐低温。在 $-180\,℃$ 下，钢铁变得比玻璃脆，而碳纤维依旧很软。

④ 耐腐蚀。碳纤维对一般的有机溶剂、酸、碱都具有良好的耐腐蚀性。将碳纤维放在浓度为 50% 的盐酸、硫酸和磷酸中，200 天后其弹性模量、强度和直径基本没有变化；在 50% 浓度的硝酸中只是稍有膨胀，其耐蚀性能超过黄金和铂金。

⑤ 线膨胀系数小，热导率高。碳纤维的线膨胀系数和热导率皆有各向异性。可以耐急冷急热，即使从 $3\,000\,℃$ 的高温突然降到室温，也不会炸裂。

⑥ 防原子辐射，导电性能好。

诸多的优异性能使碳纤维成为材料科学与工程领域的耀眼明星，但碳纤维很少单独使用，一般是与树脂、金属或者陶瓷等基体材料复合后使用。碳纤维已成为先进复合材料最重要的增强材料。由于碳纤维复合材料除具有如上所述优异性能外，还具有结构及尺寸稳定性好、设计性好及可大面积整体成型等特点，目前已在航空航天、国防军工和民用工业的各个领域得到广泛应用。

碳纤维是火箭、卫星、导弹、战斗机和舰船等尖端武器装备必不可少的战略基础材料。将碳纤维复合材料应用在战略导弹的弹体和发动机壳体上，可大大减小质量，提高导弹的射程和突击能力。美国于 20 世纪 80 年代研制的"侏儒"洲际导弹三级壳体全都采用碳纤维/环氧树脂复合材料。碳纤维复合材料在新一代战斗机上也开始得到大量使用，如美国第四代战斗机 F22 采用了约为 24% 的碳纤维复合材料，从而使该战斗机具有超高声速巡航、超视距作战、高机动性和隐身等特性。碳纤维在舰艇上也有重要的应用价值，可减小舰艇的结构质量，增加舰艇有效载荷，提高舰艇运送作战物资的能力。并且碳纤维不存在腐蚀生锈的问题，可以延长使用寿命和节省维护费用。

3.2.1.2　碳化硅纤维

碳化硅（SiC）纤维是以碳化硅为主要组分的一种陶瓷纤维，具有高强度、高模量，良好的高温性能和化学稳定性，主要用于制备耐高温的金属或陶瓷基复合材料，已广泛用于制造航天飞机部件、高性能发动机等高温结构材料。

（1）碳化硅纤维的制备

① 化学气相沉积法（CVD 法）。最早的碳化硅纤维即是采用 CVD 法制成。1972 年，美国 AVCO 公司利用硼纤维的制造技术，在 $1\,200\,℃$ 温度下将 SiC 沉积在直径为 $12.6\,\mu m$ 的 W 丝及 $33\,\mu m$ 的 C 丝上，制得直径大于 $100\,\mu m$ 的 SiC/W 及 SiC/C 复合纤维。纤维的抗拉强度为 $2.07\sim 3.35\,GPa$，模量为 $410\,GPa$。W 丝与 SiC 易反应生成 W_2C 和 W_5Si_3，因此，当纤维加热到 $1\,000\,℃$ 以上时，反应层会加厚，从而导致纤维强度急剧降低。用 C 丝代替 W 丝不仅可避免上述化学反应，还可得到更轻、热稳定性更好、价格更低廉的复合纤维。此外，SiC 纤维的沉积速率、成分和结构主要取决于混合反应气体的成分、压力、气流速度和沉积温度。高的沉积速率易导致形成粗大的晶体结构，而低的沉积速率则易生成非晶结构。

② 先驱体转化法（即熔融纺丝裂解转化法）。先驱体转换法制备碳化硅纤维的基本工序

为：聚碳硅烷合成、熔融纺丝、经氧化法或电子束法进行不熔化处理、热解。先驱体转化法制备碳化硅纤维的工艺过程相对简单，此外，该方法还适用于制造常规方法难以获得的陶瓷纤维，并且可以获得高模量、小直径的连续陶瓷纤维；可以在较低的温度下用高聚物形成工

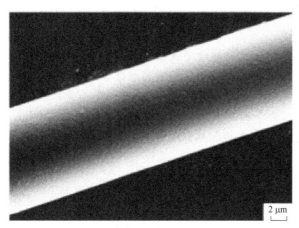

艺如熔融纺丝或干法纺丝，然后高温裂解成陶瓷纤维。先驱体聚合物可以通过分子设计，控制先驱体组成和微观结构，使之具有潜在的化学反应活性基团，便于交联，从而有较高的生产率。由于先驱体有易于分离和纯化等特点，因此成为近年来制备陶瓷纤维最有前途的方法。目前已通过该方法实现工业化生产的有 SiC 纤维、含 Ti 的 SiC 纤维和含硼的 SiC 纤维等。图 3−2 所示为采用先驱体转化法制备出的含硼 SiC 纤维的表面 SEM 照片，纤维致密度较好且表面光滑。

图 3−2　先驱体转化法制备含硼 SiC 纤维的 SEM 图片

③ 活性碳纤维转化法。该方法利用气态 SiO 与多孔碳反应转化生成 SiC 纤维。在 1 200～1 300 ℃温度条件下，碳与 SiO 气体反应，并在 N_2 下高温（1 600 ℃）处理，可获得由 β−SiC 微晶构成的 SiC 纤维。纤维含氧量低，抗拉强度达到 100 MPa 以上。由于纤维仍存在微孔和因 SiO 与碳转化为 SiC 时体积膨胀而造成的微裂纹，导致强度降低，因此微裂纹的控制是控制纤维性能的关键。

④ 挤压法。挤压法的基本原理为将粒径约 1.7 μm 的 SiC 粉与烧结助剂、过量的 C 及适量的聚合物组成的混合物，经挤压器挤压出并纺成丝，然后将形成的细丝烧结固化。通过该法获得的 SiC 纤维的质量分数在 99% 以上，密度为 3.1 g/cm³，直径约为 25 μm，抗拉强度为 1.2 GPa，弹性模量大于 400 GPa。

（2）碳化硅纤维的性能及应用

碳化硅纤维不仅具有高的抗拉强度和弹性模量及低的密度，还具有半导体特性和优异的耐蚀性，电阻率在 $10^{-1}～10^6 Ω \cdot cm$ 可调。典型 SiC 纤维品种的使用温度见表 3−3。碳化硅纤维具有良好的耐热性，在空气中可长期在 1 000～1 100 ℃使用。碳化硅纤维与金属反应性小，浸润性好，在 1 000 ℃以下几乎不与金属发生反应。尽管如此，目前已工业化生产的 SiC 纤维的耐热性仍不能满足高温领域的应用要求。研究表明，采用传统工艺生产的 SiC 纤维，其组成元素除 Si 和 C 外，还含有不同质量分数的氧和氢等元素，这使 SiC 纤维的力学性能降低。因此，近年来广大科技工作者致力于降低纤维中的氧含量，以提高 SiC 纤维的高温性能。目前，通常采用电子束辐照不熔化处理和超高相对分子质量干法纺丝等方法制备低氧含量的 SiC 纤维。此外，添加某些元素，如 Ti、Zr 和 B 等，也可降低 SiC 纤维中的氧含量。

表 3−3　典型 SiC 纤维的使用温度

品种	主要组成	最高使用温度/℃	通常使用温度/℃
Nicalon NL202	Si-C-O	1 300	1 100
Hi-Nicalon	Si-C	1 400	1 200

品种	主要组成	最高使用温度/℃	通常使用温度/℃
yranno LOXM	Si-C-O-Ti	1 400	1 100
Sytramic	SiC，TiB$_2$	1 400	1 200
SCS - 6	SiC	1 400	1 300

SiC 纤维的应用范围广，发展潜力大，其主要应用于高性能复合材料和耐热材料的增强体，具体应用领域涵盖宇航、军事、一般运输工业及体育运动器材等民用品。SiC 纤维与环氧树脂等聚合物复合制成优异的复合材料，可做喷气式发动机涡轮叶片、直升机螺旋桨、飞机与汽车的构件等。SiC 纤维增强陶瓷基复合材料比超耐热合金的质量小，可用作宇宙火箭、喷气式发动机等耐热零部件，也可用作高温耐腐蚀核聚变炉的防护层材料。作为高温耐热材料，SiC 纤维可用作耐高温传送带、金属熔体过滤材料、高温烟尘过滤器、汽车尾气收尘过滤器等。随着环保事业的强化，SiC 纤维的需求量将会持续增加。

3.2.1.3　氧化铝纤维

氧化铝纤维是高性能无机纤维的一种，它以 Al$_2$O$_3$ 为主要成分，有的还含有其他氧化物，如 SiO$_2$ 和 B$_2$O$_3$ 等。

（1）氧化铝纤维的制备

由于氧化铝熔点极高，且熔体的黏度很低，采用传统的熔融纺丝法无法制备出连续的氧化铝纤维，因此各国研究者陆续开发出数种不同的氧化铝纤维制备方法。

① 淤浆法。该法是以 Al$_2$O$_3$ 粉末为主要原料，并加入分散剂、流变助剂和烧结助剂，将原料分散于水中制成可纺浆料，经挤出成纤，再经干燥、烧结，最终得到直径为 200 μm 左右的氧化铝纤维。因浆料中所含水分及其他挥发物较多，所以干燥是很重要的步骤。干燥过程中，须根据具体的原料选择合适的升温速度，防止气体挥发时纤维体积收缩过快而导致破裂。此外，高温烧结过程中应保持较高的升温速度，每分钟不低于 100 ℃，否则会使 α–Al$_2$O$_3$ 晶粒过大，从而降低纤维强度。

杜邦公司用此法生产出 FP 氧化铝纤维，具体过程为将直径在 0.5 μm 以下的 α–Al$_2$O$_3$ 粉末和少量黏结剂（羟基氯化铝和氯化镁）制成具有一定黏度的浆料，进行干法纺丝成纤，在一定升温速率下干燥，驱除部分挥发物，然后烧结至 1 800 ℃，得到 Al$_2$O$_3$ 质量分数为 99.9% 的 α–Al$_2$O$_3$ 多晶纤维。日本 Mitsui Mining 公司也采用该法制得了 Al$_2$O$_3$ 质量分数在 95% 以上的连续氧化铝纤维。与杜邦公司不同的是，Mitsui Mining 公司采用的原料为 γ–Al$_2$O$_3$ 粉末。采用该原料可使烧结过程中晶粒的生长速率减缓，从而提高纤维的致密度，使纤维表面更光滑，并具有更高的抗拉强度。

② 溶胶–凝胶法。溶胶–凝胶法是一种新型的氧化铝纤维制备方法。该法一般以铝的醇盐或无机盐为原料，同时加入其他有机酸催化剂得到混合均匀的溶液，经醇解/水解和聚合反应得到溶胶。浓缩的溶胶达到一定黏度后进行纺丝，得到凝胶纤维，随后进行热处理，得到氧化铝纤维。美国 3M 公司通过溶胶–凝胶法生产了 Nextel 系列氧化铝纤维。其中 Nextel312 纤维的组分为 60% Al$_2$O$_3$、14% B$_2$O$_3$、26% SiO$_2$。Nextel312 纤维的制备方法是：在含有甲酸根和乙酸根离子的氧化铝溶胶中加入作为硅组分的硅溶胶和作为氧化硼组分的硼酸，得到混

合溶胶，经浓缩成纺丝液后，挤出纺丝，然后在 1 000 ℃以上烧结，得到连续氧化铝纤维。

溶胶－凝胶法的工艺过程简单，可设计性强，产品多样化，是一种很有发展前途的制备无机材料的方法。该法具有以下优点：制品均匀度高，尤其是多组分制品，其均匀程度可达分子或原子水平；制品纯度高，因为所用原料的纯度高，并且溶剂在处理过程中容易被除去；烧结温度比传统方法低 400～500 ℃；制备的纤维直径小，抗拉强度有较大提高。溶胶－凝胶法制备氧化铝纤维是近年来研究的热点，许多研究者采用这种方法通过控制化学计量组成制备了莫来石型（$3Al_2O_3/2SiO_2$）氧化铝纤维，制品具有莫来石晶体结构，不含无定型硅，降低了热膨胀系数，提高了抗蠕变性，在复合材料领域很有吸引力。

③ 预聚合法。预聚合法制备氧化铝纤维的具体过程为：先用烷基铝加水聚合成一种聚铝氧烷聚合物，将其溶解在有机溶剂中，加入硅酸酯或有机硅化合物，使混合物浓缩成黏稠液，干法纺丝成先驱纤维。再在 600 ℃空气中裂解成含有氧化铝和氧化硅等组成物的无机纤维，最后在 1 000 ℃以上烧结，得到连续直径约为 10 μm 的具有微晶聚集态的氧化铝纤维。因先驱体为线性聚合物形式，故该法的优点是纺丝性能好，容易获得连续长纤维。

④ 卜内门法。此法与溶胶－凝胶法的不同之处是先驱体不形成均匀溶胶，而是通过加入水溶性有机高分子来控制纺丝黏度，以得到氧化铝纤维。由于先驱体分子本身并不形成类线性聚合物，难以得到连续的氧化铝长纤维，故其产品一般是短纤维的形式。英国 ICI 公司产品赛菲尔（Saffil）氧化铝短纤维，是采用卜内门法制备：先将羟基乙酸铝等混合成铝盐的黏稠水溶液，然后与聚环氧乙烷等的水溶性高分子、聚硅氧烷混合在一起进行纺丝、干燥、烧结，最后得到氧化铝纤维。赛菲尔纤维是均匀、无杂质、柔软、有弹性的微晶无机纤维，具有高折射率及惰性，并具有丝状手感。

（2）氧化铝纤维的性能及应用

氧化铝纤维的突出优点是具有高强度、高模量、较好的耐热性和耐高温氧化性，部分型号的氧化铝纤维抗拉强度可达 3.2 GPa，弹性模量可达 420 GPa，使用温度可达 1 400 ℃。同时，氧化铝纤维还具有导热率小、热膨胀系数低和抗热振性好等优点。与碳纤维和金属纤维相比，氧化铝纤维可以在更高温度下保持良好的抗拉强度；且其表面活性好，更易于与金属、陶瓷基体复合。此外，与其他高性能无机纤维，如碳化硅纤维相比，氧化铝纤维原料成本低，生产工艺简单，具有较高的性价比。

通常，具有较大密度、较小晶粒、低空洞率、高结晶度及较小直径的多晶氧化铝纤维性能较优良。例如，氧化铝纤维的抗拉强度随直径的减小而增大，直径每减小 50%，强度提高约 1.5 倍，模量也相应提高。原料选择、工艺条件及制备方法将显著影响氧化铝纤维的物理化学性质，从而影响其性能。在烧结过程中降低烧结温度，可以得到具有较小晶粒的高纯度氧化铝纤维，但是同时会导致缺陷增加，使其抗拉强度和模量受到损失。为了解决这一问题，提高纤维的强度和模量，通常在制备过程中加入其他组分，如加入质量分数为 20%的 ZrO_2 可有效抑制晶粒增长。制备方法不同，氧化铝纤维的物理性能也不同。日本住友商事株式会社采用预聚合法制备氧化铝纤维，以有机铝聚合物为原料，烧结时有机成分损失少，纤维内部空隙少，因此纤维强度高。杜邦公司以氧化铝微粒为原料，粒子间空隙引起纤维表面缺陷，影响纤维强度，随后采用 SiO_2 覆盖层，弥补缺陷，以提高强度。

目前，已经商业化生产的氧化铝纤维品种主要有美国杜邦公司的 FP、PRD－166，美国 3M 公司生产的 Nextel 系列产品，以及英国 ICI 公司生产的 Saffil 氧化铝纤维等。这些氧化铝纤维已经广泛用于制备金属和陶瓷基复合材料，在航天航空、军工、高性能运动器材及高温绝热材料等领域有重要应用。

3.2.1.4　硼纤维

硼纤维是一种将硼元素通过高温化学气相沉积在钨丝表面制成的高性能增强纤维。最早开发研制硼纤维的是美国空军材料研究室（AFML），其开发目的是研究轻质、高强度增强用纤维材料，用于制造高性能体系的尖端飞机。在研制过程中，受到美国国防部的高度重视与支持。随后，又以 Textron Systems 公司为中心，面向商业规模发展并继续研制。

（1）硼纤维的制备方法

硼纤维一般采用化学气相沉积法（CVD）制造。通常采用直径为 12.5 μm 的钨丝作为芯材，将钨丝置于反应管中加热，并从反应管上部进口通入三氯化硼（BCl_3）和氢气的化学混合物，在 1 300 ℃左右发生化学反应，最终硼沉积在干净的钨丝表面上形成硼纤维。三氯化硼和氢气的化学反应式为：$BCl_3 + 3/2H_2 \rightarrow B + 3HCl$。HCl 和未反应的 H_2 及 BCl_3 从反应管的底部出口排出，BCl_3 经过回收工序可再生利用。利用该法制造的硼纤维直径大致有 3 种：75 μm、100 μm 和 140 μm，丝径大小可通过牵引速度控制。此外，制造硼纤维的其他方法有乙硼烷（diborane）的热分解等，但 CVD 法是最经济的方法。

（2）硼纤维的性能和应用

在目前已有的增强纤维中，硼纤维具有独特的性能，尤其是其抗压强度是抗拉强度的 2 倍。表 3-4 所示为硼纤维的性能。表 3-5 所示为硼纤维与其他纤维的性能比较。和广泛应用的 T300 碳纤维相比，硼纤维的抗拉强度略优（T300 的抗拉强度 3 530 MPa），弹性模量比 T300 约高 74%，即硼纤维的刚度大大高于碳纤维。硼纤维的抗拉强度由化学气相沉积过程中产生的缺陷来决定，缺陷通常包括以下几种：芯材与硼界面附近有空隙；沉积过程中产生压扁状况；结晶或结晶节生长时产生表面缺陷等。另外，纤维的弹性模量是由芯材和硼的体积分数所决定的。

表 3-4　硼纤维的性能

性能	数值	性能	数值
抗拉强度/MPa	3 600	热膨胀系数/($\times 10^{-6} \cdot K^{-1}$)	4.5
弹性模量/GPa	400	努氏硬度/HK	3 200
抗压强度/MPa	6 900	密度/（$g \cdot cm^{-3}$）	2.57

表 3-5　硼纤维和其他纤维的性能比较

纤维类型和生产单位	直径/μm	抗拉强度/MPa	弹性模量/GPa	密度/（$g \cdot cm^{-3}$）
TEXTRON 钨芯硼纤维	100 和 140	3 600	400	2.57
TEXTRON SCS-6 碳化硅纤维	140	3 450	380	3.0
TEXTRON SCS-9 碳化硅纤维	140	3 450	307	2.8
日本碳素 HI-NICALON 碳化硅纤维	15	2 800	259	2.74
日本 UBE TYRANNO 碳化硅纤维	10	2 800~3 000	200	2.5

续表

纤维类型和生产单位	直径/μm	抗拉强度/MPa	弹性模量/GPa	密度/（g·cm⁻³）
日本东丽 T300 碳纤维	7	3 530	230	1.76
美国杜邦 FP 氧化铝纤维	20	1 380	380	3.9
日本住友氧化铝纤维	17	1 500	200	3.2

硼纤维具有较高的比强度和比模量，是制造金属基复合材料的高性能纤维。用硼/铝复合材料制成的航天飞机主舱框架强度高、刚性好，代替铝合金框架可减小质量 44%，有力地促进了硼纤维金属基复合材料的发展。

3.2.1.5 金属丝

金属丝密度大，易与金属机体发生作用，在高温下易发生相变，因此较少用它作为金属基复合材料的增强体。目前，用作金属基复合材料增强体的金属丝主要有高强钢丝、不锈钢丝和难熔金属丝等连续或不连续丝。随着制备技术的发展，高强钢丝、不锈钢丝增强铝基复合材料用于汽车工业的研究工作正在开展。钨丝增强镍基耐热合金是较为成功的高温金属基复合材料。钨丝增强镍基合金可以使高温持久强度提高 1 倍以上，高温蠕变性能也有明显提高。表 3-6 所示为各种金属丝的性能。

表 3-6 各种金属丝的性能

金属丝	直径/μm	密度/（g·cm⁻³）	弹性模量/GPa	抗拉强度/MPa	熔点/K
W	13	19.4	407	4 020	3 673
Mo	25	10.2	329	3 160	2 895
钢	13	7.74	196	4 120	1 673
不锈钢 304	80	7.8	196	3 430	1 673
Be	127	1.83	245	1 270	1 553
Ti	20	4.51	132	1 670	1 930

3.2.2 骨架类

随着复合材料对增强体性能、形状及含量要求的不断提高，一种新型的增强体形式随之出现，即具有三维联通网络结构的骨架增强体。骨架增强复合材料的基体相与增强相在空间形成了各自连续并相互贯穿的三维结构，因此，骨架增强体通常也被称为网络结构增强体。骨架增强是一种全新的增强方式，其对复合材料的综合强化效果通常要好于传统纤维、晶须和颗粒作为增强相的强化效果，这为获得高性能、多功能的复合材料提供了可能。目前研究较为广泛的骨架增强体多为陶瓷类。2003 年，英国伯明翰大学的 Sercombe 教授团队在 Science 上发表了利用氮化铝陶瓷网络结构快速加工成型铝基复合材料的相关论文，标志着该类复合材料的研究取得了重要进展。此外，金属骨架增强非晶合金复合材料的相关研究也相对较多。

（1）骨架增强体的结构

骨架增强复合材料的主要结构特征是增强相和基体每一相在各个方向上都是连续的，两者相互缠绕和贯穿，形成了既完整统一又相对独立的新型结构，增强相和基体相在宏观上具有拓扑均匀性。图 3-3 所示为骨架增强和颗粒增强复合材料的结构示意图。由于骨架增强体具有三维联通网络结构，因此，制备成复合材料后，骨架增强体的体积分数范围通常较颗粒增强体更大。

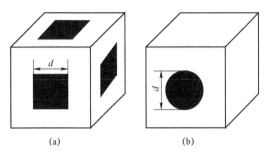

图 3-3　骨架增强（a）和颗粒增强（b）复合材料的结构示意图

（2）陶瓷骨架增强体的制备

鉴于目前研究较为广泛的骨架增强体多为陶瓷，因此以下关于性能及制备的介绍将以陶瓷增强体为主。

① 有机前驱体浸渍法。将具有一定三维拓扑结构的多孔聚合物浸泡在预先磨制并混好的陶瓷颗粒浆料中，经多次浸渍排除多余浆料，使浆料均匀附着在前驱体结构上，烧蚀掉聚合物，即可得到形貌与聚合物相对应的多孔陶瓷预制体。该方法具有工艺过程易控制、操作方便、生产成本低、所需设备简单、适于大批量生产等优点。采用该方法制备的骨架预制体具有孔隙率高、比表面积大、热膨胀系数小、过滤吸附性和阻尼特性好、化学稳定性和尺寸稳定性好、耐高温和耐腐蚀等特点。该方法的不足之处在于预制体的性能受原材料影响较大，浸渍时易发生坍塌现象，且成品强度不易控制。

② 添加造孔剂成型法。该方法的工艺过程为：将陶瓷颗粒与造孔剂充分混合均匀并压制成型，然后经加热烧蚀、造孔剂溶解溶化、汽化蒸发等工艺去掉造孔剂，在预制体中留下相应孔洞，最终形成骨架机构。这种制备方法操作简单，易于规模化生产，能够制得形状复杂、孔隙形状各异的骨架结构预制体。其工艺关键在于造孔剂的种类、性质和用量的选择。图 3-4 所示为采用添加造孔剂法制备的 SiC 陶瓷骨架及 SiC 陶瓷增强 Ti 基非晶合金复合材料的微观形貌。

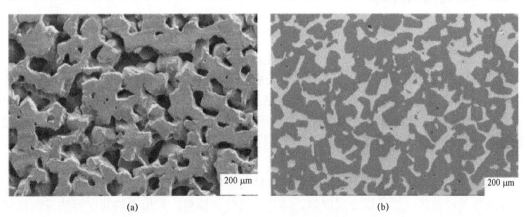

图 3-4　SiC 陶瓷骨架（a）及 SiC 陶瓷增强 Ti 基非晶合金复合材料（b）的微观形貌

③ 溶胶-凝胶法。该法是在凝胶处理过程中利用胶体粒子的堆积使材料内部形成小气孔，最终形成骨架结构预制体。采用该种方法制备的预制体孔径分布窄、孔隙率大、比表面积大，但通孔率较低，金属液浸渗较困难，因此不适于制备金属基复合材料。但该工艺可用于制备孔径在纳米级别、气孔分布均匀的多孔陶瓷薄膜，现正逐渐成为无机分离膜制备工艺中的研究热点。

④ 发泡法。该法是在陶瓷粉料中添加无机（碳酸铵、碳酸氢铵等高温可分解的盐类）或有机（天然纤维、高分子聚合物和有机酸等）发泡剂及催化剂、泡沫稳定剂等，经搅拌均匀后，利用物理和化学方法，使添加物形成挥发性气体产生泡沫，经干燥和烧结制得骨架结构预制体。该工艺比较复杂，不易控制，且制备的泡沫陶瓷易出现粉化、剥落等缺陷。但该工艺可用于制备形状复杂、满足特殊场合应用需要的泡沫状陶瓷预制体。

（3）骨架增强体的性能

和传统复合材料增强体相比，骨架增强体所具有的三维连续网络结构使复合材料表现出许多优异或独特的性能。由于网络具有特殊的空间拓扑结构，因此，复合材料通常具有比强度高、耐疲劳、抗热震及热胀系数低等显著特点。

① 低各向异性。纤维增强复合材料在平行于纤维的方向上强度和韧性较高，但在垂直于的纤维方向上则较差。而骨架增强复合材料由于宏观组织均匀，因而可以将各向异性降到最低，进而增强材料抵抗破坏的能力。

② 高强度。对于金属基复合材料而言，变形时连续贯通的骨架增强体可在三维方向上阻碍金属基体内位错的运动，并促使位错大量缠结和塞积，从而提高材料的塑性变形能力和强度，并抑制材料的高温软化效应。

③ 低热膨胀系数。对于陶瓷增强体而言，在体积分数相同的情况下，骨架增强复合材料的热膨胀系数要远低于颗粒增强复合材料的热膨胀系数。此外，骨架增强金属基复合材料的热膨胀性能普遍有明显的滞后现象。

④ 良好的耐摩擦性能。由于骨架增强体可在三维方向抑制基体合金的塑性变形和高温软化，因此可减少对偶件同基体合金的接触，减轻黏着磨损，有利于氧化膜在磨损表面的留存，使复合材料的耐磨性能随温度和载荷的增加明显提高。

3.3 非连续增强体

3.3.1 晶须类

晶须是在人工控制条件下以单晶形式生长成的一种纤维，其直径非常小，长径比通常超过 20，其原子高度有序，因而强度接近于完整晶体的理论值。晶须不仅具有高强度、高弹性模量、高硬度，优良的耐高温、耐腐蚀性能，还有良好的电绝缘性，而且在铁磁性、介电性，甚至超导性等方面皆有特殊表现。

（1）晶须的分类

总体上讲，晶须增强体分为两类：金属晶须增强体和非金属晶须增强体。

金属晶须增强体一般是以金属固体、熔体或气体为原料，采用熔融盐电解法或气相沉积法制得的。金属晶须的主要用途是作为复合材料的增强体，一般用于制备火箭、导弹、喷气发动机等部件，特别是用于导电复合材料和电磁波屏蔽材料。

非金属晶须增强体也称陶瓷晶须增强体，它具有高强度、高模量、耐高温等突出优点，被广泛用于复合材料的增强。其大致又可分为两类：非氧化物类和氧化物类。前者如 SiC 和 Si_3N_4 等，具有高达 1 900 ℃ 以上的熔点，故耐高温性能好，多用于增强陶瓷基和金属基复合材料，但成本较高。氧化物陶瓷晶须如 $K_2Ti_6O_{13}$、$CaSO_4$、$2MgO \cdot B_2O_3$、$nAl_2O_3 \cdot mB_2O_3$（$n = 2 \sim 9$，$m = 1 \sim 2$）等，具有相对较高的熔点（1 000 ～ 1 600 ℃）和耐热性，可用作树脂基和铝基复合材料增强体。

（2）晶须的分散

晶须作为增强体时，其用量的体积分数多在 35% 以下。在制备晶须增强复合材料之前，必须先有效解决晶须的分散问题。由于晶须增强体有较大的长径比，通常在 7 ～ 30 范围内，故分散比较困难。常用的晶须分散技术主要有球磨分散、超声分散、溶胶 - 凝胶法分散，分散工艺参数主要包括分散介质选择、pH 的调整等。对于某些长径比较大、分支较多的晶须，首先还需通过球磨或高速捣碎的方式来减少分支和降低长径比。晶须分散的关键在于消除晶须的团聚。形成团聚的原因主要为晶须之间的化学吸附。球磨和超声分散主要是借助外加机械力将吸附在一起的团聚体 "撕开"，但还需要借助合适的分散介质、分散剂及 pH 调整来改变晶须的表面状态，以消除晶须之间的化学吸附，达到均匀分散的目的。溶胶 - 凝胶法分散，主要是通过将各个复合体系制成胶体，借助胶体这一特殊介质的电化学作用，使晶须均匀分散，最终得到分散均匀的晶须。

晶须增强金属基复合材料中使用的晶须主要有 Si_3N_4、SiC、Al_2O_3、$K_2O \cdot 6TiO_2$ 等。不同的金属或合金基体使用的晶须类型不同，晶须的选择应保证与基体的湿润性且不与基体发生严重的界面反应。如铝基复合材料选用最多的为 SiC、Si_3N_4 晶须；钛基复合材料的最佳选择是 TiB_2、TiC 晶须。这类复合材料的制备方法大体上可分为固态法（如粉末冶金法）和液相法（如压铸法）。

（3）晶须的性能和应用

晶须是在受控条件下生长形成的高纯度纤维单晶体，其晶体结构近乎完整，不含晶界、位错、空位等晶体结构缺陷，具有优异的力学物理性能。晶须的强度与直径密切相关，直径小于 10 μm 时，强度急剧增加。一般认为，随着晶须直径的增大，晶须晶格缺陷相应增多，从而使其强度下降。所以，在晶须制备过程中，采用何种方式、何种工艺来控制晶须以单晶形式生长，是制取高强度、高有序性、完整晶须的关键。几种代表性的晶须增强体的物理性能见表 3 - 7。

表 3 - 7　几种晶须增强体的物理参数

名称	碳化硅	硼酸铝	钛酸钾	硼酸镁	氮化硅	氧化铝	莫来石
化学式	$\alpha - SiC$	$Al_8B_4O_{33}$	$K_2Ti_6O_{13}$	$Mg_2B_2O_5$	$\alpha - Si_3N_4$	Al_2O_3	$3Al_2O_3 \cdot 2SiO_2$
主要制备方法	碳还原法、气相反应法、氮化硅转换法	熔融法、气相法、内部助溶剂法、外部助溶剂法	烧成法、熔融法、助溶剂法、水热法	熔融法、助溶剂法	硅氮化法、SiO_2 碳还原法、卤化硅气相氮分解法	气相合成	有机铝烧结、Al_2O_3 和 SiO_2 粉料烧结

续表

名称	碳化硅	硼酸铝	钛酸钾	硼酸镁	氮化硅	氧化铝	莫来石
色泽	淡绿色	白色	白色淡绿色	白色	灰白色	—	—
形状	针状	针状	针状	针状	针状	纤维状	—
密度/（g·cm⁻³）	3.18	2.93	3.3	2.91	3.18	3.95	—
直径/μm	0.1～1.0	0.5～2.0	0.5～2.0	0.2～2.0	0.1～1.6	3～80	0.5～1.0
长度/μm	50～200	10～30	10～30	10～50	5～200	50～20 000	7.5～20
抗拉强度/MPa	12.9～13.7	7.84	6.68	3.92	13.72	13.8～27.6	—
弹性模量/GPa	482	392	274.4	264.6	382.2	550	—
莫氏硬度	9.2～9.5	7	4	5.5	9	—	—
熔点/K	2 316	1 440	1 370	1 360	1 900	2 082	>2 000
耐热性/K	1 600	1 200	1 200	—	—	—	1 500～1 700

按来源不同，晶须可分为外加晶须增强和原位生长晶须增强两种。如钛基复合材料，可通过加入的单质相原位生长出 TiB_2 和 TiC 晶须。这类复合材料具有高的强度和模量，具有良好的高温性能，还具有导热、导电、耐磨损、热膨胀系数小、尺寸稳定型好、阻尼性好等特点。晶须增强铝基复合材料的制备工艺较成熟，已走向实用化。而钛基和金属间化合物基等高温合金基复合材料由于加工温度高、界面控制困难、工艺复杂，还不够成熟。晶须增强的金属基复合材料，目前主要应用于航天航空等领域。

3.3.2 颗粒类

为满足复合材料不同的性能需求，需选用不同的颗粒作为增强材料。常用的颗粒材料为陶瓷颗粒，包括氧化物陶瓷、碳化物陶瓷、氮化物陶瓷 3 类，主要有 Al_2O_3、MgO、SiC、B_4C、TiC、Si_3N_4 和 AlN 等。陶瓷颗粒性能好、成本低、易于批量生产。目前研究较多、工艺较为成熟的颗粒增强金属基复合材料主要集中在以铝、镁和钛等轻有色金属为基体的复合材料。

（1）颗粒增强金属基复合材料的制备

按照增强颗粒的加入方式，可将颗粒增强金属基复合材料的制备技术分为外部加入法和原位生成法两种。外部加入法包括粉末冶金法、搅拌铸造法、挤压铸造法和喷射沉积法等。原位生成法则是通过内部化学反应在材料制备的同时形成增强颗粒。

① 粉末冶金法。粉末冶金法又称为固态金属扩散技术，一般包括 3 个步骤：粉末混合、压实和烧结，即先把基体粉末和增强相粉末混合，然后进行球磨，最后在特定的工艺条件下干燥并将混合粉末成型烧结。粉末冶金法适用于任何合金，增强体的体积分数和尺寸选择范围较大，且增强体分布均匀，与基体结合良好，但该法工艺程序复杂，制备周期长，成本高，且制备出的复合材料致密度不高，往往需要后续加工才能使用。

② 搅拌铸造法。搅拌铸造法是指将增强体加入基体金属液或半固态熔体中，通过高速旋转的搅拌器使增强体与基体均匀混合并相互浸润，然后浇入铸模中凝固成型的工艺方法。图 3－5 所示为普通搅拌铸造设备示意图。除普通机械搅拌外，现在还有高能超声搅拌、电磁搅

拌、复合搅拌、底部真空反旋涡搅拌等先进的搅拌方法。搅拌铸造法操作简单，生产成本低，适合工业生产，但存在增强体颗粒易团聚、颗粒与基体润湿性差等问题。且在搅拌过程中，较高的搅拌温度易使搅拌器发生腐蚀，缩短搅拌器寿命的同时污染熔体。

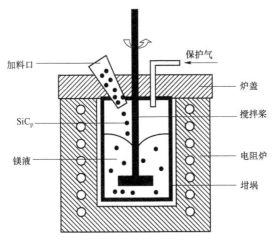

图 3-5　搅拌铸造设备示意图

③ 挤压铸造法。挤压铸造法的工艺过程为先将增强体制成预制体放入模具中预热，再浇入基体合金熔液，并将模具压下，使基体熔液渗入预制体，最后迅速冷却制得所需复合材料。该法的优点是生产周期短，易于大批量生产，可制备具有相同或相似形状的产品，增强相体积分数可高达 40%～50%，但该法不易制备形状复杂的制件，且对大体积零件适应性不高。

④ 喷射沉积法。喷射沉积法是将粉末冶金法中混合与凝固两个过程相结合的新工艺，其原理为将熔化的金属液在高压惰性气体射流作用下分散雾化，同时，将增强相颗粒喷入金属雾化射流中，使二者混合并喷射沉积到预处理的基板上，最终快速凝固形成所需复合材料。图 3-6 所示为喷射沉积工艺示意图。该法的优点是工艺周期短，成型速度快，增强体与基体熔液接触时间短，二者之间的反应易于控制，但该工艺也存在设备昂贵、孔隙率高、原材料损失大等缺点。

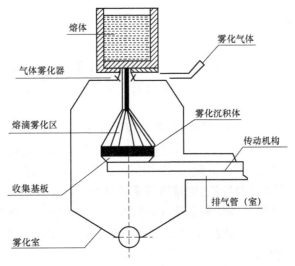

图 3-6　喷射沉积工艺示意图

⑤ 原位生成法。原位生成法是指在一定条件下，基体材料元素之间或元素与化合物之间发生化学反应，在基体内原位生成一种或几种高硬度、高熔点和高弹性模量的颗粒相，所生成颗粒能起到强化基体的作用。与外部加入法相比，原位生成法具有工艺简单、增强颗粒与基体之间界面结合好、材料热稳定性好等优点，但工艺过程要求较严，且增强相成分和体积分数不易控制。目前已报道的原位生成法主要有放热弥散法、自蔓延燃烧反应法、气液反应合成法和反应喷射沉积法等。采用该法生成的增强相有 Al_2O_3、TiC、SiC、TiN 和 Si_3N_4 等。

（2）颗粒及颗粒增强金属基复合材料的性能

颗粒增强材料的普遍性能特点是熔点高、硬度高、弹性模量高，高温下组织性能稳定，线膨胀系数小，耐磨性与耐蚀性好等。其中碳化物陶瓷颗粒的硬度普遍比氮化物和氧化物陶瓷颗粒的硬度高。与纤维类和晶须类增强材料相比，颗粒类增强材料的成本显著降低，此外，制备复合材料的设备和制备工艺相对简单，成本低，有利于工业化生产。常见颗粒增强材料的性能见表 3－8。

表 3－8　常见颗粒增强材料的性能

颗粒名称	密度/（g·cm⁻³）	熔点/℃	硬度/HV	线膨胀系数/（×10⁻⁶ ℃⁻¹）	弹性模量/GPa
Al_2O_3	3.95	2 015	1 800～2 200	7.1～8.4	350～370
MgO	3.59	2 800	—	5～8	—
SiO_2	2.32	1 728	900～1 100	8～10	—
SiC	3.12	—	2 600～3 700	3.6～5.2	380～470
WC	15.8	2 800	2 000～3 000	3.8	810
B_4C	2.52		3 340	4.5	1 450
TiC	4.95	3 065	3 000	7.7	448
Si_3N_4	3.26	—	1 500～1 700	3.0～3.8	100～330

颗粒增强金属基复合材料作为一种高性能、低成本的金属基复合材料，是目前开发范围最广、应用前景最好的一类金属基复合材料，已成功应用于航空航天、国防、汽车、机械、电子工业等领域。目前已开展广泛研究的颗粒增强金属基复合材料主要有铝基、镁基、钛基、铜基和镍基复合材料，其中铝基复合材料发展最快，为当前金属基复合材料发展和研究的主流。

① 颗粒增强铝基复合材料常采用的增强颗粒主要有 SiC、Al_2O_3、BC_4 和 TiC 等，常用的基体合金有 Al-Mg、Al-Si、Al-Cu、Al-Li 和 Al-Fe 等。经过处理后的 Al-Cu 合金强度高，具有较好的塑性、韧性和抗蚀性，易焊接、易加工；Al-Li 基体可减小构件质量并提高刚度；Al-Fe 基体则可提高构件的高温性能。颗粒增强铝基复合材料具有密度小、比强度和比模量高、耐磨性、韧性和抗疲劳性好、热膨胀系数低和抗冲击等诸多优点，能取代钢铁材料、铝合金及钛合金，制造出高性能轻量化构件，广泛应用于航空航天结构件、先进武器、汽车零部件、轨道交通及运动器材等领域。

② 颗粒增强镁基复合材料常采用的增强颗粒主要有 SiC 和 Al_2O_3 颗粒，常用的基体合金

主要有 Mg-Mn、Mg-Al、Mg-Zn、Mg-Zr 和 Mg-Li，此外，还有用于高温下的 Mg-Ag 和 Mg-Y 合金。镁基复合材料密度为铝基复合材料的 2/3，具有比强度和比刚度高、阻尼减震性能好、电磁屏蔽和储氢析氢优异等特点，是宇航、汽车和电子等高新技术行业的理想材料。

③ 颗粒增强钛基复合材料常用的增强颗粒主要有 TiC、TiB 和 TiAl 等。钛与钛合金具有强度高、相对密度小、耐海水和海洋气氛腐蚀等许多优异的特性，但弹性模量和耐磨性低。颗粒增强钛基复合材料具有比钛合金更高的比强度和比刚度、优良的耐疲劳和抗蠕变性能，以及优异的高温性能和耐腐蚀性能，因此具有比钛合金更广的应用范围。

④ 颗粒增强铜基复合材料常用的增强颗粒主要有 Al_2O_3、WC、TiB_2 和 TiC 等。铜和铜合金强度与耐热性不足，致使其应用受到很大限制。颗粒增强铜基复合材料在提高铜合金强度的基础上尽可能保留了其电导率和热导率的优势。

⑤ 颗粒增强镍基复合材料具有较传统镍基高温合金更为优异的高温强度、抗热疲劳、抗氧化和抗热腐蚀性，是广泛用于制造航空、舰船及工业燃气涡轮发动机中重要受热部件的新型金属基复合材料。

3.3.3　微珠

根据成分不同，微珠可分为玻璃微珠、磁珠和碳珠。玻璃微珠主要成分为 SiO_2 和 Al_2O_3，其次是 Fe_2O_3 和一些碱金属氧化物；磁珠是指在磁场中能被磁极吸附的珠体，一般为空心球形或似球形，表面光滑，呈灰色或黑色，半金属光泽，其化学组成主要是 Fe_2O_3 和 Fe_3O_4，平均粒度小于 75 μm，密度为 3.1～4.2 g/cm^3。碳珠通常呈蜂窝状的球形或浑圆形颗粒，粒径为 30～250 μm，密度为 1.6～1.8 g/cm^3，具有质量小、挥发分低、表面积大、有一定吸附能力等特点。

3 种微珠中应用最为广泛的是玻璃微珠。根据形状特征，玻璃微珠又可分为实心、多孔和空心 3 种。其中空心玻璃微珠具有质量小、导热低、强度高等优点，粒径范围在 10～250 μm，壁厚为 1～2 μm，堆积密度为 0.1～0.25 g/cm^3，比其他类型玻璃微珠更小、导热性更低，是近年来发展起来的一种性能优良、应用前景明朗的新型轻质材料及增强体材料。

空心玻璃微珠的来源主要有两类，或来自粉煤灰，或由人工制造。粉煤灰是工业上燃烧煤等化石燃料产生的工业废弃物，主要组成物即为玻璃微珠，因此，玻璃微珠也常被称为粉煤灰微珠。其大多为完整的空心球体，表面和体相元素 80% 以上由 SiO_2、Al_2O_3 和 Fe_2O_3 组成，其化学组成见表 3-9。空心玻璃微珠密度小、模量高，经一定的表面处理后可作为理想的颗粒增强体，价格低廉且来源广泛。人工制造玻璃微珠的方法有多种，其中液滴法、粉末法和干燥凝胶法最为常见。

表 3-9　空心玻璃微珠的化学组成

化学成分	SiO_2	Al_2O_3	Fe_2O_3	TiO_2	MgO	CaO	K_2O	LOSS
含量/%	>55	>31	<3	>1.1	>1	>1	>1	<1

（1）空心玻璃微珠的制备

目前空心玻璃微珠的人工制备方法有液滴法、粉末法、干燥凝胶法、叶轮抛射法和煅烧法等。工业生产一般采用前 3 种，但这几种方法都存在缺陷，液滴法制备的空心玻璃微珠强度较差，粉末法制备的空心玻璃微珠成珠率低，干燥凝胶法原料成本太高。

① 液滴法。将低熔点物质的溶液在高温立式炉中加热或在一定温度下进行喷雾干燥。工业上常采用这种方法制备高碱性微珠。

② 粉末法。将发泡剂加入粉碎的玻璃基体材料中，然后将含有这种发泡剂的小颗粒加入高温炉中，使处于高温区的小颗粒软化或熔化，并在软化的玻璃基体材料中产生气体，气体经过膨胀，使颗粒成为空心球，最后将得到的产品通过旋风分离器或袋式收集器进行收集。

③ 干燥凝胶法。工业上常用有机醇盐为生产原料，将有机醇盐配料放入稀盐酸中加水分解、凝胶化后，在 60 ℃和 150 ℃两种温度下干燥凝胶，然后用球磨机将其粉碎，在高温下进行发泡。

④ 叶轮抛射法。将垂直下流的玻璃液流束通过一定转速的齿轮抛甩分离，由于自身张力的作用，玻璃液滴在抛甩过程中形成微珠，通过收尘装置收集制品。

⑤ 煅烧法。粉碎生产用破碎玻璃料至所需粒度，在粉碎料中加入 3%～7% 的隔离粉末，将其充分混合均匀，通过喂料系统将配合料送进电加热成型炉中，玻璃颗粒在加热到 900 ℃的高温时发生软化，在自身表面张力作用下软化形成珠体，对珠体进行烘干抛光，便可得到所需的玻璃微珠。

（2）空心玻璃微珠的性能

作为一种应用前景明朗的新型轻质材料，具有耐磨性强、无毒、分散性好、流动性佳、稳定性好、导热系数低、强度高、隔声耐水性佳、耐酸碱性、电绝缘性和热稳定性好等优点，其物性参数见表 3-10。

表 3-10 空心玻璃微珠的物性参数

参数名称	粒度/μm	球形率/%	表观密度/$(g \cdot cm^{-3})$	耐火度/℃	介电常数 ε	吸油率/$[g(油) \cdot (100 g)^{-1}]$
参数值	1～200	>95	0.45～2.2	1 200～1 750	2.3～2.4	16～18

参数名称	莫氏硬度	烧蚀率/%	导热系数/$[W \cdot (m \cdot K)^{-1}]$	抗压强度/MPa	体积电阻/$(\Omega \cdot cm)$	比表面积/$(m^2 \cdot g^{-1})$
参数值	5～7	<1	0.070～0.12	100～600	1.5×10^{10}	1.9～3

作为增强体材料，空心玻璃微珠具有以下显著优点：

① 密度低。空心玻璃微珠堆积密度为 0.1～0.3 g/cm³，实际密度为 0.1～0.5 g/cm³，在制备复合材料时，可以显著降低材料的密度。

② 具有有机改性表面。空心玻璃微珠表面润湿效果好且容易分散，生产上可用于绝大多数环氧树脂的填充材料，如聚酯、聚氨酯、环氧树脂等。

③ 流动性好。空心玻璃微珠是空心的微小圆球，具有较好的流动性，因此填充效果良好；此外，球体是各向同性的，不会因取向造成成型制品不同部位收缩率的差异，保证了最终产品的尺寸稳定性。

④ 热稳定性好。空心玻璃微珠热分解温度大于 1 200 ℃，可提高复合材料的阻燃性。

⑤ 绝缘性好。少量气体填充了空心玻璃微珠的内部空腔，所以它具有良好的隔声、隔热

性能，常用作各种保温、隔声材料的填充物质。

（3）空心玻璃微珠的应用

作为一种新兴多功能材料，空心玻璃微珠已广泛应用于建材、塑料、橡胶、涂料、化学、冶金、航海和航天等领域。

① 用作塑料、橡胶的优质填料。空心微珠外观呈球形，中空、质轻，属于无机刚性填料。因为它具有光滑的球形表面，所以流动性极佳，填充能力好，在加工中可以降低对设备的磨损；微珠颗粒很小，能够减小应力集中现象，对复合材料制品有一定的增韧作用，且可提高材料的耐磨性、耐热性、尺寸稳定性和刚性，明显提高复合材料在常温和低温下的缺口冲击强度、拉伸和弯曲性能。现在空心微珠填充橡胶或者塑料复合材料已广泛应用于人们的日常生活中，用空心微珠作填料已生产出大衣柜、沙发、电视机前罩、人造革、彩色地板块等多种塑料制品。

② 制造耐火材料。空心玻璃微珠可用于生产密度在 $0.4\sim0.8\ \mathrm{g/cm^3}$，具有质轻、导热系数小、强度高、保温隔热性能好、热容量低等优点的轻质高强耐火砖。这种耐火砖用于热处理电阻炉，可使升温时间大幅度降低，可有效提高设备利用率，同时还可节约能源。此外，微珠可用于生产高效保温材料，如保温帽、防火涂料等。这些高效保温材料价格低廉，社会效益和经济效益可观，平均节能效果可达 30%以上。

③ 用于建筑板材。在建筑工业中，可以用空心玻璃微珠制造人造大理石、消声材料、陶瓷材料，这些以空心玻璃微珠作为填充剂做成的板材，具有质量好、强度高、保温性好、变形小、隔声、防潮和阻燃等优点。

④ 用于隔热绝缘材料。用空心玻璃微珠做填充剂制成的复合型泡沫玻璃陶瓷，可用于航天飞机、宇宙飞行器上的新型烧蚀密封材料和表面复合材料，以及海船甲板等对密度敏感的构件。利用微珠密度小、耐压力高的特点，制成打捞潜艇、深海油田开发等多种用途的浮力材料，使用效果良好。

⑤ 用于汽车制造工业。利用空心玻璃微珠强度高及耐磨好等特性制成的汽车刹车片、军用摩擦片及石油钻机刹车片等制品，具有物理性能好、使用寿命长、生产成本低的特点。微珠制动的特点是强度高、寿命长、制动柔和，并且不磨损其耦合件，因此可以节省大量金属。

⑥ 制备吸波材料。近年来，不断有研究者开发空心玻璃微珠在吸波材料等方面的应用。美国光谱动力学系统公司利用火电厂的扬尘做原料生产出一种像粉尘一样细微、涂有金属膜的空心微珠。加有微珠的涂料涂敷到飞行器表面，可以吸收雷达波和红外辐射，涂敷到电子部件表面，可以抗电磁和射频干扰。该涂料密度为 $0.24\ \mathrm{kg/m^3}$，远小于国防应用的要求（吸波涂层材料密度需小于 $2.5\ \mathrm{kg/m^3}$）。国内研究者采用化学镀的方法对空心微珠的表面金属化改性进行研究，发现改性后的空心玻璃微珠具有较好的吸波性能。

⑦ 其他。空心玻璃微珠在石油、化学工业中，可作为某些化学反应的催化剂；在电气工业中，还可作为高压电瓷、轻型电气绝缘材料及密封材料的原料。

3.3.4　石墨烯

碳元素是人类利用的最早的元素之一。碳元素的不同排列使之可以形成多种同素异形体，有零维的富勒烯、一维的碳纳米管、二维的石墨烯和三维的石墨，如图 3-7 所示。石墨烯是唯一真正意义上的二维晶体材料。2004 年，英国曼彻斯特大学的 Andre Geim 教授团队首次成功制备出单层石墨烯。在石墨烯平面内，单层碳原子围成有机材料中最稳定的蜂窝状正六边形环状结构，C—C 键长 0.142 nm，理论厚度仅为 0.35 nm。按照层数不同，石墨烯可分为单碳层石墨烯（single layer graphene）、少数碳层石墨烯（few layers graphene，层数小于 10 层）和石墨烯微片（graphene nanoplatelets，层数大于 10 层）。

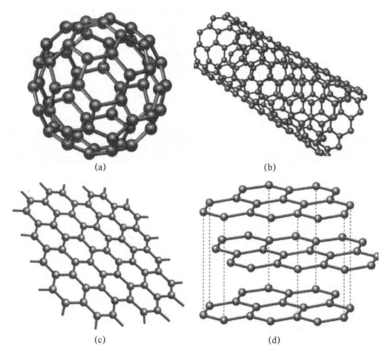

(a) (b)

(c) (d)

图 3-7 碳元素的几种同素异形体
（a）富勒烯；（b）碳纳米管；（c）石墨烯；（d）石墨

（1）石墨烯的制备

根据制备机理，石墨烯的制备方法大体可以分为"自顶向下（top-down）"剥离法和"自底向上（bottom-up）"生长法两大类。前者是从各式碳源上，采用破坏石墨层间结构的方式获得石墨烯，包括机械剥离法、氧化还原法、液相剥离法等。与"自顶向下"的物理手段相反，"自底向上"生长法主要是依靠化学法在稳定的衬底上形成石墨烯结构，主要包括化学气相沉积法、分子自组装法、表面外延生长法等。

① 机械剥离法。机械剥离法是利用机械力，克服石墨层与层之间的范德华力作用，从石墨晶体的表面剥离出石墨烯片层的方法。单层石墨烯的首次成功制备即采用的是机械剥离法。研究人员将高定向热裂解石墨用光刻胶固定在玻璃衬底上，然后用特制胶带对石墨片进行粘贴，经过反复撕扯剥离，最终得到单原子层厚度的石墨烯。

② 化学气相沉积法。化学气相沉积法是将金属基底放置于碳源环境下加热，在一定温度条件下碳源分解后生成碳原子，在金属基底上沉积并逐渐生长成连续的石墨烯薄膜，最后采用化学腐蚀的方法去除金属基底得到石墨烯片层。该法是制备大面积石墨烯的常用方法。目前常用的碳源大多为有机气体，如甲烷、乙醇、乙烯、乙炔和环己烷，金属基底则一般选用镍、铁、铜、钴、铂及合金等，其中铜和镍因成本较低廉且催化性能良好，被广泛应用。

③ 表面外延生长法。表面外延生长法的机制包括两种：一种是碳化物的分解，另一种是利用碳氢化合物的化学气相沉积在金属或者金属碳化物的表面上生长。SiC 单晶加热至一定的温度后，会发生石墨化反应，因此常采用 SiC 作为外延生长法的基材：首先将氧化或 H_2刻蚀处理后的 SiC 单晶片置于超高真空中，然后利用电子束轰击 SiC 单晶片，并加热到1 000 ℃，以除去其表面的氧化物。氧化物被完全去除后，加热样品至 1 250～1 450 ℃，恒温1～2 min，在高温条件下将其表面层中的 Si 原子蒸发，使表面剩余的 C 原子发生重构，即可在 SiC 单晶片表面获得外延生长的石墨烯。简而言之，就是通过高真空高温加热单晶 SiC除去 Si 原子，C 原子在 SiC 表面重构形成薄薄的石墨烯片层。通过工艺参数调控，此法还可实现单层和多层石墨烯的控制。

④ 氧化还原法。氧化还原法是将石墨强力氧化并加水分解后得到氧化石墨（GO），将GO 进行适当处理，在水溶液或是有机溶剂中分散成单层或多层 GO，再用还原剂还原得到单层或多层石墨烯（RGO）。虽然经过强氧化剂氧化过的石墨并不一定能被完全还原，会损失一些物理、化学等性能，尤其是导电性，但是这种制备方法过程简便且成本较低，因此是目前实验室最常用的制备石墨烯的方法。

图 3-8 对比了几种常用石墨烯制备方法的规模化生产成本、产品质量及其应用。对比可知，石墨烯的各种制备方法各具优缺点。机械剥离被广泛用于基础研究，以获得高质量的石墨烯，采用这种方法制备出石墨烯片层尺寸最大可达毫米级。然而，这种方法产率较低、重复性差、耗时长，且石墨烯尺寸和厚度无法精确控制，不适合大规模的工业化制备。化学气相沉积法被广泛应用于大规模工业化半导体薄膜材料的制备，因此最有可能成为实现石墨烯工业化制备的方法。但是与机械剥离法相比，该法制备的石墨烯性能缺乏均匀性和稳定性，并且制备工艺复杂，生产成本较高，污染环境。SiC 外延生长法在技术上有一定优势，可得到单层或少数层较为理想的石墨烯，但这种方法目前还难以实现石墨烯的大面积制备，且能耗高，不利于后续石墨烯的转移。氧化还原法容易带来废液污染，并且制备出的石墨烯有一定的缺陷，这些缺陷都会严重限制石墨烯的电学性能。

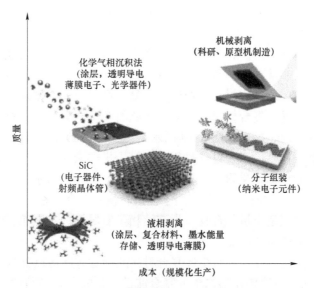

图 3-8　石墨烯制备方法的对比

（2）石墨烯的性能

石墨烯独特的二维晶格结构使其具有非常优异的电学、光学和力学性能，这些独特的性能正好能够或是有望弥补很多现有材料的不足。

① 电学性能。碳原子有 4 个价电子，石墨烯中每个碳原子除了与其他 3 个碳原子成 sp^2 键的 3 个电子外，都贡献 1 个未成键的 p 轨道的电子。这些电子与平面垂直形成共轭 π 键，离域的 π 电子可以在石墨稀晶体平面中自由移动，从而赋予石墨烯良好的导电性。自石墨烯被发现的那一刻起，许多原来只能通过想象进行的介观物理试验就可在实验室中实现。试验发现，微机械剥离法制得的石墨烯的载流子迁移率均超过 $2\,000\ \mathrm{cm^2 \cdot V^{-1} \cdot s^{-1}}$，这为观察量子霍尔效应提供了一个可实现的平台。单层石墨烯中载流子迁移率几乎不受化学掺杂和温度的影响，因此，在室温条件下，通过电场作用改变化学势就可观察到石墨烯中的量子霍尔效应。同时，石墨烯惊人的载流子迁移率、对场效应的敏感性及晶格平面内的高延展性使得它立刻替代碳管成为制造场效应晶体管的最佳材料。

② 光学特性。单层石墨烯是高度透明的。在可见光范围内，石墨烯的透光性随着厚度的增加而呈线性下降。2 nm 厚的石墨烯薄膜透光率达到 95%，厚度增加到 10 nm 时，透光率仍然有 70%。这种光学特性和石墨烯增强材料的优良导电性一起使得它有望取代价格不断上涨的铟锡氧化物作为透明导电材料。此外，石墨烯薄膜在 500～2 000 nm 范围的吸收光谱都十分平坦，主要的吸收波长都集中在 400 nm 以下。化学法剥离制备石墨烯的低成本，以及石墨烯薄膜的高电导率、高透光率和良好的化学、机械稳定性，都预示着石墨烯在太阳能电池和液晶的透明电极，以及可弹性电极的制备方面有巨大的应用潜力。

③ 热学特性。石墨烯具有极高导热系数，单层悬浮石墨烯的室温导热率可达到 3 000～5 000 W/（m·K）。该数值远高于金属中导热系数相对较高的银、铜、金和铝的热导率。优异的导热性能使得石墨烯有望作为未来超大规模纳米集成电路的散热材料。

④ 力学特性。石墨烯是人类已知强度最高的物质，比钻石还坚硬，强度比世界上最好的钢铁还要高上 100 倍。这种高强度意味着其可以用在防弹衣的内部和坦克的表面作为缓冲垫，以吸收来自射弹（如子弹、炮弹、火箭弹等）的冲击力。

（3）石墨烯的应用

由于石墨烯具有独特的结构和多种优异的性能，将石墨烯作为增强体制作石墨烯复合材料是其应用领域中一个非常重要的研究方向。石墨烯可以与聚合物、金属纳米颗粒、碳纳米材料及有机小分子形成各种复合材料，通过有效复合可以发挥石墨烯和各组分材料的优势，利用两者间的协同作用提高复合材料的性能。按照石墨烯与第二组分材料组合结构的不同，可将石墨烯复合材料分为 3 类，如图 3-9 所示。图 3-9（a）所示复合材料中，石墨烯为连续相，可支撑第二组分材料，第二组分材料通常为无机纳米材料，如金属、金属化合物和碳纳米管等，其以纳米颗粒形式黏附在石墨烯上。图 3-9（b）所示复合材料中，石墨烯和第二组分都是连续相，该类复合材料主要应用于能量转换及储存。图 3-9（c）所示复合材料中，第二组分一般是聚合物或是无机化合物，为连续相，石墨烯分布在第二组分基体中，该类复合材料具有优异的机械和导电性能。

按照合成石墨烯的先后过程，石墨烯复合材料的制备方法可以分为 3 类，如图 3-10 所示。① 先石墨烯化法：石墨烯在第二组分复合前已经合成；② 后石墨烯化法：先合成出包含石墨烯前驱体（即氧化石墨烯）和第二组分的复合物，再将该前驱体还原成石墨烯；③ 同

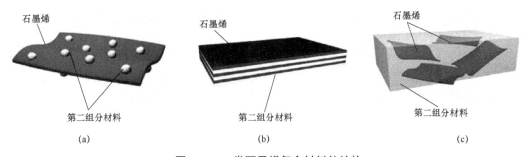

图3-9　3类石墨烯复合材料的结构

步石墨烯法：石墨烯和第二组分同时在一个体系中生成，且在复合材料形成过程中，这两种成分进行共混。

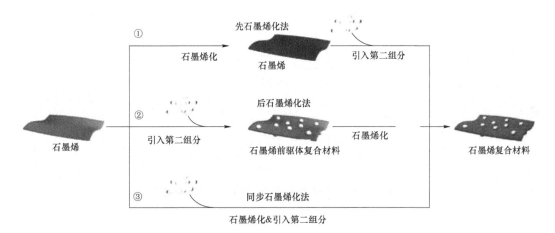

图3-10　3类石墨烯复合材料的制备方法

　　目前，石墨烯复合材料的研究主要集中在石墨烯聚合物基复合材料和石墨烯基无机纳米复合材料，关于石墨烯作为增强体的块体金属基复合材料方面的研究相对较少。石墨烯密度小、分散性能差及熔体制备过程中的界面反应问题是制约该类复合材料发展的重要原因。采用传统熔炼冶金方法获得块体石墨烯金属基复合材料较为困难，因此阻碍了该领域研究工作的发展。尽管如此，还是有研究者利用不同的方法制备出了块体金属基石墨烯增强体复合材料。对块体石墨烯增强金属基复合材料优异的力学性能进行总结，发现石墨烯增强体主要通过晶粒细化、位错强化及应力转移三方面作用增强或增韧复合材料。纳米尺寸的石墨烯薄片可以细化金属晶粒；塑性变形过程中，石墨烯也可以钉扎位错阻止其运动；受压力载荷时，石墨烯可以承受很大一部分机械载荷，因此石墨烯的引入对块体复合材料的力学性能有巨大的提高。此外，目前关于石墨烯与金属基体界面的相关研究还相对较少。随着对石墨烯研究的不断深入，石墨烯陶瓷基复合材料中的应用也越来越受到人们的重视。目前石墨烯复合材料在能量储存、电子器件、生物材料、传感材料和催化剂载体等方面已经显示了优良的性能，具有广阔的应用前景。

　　① 光电器件。光纤中携带信息的光电传感器检测传感器目前是由硅制备的，随着石墨烯的发现及对其结构性能的深入研究，研究者利用石墨烯的优异光电性能制备出了石墨烯光电探测器。此外，石墨烯的高的透光率使其在太阳能电池和显示器制造方面具有较大潜力。

② 储能材料。研究发现，柱状石墨烯在掺杂锂离子后的储氢能力可以高达 $41\ g\cdot L^{-1}$。

③ 生物医药领域。功能化的石墨烯可用于制作药物载体，因此，石墨烯在生物医药领域也有着广阔的发展前景。

3.3.5　碳纳米管

碳纳米管（Carbon nano-tubes，CNTs）最初于 1991 年由日本科学家 Iijima 研究发现。碳纳米管是由 sp^2 杂化碳原子排列成的石墨片层卷曲而成的同轴圆管。层与层之间保持固定的距离，约 $0.34\ nm$，直径一般为 2～20 nm，是一种具有特殊结构的一维量子材料。碳纳米管的径向尺寸可达到纳米级，轴向尺寸为微米级，管的两端一般都封口，巨大的长径比有望使其成为韧性极好的碳纤维。因具有独特的结构和优异的力学、电学和热学等性能，自被发现以来，碳纳米管掀起了持续至今的研究热潮。

（1）碳纳米管的分类

碳纳米管是由石墨片层卷曲而成，因此，按照石墨片的层数，可分为单壁碳纳米管和多壁碳纳米管。单壁管的典型直径范围为 0.6～2 nm，多壁管的内层直径可达 0.4 nm，外层直径可达数百纳米，但典型管径为 2～100 nm。多壁管的层与层之间很容易成为陷阱中心捕获各种缺陷，因而多壁管的管壁上通常布满孔洞缺陷。与多壁管相比，单壁管的缺陷少，具有更高的均匀性和一致性。

此外，根据碳六边形沿轴向的不同取向，碳纳米管可以分为扶手椅形纳米管、锯齿形纳米管和手性纳米管 3 种类型。根据碳纳米管的导电性质，可以将其分为金属型碳纳米管和半导体型碳纳米管。按照是否含有管壁缺陷，可以分为完善碳纳米管和含缺陷碳纳米管。按照外形的均匀性和整体形态，可分为直管形、碳纳米管束、Y 形和蛇形等。

（2）碳纳米管的制备

常用的碳纳米管制备方法主要有电弧放电法、化学气相沉积法、激光烧蚀法、固相热解法、辉光放电法、聚合反应合成法及催化裂解法等。

① 电弧放电法。电弧放电法是最常用的制备碳纳米管的方法，Iijima 就是从电弧放电法生产的碳纤维中首次发现碳纳米管的。该方法的具体过程为：将石墨电极置于充满氦气或氩气的反应容器中，在两极之间激发出电弧，此时温度达 4 000 ℃左右。石墨蒸发，生成的产物有富勒烯、无定型碳和单壁或多壁的碳纳米管。通过控制催化剂和容器中的氢气含量，可以调节几种产物的相对产量。使用这一方法制备碳纳米管的技术路径比较简单，但能耗较高，产物较多，很难得到纯度较高的碳纳米管，且得到的往往都是多层碳纳米管。

② 化学气相沉积法。又称碳氢气体热解法，这种方法是让气态烃通过附着有催化剂微粒的模板，在 800～1 200 ℃条件下，气态烃可以分解生成碳纳米管。这种方法的显著优点是残余反应物为气体，可以离开反应体系，可得到纯度较高的碳纳米管，同时，反应温度相对较低，节省了能量。缺点是得到的碳纳米管管径不整齐，形状不规则，且在制备过程中须用催化剂。这种方法的主要研究方向是希望通过控制催化剂的排列方式来控制碳纳米管的结构。

③ 激光烧蚀法。该方法的具体过程是：在石英管中间放置一根金属催化剂/石墨混合的石墨靶，将石英管置于加热炉内。当炉温升至一定温度时，将惰性气体冲入管内，并将一束激光聚焦于石墨靶上。石墨靶在激光照射下生成气态碳，气态碳被气流从高温区带向低温区

时，在催化剂的作用下生长成碳纳米管。

④ 固相热解法。固相热解法是令常规含碳亚稳固体在高温下热解生成碳纳米管的新方法，这种方法过程比较稳定，不需要催化剂，并且是原位生长。但受到原料的限制，生产不能规模化和连续化。

⑤ 聚合反应合成法。碳纳米管的一般制备过程与有机合成反应相似，其副反应复杂多样，很难保证同一炉碳纳米管为同一类型。研究发现，在强酸、超声波作用下，碳纳米管可先断裂为几段，且断裂后的碳纳米管再在催化剂作用下增殖延伸，最终所得的碳纳米管类型与模板相同。因此，聚合反应合成法的基本原理即利用已有的少量碳纳米管模板复制扩增，在短时间内得到数百万同类型的碳纳米管。该方法将成为制备高纯度碳纳米管的新方式。

⑥ 催化裂解法。催化裂解法是指在 600～1 000 ℃的温度及催化剂的作用下，用含碳气体原料如一氧化碳、甲烷、乙烯、丙烯和苯等分解来制备碳纳米管。该方法在较高温度下使含碳化合物裂解为碳原子，碳原子在过渡金属－催化剂作用下附着在催化剂微粒表面形成碳纳米管。该方法中所用催化剂活性组分多为第Ⅷ族过渡金属或其合金，少量加入 Cu、Zn、Mg 等来调节活性金属能量状态，改变其化学吸附与分解含碳气体的能力。

（3）碳纳米管的性质

① 良好的力学性能。碳纳米管是目前可制备出的具有最高比强度的材料，其抗拉强度高达 50～200 GPa，是钢的 100 倍，密度却只有钢的 1/6。具有理想结构的单层壁碳纳米管的抗拉强度甚至可达 800 GPa，因而碳纳米管被称"超级纤维"。碳纳米管的弹性模量可达 1 TPa，与金刚石的弹性模量相当，约为钢的 5 倍。此外，碳纳米管的硬度与金刚石的相当，却拥有良好的柔韧性，且可以拉伸。

② 良好的导电性能。由于碳纳米管的结构与石墨片层的结构相同，因此具有很好的电学性能。其导电性能取决于其管径和管壁的螺旋角。当碳纳米管的管径大于 6 nm 时，导电性能下降；当管径小于 6 nm 时，碳纳米管可以被看成具有良好导电性能的一维量子导线。

③ 良好的传热性能。碳纳米管具有大的长径比，因而其沿着长度方向的热交换性能很高，相对地，沿垂直方向的热交换性能较低。通过合适的取向，碳纳米管可以用于合成高各向异性的热传导材料。另外，碳纳米管有着较高的热导率，若在复合材料中掺杂微量的碳纳米管，该复合材料的热导率将可能得到很大的改善。

④ 光学性能。碳纳米管存在光致发光效应，即在激光照射下会产生发光现象，且呈现非线性光学性能，这一特性使碳纳米管在场发射器件、光学光电子器件及偏振红外光检测器制备方面有广阔的应用前景。

（4）碳纳米管的应用

自被发现以来，各国研究者对碳纳米管的物化及力学性能进行了广泛及深刻的研究，目前在基础研究和应用领域都取得了重要进展。因具有多种独特且优异的性能，碳纳米管的应用领域十分广泛，具有巨大的商业价值。

① 碳纳米管复合材料。工业上常用的增强型纤维，决定其强度的关键因素之一是长径比，工程师希望得到的长径比至少是 20:1，而碳纳米管的长径比一般在 1 000:1 以上，是理想的高强度纤维材料。同时，虽然碳纳米管的结构与高分子材料的相似，但其结构却比高分子材料稳定得多。碳纳米管高强度和高稳定性特征使其可作为超细高强度纤维增强金属、陶瓷等基

体材料。若将碳纳米管与其他工程材料制成复合材料，可使复合材料表现出良好的强度、弹性、抗疲劳性及各向同性，给基体材料的性能带来极大改善。因此，碳纳米管在复合材料的制造领域中具有十分广阔的应用前景。

② 电磁干扰屏蔽材料及隐形材料。碳纳米管可用于电磁干扰屏蔽材料及隐形材料的主要原因有两点：一方面，碳纳米管的尺寸远小于红外及雷达波波长，因此对红外及雷达波的透过率比常规材料强得多，减小了反射率，使得红外探测器和雷达接收到的反射信号微弱，从而达到隐身效果；另一方面，纳米碳纳米管的比表面积比常规材料的大 3～4 个数量级，高比表面积特点使其对红外光和电磁波的吸收率也比常规材料的高，这大大降低了反射信号强度，因此很难被探测目标发现，从而起到隐身作用。除了表现出较强的宽带微波吸收性能外，碳纳米管还具有质量小、高温抗氧化性能强、导电性可调变和稳定性好等特点，因此是一种理想的微波吸收材料，可用于隐形材料、电磁屏蔽材料或暗室吸波材料。

③ 储氢材料。碳纳米管的高比表面积特征和具有孔隙的结构特点使其可吸附大量氢气，因此碳纳米管作为储氢材料已成为各国学者研究的焦点。理论上，单壁碳纳米管的储氢能力在 10% 以上。目前中国科学家制备的碳纳米管储氢材料的储氢能力达到 4% 以上，至少是稀土的两倍。室温常压下，约 2/3 的氢能从这些可被多次利用的纳米材料中释放。该特点使碳纳米管可以应用在燃料电池的制造中，起到提供持续稳定氢源的作用。

④ 超级电容器。电双层电容器可用作电容器，也可用作能量存储装置。作为电双层电容电极材料，需结晶度高、导电性好、比表面积大且微孔大小集中。目前常用的多孔碳不但微孔分布宽，而且结晶度低、导电性差，导致容量小。没有合适的材料是限制电双层电容在更广范围内使用的一个重要原因。碳纳米管比表面积大、结晶度高、导电性好，微孔大小可通过合成工艺加以控制，因此是一种理想的电双层电容器电极材料。由于碳纳米管具有开放的多孔结构，并能在与电解质的交界面形成双电层，从而聚集大量电荷，功率密度可达 8 000 W/kg。碳纳米管超级电容器是目前已知的最大容量的电容器，存在着巨大的商业价值。

⑤ 锂离子电池。碳纳米管的层间距为 0.34 nm，该间距有利于锂离子的嵌入和脱嵌。同时，碳纳米管特殊的圆筒形结构不仅可使锂离子从外壁和内壁两方面嵌入，还可防止因溶剂化锂离子嵌入引起的石墨层剥离造成负极材料的损坏。多壁碳纳米管锂电池放电能力达到 385 mAh/g，单壁管则高达 640 mAh/g，而石墨的理论放电极限为 372 mAh/g。用碳纳米管作为添加剂或单独用作锂离子电池的负极材料，均可显著提高锂离子的嵌入容量和稳定性。

⑥ 场发射管（平板显示器）。在硅片上镀上催化剂，在特定条件下使碳纳米管在硅片上垂直生长，形成阵列式结构，可用于制造超清晰平板显示器。使碳纳米管在镍、玻璃、钛、铬、石墨及钨等材料上形成阵列式结构，可用于制造各种用途的场发射管。

⑦ 传感器。用碳纳米管修饰电极，可以提高对氢离子等的选择性，从而可制成电化学传感器。利用碳纳米管的导电性及对气体吸附的选择性，可以做成气体传感器。不同温度下吸附微量氧气可以改变碳纳米管的导电性，甚至在金属和半导体之间转换。在碳纳米管内局部填充碱金属可以形成 PN 结。在碳纳米管内填充光敏、湿敏、压敏等材料，可以制成各种纳米级的功能传感器。

⑧ 信息存储。存储信号的斑点为 10 nm 时，其存储密度为 1 012 b/cm^2，称为超高密度存储器。用碳纳米管作为信息写入及读出探头，其信息写入及读出点可达 1.3 nm，存储密度更高，从而可实现信息的超高密度存储。预测碳纳米管将会给信息存储技术带来革命性变革。

⑨ 其他。碳纳米管具有良好的韧性，可用来制造轻薄的弹簧，用在汽车、火车上作为减震装置，可大大减小质量。碳纳米管还可用于制造催化剂和吸附剂、原子探针、超大规模集成电路散热衬托材料、计算机芯片导热板、一维导线、纳米同轴电缆、分子晶体管、电子开关、美容材料、防弹背心、抗震建筑等。

参考文献

[1] 张国定，赵昌正. 金属基复合材料 [M]. 北京：机械工业出版社，1996.

[2] 吴人洁. 复合材料 [M]. 天津：天津大学出版社，2000.

[3] 张玉龙. 先进复合材料制造技术手册 [M]. 北京：机械工业出版社，2003.

[4] 鲁云，朱世杰，马鸣图，潘复生. 先进复合材料 [M]. 北京：机械工业出版社，2003.

[5] 郝元凯，肖加余. 高性能复合材料学 [M]. 北京：化学工业出版社，2004.

[6] 益小苏，杜善义，张立同. 中国材料工程大典：第 10 卷，复合材料工程 [M]. 北京：化学工业出版社，2006.

[7] 高玉红，李运刚. 金属基复合材料的研究进展 [J]. 河北化工，2006，29（6）：51－54.

[8] 张荻，张国定，李志强. 金属基复合材料的现状与发展趋势 [J]. 中国材料进展，2010，29（4）：1－7.

[9] 张文毓. 金属基复合材料的现状与发展 [J]. 装备机械，2017（2）：79－83.

[10] 黎小平，张小平，王红伟. 碳纤维的发展及其应用现状 [J]. 高科技纤维与应用，2005，30（5）：24－30.

[11] 上官倩芡，蔡泖华. 碳纤维及其复合材料的发展及应用 [J]. 上海师范大学学报（自然科学版），2008，37（3）：275－279.

[12] 汪多仁. 碳化硅纤维的开发与应用进展 [J]. 高科技纤维与应用，2004，29（6）：43－45.

[13] 许慜，张力，陆雪川，陈立富. 先驱体转化法制备含硼 SiC 纤维 [J]. 稀有金属材料与工程，2011，39（8）：1260－1267.

[14] 王德刚，仲蕾兰，顾利霞. 氧化铝纤维的制备及应用 [J]. 化工新型材料，2002，30（4）：17－19.

[15] 王丽萍，郭昭华，池君洲，王永旺，陈东. 氧化铝多用途开发研究进展 [J]. 无机盐工业，2015，47（6）：11－15.

[16] 李承宇，王会阳. 硼纤维及其复合材料的研究及应用 [J]. 塑料工业，2011，39（10）：1－5.

[17] Singha K，Anupam K，Debnath P，Maity S，Chakraborty A，Ray A，Singha M，路瑶. 硼纤维的研究概述 [J]. 国际纺织导报，2013，41（9）：24－29.

[18] 彭霞锋，王庭辉，刘筱玲，宋顺成，李国斌. 金属丝束的动态拉伸测试及动态拉伸性能 [J]. 兵器材料科学与工程，2008（4）：48－51.

[19] 谭庆彪. 缠绕金属丝材料的制备、性能及对铝基体的强化行为 [D]. 上海：上海交通大学，2012：2－6.

[20] Sercombe T B，Schaefer G B. Rapid manufacturing of aluminum composites [J]. Science，2003，301（29）：1225－1227.

[21] 王守仁，耿浩然，王英姿，孙宾. 金属基复合材料中网络结构陶瓷增强体的制备及研究进展 [J]. 机械工程材料，2005，29（12）：1−4.

[22] 李文静，舒玲玲，吴刚，李文戈，吴钱林. 网络结构增强金属基复合材料的研究进展 [J]. 机械工程材料，2012，36（7）：1−6.

[23] Wang B P，Wang L，Xue Y F，et al. Strain rate−dependent compressive deformation and failure behavior of porous SiC/Ti−based metallic glass composite [J]. Materials Science and Engineering A，2014（609）：53−59.

[24] 陈尔凡，田雅娟，周本廉. 晶须增强体及其复合材料研究进展 [J]. 高分子材料科学与工程，2002（4）：1−6.

[25] 靳治良，李胜利，李武. 晶须增强体复合材料的性能与应用 [J]. 盐湖研究，2003，11（4）：57−65.

[26] 杨涛林，陈跃. 颗粒增强金属基复合材料的研究进展 [J]. 铸造技术，2006，27（8）：871−873.

[27] 王晓军. 搅拌铸造 SiC 颗粒增强镁基复合材料高温变形行为研究 [D]. 哈尔滨：哈尔滨工业大学，2008.

[28] 任莹，路学成，许爱芬，等. 颗粒增强金属基复合材料简介 [J]. 热处理，2011，26（5）：15−19.

[29] 贺毅强. 颗粒增强金属基复合材料的研究进展 [J]. 热加工工艺，2012，41（2）：133−136.

[30] 潘利文，林维捐，唐景凡，吴晓文，杨娟，胡治流. 颗粒增强铝基复合材料制备方法及研究现状 [J]. 材料导报，2016，5（30）：511−515.

[31] Lekatou A，Karantzalis A E，Evangelou A，et al. Aluminum reinforced by WC and TiC nanoparticles（ex−situ）and aluminide particles（in−situ）：Microstructure，wear and corrosion behavior [J]. Materials and Design，2015，65：1121−1135.

[32] 李云凯，王勇，高勇，等. 空心微珠简介 [J]. 兵器材料科学与工程，2002，25（3）：51.

[33] 曾爱香. 空心微珠复合吸波材料的研究 [D]. 武汉：华中科技大学，2004：12−14.

[34] Schmitt M L，Shelby J E，Hall M M. Preparation of hollow glass microspheres from sol−gel derived glass for application in hydrogen gas storage [J]. Journal of Non−Crystalline Solids，2006（352）：626−631.

[35] Sun B C，Xing Y，Wang Q F. High−strength deep−sea buoyancy material made of polymer filled with hollow glass micro−beads [J]. Journal of University of Science and Technology Beijing，2006（6）：554−558.

[36] 娄鸿飞，王建江，胡文斌，等. 几种空心微珠的研究现状与发展 [J]. 材料导报，2010，24（16）：453−456.

[37] 周金磊. 空心玻璃微珠/环氧树脂复合材料的制备及性能研究 [D]. 青岛：中国海洋大学，2013：7−9.

[38] 李旭，赵卫峰，陈国华. 石墨烯的制备与表征研究 [J]. 材料导报，2008，22（8）：48−51.

[39] Hong W J，Bai H，Xu Y X，et al. Preparation of gold nanoparticle/graphene composites with controlled weight contents and their application in biosensors [J]. Journal of Physical

Chemistry C，2010（114）：1822－1826.

［40］匡达，胡文彬. 石墨烯复合材料的研究进展［J］. 无机材料学报，2013，28（3）：235－246.

［41］高源，陈国华. 聚合物/石墨烯复合材料制备研究新进展及其产业化现状［J］. 高分子学报，2014（10）：1314－1327.

［42］胡忠良，陈艺锋，李娜，等. 石墨烯复合材料的结构、制备方法和原理［J］. 功能材料，2014，增刊Ⅱ（45）：16－21.

［43］魏炳伟. 铜－石墨烯复合材料制备和性能的研究［D］. 重庆：重庆理工大学，2014：8－14.

［44］Chen B B，Liu X，Zhao X Q，et al. Preparation and properties of reduced graphene oxide/fused silica composites［J］. Carbon，2014（77）：66－75.

［45］杨文彬，张丽，刘菁伟，等. 石墨烯复合材料的制备及应用研究进展［J］. 材料工程，2015，43（3）：91－97.

［46］刘霞. 石墨烯及其复合材料的制备与性能研究［D］. 上海：东华大学，2016：3－11.

［47］Iijima S. Helical microtubules of graphitic carbon［J］. Nature，1991，354（7）：56－58.

［48］曹伟，宋雪梅，王波，等. 碳纳米管的研究进展［J］. 材料导报，2007（S1）：71－77.

［49］胡晓阳. 碳纳米管和石墨稀的制备及应用研究［D］. 郑州：郑州大学，2013：4－8.

［50］Liu X，Lu W B，Ayala O M，et al. Microstructural evolution of carbon nanotube fibers：deformation and strength mechanism［J］. Nanoscale，2013，5（5）：2002－2008.

［51］刘剑洪，吴双泉，何传新，等. 碳纳米管和碳微米管的结构、性质及其应用［J］. 深圳大学学报（理工版），2013，30（1）：1－11.

［52］赵冬梅，李振伟，刘领弟，等. 石墨烯/碳纳米管复合材料的制备及应用进展［J］. 化学学报，2014（72），185－200.

［53］李敏，王绍凯，顾轶卓，等. 碳纳米管有序增强体及其复合材料研究进展［J］. 航空学报，2014，35（10）：2699－2721.

第4章
金属基复合材料的界面控制

4.1 复合材料界面的基本概念

由于复合材料是由两种或多种物理化学性质不同的材料复合而成的多相材料，其中必然存在不同材料的接触面，这个接触面就是界面。界面不仅是基体和增强体的接触面，还包括了基体与增强体中的元素通过扩散、溶解、化学反应而形成的互扩散层、反应产物、反应产物分别与基体和增强体的接触面，以及接触面上可能存在的表面涂层、氧化物等，因而往往具有复杂的化学成分和相结构。与均质材料相比，界面在复合材料中占据了大量的体积分数，是连接基体与增强体，传递应力场、温度场等信息的纽带，因而其结构与性能对复合材料的整体性能具有至关重要的影响。深入研究复合材料中界面的形成过程、界面相的物理化学性质、界面结合方式、界面精细结构、界面反应规律，通过优化与控制界面的结构、性能和稳定性，从而获取高性能复合材料，是复合材料发展中的重要内容。

4.1.1 界面的定义

复合材料界面是指复合材料的基体与增强材料之间化学成分有显著变化的、构成彼此结合的、能起载荷等传递作用的微小区域。界面区的组成和结构与基体和增强体有着明显的区别，受到基体和增强体成分、增强体类型及复合材料制备方式、工艺参数等多种因素的影响。界面最显著的特点是其不连续性和非平衡性：不连续性包括了化学成分、晶体结构、原子配位、弹性模量、热膨胀系数、热力学参数等材料性质，这种材料特性的不连续性可能是渐变或者陡变的；从热力学方面而言，在几乎所有的复合材料中，基体和增强体都处于热力学的不平衡态，因而界面处总是存在趋向于系统自由能降低的界面反应驱动力。

4.1.2 界面的结合类型

界面的结合力可以分为3类：机械结合力或摩擦力，它取决于增强体的比表面、粗糙度和基体的收缩，存在于所有复合材料之中；物理结合力，包括范德华力和氢键，存在于所有复合材料中，并在聚合物基复合材料中占有重要地位；化学结合力，就是化学键，在金属基复合材料中具有重要作用。相应地，根据界面结合力的产生方式，界面结合主要可以分为以下4种类型，如图4-1所示。

（1）机械结合

增强体与基体之间依靠纯粹的粗糙表面相互嵌入（互锁）作用进行连接，借助表面凹凸不平的形态而产生机械铰合，以及基体与增强体如纤维之间的摩擦阻力而形成，没有化学作用。

影响机械结合的因素主要有增强材料与基体的性质、纤维表面的粗糙度、基体的收缩（正压力有利于纤维箍紧）等。例如，在增强体纤维与金属基体进行固态扩散复合过程中，温度升高和外力压实，使得金属基体填充纤维的粗糙表面形成与增强体纤维的机械结合。机械互锁的界面保证了由基体向增强体的载荷传递，从而承担纵向拉伸应力，使纤维发挥其增强作用。机械结合只有在界面平行于受力方向时，才具有有效的载荷传递。

（2）溶解与浸润结合

在复合材料的制造过程中，由单纯的浸润和溶解作用，使增强材料和基体形成交错的溶解扩散界面，所形成的结合方式称为溶解与浸润结合。形成溶解与浸润结合的基本条件是增强体与基体间的接触角小于 90°，且增强材料与基体间有一定的溶解能力。由于高温下原子的扩散时间很短，润湿通常起到主导作用。溶解与浸润结合是一种次价键力的结合。当基体的基团或分子与增强体表面间距小于 0.5 nm 时，次价键力包括诱导力、色散力、氢键等就发生作用，这种作用出现在电子等级上，其作用距离在几个原子范围内。

（3）反应界面结合

基体与增强体间通过化学反应，在界面上形成新的化合物相，以主价键力相互结合，称为反应界面结合。这是一种最复杂、最重要的结合方式。反应结合受扩散控制，扩散既包括反应初期反应物质在组分物质中的扩散，也包括反应后期在反应产物中的扩散。界面反应层是非常复杂的组成，在基体、增强体、反应产物、基体或增强体表面的氧化物之间都有可能发生多种元素的交换反应。只有反应后能产生界面结合的体系才能称为反应界面结合，如果反应后产生大量脆性化合物，如大多数金属间化合物相，反而会造成界面弱化，阻碍了界面结合。化合物相达到一定厚度时，界面上的残余应力可使其发生破坏，因此，界面结合往往先随反应程度提高而增加结合强度，但反应达到一定程度后，界面结合有所减弱。要实现良好的反应结合，必须选择最优的制造工艺参数（如温度、压力、时间、气氛等）来控制界面反应程度。

（4）混合结合

在实际情况中，当增强体和基体组成复合材料时，其界面结合方式往往是上述界面结合方式的混合。根据不同的制备工艺因素，增强体和基体之间的界面可能既存在机械结合，又存在反应界面结合。

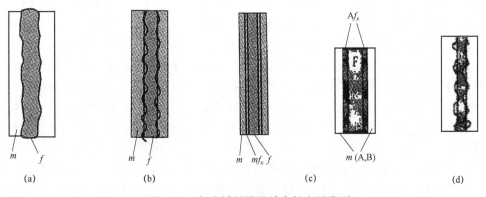

图 4-1　复合材料界面结合的主要类型

（a）机械结合；（b）溶解与浸润结合；（c）反应结合/交换反应结合；（d）混合结合

4.1.3 界面的作用（界面效应）

复合材料中，界面产生的效应是任何一种均质材料所没有的特性，对复合材料的性能具有重要作用。例如，在粒子弥散强化金属中，强化粒子阻碍了位错的滑移，从而提高了复合材料强度；纤维增强塑料中，纤维与基体的界面阻止了裂纹的进一步扩展等。复合材料中的界面效应取决于多种因素，如界面的结合状态、结构、性能，基体和增强体的结构、形态、理化性能，基体与增强体之间的润湿性、相容性、扩散性、化学反应，以及环境介质、杂质，增强体表面处理，复合材料制造工艺等。复合材料中的界面效应主要可以归纳为以下 5 种：

（1）传递效应

作为基体和增强相之间的桥梁，通过应力传递，将复合材料体系中基体承受的外力传递给增强相，使增强体承受较大的外载荷，提高复合材料的整体承载能力。

（2）阻断效应

基体和增强相之间具有良好结合强度的界面可以有效阻止裂纹扩展、减缓应力集中，起到提高材料韧性的作用。然而过高的结合强度反而有可能使强度和韧性下降，这是由于增强相多为高强度低塑性材料，过高的强度容易导致脆裂。

（3）不连续效应

不连续性是界面的显著特点，除了界面处化学成分、结构、力学性能、热力学参数性质的不连续性外，还产生了抗电性、电感应性、磁性、耐热性和磁场尺寸稳定性等不连续效应。

（4）散射和吸收效应

由于界面的存在，光波、声波、热弹性波、冲击波等在界面产生散射和吸收，对复合材料的透光性、隔热性、隔声性、耐机械冲击性等性能产生重要影响。

（5）诱导效应

复合材料中的一种物质（通常是增强体）的表面结构使另一种与之接触的物质（通常是聚合物基体）的结构由于诱导作用而发生改变，由此产生一些现象，如高弹性、低膨胀性、耐热性和耐冲击性等。

4.1.4 界面的润湿性

物质表层分子在热力学上处于高能态，当固体与液体接触时，一旦形成界面，就会发生降低表面能的吸附现象，这种液体在表面铺开的现象称为润湿，一种液体在一种固体表面铺展的能力或倾向性即称为液体对固体的润湿性。理论上，复合材料的界面形成可以分为增强体和基体在某一组分为液态或黏流态时的接触与浸润过程和液态或黏流态组分的固化过程。要实现复合材料组分之间具有足够的结合强度，需要使材料在界面上形成能量最低结合，因而液态对固体表面的良好浸润是十分重要的。良好或完全的润湿性将使界面强度大大提高，甚至优于基体强度；而浸润不良将会在界面上产生空隙，导致界面缺陷和应力集中，使界面强度下降。

当液体在固体表面附着时，是液-固界面和液-气界面取代了一部分气-固界面，在热力学上，如果这种取代降低了系统自由能，液体就将在固体表面铺开形成润湿。一般认为其接触处是三相接触，并将这条接触线称为"三相润湿周边"。润湿周边依据体系自由能降低的趋势而移动，当变化停止时，表明该周边三相界面的自由能（以界面张力表示）已达到平衡，在此条件下，在润湿周边上任意一点处，液 – 气界面的切线与固 – 液界面切线之间的夹角称为平衡接触角，简称润湿角或接触角，如图 4-2 所示，用 θ 表示。图中 γ_{s-v}、γ_{s-l}、γ_{l-v} 分别是固 – 液 – 气三相界面张力，受力平衡时，润湿的基本方程如下，也称润湿方程。

$$\cos\theta = (\gamma_{s-v} - \gamma_{s-l})/\gamma_{l-v} \qquad (4-1)$$

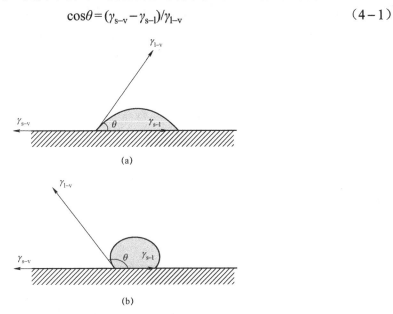

图 4-2　界面接触角 θ 描述了系统的润湿性，取决于三相界面自由能（以界面张力表示）之间的平衡

由方程（4-1）可知，当 $\theta = 0°$ 时，液体完全润湿，平铺在固体表面，当 $0° < \theta < 180°$ 时，液体部分润湿，而当 $\theta = 180°$ 时，不发生润湿。实际情况中，θ 会随不同温度、化学成分、保持时间、界面反应、气体吸附、表面粗糙度和基体形状等因素而改变。例如，在陶瓷增强金属基复合材料中，液态金属对陶瓷粒子的润湿性可以通过改变基体合金成分，从而改变界面能来调节。当 $\theta < 90°$ 时，固相表面粗糙度的增加将会提高润湿性，而当 $\theta > 90°$ 时，粗糙度的增加反而降低了润湿性。

需要指出的是，润湿性仅描述了固体和液体间的接触行为，与界面的结合强度并没有必然联系，较低的接触角和良好的润湿性是保证界面结合强度的必要而非充分条件，良好的润湿性有可能伴随着较弱的物理结合。

4.2　金属基复合材料的界面特点

金属基复合材料的基体一般是金属合金，含有不同化学性质的组成元素不同的相，同时具有较高的熔化温度，因此，此种复合材料的制备在接近或超过金属熔点的高温下进行。金属冷却、凝固、热处理过程中会发生元素偏聚、扩散、固溶、相变，这些均使金属基复合材料界面区具有明显不同于基体和增强体的复杂结构，并受到金属基体成分、增强体类型、复合工艺参数等多种因素的影响。金属基体与增强体在高温时发生不同程度的界面反应，其界面结合以化学结合为主，有时也会并存两种或两种以上界面结合方式。此外，当增强体是氧化物时，有可能与基体反应生成另一种氧化物而产生氧化物化学结合，反应与否取决于形成基体氧化物的自由能和气氛中的氧分压。

金属基复合材料的界面区包含了基体与增强体的接触连接面、基体与增强体生成的反应产物和析出相、增强体的表面涂层作用区、元素的扩散和偏聚层、近界面的高密度位错区等。界面区材料物理性质如弹性模量、热膨胀系数、导热率、热力学参数和化学成分、结构、性质等的不连续性，使增强体与基体金属形成了热力学不平衡的体系，因此界面的结构和性能对金属基复合材料中的应力/应变分布、载荷传递和断裂机制、导热/导电、热膨胀性能等都起着决定性作用。针对不同类型的金属基复合材料，深入研究界面精细结构、界面反应规律、界面微结构及性能对复合材料各种性能的影响，界面稳定性，界面结构和性能的优化与控制途径等，是金属基复合材料发展中的重要内容。

4.2.1 界面的类型

根据增强体和基体的溶解与反应程度，金属基复合材料界面通常分为 3 种类型，如图 4-3 所示。

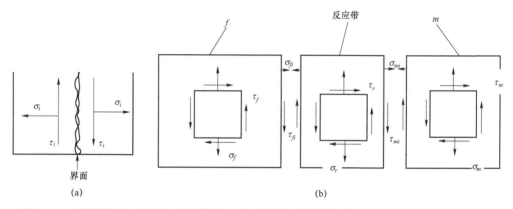

图 4-3 Ⅰ型界面（a）和Ⅱ、Ⅲ型界面（b）控制复合材料性能的各项强度对应的应力方向

Ⅰ型界面代表增强体与基体金属不发生溶解和反应；Ⅱ型界面代表增强体与基体金属发生溶解而不反应，其结合方式以溶解和润湿结合为主；Ⅲ型界面代表增强体和基体间发生反应并形成化合物，其结合方式包括反应结合和混合结合。Ⅱ、Ⅲ型界面模型认为复合材料的界面是由于元素扩散、溶解或反应生成的有一定厚度的界面带。值得注意的是伪Ⅰ型界面，其含义是热力学上增强体与基体应该发生化学反应，然而基体氧化膜的完整程度决定了反应是否进行，当氧化膜完整时，属于Ⅰ型界面；当温度过高或保温时间过长而使得阻碍反应进行的氧化膜破坏时，基体和增强体将发生化学反应而形成Ⅲ型界面。大多数 Al 基复合材料体系具有伪Ⅰ型界面，宜采用热压、粉末冶金、扩散结合等固态工艺，而不宜采用液态浸渗法，以免变为Ⅲ型界面而损伤增强体。

英国国家物理实验室的 G.A. Cooper 和 A. Kelly 于 1968 年提出，Ⅰ型界面存在机械互锁，且界面性能与基体和增强体的均不相同，复合材料性能受界面性能的影响程度取决于界面性能与基体和增强体性能的差异程度，其结合方式主要为机械结合和氧化物结合。Ⅰ型界面和Ⅱ、Ⅲ型界面控制的复合材料的性能见表 4-1。受界面拉伸强度控制的复合材料性能包括横向强度、压缩强度和断裂能；界面剪切强度控制的复合材料性能包括纤维临界长度或称有效传递载荷长度、纤维拔出的断裂功及基体的断裂变形。

表 4-1　Ⅰ 型界面和 Ⅱ、Ⅲ 型界面控制的复合材料性能

性能	基体/增强体界面	基体	基体/反应生成物界面	反应生成物	增强体/反应生成物界面	增强体
拉伸强度	Ⅰ	Ⅱ、Ⅲ	Ⅱ、Ⅲ	Ⅱ、Ⅲ	Ⅱ、Ⅲ	Ⅱ、Ⅲ
剪切强度	Ⅰ	Ⅱ、Ⅲ	Ⅱ、Ⅲ	Ⅱ、Ⅲ	Ⅱ、Ⅲ	Ⅱ、Ⅲ

由于反应生成物的成分、强度、模量与基体和增强体有很大不同，其断裂应变一般小于增强体，因而反应生成物的拉伸强度是重要的界面性能，并控制着复合材料的性能。反应生成物的裂纹来源分为固有裂纹，即在反应生长过程中产生的裂纹，以及材料承受载荷时先于增强体出现的裂纹两种，其长度一般与反应生成物的厚度相等。在 Ⅱ、Ⅲ 型界面的复合材料中，反应生成物存在一个临界厚度，低于此厚度，反应生成物裂纹对复合材料的拉伸性能基本没有影响，而超过此厚度，反应生成物裂纹将导致复合材料拉伸性能显著下降。影响反应生成物临界厚度的因素主要有基体的弹性极限和增强体的塑性。当基体弹性极限高，或增强体具有一定塑性时，裂纹开口困难，裂纹尖端应力集中程度低，反应生成物临界厚度大；反之，若基体弹性极限低和增强体较脆时，反应生成物临界厚度较小。

4.2.2　界面的典型结构

如 4.2.1 节所述，根据金属基复合材料的界面类型，金属基复合材料界面中的典型结构可以分为以下几种：

（1）增强体与基体直接进行原子结合的界面结构

增强体与基体形成平滑的界面，既无反应产物，也无析出相。这种结构见于少数金属基复合材料，主要是自生增强体金属基复合材料，如 $TiB_2/NiAl$ 自生复合材料的界面，如图 4-4 所示。

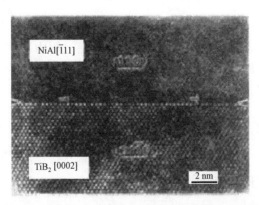

图 4-4　$TiB_2/NiAl$ 自生复合材料界面高分辨电镜照片

（2）有元素偏聚和析出相的界面微结构

金属基复合材料的基体通常是含有两种或更多种元素的合金，很少选用纯金属。有些合金能与基体金属生成金属间化合物析出相，由于增强体的表面吸附作用，基体金属中合金元

素在增强体表面产生富集，为在界面处生成析出相提供了有利条件。如碳纤维增强铝或镁基复合材料中，均可发现界面上会生成细小的 Al_2Cu、Al_2CuMg、$Mg_{17}Al_{12}$ 等析出强化相。图 4-5 所示为碳/镁基复合材料界面析出 $Mg_{17}Al_{12}$ 相的形貌。

（3）有界面反应的界面微结构

多数金属基复合材料在制备过程中发生不同程度的界面反应。轻微的界面反应能有效改善基体与增强体的浸润和结合，有利于复合材料性能；而严重的界面反应可能造成增强体的损伤及脆性界面相的形成，对性能有害。界面反应通常在局部区域发生，形成粒状、棒状、片状的反应产物，严重的界面反应才有可能形成界面反应层。例如，碳纤维/铝复合材料中碳纤维和铝基体在 500 ℃ 以上发生界面反应，当工艺参数控制适当时，轻微的界面反应形成少量细小的 Al_4C_3，而制备温度过高、冷却速度过慢将发生严重的界面反应，形成大量条块状 Al_4C_3。因此，有效控制界面反应对金属基复合材料的性能十分重要。图 4-6 所示为 Ti_3AlC_2 增强铜基复合材料的界面反应层，厚度约 10 nm。

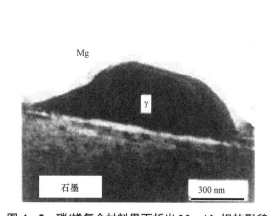

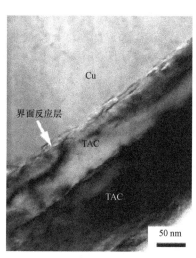

图 4-5　碳/镁复合材料界面析出 $Mg_{17}Al_{12}$ 相的形貌　　图 4-6　Ti_3AlC_2 增强铜基复合材料的界面反应层

（4）其他类型的界面结构

金属基复合材料基体合金中的不同元素在高温制备过程中发生扩散、吸附和偏聚，在界面区形成浓度梯度层。浓度梯度层的厚度和梯度与元素性质和制备工艺有密切关系。如碳化钛颗粒增强钛合金复合材料中的碳化钛颗粒表面存在明显的碳浓度梯度，其厚度与加热温度及加热时间有关。

由于金属基复合材料组元和制备工艺的复杂性，多数金属基复合材料的界面结构比较复杂，或同时存在不同类型的界面结构，并对材料宏观性能有明显影响。

4.2.3　界面稳定性的影响因素

金属基复合材料的主要特点在于其高温稳定性，如果复合材料的原始性能很好，但在高温使役或后续加工过程中由于界面发生变化而产生性能衰退，材料的使役性能和价值会大大降低。影响金属基复合材料界面的不稳定因素可以分为物理因素和化学因素两类。

物理不稳定因素主要体现在基体与增强体在高温条件下发生溶解，以及溶解与再析出现象。例如，涡轮叶片常用的钨丝增强镍复合材料，其工作温度在 1 000 ℃以上，由于钨在镍中有很大的固溶度，在 1 100 ℃左右工作 50 h，将使 0.25 μm 直径的钨丝只剩下 60%，造成性能的严重衰退。在特殊情况下，溶解现象也不必然造成性能衰退，如钨铼合金丝增强铌合金复合材料中，钨在铌合金中的固溶会形成强度较高的钨铌合金，对钨丝的损耗起到补偿作用，可以使材料强度保持甚至略有提高。在界面上的溶解再析出过程会使增强体的形貌和结构发生变化，从而极大地影响材料的性能。如碳纤维增强镍基合金，在高温下碳固溶入镍，而后析出的碳变为石墨结构，同时使密度增大，出现空隙，因此镍可以渗入碳纤维扩散聚集的区域，使碳纤维强度严重降低，温度越高，时间越长，强度损失越大。

化学不稳定因素主要包括界面反应、界面交换反应和暂稳态界面变化等几种界面化学作用。如 4.2.1 节所述，由于界面反应生成的化合物往往比增强体更脆，界面反应化合物的性能和临界厚度将影响到复合材料的性能。此外，化合物的生成也可能对增强体本身的性能产生影响。此时需要设法消除或抑制化合物的生成。基体与增强体的化学反应有可能发生在增强体一侧的化合物/增强体接触面上，也可能发生在基体/化合物接触面上，或者两个接触面同时发生，以发生在基体一侧比较多见。界面交换反应的不稳定因素主要发生在基体为两种或两种以上元素的合金时，首先合金的所有元素与增强体生成化合物，接下来根据热力学原理，增强体元素优先与合金中的某一元素反应，使体系自由能继续下降，已生成化合物中的其他元素与邻近基体合金中的此元素发生交换反应，直至平衡，而不易形成化合物的元素向基体中的扩散控制着交换反应的速度，在邻近界面的基体中形成富集。交换反应不稳定因素有时有利于反应的控制，如钛合金/硼复合材料中，不易与硼形成化合物的元素在界面附近的富集起到了阻挡硼向基体进一步扩散的作用，减慢了反应速度。暂稳态界面变化发生在具有伪 I 型界面的复合材料中，如 4.2.1 节所述，保持伪 I 型界面基体氧化膜的完整性是消除此类不稳定因素的有效办法。

4.2.4　残余应力

复合材料中的界面残余应力包括热残余应力、形变残余应力和相变残余应力，分别是由于温度、机械变形和相变引起的，对复合材料的性能造成不同程度的影响。

金属基复合材料中的热残余应力是由于材料组元的热膨胀系数不匹配造成的，组元弹性模量的错配程度会使这一现象更为严重。例如，在纤维增强金属基复合材料中，当基体的热膨胀系数高于纤维热膨胀系数，在材料制备的降温过程中，基体将更紧密地夹持住纤维，形成径向压应力，纤维不易脱出，从而提高界面的结合强度。在冷却过程中，有的组分受拉伸，相邻组分受压缩，并伴有界面剪切。拉伸和剪切热残余应力将导致界面结合减弱和材料性能下降。如果降温过程产生较大的热残余应力，还会使材料中较软的组元（通常是基体）发生塑性变形。美国伊利诺伊大学香槟分校的 K.K. Chawla 和 M. Metzger 在钨丝增强单晶铜合金中发现，当材料从 1 100 ℃降到室温后，界面附近铜基体中的位错密度要远大于远离界面处的基体，这是由界面处较高的残余热应力引起的基体塑性变形导致的。严重的热残余应力往往会引起基体的变形乃至开裂。

由于复合材料组分的屈服强度不同，在载荷作用下，各组分发生不均匀塑性变形，从而产生形变残余应力。当形变残余应力与热残余应力的方向相反的时候，可以抵消或减轻热残余应力的影响。例如，在纤维方向进行预应变，可以显著改善拉伸性能；而横向轧制使基体产生加工硬化，可以改善复合材料的强度。

当复合材料中某组分发生相变引起体积变化的同时，受到另一组分的机械约束，则会产生类似于金属材料中的相变残余应力。相变时产生的体积膨胀，可以起到一定的增韧作用。

4.3 金属基复合材料的界面反应

金属基复合材料的制备方法均需在超过或者接近金属熔点的高温下进行，因此其制备过程中，增强体和基体不可避免地发生不同程度的界面反应和元素扩散，形成复杂的界面结构。界面反应和界面反应的程度决定了界面的结构和特性。

4.3.1 界面的相容性

复合材料界面的相容性是指加工和使用过程中，复合材料组元之间的相互配合程度。也就是两个互相接触的组分，即增强体和基体之间，是否相互容纳，彼此协调、匹配及是否发生化学反应。主要包括物理相容性和化学相容性。

物理相容性主要指在应力作用下或者热变化条件下材料性能和材料常数之间的关系，包括润湿性、热膨胀系数匹配及组分元素之间的相互溶解性。又可以分为机械相容性和热相容性。机械相容性意味着基体具有足够的强度和韧性，可以将载荷平稳均匀地传递到增强体上，而不发生明显的不连续现象。由于位错运动和裂纹扩展会在基体上产生局部应力集中，这种应力集中不能在增强体上造成过高的局部应力，因此要求基体具有一定的延展性。热相容性主要是指基体和增强体在升降温过程中相互配合的程度。通常情况下，基体具有较好的韧性和较高的热膨胀系数，适合受拉应力，而增强体一般为比较硬、脆的材料，具有较低的热膨胀系数，适合受压。两者热膨胀系数不应相差过大，以免产生过高的热残余应力。

化学相容性指的是复合材料的组元，即基体和增强体之间，有无化学反应及反应速度的快慢。又可以分为热力学相容性和动力学相容性。热力学相容性主要体现了复合材料组元之间的热力学平衡状态，其决定因素是温度。温度对热力学相容性的影响可以直观地由相图得到，然而金属基复合材料基体合金的复杂性决定了相容性问题往往只能通过试验解决。金属基复合材料的制备与使役过程覆盖了较宽的温度范围，在此范围内，复合材料各组元不可能完全处于平衡状态，只有少数自然的复合材料，如定向凝固共晶中才有理想的相容性。因此，更为现实的是通过控制基体与增强体发生反应的动力学过程，即化学反应程度和化学反应速率快慢，达到一定程度上的动力学相容性，从而制备有实用价值的金属基复合材料。

复合材料组分之间相互作用可能生成固溶体或者化合物。当基体与增强体之间只生成固溶体时，并不导致材料性能的急剧下降，主要造成增强体的溶解消耗。而金属基复合材料中大部分界面结合是靠基体与增强体之间界面反应生成化合物。为了有效传递载荷，要求界面连续，结合牢固，具有良好的机械相容性。为了有效阻止裂纹扩展，又要求界面不连续，结合适度。界面的结合状态和强度可以用化合物的数量和厚度来衡量，化合物数量少，界面结合差，不能有效传递载荷来发挥增强体作用；而化合物太多，界面结合过强，将改变复合材料的破坏机制。因而为了兼顾传递载荷和阻止裂纹扩展，必须要有最佳的界面反应程度。

4.3.2 界面反应的种类

根据界面反应结合方式、界面反应行为和反应程度，可以对界面反应进行不同的分类。

金属基复合材料界面反应的普遍性导致界面反应结合方式可以分为 3 种。第一种是交换反应结合，当基体或增强体成分中含有两种或两种以上元素时，除了界面反应之外，在基体、增强体和反应物之间还会发生元素交换，所产生的结合称为交换反应结合。第二种是氧化物结合，当增强体是氧化物时，氧化物与基体间发生反应生成另一种氧化物，所产生的结合称为氧化物结合。第三种称为混合结合，当界面处存在包括机械结合和反应结合等几种结合方式的组合时，称为混合结合。

界面反应的主要行为有如下几种：

（1）增强基体与增强体的界面结合强度

强的界面反应可以造成强的界面结合，从而影响复合材料的残余应力、应力分布和断裂过程，进一步影响复合材料的性能。

（2）产生脆性的界面反应产物

界面反应形成的产物通常是脆性的金属间化合物相，在增强体表面呈块状、棒状、针状或片状分布，反应程度严重时，则在界面处形成围绕增强体的脆性层。

（3）造成增强体损伤和改变基体成分

界面反应的结果造成增强体的溶解消耗，同时还可能改变基体的成分。

综合界面反应的结合方式和行为，可以把界面反应程度分为 3 类：

（1）弱界面反应

界面反应轻微，无大量界面反应产物，因而不会发生增强体损伤和性能下降，有利于金属基体和增强体的浸润、复合，形成适中的界面结合强度，既有效传递载荷，又能阻止裂纹向增强体内部扩展，起到调节材料内应力分布的作用，这类界面反应是最希望得到的。

（2）中等程度界面反应

界面结合明显增强，会产生界面反应产物，但没有损伤增强体，增强体性能没有明显下降。由于界面结合较强，在载荷作用下不发生界面脱黏而使裂纹向增强体内部扩展。界面反应会造成纤维增强金属的低应力破坏，因而应通过控制制备工艺参数避免这类界面反应。

（3）强界面反应

有大量界面反应产物，形成强界面结合，产生聚集的脆性相和反应产物脆性层，造成增强体的严重损伤和强度的急剧下降。此时复合材料的性能急剧下降，甚至低于金属基体的性能，因此不能制备有实际工程意义的金属基复合材料。

图 4-7 所示为碳/铝复合材料在不同冷却速率下的界面情况，快速冷却条件（23 ℃/min）下，界面反应轻微，形成少量细小的 Al_4C_3 反应产物（图 4-7（a））；冷却速度过慢，则界面反应严重，形成大量条块状 Al_4C_3 反应产物（图 4-7（b））。

综上所述，必须合理控制高性能金属基复合材料的界面反应程度，从而得到适当的界面结合强度。界面反应程度主要取决于金属基复合材料的组分性质、制备方法和工艺参数。金属基复合材料的常见制备方法，包括压力浸渗、挤压铸造、液态金属搅拌、真空吸铸浇铸等液态法，以及热等静压、高温热压、粉末冶金等固态法，均需在超过或接近金属或合金熔点的高温下进行。由于金属基体和增强体的化学活性均会随温度的升高而迅速升高，温度越高、停留时间越长，界面反应的程度越严重。因此，严格控制制备温度和高温下的停留时间是高性能金属基复合材料制备过程的重要措施。

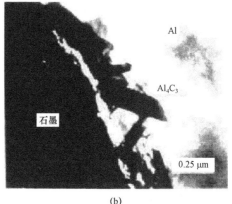

(a)   (b)

图 4-7　碳/铝复合材料界面微结构

(a) 快冷 (23 ℃/min)；(b) 慢冷

4.4　金属基复合材料的界面控制

为了形成能够有效传递载荷、调节应力分布、阻止裂纹扩展的稳定界面结构，改善增强体与基体的浸润性，抑制界面反应，界面反应的控制是金属基复合材料制备和应用中的关键问题。界面反应可以通过界面反应热力学和动力学两方面来控制。从热力学角度，通过调节适当的基体和增强体（包括表面涂层）的成分，控制二者的化学位差，进行合理匹配，可以从根本上控制界面反应。然而，界面反应热力学仅能初步选定基体/增强体配合，且目前广泛应用的金属基复合材料体系的热力学相容性多数较差。从动力学角度，可以通过控制基体与增强体发生反应的动力学过程，即界面反应速度和界面反应时间，来控制界面层厚度。反应速度主要由扩散控制，界面反应层厚度（即扩散距离）x 与时间 t 的关系如下式所示：

$$x^2 = Dt \tag{4-2}$$

式中，D 为扩散系数，表达式如下：

$$D = A\exp[-Q/(kT)] \tag{4-3}$$

式中，Q 为激活能；k 为玻尔兹曼常数；T 为绝对温度；常数 A 与增强体、基体合金的成分及气氛有关。因此，可以通过调节反应时间、温度及扩散激活能来控制界面反应层的厚度。通常可以采用增强体材料的表面处理、向金属基体添加特定合金化元素，以及优化制备工艺参数等手段来控制界面反应层厚度。

4.4.1　增强体材料的表面处理

增强体的表面改性及涂层处理可以有效改善浸润性和阻止过度界面反应。例如，用化学气相沉积和电镀等方法在增强体表面镀铜、镍，用化学气相沉积法在纤维表面涂覆 Ti-B、SiC、B_4C、TiC 等涂层或 C/SiC、C/SiC/Si 等复合涂层，用溶胶-凝胶法在纤维等增强体表面涂覆 Al_2O_3、SiO_2、SiC、Si_3N_4 等陶瓷涂层。涂层厚度为几十纳米到 1 μm，可以起到明显改善浸润性和阻止界面反应的作用。其中效果较好的是 Ti-B、SiC、B_4C、C/SiC、SiO_2 等涂层。特别是用化学气相沉积法，通过控制工艺过程可以获得界面结构最佳的梯度复合涂层，可制备出高性能的碳/铝、硼/铝、碳化硅/钛等复合材料。但是纤维表面涂覆处理需要专用装置和严格控制工艺，使制造过程复杂，成本增加，影响了产业化。SiC 颗粒的氧化处理是一种经济又有效的增强体表面处理方法，合适的氧化处理可以获得连续致密的 SiO_2 层，明显改善 SiC 与 Al 基体的浸润性，它与铝合金中的 Mg 元素作用形成颗粒界面层，可获得高性能 SiC/Al 复合材料。图 4-8 为表面处理时间对硼纤维/钛界面反应层的影响，发现随保温时间的延长，经表面处理过的界面反应明显低于无包覆的界面。

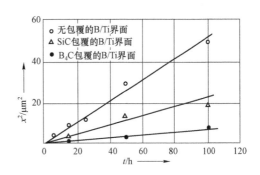

图 4-8　表面处理对硼纤维/钛界面反应层厚度的影响

4.4.2　向基体添加特定元素

在液态基体中加入适当的合金元素，是改善基体熔体与增强体的浸润性、阻止有害的界面反应、形成稳定界面结构的一种有效、经济的优化界面及控制界面反应的方法。金属基复合材料增强机制与金属合金不同，金属合金中合金元素的加入主要起到固溶强化和时效强化金属基体相的作用。而对于金属基复合材料，特别是连续纤维增强金属基复合材料，纤维是主要承载体，金属基体主要起到固结纤维增强体和传递载荷的作用。金属基体成分的选择不需要强化金属基体相，而是需要获得最佳的界面结构和具有良好、适当塑性的基体性能，从而发挥增强体的作用。因此，在选择合金元素时，要尽量避免容易发生界面反应、生成界面脆性相、造成界面强结合的合金元素。如铝基复合材料基体中的铜元素在界面产生偏聚，形成 $CuAl_2$ 脆性相，严重时会将纤维桥接在一起，造成脆性破坏。需要加入少量能够抑制界面反应、提高界面稳定性、改善增强体与金属基体浸润性的元素，从而形成良好的界面结构，获得高性能复合材料。在铝合金基体中加入 0.4% 的 Ti、Zr，可以明显减少碳和铝的界面反应，界面上很少看到 Al_4C_3 反应产物，从而提高了界面的稳定性，使复合材料保持较高的力学性能。硼纤维增强钛基复合材料的界面反应强烈，界面反应产物 TiB_2 是脆性物质，达到一定厚度后，在远低于硼纤维断裂应变条件下，界面层断裂导致材料失效，通过在钛合金中添加 Si、Sn、Cu、Ge、Al、Mo、V、Zr 等元素，可以减少界面反应量，防止 TiB_2 层过厚，如图 4-9 所示。因此，根据制备工艺在金属基体中加入少量适当的合金元素，是一种简单有效的优化界面结构、控制界面反应的途径。

4.4.3　优化制备工艺方法和参数

金属基复合材料界面反应程度主要取决于制备方法和工艺参数，因此，优化制备工艺和严格控制工艺参数也是优化界面结构和控制界面反应的重要途径。由于高温下基体和增强体的化学活性均迅速增加，温度越高，反应越激烈，在高温下停留时间越长，反应越严重，因此，在制备方法和工艺参数的选择上，首先考虑制备温度、高温停留时间和冷却速度。在确保复合完好的情况下，制备温度尽可能低，复合过程和复合后在高温下保持时间尽可能短，在界面反应温区冷却尽可能快，而低于反应温度后，应减小冷却速度，以免造成大的残余应力影响材料性能。其他工艺参数如压力、气氛等也不可忽视，需综合考虑。界面优化和界面反

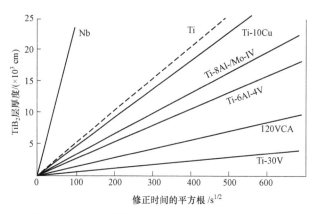

图 4-9　硼纤维与不同成分钛基体在 760 ℃下的界面反应对 TiB₂ 层厚度的影响

应的控制与制备方法紧密联系在一起，必须考虑经济性、可操作性和有效性，对不同的金属基复合材料要有针对性地选择界面优化和控制界面反应的途径。

4.5　金属基复合材料的界面表征方法

一旦确定了金属基复合材料的基体和增强体配对，界面区的性能和行为就将决定金属基复合材料的最终整体性能。复合材料的界面表征对我们认识界面作用、定量分析界面结构性能对复合材料性能的影响具有重要作用。因此，只有深入了解界面的几何特征、界面结构、化学缺陷与结构缺陷、界面结合强度、残余应力等一系列性能和行为，才能够更深地理解界面与材料性能之间的关系，进一步达到利用界面发展新型高性能复合材料的目的。

4.5.1　界面润湿性的表征

如 4.1.4 节所述，根据润湿角或接触角可以判定界面的润湿情况，当 $\theta = 0°$ 时，液体完全润湿，平铺在固体表面，当 $0° < \theta < 180°$ 时，液体部分润湿，而当 $\theta = 180°$ 时，完全不发生润湿。润湿角的试验测量方法主要有座滴法、浸入法、毛细压力法等几种。

座滴法是通过将金属液滴滴在由增强体制成的衬板上，冷凝之后通过测量液滴形状和润湿接触角来判断其润湿情况。此方法简便、精确，但是受到时间、试样表面粗糙度和界面反应等试验条件的影响较大。

浸入法是通过在金属液体中浸入由增强体制成的圆盘或圆柱，测量其质量，记录边缘的液、固、气三相分布情况，来测量润湿角。这种方法测量精度高，能够反映出润湿的动力学特性，比较适合纤维增强体与金属液体润湿性的测定。但测量装置相对复杂，试验条件要求严格。

毛细压力法是通过测定金属液体在增强体中的渗透压，进而通过渗透压和润湿角之间的关系来判定金属与增强体之间的润湿性，这种方法对金属/纤维增强体润湿角的测定比较有效，但测量困难，因而限制了它的广泛应用。

此外，随着对润湿行为的不断深入研究，还发展了一些新的测试方法，如微滴法、移滴法等。目前测量润湿性的方法主要还是以座滴法为主，其具有较好的可操作性。通过降低润湿角，才能使金属液体沿增强体表面有效地分散开来。

4.5.2　界面微观组织结构和成分的表征

随着高分辨电子显微术及分析电子显微术的发展，使得在原子尺度揭示材料界面的原子种类及排布规律，研究界面结构、界面化学及界面缺陷成为可能。人们对界面相的组成和微观结构、界面区的成分及分布、基体侧的位错密度及其分布等，以及它们与材料总体性能之间的关系进行了广泛研究，配合以其他微区形貌、结构和成分分析的手段，可以对界面结构有更深入的了解，并有助于控制和改善复合材料的性能。

复合材料的界面显微结构对性能有重要的影响。例如，对 Ti_3AlC_2 体系颗粒增强铜基复合材料的显微结构演化研究发现：在 850 ℃，增强体与铜基体间通过一个由 TiC_x 和 Cu（Al）固溶体组成的 10 nm 厚的界面层连接；在 1 050 ℃，Ti_3AlC_2 完全转化为 TiC_x，生成的立方 TiC_x 与 Cu（Al）固溶体由大量孪晶构成，并且高密度孪晶交替分布，界面以原子间互扩散直接结合，如图 4-10 所示。高强度界面的存在有利于载荷的传递，能充分发挥增强相的强化效果，提高材料的拉伸强度；但是界面层的生成不同程度地破坏了复合材料中 Cu 基体的连续导电网络，会导致复合材料的电阻率上升。为使颗粒增强 Cu 基复合材料具有优异的综合性能，应该控制复合材料的界面反应，使复合材料的界面同时满足力学的连续性和理化学的不连续性。

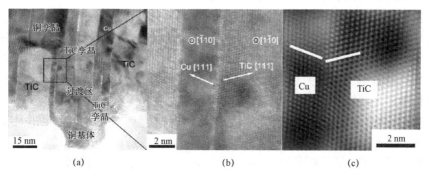

图 4-10　（a）1 050 ℃制备的 Ti_3AlC_2 体系颗粒增强铜基复合材料高倍形貌；（b）Cu（111）/TiC_x（111）界面结构的高分辨像；（c）为图（b）的能量过滤像，可以看到具有清晰轮廓的、低错配度的界面

界面析出相不可避免地会对复合材料性能产生影响。确定界面上有无新相形成是界面表征的主要内容之一。这种析出物可能是增强体与基体通过扩散反应而在界面处形成的新相，也可能是基体组元与相界处杂质元素反应，在界面处优先形核而形成的新相。一般情况下，常用明场像或暗场像对界面附近区域形貌进行观察，通过选区衍射和 X 射线能谱进行微区结构和成分分析。当析出物十分细小时，可采用微衍射和电子能量损失谱分析其结构和成分。电子能量损失谱尤其适用于对 C、O 等轻元素的分析。这种综合分析可以准确判知界面析出物的结构、成分和形貌特征。利用电子能量损失谱仪研究 TiC 粒子强化 IMI-829Ti 合金，发现 TiC 粒子表面存在明显的碳浓度梯度，结合 C-Ti 相图分析，认为基体和增强体之间 C 和 Ti 的互相扩散形成理想的结合是该复合材料性能良好的原因。

4.5.3　界面结合强度的表征

如前所述，增强体与基体间的界面结合强度对复合材料力学性能具有重要的影响，界面结合强度的定量表征一直是复合材料研究中的重要问题。测量界面结合强度的试验方法主要有弯曲测试和纤维拔出或顶出测试。

弯曲测试方法简便易行，但其缺点是不能给出界面强度的真实测量值。纤维增强体排布垂直于三点弯曲试样长度方向时，称为横向弯曲试验。无论纤维增强体是平行于还是垂直于试样宽度方向，断裂总是在试样受拉应力的最外表面发生，此时增强体/基体界面受到拉应力，试样的横向强度为

$$\sigma = 3PS/(2bh^2) \qquad (4-4)$$

式中，P 为破坏载荷；S 为跨距；b、h 分别为样品的宽度和高度。

纤维增强体排布平行于试样长度方向时，称为纵向弯曲试验，也称为层间剪切强度试验（Inter Laminar Shear Strength，ILSS）。此时最大剪应力在中间面上，且有

$$\tau = 3P/(4bh) \qquad (4-5)$$

从而可以得到

$$\tau/\sigma = h/(2S) \qquad (4-6)$$

当跨距 S 无限小时，试样剪切破坏，可以得到最大剪应力。然而，如果纤维增强体在试样剪切破坏前受拉应力作用而破坏，或者剪切破坏和拉伸破坏同时发生，会影响测量真实性，因此需要在试验后通过断面观察确定裂纹是在界面处而非基体内发生。

纤维拔出或顶出试验是表征界面强度性质的重要试验手段，可以给出加载过程的力–位移曲线，其最大载荷处对应了纤维增强体和基体界面结合的脱黏，而脱黏后的载荷对应了结合脱黏后纤维增强体与基体间的摩擦力。试验中通常假定载荷沿增强体/基体界面均匀分布，从而计算出界面结合的脱黏应力和摩擦强度。此时最大剪应力处无限靠近纤维端部表面，因此，该应力数值即为纤维与基体间的界面剪切强度。

图 4–11 所示为纤维拔出试验装置示意图。纤维埋入基体的长度为 l，可见拔出的拉应力随埋入深度线性增加。纤维受拉拔出而不断裂的临界埋入长度为 l_c，当 $l>l_c$ 时，纤维会在拉应力下断裂；当 $l<l_c$ 时，纤维/基体界面上的剪应力 τ 与拉应力 σ 的关系可以根据力的平衡方程描述为：

$$\pi\sigma r_f^2 = \tau 2\pi l r_f \qquad (4-7)$$

即

$$\tau = \sigma r_f/(2l) \qquad (4-8)$$

通过测量不同埋入深度下将纤维/基体界面结合脱黏的拉力 P，可以得到

$$P = \tau 2\pi r_f l \qquad (4-9)$$

因此界面剪切强度 τ 可以由 P 与 l 函数关系的斜率求出。

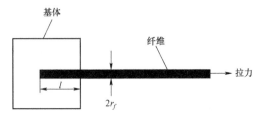

图 4–11　纤维拔出试验装置示意图

单纤维拔出试验是增强纤维表面改性效果和评价复合材料界面质量的重要手段，其难点在于样品制备，其埋入深度需小于 $r_f\sigma_f/(2\tau)$，其中 σ_f 为纤维拉伸强度，从而保证纤维拔出而不在拉应力条件下断裂。

单纤维顶出试验是利用压头（通常为纳米压痕仪的金刚石压头）向纤维增强体施加轴向载荷，使纤维端部在一定深度内与基体脱黏，通过记录力 – 位移曲线得到界面剪切强度。图 4 – 12 所示为单纤维顶出试验的示意图。

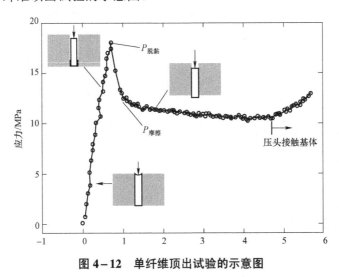

图 4 – 12　单纤维顶出试验的示意图

由图 4 – 12 可以看出，整个试验曲线分为三个阶段，开始时压头与纤维接触并施加载荷，纤维开始产生变形，但界面并未脱黏，当达到最大载荷时，纤维与基体之间开始产生相对摩擦滑动，直至最后完全脱出，压头接触到基体。界面的最大径向受力载荷出现在试样底部。当纤维与基体开始相对滑动时，界面剪应力可以描述为

$$\tau = P/(2\pi r_f t) \tag{4-10}$$

其中，t 为试样厚度。

当纤维增强体与基体形成非常强的界面结合时，界面处的应力集中足以导致纤维破坏，此时裂纹将穿过界面到达纤维内部，造成材料的整体失效。通过合理调节界面强度，可以使纤维增强体与界面的脱黏成为吸收能量的手段，从而使裂纹扩展在界面处受到阻碍，降低应力集中程度，提高材料的整体性能。

4.5.4　界面残余应力的表征

复合材料的界面结合与该处的残余应力密切相关。对界面处内应力的测量，除了沿用非破坏性测量材料残余应力的 X 射线方法外，还有用中子衍射测残余应力的方法，近年来又发展了用会聚束电子衍射（图 4 – 13）及同步辐射连续 X 射线（图 4 – 14）测残余应变的方法。目前对金属基复合材料来说，残余应力的测定主要还是采用单一波长的特征 X 射线的 $\sin 2\psi$ 法。它所测出的是界面两侧一定厚度范围内的平均残余应力，而要确知在界面处的应力仍较困难，尤其是对增强体附近急剧变化的应变场的测量无能为力。中子衍射则利用中子对材料的高穿透性来测量残余应力。这种方法虽能测量材料内部的应变，但它所测的是体积平均应

力，所以它也不能解决增强体周围急剧变化应力的测量问题。为解决这个问题，美国弗吉尼亚大学的 T.A.Kuntz 等采用高强度的同步辐射连续 X 射线，其强度约为普通 X 射线强度的 10^5 倍，且波长在 $1 \times 10^{-11} \sim 4 \times 10^{-8}$ m 范围内连续。利用其能量色散衍射同时兼有较好穿透性（例如可穿透钛数毫米）和对残余应变梯度具有的高空间分辨率，测定了金属基复合材料内部连续增强体附近的残余应变梯度，其精度可达 $10^{-3} \sim 10^{-4}$，取得了满意的效果。另外一些研究者则试图用会聚束电子衍射的方法来测定界面残余应力。如利用大角度会聚束电子衍射（LACBED）研究了 Al/Al_2O_3 复合材料界面应力场，发现由于界面处存在应力场，引起界面附近的高阶劳厄线（HOLZ 线）发生明显的弯曲和分裂并变得模糊。美国卡耐基梅隆大学的 S. J. Rozeveld 等则通过在电镜内对薄膜试样原位冷却来引入残余应变，用会聚束电子衍射方法测量了 Al/SiC_w 界面附近的残余应变，并与有限元计算结果进行对照，证实了此方法的可行性。这种方法的突出优点是它具有数十纳米的空间分辨率，这对于界面附近急剧变化的残余应力来说是非常有意义的。但制备电镜薄膜试样会破坏材料的原始应力状态，因此目前只能用来研究由于温度变化所造成的残余应力。

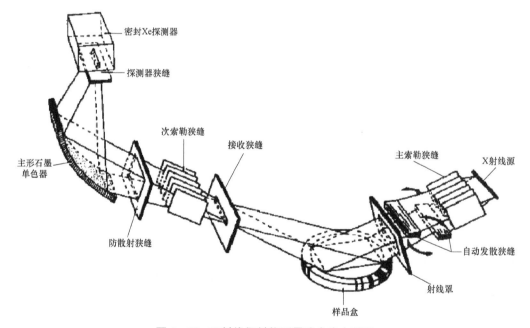

图 4-13　X 射线衍射仪测量残余应力原理

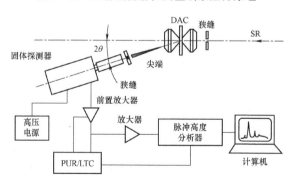

图 4-14　同步辐射连续 X 射线能量色散法原理

4.6　金属基复合材料的界面优化设计

如前所述，由于界面的重要性和复杂性，为了得到综合性能优异的金属基复合材料，需要对增强体/基体界面进行设计，涉及原材料配对的选择，增强体、基体的处理，工艺参数的优化等。界面设计需要综合考虑诸多因素，使基体和增强体之间具有良好的物理、化学和力学的相容性。大多数金属基复合材料中基体对增强体的润湿性不好，需要设法改善；很多体系中增强体与基体化学反应形成的界面化合物较脆，容易产生裂纹，因此需严格控制化合物的反应生成，而少数体系中增强体与基体结合不够好，需要采取措施增强结合；纤维增强复合材料受载过程中，如有一根纤维断裂，其承受的应力需要均匀分布在邻近纤维上，因此要求纤维与基体之间有合适的界面结合强度，如果界面结合过强，容易造成邻近纤维处应力集中，导致连锁反应，使材料整体失效；增强体与基体的力学性能如弹性模量、泊松比等往往存在较大差异，在纵向载荷下界面容易产生横向应力，降低材料综合性能；增强体与基体之间热膨胀系数的失配容易产生残余应力。前面章节中提出的一些措施都只针对上述问题中的一个或几个，且这些问题彼此交叉影响，为了解决这些问题，必须对材料进行系统性的综合设计，并采取相应措施，以达到最终目的。

图 4-15 所示为复合材料界面设计的系统工程框图。从图 4-15 可以看出，首先要充分了解复合材料中涉及界面的结构和对性能的要求，然后由模拟件入手进行各种界面行为的考察，在此基础上决定界面层的应有结构和性质，由此制备复合材料试件，测试各有关性能，与原定要求进行对比，根据结果考虑进一步改善的措施。最后在进入实际工件制造时，还要针对其工艺现实性、经济性等方面进行综合评价。

一个理想的界面，应该是从成分和性能上由增强体到基体逐渐过渡的区域，过渡层与基体应该具有良好的润湿性，能够提供增强体和基体之间适当的结合，以有效传递载荷，并能够阻碍基体与增强体之间过度的化学反应，避免生成过量的脆性化合物，同时，应该具有合适的界面强度，满足整体性能的要求。增强体表面的梯度设计有希望满足上述多种功能的要求，理论上可以针对各种金属基复合材料体系进行有效的多功能梯度设计，通过连续改变基体和增强体的组织和结构，使其内部界面消失，从而得到功能相应于组成和结构变化而逐渐变化的非均质材料，以弱化或克服界面的不连续性。如碳纤维增强铝基复合材料中多功能梯度涂层的设计，其结构为 C—C+SiC—SiC—SiC+Si—Si，碳纤维上的软碳涂层有利于钝化裂纹尖端应力场，抑制复合材料的脆断，中间的 SiC 层作为扩散阻挡层可以阻止或减缓碳纤维与铝基体的相互作用，外层的 Si 能被液态铝基体很好地润湿。此涂层中由内到外 Si、C 原子比由 0 到 1 呈现梯度渐变，使弹性性能和热膨胀系数也发生渐变，从而显著减小了界面的横向应力和热残余应力。带有多功能梯度涂层的碳纤维增强铝基复合材料具有优异的性能，但也有工艺复杂、成本较高的缺点。通过自生复合也是获得理想界面结合的有效方法，将共晶、偏晶合金通过定向凝固制备自生复合材料，可以获得热力学相容性良好的界面，如 $Ni-Ni_3Al$ 复合材料的研究已取得很大进展并获得应用。

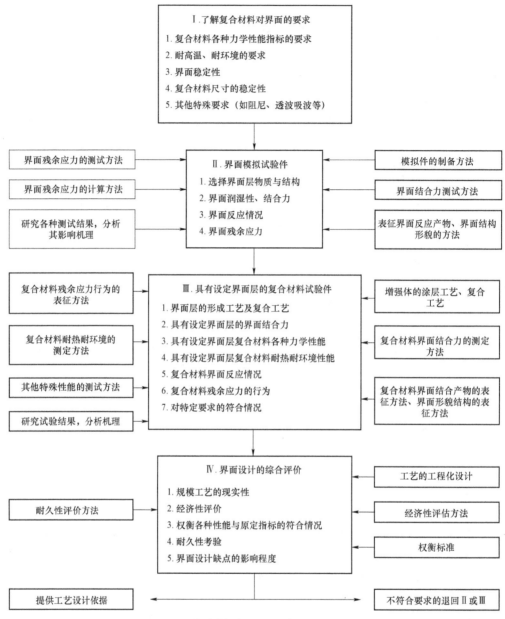

图 4-15　复合材料界面设计的系统工程框图

参考文献

[1]　Arsenault R J，Fisher R M. Microstructure of fiber and particulate SiC in 6061 Al composites [J]. Scripta Metallurgica，1983，17（1）：0-71.

[2]　Chawla K K. Ceramic Matrix Composites[M]. Boston：Kluwer Academic Publishers，2003.

[3]　Lancaster J K，Pritchard J R. The influence of environment and pressure on the transition to dusting wear of graphite [J]. Journal of Physics D Applied Physics，1981，14（14）：747.

［4］　欧玉春，方晓萍，冯宇鹏. 聚丙烯混杂复合体系的界面和力学性能［J］. 高分子学报，1997，1（1）：31－37.

［5］　吴人洁. 高聚物界面与表面［M］. 北京：科学出版社，1998.

［6］　Wu R J，Zhou Z Q. The principles of interfaces design behaviors of GFRP using CCVC as interfacial layer［M］. Netherlands：Controlled Interphases in Composite Materials，1990：377.

［7］　Chang J，Bell J P，Joseph R. Effects of a controlled modules interlayer upon the properties of graphite/epoxy composite［J］. SAMPE Quarterly，1978（18）：39.

［8］　张志谦，张德庆，魏月贞. 碳纤维的冷等离子体连续表面接枝工艺及其复合材料的研究［J］. 宇航材料工艺，1991（2）：41－47.

［9］　袁超延，高尚林，牟其伍. 超高分子量聚乙烯纤维的等离子体表面处理［J］. 材料研究学报，1992，6（5）：427－434.

［10］　Kozlowski C，Sherwood P M A. X-Ray photoelectron spectroscopic studies of carbon fiber surface Ⅶ：Electrochemical treatment in ammonium salt electrolytes［J］. Carbon，1986，24（3）：357－363.

［11］　李寅，王彦，魏月贞. 连续阳极氧化处理碳纤维的研究［J］. 宇航材料工艺，1993（6）：28－32.

［12］　张复盛，胡卢广. 碳纤维表面的点聚合改性［J］. 复合材料学报，1997，14（2）：12－16.

［13］　Crammer D C. In Ceramic and Metal Matrix Composites［M］. New York：Pergamon Press，1991

［14］　Dlouhy A，Merk N，Eggeler G. A microstructural study of creep in short fibre reinforced aluminium alloys［J］. Acta Metallurgica Et Materialia，1993，41（11）：3245－3256.

［15］　Doerner M F，Gardner D S，Nix W D. Plastic properties of thin films on substrates as measured by submicron indentation hardness and substrate curvature techniques［J］. Journal of Materials Research，1986，1（06）：845－851.

［16］　Eldridge J I，Brindley，et al. Investigation of interfacial shear strength in a SiC fibre/Ti-24Al-11Nb composite by a fibre push-out technique［J］. Journal of Materials Science Letters，1989，8（12）：1451－1454.

［17］　Eldridge J I，Ebihara B T. Fiber push-out testing apparatus for elevated temperatures［J］. J.mater.res，1994，9（4）：1035－1042.

［18］　Cooper G A，Kelly A. Tensile properties of fibre-reinforced metals：Fracture mechanics［J］. Journal of the Mechanics and Physics of Solids，1967，15（4）：279－297.

［19］　邱军，张志谦. γ－射线辐照 APMOC 纤维对 AFRP 层间剪切强度的影响［J］. 材料科学与工艺，1999（1）：48－50.

［20］　顾辉，张志谦. 聚丙烯粉料表面的紫外光和射线辐照接枝［J］. 高技术通讯，1997（11）：11－14.

［21］　刘丽，黄玉东，张志谦，等. 超声波对 F-12/环氧复合材料力学性能的影响［J］. 复合材料学报，1999，16（1）：67－71.

［22］　Metcalfe E. Interface in Metal Matrix Composites［M］. New York：Academic Press，1974.

[23] 梅志，顾明元，吴人洁. 电子能量损失谱及其在复合材料界面研究中的应用 [J]. 宇航材料工艺，1996（3）：7−10.

[24] Ferber M K，Wereszczak A A，Riester L，et al. Evaluation of the interfacial mechanical properties in fiber-reinforced ceramic composites [M]. New York：John Wiley and Sons，Inc.，1993.

[25] Mcleod A D，Gabryel C M. Kinetics of the growth of spinel，$MgAl_2O_4$，on alumina particulate in aluminum alloys containing magnesium [J]. Metallurgical Transactions A，1992，23（4）：1279−1283.

[26] Iosipescu N. New accurate procedure for single shear testing of metals [J]. Journal of Materials Science，1967，2（3）：537−566.

[27] Kerans R J，Parthasarathy T A. Theoretical Analysis of the Fiber Pullout and Pushout Tests [J]. Journal of the American Ceramic Society，1991，74（7）：1585−1596.

[28] Gu M，Jiang W，Zhang G. Quantitative analysis of interfacial chemistry in TiC/Ti composite using electron-energy-loss spectroscopy [J]. Metallurgical and Materials Transactions A，1995，26（6）：1595−1597.

[29] Li Q，Zhang G D，Cornie J A. Microstructure of the interface and interfiber regions in P-55reinforced aluminum alloys manufactured by pressure infiltration [M]. New York：Elsevier Science Publishing Co.，1990.

[30] Dai J Y，Xing Z P，Wang Y G，et al. HREM study of TiB 2 /NiAl interfaces in a NiAl-TiB 2 in-situ composite [J]. Materials Letters，1994，20（1−2）：23−27.

[31] Chawla K K. Interfaces in metal matrix composites [J]. Composite Interfaces，1996，4（5）：287−298.

[32] Chawla K K，Metzger M. Initial dislocation distributions in tungsten fibre-copper composites [J]. Journal of Materials Science，1972，7（1）：34−39.

[33] Chawla K K，Metzger M. In Advances in Research on Strength and Fracture of Materials [M]. New York：Pergaman Press，1978（3）：1039.

[34] Chawla N，Chawla K K，Koopman M，et al. Thermal-shock behavior of a Nicalon-fiber-reinforced hybrid glass-ceramic composite [J]. Composites Science and Technology，2001，61（13）：1923−1930.

[35] Zhang G D，Chen R. Effects of interfacial bonding strength on the mechanical Properties of metal matrix composites [J]. Composite Interfaces，1993，1（4）：337−355.

[36] Zhang G D，Chen R，Wu R J. Structure on the impact property of carbon fiber reinforced aluminum composites with different interface bonding [M]. Japan：Proceedings of MRS Int，1988：5−7.

[37] 张国定，陈煜，刘澄. 金属基复合材料微压力学性能的不均匀现象 [J]. 材料研究学报，1997，11（1）：21.

[38] 郭子海，程浩川，张志谦. CF/PMR15 复合材料界面微观分析与材料性能的研究 [J]. 复合材料学报，1993，10（1）：35.

[39] 李铁骑，张明秋，曾汉民. 用 Raman 光谱研究纤维复合材料 [J]. 复合材料学报，1997，

14（2）：1.

[40] Whitney J M. Composite materials：testing and design（seventh conference）[M]. Philadelphia：ASTM，1986.

[41] Mandell J F，Hong K C C，Grande D H. Ceramic Engineering and Science Proceedings [M]. Westerville：The American Ceramic Society，1987（8）：937.

[42] Mandell D B，Oliver W C. Measurement of Interfacial Mechanical Properties in Fiber‐Reinforced Ceramic Composites[J]. Journal of the American Ceramic Society，1987（70）：542－548.

[43] Mandell D B，Shaw W C，Morris W L. Measurement of interfacial debonding and sliding resistance in fiber reinforced intermetallics[J]. Acta Metallurgica et Materialia，1992（40）：443－454.

[44] Tse M K. Effect of interfacial strength on composite properties [J]. SAMPE Journal，1985，7（8）：11.

[45] 黄玉东，魏月贞，张志谦，等. 复合材料界面强度微脱粘测定技术的研究 [J]. 宇航学报，1994，15（3）：30.

[46] 孙文训，黄玉东，张志谦. 复合材料界面科学 [M]. 哈尔滨：哈尔滨工业大学出版社，1997.

[47] Kallas M N，Koss D A，Hann H T，et al. Interfacial stress state present in a "Thin Slice" fiber push-out test [J]. Journal of Materials Science，1992，27（14）：3821.

[48] Lseki T，et al. Interfacial reactions between SiC and Al during joining [J]. Journal of Materials Science，1984，19：1692.

[49] 张谦琳，尹宏，胡建恺，等. SiC/陶瓷复合材料界面行为的声显微学研究 [J]. 材料工程，1994，8：69.

[50] 黄玉东，刘立洵，张志谦，等. 碳纤维复合材料截面强度的特征[J]. 高技术通讯，1992，2（1）：7.

[51] Piggott M R，Andison D. The Carbon Fibre-Epoxy Interface [J]. Journal of Reinforced Plastics and Composites，1987，6（3）：290－302.

[52] 黄玉东，孙文训，张志谦，等. 单纤维拔出方法表征 CERP 界面强度的研究 [J]. 高技术通讯，1995，5（15）：34.

[53] Penn L S，Lee，et al. Interpretation for experimental results in the single pull-out filament test [J]. Journal of Composites Technology and Research，1989，11（1）：23－30.

[54] Pfeifer M，Rigsbee J M，Chawla K K. The interface microstructure in alumina（FP）fibre/magnesium alloy composite [J]. Journal of Materials Science，1990，25（3）：1563－1567.

[55] Savage R H. Graphite Lubrication [J]. Journal of Applied Physics，1948，19（1）：1－10.

[56] Zhong Y，Hu W，Eldridge J I，et al. Fiber push-out tests on Al_2O_3 fiber-reinforced NiAl-composites with and without hBN-interlayer at room and elevated temperatures [J]. Materials Science and Engineering A，2008，488（1）：372－380.

[57] 蒋咏秋，叶琳，吴键，等. 聚合物基复合材料界面剪切强度的测试 [J]. 材料科学进展，

1990，4（6）：550.

[58] 张志谦，周春华，魏月贞. 动态拉伸中树脂基复合材料界面受力行为的研究 [J]. 高技术通讯，1991，1（11）：18.

[59] 笪有仙，孙幕瑾. 扭辫分析与界面效应 [M]. 哈尔滨：哈尔滨工业大学出版社，1997.

[60] Lipato Y S，Babich B V，Rosovitsky V F，et al. On shift and resolution of relaxation matima in two-phase polymetric systems [J]. Journal of Applied Polymer Science，1980，25（2）：1029.

[61] Kuntz T A，Wadley H N G，Black D R. Residual train gradient determination in metal matrix composites by synchrotron X－Ray energy dispersive diffraction [J]. Metallurgical and Materials Transactions A，1993，24（5）：1117.

[62] Rozeveld S J，Howe J M，Schmauder S. Measurement of residual strain in an Al-SiC$_w$ composite using convergent-beam electron diffraction [J]. Acta Metallurgica et Materialia，1992，40，S173.

[63] Donnet J B，Qin R Y. Study of carbon fiber surfaces by scanning tunneling microscopy，part I：Carbon fibers from different precursors and after various heat treatment temperature [J]. Carbon，1992，30（5）：787.

[64] 时东霞，等. 聚丙烯腈基碳纤维的扫描隧道显微镜研究 [J]. 材料研究学报，1997，11（3）：305.

第5章

金属基复合材料的制备技术

5.1 金属基复合材料的制备技术的要求、关键和分类

金属基复合材料是以金属为基体，以纤维、颗粒、晶须等为增强材料，并均匀地分散于基体材料中而形成的两相或多相组合的材料体系，而用于制备这种复合材料的方法称为复合材料制备技术。金属基复合材料的性能、应用、成本等在很大程度上取决于材料的制备技术，因此研究和发展有效的制备技术一直是金属基复合材料研究中最重要的问题之一。

5.1.1 制备技术的要求

为了得到性能良好、成本低廉的金属基复合材料，制备技术应满足以下 5 个方面的要求：

① 能使增强材料以设计的体积分数和排列方式分布于金属基体中，满足复合材料结构和强度设计要求。

② 不得使增强材料和金属基体原有性能下降，特别是不能对高性能增强材料造成损伤；能确保复合材料界面效应、混杂效应或复合效应充分发挥，有利于复合材料性能的提高或互补，不能因制造工艺不当造成材料性能下降。

③ 尽量避免增强材料和金属基体之间各种不利化学反应的发生，得到合适的界面结构和性能，充分发挥增强材料的增强增韧效果。

④ 设备投资少，工艺简单易行，可操作性强，便于实现批量或规模生产。

⑤ 尽量能制造出接近最终产品的形状、尺寸和结构，减少或避免后加工工序。

5.1.2 制备技术的关键

由于金属固有的物理和化学特性，其加工性能不如树脂的好，在金属基复合材料制备中需要解决一些关键技术问题，主要包括：

（1）制备温度

复合材料制备过程中，为了确保基体的润湿性和流动性，需要采用很高的制备温度（接近或高于基体熔点）。然而，基体与增强材料在高温下易发生界面反应，有时会发生氧化而生成有害的反应产物。这些反应往往会对增强材料造成损害，形成过强结合界面而使材料发生早期低应力破坏。并且，高温下反应产物通常呈脆性，其会成为复合材料整体破坏的裂纹源。因此，控制复合材料的制备温度显得尤为关键。

采取措施：① 尽量缩短高温加工时间，使增强材料与基体界面反应降至最低程度；② 提高工作压力，促使增强材料与基体浸润速度加快；③ 采用扩散粘接法可有效地控制温度并缩

短时间。

（2）润湿性

绝大多数的金属基复合材料（如碳/铝、碳/镁、碳化硅/铝、氧化铝/铜等），均存在基体对增强相润湿性差甚至不润湿的现象，这给复合材料的制备带来了极大的困难。

采取措施：① 添加合金元素。添加合金元素可有效减小基体金属表面张力、固－液界面能及化学反应，从而改善基体对增强材料的润湿性。常用的合金元素有钛、锆、铌、铈等。② 对增强材料进行表面处理。采用表面处理能改变增强材料的表面状态及化学成分，从而改善增强材料与基体间的润湿性。常用的表面处理方法有化学气相沉积、物理气相沉积、溶胶－凝胶和电镀或化学镀等。③ 提高液相压力。渗透力与毛细压力成正比。提高液态金属压力，可促使液态金属渗入纤维的间隙内。

（3）增强材料的分布状态

控制增强材料按所需方向均匀地分布于基体中是获得预期性能的关键。然而，增强材料的种类较多，如短纤维、晶须、颗粒等，还有直径较粗的单丝、直径较细的纤维束等，并且在尺寸、形态、理化性能上也有很大差异，使得增强材料均匀地或按设计强度的需求分布显得非常困难。

采取措施：① 对增强材料进行适当的表面处理，以加快其浸润基体速度；② 加入适当的合金元素来改善基体的分散性；③ 施加适当的压力，使基体分散性增大。

5.1.3　制备技术的分类

金属基复合材料体系繁多，且各组分的物理化学性质差异较大，复合材料的用途也有很大差别，因而复合材料的制备方法也是千差万别的。但总体来讲，金属基复合材料的制备方法大致可分为以下几类。

（1）固态法

固态法是金属基体处于固态情况下与增强材料混合组成新的复合材料的方法，其包括粉末冶金法、热压固结法、热等静压法、轧制法、挤压法和拉拔法、爆炸焊接法等。

（2）液态法

液态法是金属基体处于熔融状态下与增强材料混合组成新的复合材料的方法，其包括真空压力浸渍法、挤压铸造法、搅拌铸造法、液态金属浸渍法、共喷沉积法及原位反应生成法等。

（3）其他制备技术

其他制备技术还包括原位生成法、物理气相沉积法、化学气相沉积法、化学镀和电镀及复合镀法等。

原位生成法是通过加入反应元素，或通入反应气体在液态金属内部反应，从而产生微小的固态增强体（如金属化合物 TiC、TiB_2、Al_2O_3 等），通过控制工艺参数获得所需的增强体含量和分布。该方法制备的复合材料，其增强体不是外加的，而是在高温下金属基体中不同元素反应生成的化合物，与金属有好的相容性。

表 5－1 所示为金属基复合材料的主要制备方法和适用范围。

表 5-1　金属基复合材料的主要制备方法和适用范围

类别	制备方法	适用金属基复合材料体系		典型的复合材料及产品
		增强材料	金属基体	
固态法	粉末冶金法	SiC_p、Al_2O_3、SiC_w、B_4C_p 等颗粒、晶须及短纤维	Al、Cu、Ti 等金属	SiC_p/Al、SiC_w/Al、Al_2O_3/Al、TiB_2/Ti 等金属基复合材料零件、板、锭坯等
	热压固结法	B、SiC、C（Cr）、W 等连续或短纤维	Al、Ti、Cu 耐热合金	B/Al、SiC/Al、SiC/Ti、C/Al、C/Mg 等零件、管、板等
	热等静压法	B、SiC、W 等纤维、颗粒、晶须	Al、Ti 超合金	B/Al、SiC/Ti 管
	挤压、拉拔轧制法	C（Cr）、Al_2O_3 等纤维，SiC_p，Al_2O_{3p}	Al	C/Al、Al_2O_3/Al 棒、管
液态法	挤压铸造法	各种类型增强材料、纤维、晶须、短纤维，C，Al_2O_3，SiC_p，$Al_2O_3 \cdot SiO_2$	Al、Zn、Mg、Cu 等	SiC_p/Al、SiC_w/Al、C/Al、C/Mg、Al_2O_3/Al、SiO_2/Al 等零件、板、锭、坯等
	真空压力浸渍法	各种纤维、晶须、颗粒增强材料	Al、Mg、Cu、Ni 基合金及 Zr 基非晶合金等	C/Al、C/Cu、C/Mg、SiC_p/Al、$SiC_w + SiC_p/Al$、W_p/Zr 基非晶等零件、板、锭、坯等
	搅拌铸造法	颗粒、短纤维及 Al_2O_3、SiC_p	Al、Mg、Zn	铸件，锭坯
	共喷沉积法	SiC_p、Al_2O_3、B_4C、TiC 等颗粒	Al、Ni、Fe 等金属	SiC_p/Al、Al_2O_3/Al 等板坯、管坯、锭坯等零件
	真空铸造法	C、Al_2O_3 连续纤维	Mg、Al	零件
其他方法	原位生成法		Al、Ti	铸件
	电镀及化学镀	SiC_p、B_4C、Al_2O_3 颗粒，C 纤维	Ni、Cu 等	表面复合层
	热喷涂法	颗粒增强材料，SiC_p、TiC	Ni、Fe	管、棒等

5.2　固态法

固态法典型的特点是制备过程中温度较低，金属基体与增强相处于固态，可抑制金属与增强相之间的界面反应。

5.2.1　粉末冶金法

粉末冶金法制备复合材料是指将金属基体与增强体粉末混合均匀后压制成型，利用原子扩散使金属基体与增强体粉末结合在一起制备复合材料的方法。粉末冶金法是最早开发用于制备金属基复合材料的工艺，早在 1959 年就有学者利用粉末冶金工艺制备了 Al_2O_3 颗粒增强

Fe 基复合材料。

粉末冶金法制备复合材料的工艺过程如图 5-1 所示。其主要分为冷压、烧结和热压，主要步骤包括：① 筛分粉末；② 基体粉末与增强体粉末均匀混合；③ 通过预压把复合粉末制成生坯，其密度为 70%～80%；④ 除气；⑤ 热压/烧结；⑥ 二次加工（挤压、锻造、轧制、超塑性成型等）。粉末冶金工艺结合二次加工不仅可获得完全致密的坯锭或制品，同时可满足所设计材料结构性能的需求，也可以直接将混合粉末进行高温塑性加工，在致密化的同时达到最终成型的目的。粉末冶金法对基体合金和增强体粉末种类基本没有限制，并且可以任意调整增强体的含量、尺寸和形貌等，复合材料的可设计性强。此外，粉末冶金法的制备温度较低，有效减轻了基体与增强体之间的界面反应，所制备的复合材料具有良好的物理力学性能且质量稳定。

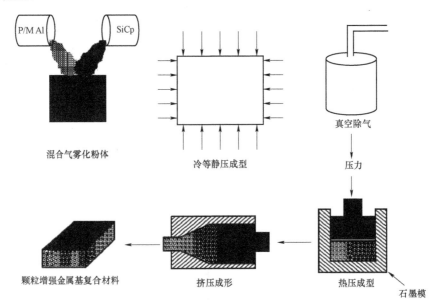

混合气雾化粉体　　　　冷等静压成型　　　　真空除气

压力

颗粒增强金属基复合材料　　挤压成形　　热压成型　　石墨模

图 5-1　粉末冶金制备金属基复合材料的工艺过程

粉末冶金制备复合材料涉及多道制备工序，制备过程中需从材料的性能要求出发，综合考虑各个工序对材料性能的影响，如基体、增强体材料的选择、粉末处理、粉末固结、二次加工及后续处理过程等。

（1）复合组元

复合组元的选择对复合材料的加工制备和性能都有重要影响，特别是基体合金的性能和热处理工艺。基体合金一般选择变形能力较好的合金体系，如美国于 20 世纪 90 年代研制的 2009Al 合金就是制备非连续增强金属基复合材料理想的基体合金之一。

（2）粉末处理

粉末处理是保证复合材料质量的一个重要环节。金属粉末与颗粒、晶须的均匀混合及防止金属粉末的氧化是粉末处理的关键。

一般混粉的方式有普通干混、球磨和湿混。其中，普通干混及湿混容易出现增强体分布不均匀及大量的团聚、分层等现象。目前，较为常用且有效的为球磨，利用下落研磨体（如钢球等）的冲击作用及研磨体与球磨内壁的研磨作用将物料粉碎并混合。采用高能机械球磨可以实现亚微米乃至纳米颗粒的均匀混合，并有效细化基体晶粒，获得均匀的超细复合结构。高能球磨是一种制备高强度/韧性、高热稳定粉末冶金金属基复合材料的重要手段。

金属粉末容易吸附水蒸气并氧化（如 Al），粉末生坯在加热过程中将释放大量的水蒸气、氢气、二氧化碳和一氧化碳气体。因此，生坯在热加工前应经过除气处理，避免制品中出现气泡和裂纹；除气温度一般应等于或者稍高于随后的热压、热加工变形和热处理温度，以避免压块中残存的水和气体造成材料中产生气泡和分层。但是，如果温度过高，合金中其他一些元素可能出现烧损，还会使合金中起强化作用的金属间化合物聚集、粗化，导致材料性能降低。

（3）固结成型

生坯经除气处理后，即可采用热压烧结的方式对其进行致密化处理。加压促使生坯发生一定程度的塑性变形，这不仅可以提高颗粒增强复合材料坯锭的致密度，还可以改善颗粒的分散状况。粉末冶金法制备的复合材料大多具有较好的塑性加工性能。与未增强合金相比，由于增强体多数为刚性陶瓷，复合材料具备较高的弹性模量、强度及硬度等，同时复合材料的塑性和韧性也有所下降，因此改变了复合材料的塑性加工性能。

（4）二次加工

常用的二次加工方法有挤压、轧制、锻造、超塑性成型等。复合材料在挤压过程中处于三向压应力状态，因而提高了塑性变形能力。挤压可以有效破碎颗粒氧化膜，改善界面结合和增强颗粒的分散状况，从而大幅度提高强度和塑性。如颗粒增强铝基复合材料通常可通过很大的塑性变形来获得棒材、线材、异形材等，但由于设备所限，挤压产品的尺寸受限。轧制和锻造通过引入较大的剪切应力来改善增强颗粒的分散和细化基体晶粒，从而明显提高复合材料的力学性能。采用锻造和轧制可制得大尺寸、组织均匀的复合材料板、锭或最终产品。粉末冶金颗粒增强金属基复合材料一般具有细小的晶粒组织，在较高的温度（$(0.5\sim0.9)T_m$）和应变速率（$0.01\sim10\ s^{-1}$）下表现出高拉伸塑性（$100\%\sim1\,500\%$）。复合材料超塑性变形抗力非常低，并且不会产生局部不均匀变形，因此超塑性成型也成为极具优势的加工手段之一。

（5）后处理

某些情况还需要对复合材料零件进行均匀化处理和尺寸稳定化处理，通过热处理改善增强体分散状况，或通过降低、消除材料内部残余应力来提高尺寸稳定性。比如，对粉末冶金＋热挤压制备的 SiC/2014Al 复合材料进行时效处理，可实现复合材料力学性能的改善。

粉末冶金法适于制造 SiC_p/Al、SiC_w/Al、Al_2O_3/Al、TiB_2/Ti 等金属基复合材料零部件、板材和锭坯等。常用的增强材料有 SiC、Al_2O_3、W、B_4C 等颗粒、晶须及短纤维等。常用的基体金属有 Al、Cu、Ti 等。

5.2.2　变形压力加工

变形压力加工是利用金属具有塑性成型的工艺特点，通过热轧、热拉拔、热挤压等塑性加工手段，使复合好的颗粒、晶须、短纤维增强金属基复合材料锭坯进一步加工成型。该工艺在固态下进行加工，速度快，纤维与基体作用时间短，纤维的损伤小，但是不一定能保证纤维与基体的良好结合，并且在加工过程中产生的高应力容易造成脆性纤维的破坏。

（1）热轧法

热轧法主要用来将已复合好的颗粒、晶须、纤维增强金属基复合材料锭坯进一步加工成板材，适用的复合材料有 SiC_p/Al、SiC_w/Cu、Al_2O_3/Al 等。

热轧法也可将由金属箔和连续纤维组成的预制片制成复合材料板材，如铝箔与硼纤维、铝箔与碳纤维、铝箔与钢丝。由于增强纤维塑性变形能力差，因而轧制过程主要是完成纤维与基体的粘接。为了提高粘接强度，常在纤维表面涂上 Ni、Ag、Cu 等金属涂层，并且轧制时，为了防止高温氧化，常用钢板包覆。与金属材料的轧制相比，长纤维/金属箔轧制时单次变形量小，轧制道次多。

（2）热拉拔、热挤压

热拉拔和热挤压主要用于颗粒、晶须、短纤维增强金属基复合材料的坯料进一步形变，加工制成各种形状的管材、型材、棒材和线材等。经拉拔、挤压后，复合材料的组织更加均匀，缺陷减少甚至消除，性能显著提高。短纤维和晶须还有一定的择优取向，轴向抗拉强度明显提高。

热拉拔和热挤压也可直接制造金属丝增强金属基复合材料。其工艺过程为：在基体金属坯料上钻长孔，将增强金属制成棒放入基体金属的孔中，密封后经挤压或拉拔，增强金属棒变为丝，即获得金属丝增强复合材料。另外，将颗粒或晶须与基体金属粉末混合均匀后装入金属管中，密封后直接热挤压或热拉拔，即可获得复合材料管材或棒材。

在利用形变压力加工制备复合材料时，若增加基体金属的塑性变形，纤维和基体界面处的应力就会变大，容易造成界面剥离、纤维表面损伤甚至断裂。和其他变形压力加工方法相比，热拔技术可以将基体金属的塑性变形控制在比较小的程度，并且在拉拔加工中纤维主要受拉应力，几乎没有弯曲应力，这将有效地避免纤维的断裂和界面剥离。

利用热挤压技术制备连续纤维增强复合材料时，基体金属的塑性变形使纤维与基体的界面产生弯曲应力，容易造成界面剥离和纤维断裂。然而，对于短纤维（或晶须、颗粒）随机分布的复合材料，热挤压时，纤维随基体金属塑性流动，并按挤出方向排布，这可有效地降低界面弯曲应力。并且，即使纤维与基体界面产生弯曲应力而使纤维断裂，若断裂纤维的纵横比在临界纵横比以上，则仍能保持纤维的增强效果。

热拉拔和热挤压技术适用于制备 C/Al、Al_2O_3/Al 复合材料棒材和管材等。常用的增强材料有 B、SiC、W 等，常用的基体金属为 Al。

5.2.3 扩散粘接法

扩散粘接法也称扩散焊接，是在高温、较长时间、较小塑性变形作用下依靠接触部位原子间的相互扩散进行的。扩散粘接过程可分为三个阶段：① 粘接表面之间的最初接触，在加热和加压的共同作用下，粘接表面发生变形、移动、表面膜（通常是氧化膜）破坏；② 产生界面扩散和体扩散，使接触界面紧密接触；③ 热扩散结合界面消失，粘接过程完成。影响扩散粘接过程的主要参数是温度、压力和一定温度及压力下维持的时间，其中温度最为重要，气氛对产品质量也有影响。常用的扩散粘接技术有热压技术和热等静压技术。

（1）热压法

热压法是制备连续纤维增强金属基复合材料的典型方法之一。图 5-2 所示为热压法制备金属基复合材料的示意图。先将经过预处理的连续纤维按设计要求与金属基体组成复合材料预制片，然后将预制片按设计要求剪裁成所需的形状并进行叠层排布。根据对纤维的体积分数要求，在叠层时适当添加基体箔，随后将叠层置于模具中，进行加热加压，最终制得所需的纤维增强金属基复合材料。

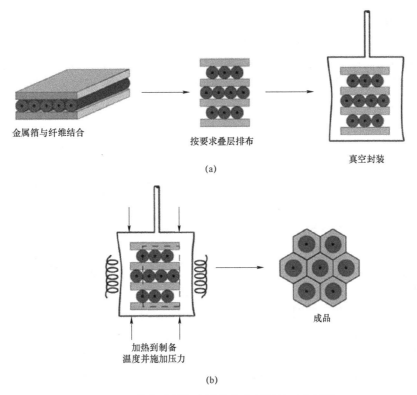

金属箔与纤维结合　　　　　　　　按要求叠层排布　　　　　　　　真空封装

(a)

加热到制备
温度并施加压力　　　　　　　　成品

(b)

图 5-2　热压法制备金属基复合材料的工艺过程

在金属基复合材料的热压制备过程中，预制片制备和热压过程是最重要的两个工序，直接影响复合材料中纤维的分布、界面的特性和性能。

① 预制片制备。

预制片的主要制备方法有等离子喷涂、离子涂覆（物理气相沉积、化学气相沉积等）、箔粘接法及液态金属浸渍法。对直径较粗的纤维，如硼纤维、钨纤维等，直径为 100~400 μm，容易排列，可用等离子喷涂、离子涂覆法或箔粘接法制作复合材料预制片。而对于碳纤维、碳化硅束丝、氧化铝纤维等，因纤维直径较细，数百数千根纤维集成一束，为使金属充分填充到纤维孔隙间，需采用液态金属浸渍法制成复合丝或复合带，再排布成预制片。

② 热压。

热压过程是整个复合材料制备过程中最重要的工序，在此工艺过程中最终完成复合。热压温度和压力为主要的两个工艺参数。提高热压温度可改善基体合金的流动性，从而促进扩散粘接。然而，热压温度也不能过高，以免增强体与基体之间发生反应，影响材料性能，因而热压温度一般控制在稍低于基体的固相线温度。有时为了复合更好，希望有少量的液相存在，热压温度控制在基体的固相线和液相线之间。压力的选择与温度有关，温度高，压力可适当降低，温度低，则压力提高。压力可在较大范围内变化，但过高容易损伤增强体（纤维），一般控制在 10 MPa 以下。热压时间一般在 10~20 min。

热压法是制造直径较粗的硼纤维和碳化硅纤维增强铝基、钛基复合材料的主要方法，其产品作为航空发动机主仓框架承力柱、发动机叶片、火箭部件等已得到应用。热压法也是制造钨丝-超合金、钨丝-铜等复合材料的主要方法之一。

（2）热等静压法

热等静压法也是热压的一种，其工作原理是将金属基体（粉末或箔）与增强材料（纤维、晶须、颗粒）按一定比例均匀混合，或用预制片叠层后放入金属包套中，待抽气密封后装入密闭的压力容器中，利用压力容器中的高压惰性气体向粉末颗粒施加各个方向相等的压力并加以高温（最高温度可达 2 000 ℃，最高压力可达 200 MPa），从而使颗粒之间发生烧结和致密化而形成复合材料。

采用热等静压法制造金属基复合材料过程中，温度、压力、保温保压时间是主要工艺参数。温度是保证工件质量的关键因素，一般选择的温度低于热压温度，以防止发生严重的界面反应。压力根据基体金属在高温下变形的难易程度而定，易变形的金属压力选择低一些，难变形的金属则选择较高的压力。保温保压时间主要根据工件的大小来确定，工件越大，保温时间越长，一般为 30 min 至数小时。

典型热等静压工艺有 3 种：

① 先升压后升温，其特点是无须将工作压力升到最终所要求的最高压力，随着温度升高，气体膨胀，压力不断升高，直至达到需要压力，这种工艺适用于金属包套工件的制造。

② 先升温后升压，此工艺对于用玻璃包套制造复合材料比较合适，因为玻璃在一定温度下软化，加压时不会发生破裂，又可有效传递压力。

③ 同时升温升压，这种工艺适用于低压成型、装入量大、保温时间长的工件制造。

热等静压法适用于多种复合材料的管、筒、柱及形状复杂零件的制造，特别适用于钛、金属间化合物及超合金基复合材料。

5.2.4　爆炸焊接法

爆炸焊接利用炸药爆炸驱动基体与增强材料发生高速碰撞，通过使碰撞的材料发生塑性变形、粘接处金属局部扰动及热过程，使基体与增强材料结合而形成复合材料。图 5-3 所示为爆炸焊接工艺的示意图。如果用金属丝作为增强材料，焊接前应将其固定或编织好，以避免其移位或卷曲，并且基体和金属丝在焊接前必须除去表面的氧化膜和污物。爆炸焊接用底座材料的密度和声学性能应尽可能与复合材料的相近，一般将金属板放在碎石层或铁屑层上作为底座。

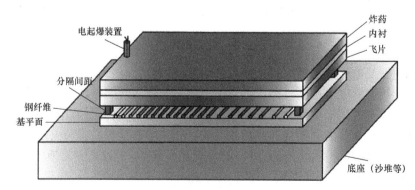

图 5-3　爆炸焊接工艺的示意图

爆炸焊接的工艺特点是作用时间短，材料的温度低，因而组分材料之间发生界面反应的可能性小，产品性能稳定。爆炸焊接可以制造形状复杂的零件和大尺寸的板材，还可以一次作业制造多块复合板。爆炸焊接主要用来制造金属层合板和金属丝增强金属基复合材料，例如钢丝增强铝、钼丝或钨丝增强钛、钨丝增强镍等复合材料。

5.3　液态法

液态法是指金属基体处于熔融状态下与固体增强材料复合而制备金属基复合材料的工艺过程。液态成型时，温度较高，熔融状态的金属流动性好，在一定条件下利用液态法可容易制得性能良好的复合材料。相比于固态成型具有工程消耗小、易于操作、可以实现大规模工业生产和零件形状不受限制等优点，液态法是金属基复合材料的主要制备方法。

5.3.1　液态浸渍法

液态浸渍法是指在一定条件下将液态金属浸渗到增强材料多孔预制件的孔隙中，并凝固获得复合材料的制备方法。按照浸渗过程有无外部压力，可将液态浸渍法分为无压浸渗工艺、压力浸渗工艺和真空压力浸渗工艺。

（1）无压浸渗工艺

无压浸渗工艺是指金属熔体在无外界压力作用下，借助浸润导致的毛细管压力自发浸渗入增强体预制块而形成复合材料。为了实现自发浸渗，金属熔体与固体颗粒需要满足以下 4 个条件：

① 金属熔体对固体颗粒浸润。金属基体与增强体之间的浸润性是决定金属基复合材料工艺成败的材料性能优劣的重要因素之一。金属熔体的表面能通常为 10^3 mJ/m^2 量级。若该熔体对固体的浸润角为 0°，在与颗粒度为 1 μm 粉体压成的预制体接触时，所受到的毛细管压力达数百个大气压。这一压力足以使该熔体自发渗入并充满预制件中的所有孔隙。浸润性还能保证颗粒与基体间的牢固结合，充分发挥颗粒增强增韧效应。

② 粉体预制件具有相互连通的渗入通道。除化学成分和杂质含量外，颗粒形状、尺寸及分布是粉体的重要参数。需要采取适当的工艺措施，使预制件内作为渗入通道的孔隙尺寸分布均匀，互相连通，熔体能均匀渗入，达到完全致密、消除缺陷的效果。

③ 体系组分性质需匹配。浸渗相的熔点需远低于颗粒相的熔点，两者的化学反应或互溶反应应对渗入过程及最后制品质量有利，两者的热膨胀系数要匹配。浸润性来自组分间适当的反应和互溶，过度的反应会破坏组分界面的稳定性而成为不利因素。

④ 渗入条件不宜苛刻。自发渗入必须在熔体熔点以上温度完成，以保证熔体足够的流动性。这一温度应该与实验室和工业化条件相适应。渗入还需要非氧化气氛环境，如惰性气氛或真空条件。

目前，研究发现的容易实现自发渗入的体系主要有：① 低熔点延展性金属对高熔点（耐高温）金属粉末预制件的自发渗入，金属对金属的润湿一般较易实现。较为成功的例子有 W-Cu、W-Mg、Mo-Cu 及 Mo-Ag 等。硬质合金主体材料，如 WC、TiC 和 Mo$_2$C 粉体，通常以 Co、Ni 等韧性金属粉作为胶黏剂，通过粉末冶金烧结技术，制成机械配件，这些韧性黏结剂也满足自发渗入熔体所必须具备的条件。② 过渡金属及其合金熔体对耐高温碳化物的自发渗入，如 Ni-Cr 和 V（C<0.5%，Mn<0.75%，Si<0.6%，Cr＝28%～32%，Mo＝5%～7%，

其余为 Co）为渗体自发渗入 TiC 粉体预制件。

然而，金属熔体与陶瓷颗粒的润湿性一般较差，并且金属熔体与增强体容易发生严重的化学反应，难以实现自发浸渗。为此，常采取以下几种技术措施：一是通过合金化改善润湿性；二是增强体表面金属化改性；三是金属间化合物的自发渗入。无压浸渗的方法有 3 种，即蘸液法、浸液法及上置法，如图 5-4 所示。

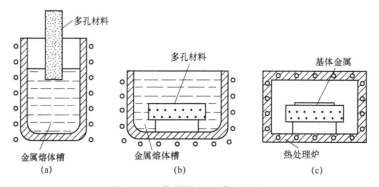

图 5-4　常用的无压浸渗方法
（a）蘸液法；（b）浸液法；（c）上置法

① 蘸液法。蘸液法的主要特点是，金属熔体在毛细管压力的驱动下自下而上地渗入预制件间隙。浸渗前沿呈简单几何面向前推进，预制件内气体随渗入前沿向上推进而排出预制件，这样能有效地减少缺陷实现致密化。但该方法可能导致重力作用下制品上下渗入程度欠均匀及凝固时上下熔体补缩量不一致。

② 浸液法。浸液法是将预制件淹没在熔体内，基体在毛细管压力作用下由周边渗入预制件内部。与蘸液法相比，优缺点恰好相反。但此方法操作简单，可实现规模生产。预制件内的气体排出受液、气表面能降低驱动，经过较复杂的过程最终能完全排除。

③ 上置。固体状金属放置在支架支撑着的预制件上部，同置于加热系统中，加热熔化后，熔体自上而下渗入预制件内。该方法可避免重力作用产生的不均匀性，但凝固补缩及渗流的可控性较差，一般在复合材料的初步研制中采用。

无压浸渗具有工艺简单、成本较低、可实现近终成型等优点，主要适用于润湿性良好的体系，目前已成功地制备出低熔点韧性金属/高温合金复合材料、金属/陶瓷复合材料及金属间化合物/陶瓷复合材料等。

（2）压力浸渗工艺

压力浸渗工艺是在外加压力作用下将金属基体溶液充入增强体预制件的孔隙中，从而形成金属基复合材料。其工艺过程如图 5-5 所示。先把预制件预热到适当温度，然后将其放入预热的铸型中，浇入液态金属并加压，使液态金属浸渗到预制件的孔隙中，保压直至凝固完毕，从铸型中取出即可获得复合材料。

压力浸渗的优点有：① 工艺简单、生产效率高，制造成本低，适合批量生产；② 复合材料与铸型很好接触，利用散热，冷速快，形成的组织致密；③ 压力较大（70～100 MPa），有效地改善了增强体与金属熔体之间的润湿性，并且增强体与金属熔体在高温下的接触时间较短，不会出现严重的界面反应，同时液态金属可有效地填充，孔隙率低。因此，采用压力浸渗工艺制造出的复合材料力学性能较好，已成为批量制造陶瓷短纤维、颗粒、晶须增强铝（镁）基复合材料零部件的主要方法之一。

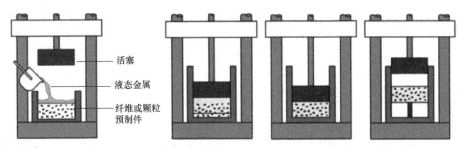

图 5-5　压力浸渗法制备复合材料的工艺过程

压力浸渗的缺点在于：① 浸渗需要压室，并且由于压力较大，要求压室有一定的壁厚；② 该方法仅适合制备不连续增强体（如颗粒、晶须等）增强复合材料，不适合连续制造金属基复合材料型材，也不能生产大尺寸零件；③ 压力较高，要求预制件有较高的力学性能，能承受较高压力而不变形，并且在制备纤维预制件时，可能会发生增强体的偏聚。

（3）真空压力浸渗工艺

真空压力浸渗工艺是在真空和高压惰性气体共同作用下，将液态金属压入增强材料制成的预制件孔隙中，制备金属基复合材料的方法，其兼具压力浸渗和真空吸铸的优点。其工艺过程为：将预制件和基体金属分别置于浸渍炉的预热炉和熔化炉中，然后抽真空，当炉腔内达到预定真空度时，熔化合金并对预制件进行预热。控制加热过程，使预制件和熔融金属达到预定温度，然后将液态金属浇注进预制件中，随后通入高压惰性气体，使液态金属浸渍充满预制件的孔隙，经冷凝固后即可获得复合材料。真空压力浸渗的特点在于浸渍在真空下进行，在压力下凝固，基本上没有气孔、缩松等铸造缺陷，组织致密，力学性能好。图 5-6 所示为北京理工大学研制的真空压力浸渗设备。该设备可以实现复合材料的快速冷却，利用该技术实现了多孔 SiC/非晶复合材料和 W/非晶复合材料的制备，如图 5-7 所示。

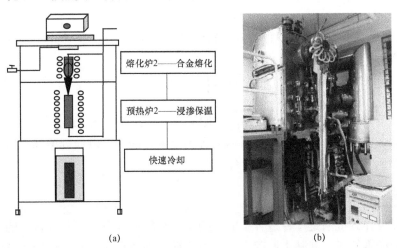

(a)　　　　　　　　　　　　(b)

图 5-6　北京理工大学研制的真空压力浸渗设备

(a) 示意图；(b) 实物图

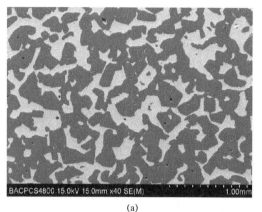
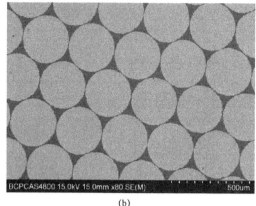

(a)   (b)

图 5-7　真空压力浸渍法制备的多孔 SiC/非晶合金复合材料（a）和 W/非晶合金复合材料（b）

真空压力浸渗法制备金属基复合材料过程中，预制件的制备和工艺参数的控制是获得高性能复合材料的关键。复合材料中纤维、颗粒等增强材料的含量、分布、排列方向是由预制件决定的，应根据需要采取相应的方法制造满足设计要求的预制件。

真空压力浸渗工艺参数包括预制件预热温度、金属熔体温度、浸渗压力和冷却速度。预制件预热温度和熔体温度是影响浸渍是否完全和界面反应程度的最主要因素。从浸渗角度分析，金属熔体的温度越高，流动性越好，越容易浸渗入预制件中；预制件温度越高，可以避免因金属熔体与预制件接触而发生迅速冷却凝固，因此浸渍越充分。浸渍压力与增强材料的尺寸和体积分数、金属基体对增强材料的润湿性及黏度有关。

真空压力浸渗法主要有以下特点：

① 适用面广，可用于多种金属基体和连续纤维、短纤维、晶须和颗粒等增强材料的复合，增强材料的形状、尺寸、含量基本上不受限制。

② 可直接制成复合零件，特别是形状复杂的零件，基本上无须进行后续加工。

③ 浸渍在真空中进行，在压力下凝固，无气孔、缩松、缩孔等铸造缺陷，组织致密，材料性能好。

④ 工艺参数易于控制，可根据增强材料和基体金属的物理化学特性，严格控制温度、压力等参数，避免严重的界面反应。

⑤ 真空压力浸渗法的设备比较复杂，制造大尺寸的零件要求大型设备，投资大，且工艺周期长、效率低、成本高。

该工艺适于制备 C/Al、C/Cu、C/Mg、SiC_w/Al、SiC_p/Al、SiC_p/非晶及 W/非晶等复合材料零部件、板材、锭坯等。常用的增强材料为各种纤维、晶须、颗粒等增强材料。常用的基体材料为 Al、Mg、Cu、Ti、Ni 等及其合金。

5.3.2　搅拌铸造法

液态金属搅拌铸造法是一种适合工业规模生产颗粒增强金属基复合材料的主要方法，工艺简单，制造成本低廉。其基本原理是：将不连续增强体直接加入到熔融的基体金属中，并通过一定的方式搅拌，使增强体混入且均匀弥散地分散在金属基体中，与金属基体复合成金属基复合材料熔体，然后浇铸成锭坯、铸件等。图 5-8 所示为液态金属搅拌法的工艺装置简图。搅拌复合时，根据搅拌温度的不同，基体合金在液相区称为搅拌铸造法，在液－固两相区称为半固态铸造或者复合铸造法。

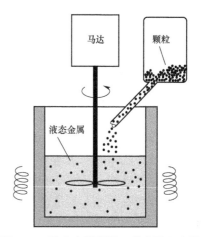

图 5－8　液态金属搅拌工艺装置示意图

液态金属搅拌法制备金属基复合材料具有设备简单、成本低、易规模生产的优点，但也存在一些问题，主要为：① 为了提高增强效果，要求加入尺寸细小的颗粒，而 $10 \sim 30\ \mu m$ 的颗粒与金属熔体的润湿性差，不易进入和均匀分散在金属熔体中，易产生团聚；② 强烈的搅拌容易造成金属熔体的氧化和大量吸入空气；③ 混合均匀的熔体在停止搅拌或浇铸后，在凝固过程中会发生增强颗粒因密度差异导致的上浮/下沉，造成增强颗粒分布均匀性差的问题。因此，必须采取有效的措施来改善金属熔体与颗粒的润湿性，防止金属的氧化和吸气，防止增强颗粒的偏聚等。常用的工艺措施如下：

① 在金属熔体中添加合金元素：通过向金属熔体中加入某些合金元素来降低金属熔体的表面张力，改善液态金属与陶瓷颗粒的润湿性。例如，在铝熔体中加入钙、镁、锂等元素，可有效减小熔体表面张力，增加与陶瓷颗粒的浸润性。

② 颗粒表面处理：比较简单有效的方法是将颗粒进行高温热处理，使有害物质在高温下挥发脱除。有些颗粒，如 SiC，在高温处理过程中发生氧化，在表面生成 SiO_2 薄层，可以明显改善熔融铝合金基体对颗粒的润湿性。也可以通过电镀、化学镀等方法使陶瓷颗粒表面改性，从而改善润湿性。

③ 复合过程的气氛控制：由于液态金属氧化生成的氧化膜阻止金属与颗粒的混合和润湿，吸入的气体会造成大量的气孔，严重影响复合材料的质量，因此，要采用真空、惰性气体保护来防止金属熔体的氧化和吸气。

④ 有效的机械搅拌：可通过高速旋转机械搅拌或超声波搅拌来完成有效的搅拌复合，改善金属熔体与增强颗粒之间的浸润。

⑤ 有效控制搅拌后到凝固的停留时间及提高凝固速度：由于增强颗粒与金属熔体密度不同，在停止搅拌后及浇入铸型的凝固过程中，会发生增强颗粒的上浮/下沉现象，造成颗粒的分布不均匀。减少搅拌后的停留时间及凝固时间至关重要。

⑥ 选择适当的铸造工艺：因固体颗粒的加入，熔体的流动性显著降低、充型能力不好，通常可采用挤压铸造、液态模锻等工艺。

金属搅拌铸造法根据工艺特点及所选用的设备，可分为旋涡法、杜拉肯（Duralcon）法和半固态搅拌铸造法（复合铸造法）3 种。

① 旋涡法。旋涡法的基本原理是利用高速旋转的搅拌器的桨叶搅动金属熔体，使其强烈流动，并形成以搅拌器转轴为对称中心的旋涡，将颗粒加到旋涡中，依靠旋涡的负压抽吸作用将颗粒吸入金属熔体中。经过一定时间的强烈搅拌，颗粒逐渐均匀地分布在金属熔体中，并与之复合在一起。

旋涡法的主要工序有基体金属熔化、除气和精炼、颗粒预处理、搅拌金属复合、浇铸、冷却凝固、脱模等。旋涡法的主要工艺参数为：搅拌速度（一般控制在 $500 \sim 1\ 000\ r/min$）、搅拌时金属熔体的温度（一般选基体金属液相线以上 100 ℃）、颗粒加入速度。

旋涡法工艺简单，成本低，主要用来制造含粗颗粒（直径 50～100 μm）的耐磨复合材料，如 Al_2O_3/Al-Mg、ZrO_2/Al-Mg、Al_2O_3/Al-Si、SiC/Al-Si、SiC/Al-Mg、Gr/Al 等复合材料。

② 杜拉肯法。杜拉肯法是 20 世纪 80 年代中期由 Alcon 公司研究开发的一种无旋涡搅拌法，其主要工艺过程是将熔炼好的基体金属熔体注入真空或有惰性气体保护的搅拌炉中，然后加入颗粒增强体，搅拌器在真空或氩气条件下进行高速搅拌。颗粒在金属熔体内分布均匀后，经浇铸获得颗粒增强金属基复合材料。

杜拉肯法与旋涡法的主要区别在于：① 基体金属熔化、精炼与通过搅拌加入颗粒分别在不同装置中进行，不仅可使每种设备的复杂程度降低，而且可以适应大的生产规模；② 金属熔体搅拌和颗粒加入都是在真空或保护气氛下进行的，避免了金属氧化和吸气；③ 采用多级倾斜叶片组成的搅拌器，搅拌速度可在 1 000～2 500 r/min 范围内变化。高速旋转对金属熔体和颗粒起剪切作用，使细小的颗粒均匀分散在熔体中，并与金属基体润湿复合。

采用杜拉肯法复合好的颗粒增强金属基复合材料熔体中气体含量低、颗粒分布均匀，铸成的锭坯的气孔率小于 1%，组织致密，性能优异。该方法适用于多种颗粒和基体，主要应用于铝合金，包括形变铝合金 LD2、LD10、LY12、LC4 和铸造铝合金 ZL101、ZL104 等。

③ 半固态搅拌铸造法（复合铸造法）。半固态搅拌铸造法的特点是搅拌在半固态金属中进行，而不是在完全液态的金属中进行。其工艺过程为：将颗粒增强体加入正在搅拌的含有部分结晶颗粒的基体金属熔体中，半固态金属熔体中有 40%～60% 的结晶粒子，加入的颗粒与结晶粒子相互碰撞、摩擦，导致颗粒与液态金属润湿并在金属熔体中均匀分散，然后再升至浇铸温度进行浇铸，获得金属基复合材料。

半固态搅拌铸造法可以用来制造颗粒细小、含量高的颗粒增强金属基复合材料，也可用来制造晶须、短纤维复合材料。该技术存在的主要问题是基体合金体系的选择受限较大，即必须选择结晶温度区间较大的基体材料，且对搅拌温度必须严格控制。

5.3.3　共喷沉积法

共喷沉积法是指将液态金属在惰性气体气流的作用下雾化成细小的液态金属液滴，同时，将增强颗粒加入，与金属液滴混合后共同沉积在衬底上，凝固而形成金属基复合材料的方法。

图 5–9 所示为共喷沉积法的工艺设备示意图。共喷沉积法工艺包括基体金属熔化、液态金属雾化、颗粒加入及与金属液滴的混合、沉积和凝固等工序。其中，液态金属雾化过程决定了熔滴尺寸大小、粒度分布及液滴的冷却速率，是制备金属基复合材料的关键工艺过程。液态金属在雾化过程中形成大小不同的液滴，并在气流作用下迅速冷却，部分细小的液滴迅速冷却凝固，大部分液滴处于半固态（表面已经凝固，内部仍为液体）和液态。为了使增强颗粒与基体金属复合良好，要求液态金属雾化后液滴的大小有一定的分布，使大部分金属液滴到达沉积表面时保持半固态和液态，在沉积表面形成厚度适当的液态金属薄层，以利于填充到颗粒之间的孔隙，获得均匀致密的复合材料。

共喷沉积法制备颗粒增强金属基复合材料的主要特点有：

① 适用面广：可用于铝、铜、镍、钴等有色金属基体，也可用于铁、金属间化合物基体；增强颗粒可以为 SiC、Al_2O_3、TiC、Cr_2O_3 和石墨等多种材料。

② 生产工艺简单、高效：与粉末冶金相比，不需要繁杂的制粉、研磨、混合、压型、烧

结等工序，可实现一次复合成型，雾化速率高达 25～200 kg/min，沉淀凝固迅速。

③ 冷却速度快：冷却速度可达 10^3～10^6 K/s，晶粒细小，无宏观偏析，组织均匀。

④ 颗粒分布均匀：通过工艺参数调控，可实现增强颗粒与金属基体的均匀混合。

⑤ 复合材料中的气孔率较大：气孔率在 2%～5%，获得的毛坯件需经致密化处理。

共喷沉积法作为一种高效的快速凝固成型工艺，已被成功应用于铁基、铜基、钛基和铝基等颗粒增强复合材料的制备领域，增强颗粒主要为氧化铝、碳化硅等。

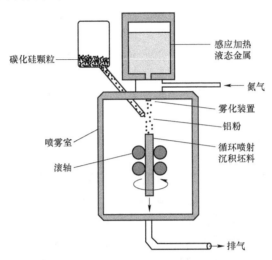

图 5－9　共喷沉积法工艺装置示意图

5.3.4　3D 打印技术

3D 打印技术是以数字化模型文件为基础，运用粉末状金属或线材塑料等可黏合材料，通过选择性粘接、逐层堆叠积累的方式来形成实体的过程。其中，以激光作为热源的激光增材制造技术，因可熔融多种金属粉末，已成为金属基复合材料制备的研究热点。图 5－10 所示为激光增材制造的工作原理图，其工艺过程为：① 将基体金属与增强材料粉末铺置在基板上；② 在计算机上编写好预定的程序，计算机控制激光束的扫描路径；③ 激光束作用于混合粉末，位于激光束作用区域的金属粉末发生熔化，与金属基板形成熔合；④ 金属基板下降，重新铺一层粉末，该层粉末中位于激光焦距内的粉末熔化，和下层的金属熔到一起；⑤ 层层堆积，最终形成所需的金属基复合材料。激光增材制造可分为 3 种快速成型方法：

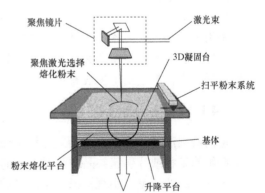

图 5－10　激光增材制造工作原理图

（1）直接金属沉积技术

直接金属沉积技术是采用大功率激光熔化同步供给的金属粉末，利用特制喷嘴在沉积基板上逐层堆积而形成金属零件的快速成型技术。直接金属沉积技术的实质是计算机控制金属熔体的三维堆积成型,其最严重的工艺问题是激光熔覆层开裂倾向明显,裂纹的存在将极大地降低激光熔覆件的致密度。

(2)选区激光烧结技术

选区激光烧结技术是采用激光束有选择地分层烧结固体粉末,烧结过程中,激光束逐行、逐层地移动进行区域化扫描,并使烧结成型的固化层层层叠加,生成所需形状的零件。其整个工艺过程包括 CAD 模型的建立及数据处理、铺粉、烧结及后处理等。选区激光烧结技术烧结金属粉末机制是液相烧结机制,即粉末部分熔化状态下的半固态成型机制,故在成型材料中含有未经熔化的颗粒,这在一定程度上会影响成型致密度,并且由于液相黏度较高、表面张力效应显著,致使"球化"现象严重,会使得大量孔隙存于成型组织中。选区激光烧结技术在烧结铁粉过程中,由于激光束作用于粉末时的温度比较高,能量比较大,在成型过程中易发生烧结层的分层,从而产生球化现象,形成比较大的裂纹,球化、分层、裂纹等工艺缺陷的存在会显著降低成型件的致密度。

(3)选区激光熔化技术

选区激光熔化技术的工作原理与选区激光烧结技术的相似,区别在于选区激光烧结技术作用于粉末时,粉末未被完全熔化,呈半熔化状态制备成所需的成型件。选区激光熔化技术作用于粉末时,其使粉末发生完全熔化/凝固的方式,使成型件的成型质量相比于选区激光烧结技术制备出的成型件有着显著的提高。

采用 3D 打印技术制备金属基复合材料,在制备过程中能有效抑制增强相分布不均匀、增强相晶粒过大、气孔率过高等现象的发生,两相比例可控且能够制备高基体相含量的复合材料,应用前景广阔。

5.4 原位合成法

原位合成法是指增强材料在复合材料制造过程中由基体中自己生成或生长的方法。增强材料以共晶的形式从基体中凝固析出,也可与加入的相应元素发生反应,或者由合金熔体中的某种组分与加入的元素或化合物之间的反应生成。前者得到定向凝固共晶复合材料,后者得到反应自生成复合材料。尤其是当增强材料与基体之间有共格或半共格关系时,能非常有效地传递应力,界面上不生成有害的反应产物,因此这种复合材料具有较优异的力学性能。

5.4.1 定向凝固法

定向凝固法是在共晶合金凝固过程中通过控制冷凝方向,在基体中生长出排列整齐的类似于纤维的条状或片层状共晶增强材料,而得到金属基复合材料的一种方法。

定向凝固的速率大小直接影响定向凝固共晶复合材料中增强相的体积分数和形状。在一定的温度梯度下,条状和层片状增强相的间距(λ)与凝固速率(v)之间存在如下关系:

$$\lambda^2 v = 常数 \tag{5-1}$$

在满足平面凝固生长条件下,增加定向凝固的温度梯度,可加快定向组织生长速度,同时也可降低纤维(层)状间距,有利于提高定向凝固共晶复合材料的性能。

在定向凝固共晶复合材料中,纤维、基体界面具有最低的能量,即使在高温下也不会发生反应，因此，适于用作高温结构用材料（如发动机的叶片和涡轮叶片）。常用的基体金属为镍基和钴基合金，其增强材料主要为耐热性好、热强度高的金属间化合物。此外，定向凝固共晶复合材料也可用作功能复合材料，主要应用于磁、电和热相互作用或叠加效应的压电、电磁和热磁等功能元器件，如 InSb/NiSb 定向凝固共晶复合材料可以制作磁阻无接触电开关，以及不接触位置和位移传感器等。

定向凝固共晶复合材料的主要问题在于：定向凝固速率非常低，可选择的共晶材料体系有限，共晶增强材料的体积分数无法调整。

5.4.2　反应自生成法

原位合成技术的基本原理是：在一定条件下，通过元素之间或元素与化合物之间的化学反应，在基体内原位生成一种或几种高硬度、高弹性模量的陶瓷或金属间化合物作为增强相，从而达到强化基体的目的。该技术的优势在于：① 增强相在热力学上是稳定的，高温使用时性能降低少；② 增强相与基体的界面清洁，界面结合力强；③ 增强相颗粒尺寸细小，能在基体中均匀分布，力学性能优异；④ 省去了增强相单独合成、处理和加入等工序，生产工艺简单，成本低。

根据参与合成增强相的两反应组分存在的不同状态，原位合成技术可分为气－液法、固－液法、液－液法和固－固法 4 种制备方法。

（1）气－液反应法

气－液反应法主要包括气液固反应合成法（VLS）、金属定向氧化法（Lanxide）、反应喷射沉积成型法（RSD）等。

1）气液固反应合成法（VLS）。

气液固反应合成法（VLS）是由 Koczak 等人发明的颗粒增强金属基复合材料制备方法，其基本原理是将含碳（或含氮）的气体通入高温金属（或合金）熔体中，利用气体分解出的碳（或氮）与熔体中的增强相元素发生化学反应，生成热力学稳定的增强相颗粒，冷却凝固后即获得金属基复合材料，其装置简图如图 5－11 所示。该工艺一般包括如下两个过程：

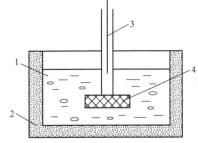

图 5－11　气液固反应合成法装置简图
1—熔体；2—坩埚；3—气流；4—布风板

① 气体的分解，如：

$$CH_4(g) \rightarrow C(s) + 2H_2(g)$$
$$2NH_3 \rightarrow N_2(g) + 3H_2(g)$$

② 气体合成的化学反应及增强颗粒的形成，如：

$$C(s) + Al\text{-}Ti(l) \rightarrow Al(l) + TiC(s)$$
$$N_2(g) + Al\text{-}Ti(l) \rightarrow Al(l) + TiN(s) + AlN(s)$$

为保证上述两个过程的顺利进行，一般要求有较高的熔体温度和尽可能大的气－液两相接触面积，并抑制有害化合物的产生（如 Al_3Ti、Al_4C_3）。目前，该方法主要用于制备铝基复合材料。由于受反应气体的限制，增强相种类一般为 TiC、TiN、Ti（CN）和 AlN 等。另外，通入过量的气体及分解后不参与反应的气体会使材料产生气孔缺陷，因此，必须对凝固成型后的铸锭再进行热挤压等后续处理。

VLS 的优点在于：① 可快速生成粒子、表面洁净、粒度细（0.1～5 μm）；② 工艺连续性好；③ 反应后的熔体可进一步近净成型；④ 成本低。然而，该方法也存在一些不足之处：① 增强相的种类有限；② 颗粒的体积分数偏低（一般小于 15%）；③ 处理温度较高，一般在 1 200～1 400 ℃。

2）金属定向氧化法（Lanxide）。

金属定向氧化法（Lanxide）是由美国 Lanxide 公司利用气–液反应原理开发的，由金属直接氧化（DIMOXTM）和金属无压浸渗（PRIMEXTM）两者组成。

① 金属直接氧化（DIMOXTM）。

金属直接氧化（DIMOXTM）技术的基本原理为：将高温金属熔体（如 Al、Ti、Zr 等）直接暴露于空气中，使熔体表面与空气中的氧气反应生成氧化物陶瓷相（如 Al_2O_3、TiO_2、ZrO_2 等），进而通过表面氧化层凝固收缩里层金属液，逐渐向表层扩散，并发生氧化反应，进而形成原位合成复合材料。为了保证金属的氧化反应不断进行下去，Newkirk 等人提出在 Al 中加入一定量的 Mg、Si 等合金元素，可破坏 Al_2O_3 膜的连续性，并可降低液态 Al 合金的表面能，从而改善 Al_2O_3 与 Al 液的相容性，这样使得氧化反应能不断地进行下去。

DIMOXTM 技术的优点有：① 产品成本低，原料是价格低廉的 Al，氧化气氛为空气，加热炉可以用普通电炉；② Al_2O_3 是在压坯中生长的，压坯的尺寸变化在 10% 以下，后续加工简单；③ 可制成形状复杂的产品，且可制备较大型复合材料部件；④ 调节工艺条件可以在制品中保留一定量的 Al，从而提高制品的韧性；⑤ 改变反应气氛和合金系可以进行其他组合（表 5–2）；⑥ 可克服陶瓷制造中成本高、加工难度大和大型化困难的缺点。该技术的不足之处在于：氧化物的生长量和形态分布不易控制，分布均匀性也不太高。

表 5–2　DIMOXTM 技术制造的复合材料

典型的复合材料	增强相
Al_2O_3/Al	Al_2O_3、SiC、$BaTiO_3$
AlN/Al	AlN、Al_2O_3、B_4C、TiB_2
ZrN/Zr	ZrN、ZrB_2
TiN/Ti	TiN、TiB_2、Al_2O_3

② 金属无压浸渗（PRIMEXTM）。

金属无压浸渗（PRIMEXTM）技术与 DIMOXTM 的区别在于使用的气氛是非氧化性的。其工艺原理为：基体合金放在可控制气氛的加热炉中加热到基体合金液相线以上温度，将增强体陶瓷颗粒预压坯浸在熔体中。该工艺中同时发生两个过程：一是液态金属在环境气氛的作用下向陶瓷预制件中的渗透；二是液态金属与周围气体的反应而生成新的增强离子。例如，将含有质量分数为 3%～10% Mg 的铝锭和 Al_2O_3 陶瓷预制件一起置入 N_2（Ar）混合气氛炉中，当加热到 900 ℃ 以上并保温一段时间后，上述两个过程同时发生，冷却后即获得原位自生的 AlN 粒子与预制件中原有 Al_2O_3 粒子复合增强的 Al 基复合材料。原位形成的 AlN 的数量和大小主要取决于铝液的渗透速度，而铝液的渗透速度又与环境气氛中的 N_2 分压、熔体的温度和成分有关。因此，复合材料的组织和性能可通过调整熔体的成分、N_2 分压和处理温度而得到有效的控制。

PRIMEXTM 技术的优点为工艺简单、原料成本低，可近净成型。PRIMEXTM 技术制备出的复合材料的导电导热性能是传统封装材料的几倍，可用作电子封装材料和载体基板材料，目前正向宇航材料、涡轮机叶片材料和热交换机材料方向发展。然而，该技术要把增强粒子预压成坯，金属或合金熔体在其中依靠毛细管的作用渗透而制备金属基复合材料，因此要求压坯材料必须能够与金属或合金润湿，且在高温下热力学稳定。

目前，Lanxide 技术主要用于制备 Al 基复合材料或陶瓷基复合材料，增强相的体积分数可达 60%，其种类有 Al_2O_3、AlN、SiC、MgO 等多种粒子。该技术工艺简单、原材料成本低、可近净成型，其制品已在汽车、燃气涡轮机和热交换机上获得应用。

3）反应喷射沉积成型法（RSD）。

反应喷射沉积成型法（RSD）是把用于制备近净成型快速凝固制品的喷射沉积成型技术和反应合成制备陶瓷相粒子技术相结合的一种复合材料制备技术。在喷射沉积过程中，金属液流被雾化成粒径很小的液滴，它们具有很大的体表面积，同时又具有一定的高温，这为喷射沉积过程中的化学反应提供了驱动力。借助于液滴飞行过程中与雾化气体之间的化学反应，或者在基体上沉积凝固过程中与外加反应剂粒子之间的化学反应而生成粒度细小、分散均匀的陶瓷粒子或金属间化合物粒子。按照原位合成反应原理物态的不同，可以将 RSD 分为气 – 液反应法、液 – 液反应法及固 – 液反应法。

① 气 – 液反应法：气 – 液反应法的基本原理是在雾化气体中混入一定比例反应性气体（如 N_2、O_2 或 CH_4 等），在气体对熔融金属雾化的同时，通过一定化学反应生成增强相颗粒，增强相颗粒含量可以通过调节气体比例进行灵活设计。例如，Layemia 等人采用 N_2 和 O_2 的混合气体作为雾化介质，对 Ni_3Al 合金（含 Y 和 B）进行喷射沉积时得到了 Ni_3Al 中弥散分布 Al_2O_3 和 Y_2O_3 颗粒的坯料。通过控制混合气体中的氧分压，可以控制氧化颗粒的含量及尺寸分布，如增大混合气体中的氧含量或增大铝液的分散度（即减小熔滴尺寸），可增加氧化物的形成量。

② 液 – 液反应法：液 – 液反应法的基本原理是在雾化过程中将两种液体金属雾化锥相互混合，两个雾化锥中含有可以相互反应的成分，通过化学反应生成高熔点的增强相颗粒。增强相颗粒的尺寸可以通过改变雾化锥中雾化液滴的固相分数和沉积坯的冷却速率进行调整。例如，Lee 等人利用 $Cu[Ti]+Cu[B]\rightarrow Cu+TiB_2$，成功地制备出了含 TiB 28%（质量分数）的 Cu 基复合材料，该材料具有良好的热稳定性和适当的电导率。

③ 固 – 液反应法：固 – 液反应法的基本原理是，金属液被雾化剂（如在导液管处）或雾化锥喷入高活性的固体颗粒，在雾化过程中，固体颗粒溶解，并与基体中的一种或多种元素反应，形成稳定的弥散相，控制喷雾的冷却速率及随后坯件的冷却速率可以控制弥散相的尺寸。例如，在雾化 Fe – 5%（质量分数）Ti 合金时，注入 Fe – 2.56% C 合金颗粒，通过 TiC 和 C 之间的反应，得到了粒度在 $0.5~\mu m$ 以下的 TiC 和 Fe_2Ti。

RSD 技术结合熔化、快速凝固的特点，在保证了细晶基体和增强颗粒分布均匀的同时，也保证了增强颗粒与基体间良好的化学或冶金结合，所制得的复合材料就有较高的常温和高温强度及耐磨、耐热性能。RSD 技术的优点有：① 可近净成型；② 可获得大体积分数的增强体粒子；③ 粒子分布均匀，且粒径可控；④ 工艺成本低、生产速度快。RSD 技术的缺点有：① 工艺过程复杂，已有的理论模型不能精确地控制喷射共沉积过程；② 工艺方面存在很多理论和实际问题有待解决；③ 设备昂贵，所制得的复合材料大都需要加上挤压工序，生产成本高。

（2）固–液反应法

固–液反应法主要包括自蔓延高温合成法（SHS）、放热弥散法（XD）、反应热压法（RHP）、接触反应法（CR）和混合盐反应法（LSM）等。

1）自蔓延高温合成法（SHS）。

自蔓延高温合成法（SHS）是由 Merzhanov 等人于 20 世纪 60 年代末提出，其基本原理是将增强相与金属粉末混合，压坯成型，在真空或惰性气氛中预热引燃，使组分之间发生放热化学反应，释放的热量引起未反应的邻近区域继续反应，直至全部完成。反应生成物中增强体弥散分布于基体中，颗粒尺寸可达亚微米级。

SHS 技术需满足一定的条件：① 组分之间的化学反应热效应达 167 kJ/mol；② 反应过程中热损失（对流、辐射、热传导）应小于反应放热的增加量，以保证反应不中断；③ 某一反应物在反应过程中应能形成液态或气态，便于扩散传质，使反应迅速进行。影响自蔓延合成的因素有：① 预制试件的压实度；② 原始组分物料的颗粒尺寸；③ 预热温度；④ 预热速率；⑤ 稀释剂。

SHS 技术与传统的材料合成相比，主要优点是：① 工艺设备简单、工艺周期短、生产效率高；② 能耗低、物耗低；③ 合成过程中极高的温度可对产物进行自纯化，同时，极快的升温和降温率可获得非平衡结构产物，因此产物质量良好。该技术的主要缺点是：① 孔隙率高、密度低，需经二次加工才能获得最终产品；② 反应过程速度快，难以控制；③ 易出现缺陷集中和非平衡过渡相；④ 难以合成颗粒含量低的复合材料。

2）放热弥散法（XD）。

放热弥散法（XD）是在 SHS 技术的基础上改进而来的，其基本原理是：将增强相组分物料与金属基粉末按一定的比例均匀混合，冷压或热压成型，制成坯块，以一定的加热速率预热试样，在一定的温度下（通常是高于基体的熔点而低于增强相的熔点），增强相各组分之间进行放热化学反应，生成增强相，增强相尺寸细小，呈弥散分布。

XD 与 SHS 相比，具有以下优点：① 反应在液态基体中进行，制品的致密度高；② 不需要点火引燃器，设备简化，成本低；③ 铝基体的熔炼低（670 ℃左右），一般加热到 700 ℃以上即可。然而，该方法也存在一些不足：① 合成反应所需的原材料均为粉末，受粉末供应品种的限制；② 工序多、周期长，需经球磨混粉、真空除气、压坯成型、反应烧结等过程；③ 不能直接浇铸成型，只能制得一些形状简单的产品。

3）反应热压法（RHP）。

反应热压法（RHP）是在 XD 的基础上进一步改进而来的。其采用与 XD 类似的原理制得坯料，并加热至基体熔点上某一温度，使体系熔化并发生化学反应，然后降至固相线温度下，进行热挤压，改善 XD 孔隙率较大的问题，获得致密的金属基复合材料。

4）接触反应法（CR）。

接触反应法（CR）的基本原理是将基体元素（或合金）粉末和强化相元素（或合金）粉末按一定比例混合，将混合后的粉末冷压成具有一定致密度的预制块，然后将预制块压入一定温度的合金液中，反应后在合金液中生成尺寸细小、各种形状的复合材料铸件。该技术是综合了 SHS、XD 的优点而得到的制备金属基复合材料的一种新工艺。

常用的元素粉末有 Ti、C 和 B 等，化合物粉末有 Al_2O_3、TiO_2 和 B_2O_3 等。该方法可用于制备 Al 基、Mg 基、Cu 基、Ti 基、Fe 基及 Ni 基复合材料，强化物可以是硼化物、碳化物和氮化物等。

CR 具有成本低、工艺简单、增强体与基体结合好、增强体大小和数量容易控制等优点，特别是可通过铸造的方法获得各种形状、尺寸的复合材料铸件，应用范围宽。但其缺点在于反应过程难以控制，容易氧化，反应不均匀。

5）混合盐反应法（LSM）。

混合盐反应法（LSM）是由 London Scandinacian Metallurgical 公司根据铝合金晶粒细化剂生产工艺提出的一种生产复合材料的专利技术。基本原理是将含有 Ti 和 B 的盐类（如 KBF_4 和 K_2TiF_6）混合后，加入高温的金属熔体中，在高温作用下，盐中的 Ti 和 B 就会被金属还原出来而在金属熔体中反应形成陶瓷增强颗粒。反应完全后，去除反应生成的盐渣，经浇铸冷却后即获得复合材料。

LSM 技术的主要优点有：① 工艺简单，周期短，不需要真空和惰性气体保护系统，也不需要球磨混粉和压坯成型等工序；② 可直接浇铸成型，易于批量生产和推广；③ 原材料为盐类，来源广泛且成本低。不足之处在于：① 生产的增强颗粒通常被盐膜包覆，削弱了陶瓷颗粒的增强效果；② 反应过程中有大量气体逸出，需要良好的通风装置；③ 颗粒体积分数低；④ 形成的液态渣清除困难。

（3）液-液反应法

液-液反应法是由美国 Sutek 公司发明的，其将含有某一反应元素（如 Ti）的合金液与含有另一反应元素（如 B）的合金液同时注入一个具有高速搅拌装置的保温反应池中，混合时，两种合金液的反应组分充分接触，并反应析出稳定的增强相（TiB_2），然后将混合金属液铸造成型和快速喷射沉积，即可获得所需的复合材料。

（4）固-固反应法

固-固反应法中，增强相是由固相组元间的反应生成的，通过固相间原子扩散来完成。通常温度较低，增强相长大倾向较小，有利于获得超细增强相。但该工艺效率较低。机械合金化是最典型的一种固-固反应法。

机械合金化是利用机械合金化过程中诱发的各种化学反应制备出复合粉末，再经固结成型、热加工处理而制备成所需材料的技术。机械合金化过程可诱发在常温或低温下难以进行的固-固、固-液和固-气多相化学反应。利用这些反应已经成功制备出了一系列高熔点金属化合物，如 TiC、ZrC、NbC、（Ta、Re）C、Cr_3C_2、MoC、FeW_3C、Ni_3C、Al_4C_3、FeN、TiN、AlTaC 等。

机械合金化是一种高能球磨技术，通过磨球、粉末和球罐之间强烈的相互作用，将外部能量传递到元素粉末或金属化合物粉末颗粒中，使粉末颗粒发生变形、断裂和冷焊，并被不断细化，使未反应的表面不断暴露出来，从而明显增加了反应的接触面积，缩短了原子的扩散距离，促进了不同成分颗粒之间发生扩散和固态反应，以及实现了混合粉末在原子量级上的合金化。

机械合金化制备的金属基复合材料具有以下优点：① 由于增强粒子是在常温和低温化学

反应过程中生成的,因此其表面洁净、尺寸细小(<100 nm)、分散均匀;② 在机械合金化过程中形成的过饱和固溶体在随后的热加工过程中发生脱溶分解,生成弥散细小的金属化合物粒子;③ 粉末系统储存能很高,有利于降低其致密化温度。

5.5 梯度复合技术

5.5.1 物理气相沉积技术

物理气相沉积的实质是材料源的不断汽化和在基材上的冷凝沉积,最终获得涂层。物理气相沉积可分为真空蒸发、溅射和粒子涂覆 3 种,是成熟的材料表面处理的方法,后 2 种方法也被用来制备金属基复合材料的预制片(丝)。

溅射是靠高能粒子(正离子、电子)轰击作为靶的基体金属,使其原子飞溅出来,然后沉积在增强材料上,得到复合丝,经由扩散粘接法最终制得复合材料或零件。电子束由电子枪产生,离子束可使惰性气体(如氩气)在辉光放电中产生。沉积速度为 5~10 μm/min。溅射的优点在于适用面较广,如用于钛合金、铝合金等,且基体成分范围较宽,合金成分中不同元素的溅射速率的差异可通过靶材成分的调整得到弥补。对于溅射速率差别大的元素,可先不将其加入基体金属中,而作为单独的靶同时进行溅射,使在最终的沉积物中得到需要的成分。

离子涂覆的实质是使气化了的基体在氩气的辉光放电中发生电离,在外加电场的加速下沉积到作为阴极的纤维上形成复合材料。例如,在用离子涂覆法制备碳纤维-铝复合材料预制片时,先将铝合金制成直径为 2 mm 的丝,清洗后送入涂覆室的坩埚内熔化蒸发,铝合金蒸气在氩气的辉光放电中发生电离,沉积到作为阴极的碳纤维上。碳纤维均为一束多丝,在送入涂覆室前必须将其分开,使其厚度不超过 4~5 根纤维直径。在涂覆前,纤维先经离子刻蚀。调节纤维的运送速度可方便地控制铝涂层的厚度,得到的无纬带的宽度为 50~75 mm。

物理气相沉积法尽管不存在界面反应问题,但其设备相对比较复杂,生产效率低,只能制造长纤维复合材料的预制丝或片,如果是一束多丝的纤维,则涂覆前必须先将纤维分开。

5.5.2 化学气相沉积技术

化学气相沉积技术是化合物以气态在一定的温度条件下发生的分解或化学反应,分解或反应产物以固态沉积在工件上得到涂层的一种方法。最基本的化学沉积装置有 2 个加热区:第一个加热区的温度较低,维持材料源的蒸发并保持其蒸气压不变;第二个加热区温度较高,使气相中(往往以惰性气体作为载气)的化合物发生分解反应。

化学气相沉积技术用的原材料应是在较低温度下容易挥发的物质。这种物质在一定温度下比较稳定,但能在较高温度下分解或被还原,作为涂层的分解或还原产物在服役温度下是不易挥发的固相物质。常用的化合物是卤化物,其中以氯化物为主,以及金属的有机化合物。

化学气相沉积技术常用来制备长纤维复合材料预制丝,大多数的基体金属只能用它们的有机化合物作为材料源。这些化合物有铝的有机化合物三异丁基铝,价格高昂,在沉积过程中的利用率低。但是这种方法可用来对纤维进行表面处理,涂覆金属镀层、化合物镀层和梯度涂层,以改善纤维与金属基体的润湿性和相容性。

5.5.3　电镀、化学镀和复合镀技术

（1）电镀

电镀是利用电解沉积的原理在纤维表面附着一层金属而制成金属基复合材料的方法。其原理是：以金属为阳极，位于电解液中的转轴为阴极，在金属不断电解的同时，转轴以一定的速度旋转或调节电流大小，可以改变纤维表面金属层的附着厚度，将电镀后的纤维按一定方式层叠、热压，可以制成多种制品。例如，利用电镀技术在氧化铝纤维表面附着镍金属层，然后将纤维热压固结在一起，制成的复合材料在室温下显示出良好的力学性能。但是，在高温环境下，可能因纤维与基体的热膨胀系数不同，强度不高。又如，在直径为 $7~\mu m$ 的碳纤维的表面上镀一层厚度为 $1.4~\mu m$ 的铜，将长度切为 $2\sim3~\mu m$ 的短纤维，均匀分散在石墨模具中，先抽真空预制处理，再在 $5~MPa$ 和 $700~℃$ 下处理 $1~h$，得到碳纤维体积含量为 50% 的铜基复合材料。

（2）化学镀

化学镀是在水溶液中进行的氧化还原过程，溶液中的金属离子被还原剂还原后沉积在工件上，形成镀层。该过程不需要电流，因此化学镀有时也称为无电镀。由于不需要电流，工件可以由任何材料制成。

金属离子的还原和沉积只有在催化剂存在的情况下才能有效进行。因此，工件在化学镀前可先用 $SnCl_2$ 溶液进行敏化处理，然后用 $PdCl_2$ 溶液进行活化处理，使在工件表面上生成金属钯的催化中心。铜、镍一旦沉积下来，由于它们的自催化作用（具有自催化作用的金属还有铂、钴、铬、钒等），还原沉积过程可自动进行，直到溶液中的金属离子或还原剂消耗尽。化学镀镍用次亚磷酸钠作还原剂，用柠檬酸钠、乙醇酸钠等作络合剂；化学镀铜用甲醛作还原剂，用酒石酸碱钠作络合剂；此外，还需添加促进剂、稳定剂、pH 调整剂等试剂。除了用还原剂从溶液中将铜、镍还原沉积外，也可用电负性较大的金属，如镁、铝、锌等直接从溶液中将铜、镍置换出来，沉积在工件上。化学镀常用来在碳纤维和石墨粉上镀铜。

（3）复合镀

复合镀是通过电沉积或化学液相沉积，将一种或多种不溶固体颗粒与基体金属一起均匀沉积在工件表面上，形成复合镀层的方法。这种方法在水溶液中进行，温度一般不超过 $90~℃$，因此可选用的颗粒范围很广，除陶瓷颗粒（如 SiC、Al_2O_3、TiC、ZrO_2、B_4C、Si_3N_4、BN、$MoSi_2$、TiB_2）、金刚石和石墨等外，还可选用易受热分解的有机物颗粒，如聚四氟乙烯、聚氯乙烯、尼龙。复合镀还可同时沉积两种以上不同颗粒制成的混杂复合镀层。如，同时沉积耐磨的陶瓷颗粒和减磨的聚四氟乙烯颗粒，使镀层具有优异的摩擦性能。复合镀主要用来制造耐磨复合镀层和耐电弧烧蚀复合镀层。常用的基体金属有镍、铜、银、金等，金属用常规电镀法沉积，加入的颗粒被带到工件上与金属一起沉积。通过金属镀层中加入陶瓷颗粒，可以使工件表面形成有坚硬质点的耐磨复合镀层；将陶瓷颗粒和 $MoSi_2$、聚四氟乙烯等同时沉积在金属镀层中制成有自润滑性能的耐磨镀层。金、银的导电性能好、接触电阻小，但硬度不高、不耐磨、抗电弧烧蚀能力差，加入 SiC、La_2O、WC、$MoSi_2$ 等颗粒可明显提高它们的耐磨和耐电弧烧蚀能力，成为很好的触头材料。

复合镀具有设备、工艺简单，成本低，过程温度低，镀层可设计选择，组合上有较大的灵活性等优点，但主要用于制作复合镀层，难以得到整体复合材料，同时，还存在速度慢、镀层厚度不均匀等问题。

5.5.4 喷涂和激光熔覆技术

（1）喷涂技术

喷涂技术按照工艺和反应条件来看，可分为热喷涂技术和冷喷涂技术。

1）热喷涂技术。

热喷涂技术是利用热源将喷涂材料加热至熔化或半熔化状态，并以一定的速度喷射沉积到经过预处理的基体表面形成涂层的方法。按照热源方式不同，热喷涂可分为火焰喷涂、电弧喷涂、等离子喷涂、爆炸喷涂及超声速喷涂等。制造金属基复合材料主要采用等离子喷涂法，其是以等离子弧为热源，将金属基体熔化后喷射到增强纤维基底上，经冷却并沉积下来的一种复合方法。基底为固定于金属箔上的定向排列的增强纤维。

等离子喷涂法适用于直径较粗的单丝纤维（如 B、SiC 纤维）增强铝、钛基复合材料的大规模生产；对于纤维束丝，需先使纤维松散，铺成只有数倍纤维直径厚的纤维层作基底。等离子喷涂得到的预制体还需用热压或热等静压才能制成复合材料零件。

近些年，国内外研究人员积极开展了等离子喷涂法制备颗粒增强复合材料的研究，其基本原理是用等离子弧将增强颗粒与基体金属的混合粉末中的金属粉末熔化，并与增强颗粒一起喷射到衬板上，固化后分离即可获得复合材料。目前，采用等离子喷涂法已成功制备出 SiC、Al_2O_3、AlN 增强铝基、铁基、镍基及铜基等多种复合材料。

2）冷喷涂技术。

冷喷涂技术是基于空气动力学与高速碰撞动力学原理的涂层制备技术，通过将细小粉末颗粒（5～50 μm）送入高速气流（300～1 200 m/s）中，经过加速，在完全固态下高速撞击基体，产生较大的塑性变形而沉积于基体表面，并形成涂层。相比于传统的金属基复合材料制备技术，例如粉末冶金、固相烧结、原位反应喷射沉积成型等，冷喷涂技术的低温特点可避免传统技术制备过程中有害的界面反应、增强相利用率低及产品制造成本高等，在制备金属基复合材料涂层方面展现出了巨大的优势。迄今，冷喷涂技术已制备出 Al、Ni、Cu、Ti 及 Zn 基等多种金属基复合材料涂层。

采用冷喷涂技术制备复合材料涂层的技术正在逐渐走向成熟，也在从实验室研发阶段逐渐向工业应用过渡，但仍存在一些科学问题亟待解决：① 涂层的韧性较差；② 对金属－陶瓷复合涂层中陶瓷相颗粒的粒度、含量和分布等的有效控制；③ 增强相与金属基体间界面结合机理；④ 工艺参数对涂层组织和性能的影响。冷喷涂技术制备的复合材料涂层潜在的应用范围将涉及航空航天、石油化工、汽车制造、机械生产、医疗卫生及电子元件等众多领域，应用前景十分广阔。

（2）激光熔覆技术

激光熔覆技术是将熔覆材料通过喷嘴添加到基体上，利用激光束使之与基体一起熔凝，实现冶金结合。再重复以上技术过程，通过改变成分可以得到任意多层的梯度涂层。Man 等人在 NiTi 合金表面预制 Ti 粉，制备了原位自生 TiN/Ti 梯度涂层，所得涂层的硬度较基材提高了 4～5 倍。

按照熔覆填料方式，激光熔覆制备金属基复合材料可以分为同步送粉法和预置法。其中，同步送粉法主要是在基体表面上同步放置激光束和熔覆材料，同时进行熔覆和供料。而在预置法中，先在基体材料表面的熔覆部位放置熔覆材料，然后利用激光束对其进行扫描照射，使其迅速熔化、凝固。

激光熔覆技术制备金属基复合材料的优点有：① 激光熔覆对基体产生较小的热影响区，工件变形小；② 熔覆层与基体材料之间可实现冶金结合，且熔覆材料稀释率较低；③ 熔覆层晶粒细小、结构致密，能够获得较高的硬度和耐磨、抗腐蚀性能；④ 可实现选择性局部细微修复，有效降低成本；⑤ 材料体系适应性高。而在实际的生产当中，熔覆层质量的控制具有较大的难度，非常容易产生裂纹。一般来说，在基体材料和熔覆层之间，应满足热膨胀系数的同一性原则。

参考文献

[1] 张国定，赵昌正. 金属基复合材料 [M]. 北京：机械工业出版社，1996.

[2] 于化顺. 金属基复合材料及其制备技术 [M]. 北京：化学工业出版社，2006.

[3] 赵玉涛，戴起勋，陈刚. 金属基复合材料 [M]. 北京：机械工业出版社，2007.

[4] 陶杰，赵玉涛，潘蕾，骆心怡. 金属基复合材料制备新技术导论 [M]. 北京：化学工业出版社，2007.

[5] 金培鹏，韩丽，王金辉，等. 轻金属基复合材料 [M]. 北京：国防工业出版社，2013.

[6] Chawla N，Chawla K K. Metal matrix composites [M]. Second Edition. New York：Springer Science+Business Media，Inc，2013.

[7] 张发云，闫洪，周天瑞，等. 金属基复合材料制备工艺的研究进展 [J]. 锻压技术，2006（6）：100－105.

[8] 陈素玲，孙学杰. 金属基复合材料的分类及制造技术研究进展 [J]. 电焊机，2011，41（7）：90－94.

[9] Gatti A. Iron-alumina materials [J]. Transactions AIME，1959，215（5）：753－755.

[10] Suryanaray C. Mechanical alloying and milling[J]. Progress in Materials Science，2001（46）：1－184.

[11] Wang Z G，Li C P，Wang H Y，et al. Aging behavior of nano-SiC/2014Al composite fabricated by powder metallurgy and hot extrusion techniques [J]. Journal of Materials Science and Technology，2016（32）：1008－1012.

[12] 马国俊，丁雨田，金培鹏，等. 粉末冶金法制备铝基复合材料的研究 [J]. 材料导报 A：综述篇，2013，27（8）：149－154.

[13] 刘彦强，樊建中，桑吉梅，等. 粉末冶金法制备金属基复合材料的研究及应用 [J]. 材料导报：综述篇，2010，24（12）：18－23.

[14] 晋艳娟. 碳/铝复合材料板带铸轧控制成型及力学行为研究 [D]. 太原：太原科技大学，2013.

[15] Wang J X，Zhou N. Experimental and numerical study of the ballistic performance of steel fibre-reinforced explosively welded targets impacted by a spherical fragment [J]. Composites Part B，2015（75）：65－72.

[16] M D Skibo，Schuster D M. Process for production of metal matrix composites by casting and composite therefrom [P]. U.S. Patent No. 4759995，1988.

[17] 边涛，潘颐，崔岩，益小苏. 金属基复合材料的自发浸渗制备工艺 [J]. 2002，16（1）：

21 – 24.

[18] 王春江，王强，赫冀成. 液态金属铸造法制备金属基复合材料的研究现状 [J]. 材料导报，2005，19（5）：53 – 57.

[19] 张贺咏，潘喜峰，汪琦. 无压浸渗工艺制备铝基复合材料的研究现状和机理探讨[J]. 2008（22）：149 – 152.

[20] 张国定，赵昌正. 金属基复合材料 [M]. 上海：上海交通大学出版社，1996.

[21] Wang B P, Wang L, Xue Y F, et al. Strain rate-dependent compressive deformation and failure behavior of porous SiC/Ti-based metallic glass composite [J]. Materials Science and Engineering A，2014（609）：53 – 59.

[22] Wang B P，Yu B Q，Fan Q B，et al. Anisotropic dynamic mechanical response of tungsten fiber/Zr-based bulk metallic glass composites[J]. Materials and design，2016（93）：485 – 493.

[23] Hashim J，Looney L，Hashmi M S J. The enhancement of wettability of SiC particles in cast aluminium matrix composites [J]. Journal of Materials Processing Technology，2001（119）：329 – 335.

[24] 张学军，唐思熠，肇恒跃，等. 3D 打印技术研究现状和关键技术 [J]. 材料工程，2016，44（2）：122 – 128.

[25] 曾光，韩志宇，梁书锦，等. 金属零件 3D 打印技术的应用研究[J]. 中国材料进展，2014，33（6）：376 – 382.

[26] Stamp R，Fox P，O'Neill W，et al. The development of a scanning strategy for the manufacture of porous biomaterials by selective laser melting [J]. Journal of Materials Science：Materials in Medicine，2009（20）：1839 – 1848.

[27] 李洋. 激光增材制造（3D 打印）制备生物医用多孔金属工艺及组织性能研究 [D]. 兰州：兰州大学，2015.

[28] 马颖，郝远，寇生中，等. 原位自生增强金属基复合材料的制备方法 [J]. 材料导报，2002，16（12）：23 – 26.

[29] Koczak M J，Kumar K S. In situ process for producing a composite containing refractory material：4808372 [P]，1989.

[30] 左强，洪润洲，周永江，等. 原位合成铝基复合材料的制备方法研究进展 [J]. 热加工工艺，2017，46（24）：33 – 36.

[31] 冯小明，张崇才. 复合材料 [M]. 重庆：重庆大学出版社，2007.

[32] 张士宪，赵晓萍，李运刚. 金属基表面复合材料的制备方法及研究现状 [J]. 热加工工艺，2017，46（8）：6 – 10.

[33] 孙方红，马壮，刘亚良，等. 纯铜表面涂层制备方法的研究进展 [J]. 兵器材料科学与工程，2012，35（3）：82 – 85.

[34] 李文亚，黄春杰，余敏，等. 冷喷涂制备复合材料涂层研究现状 [J]. 材料工程，2013（8）：1 – 10.

[35] Man H C，Zhang S，Cheng F T，et al. Insitu formation of a TIN/Ti metal matrix composite gradient coating on NiTi by laser cladding and nitriding[J]. Surface and coatings technology，2006，200（16 – 17）：4961 – 4966.

第 6 章
镁基复合材料

镁基复合材料具有低密度，高比强度和高比刚度，优良的抗震耐磨、抗冲击、耐高温性能及较低的热膨胀系数，是继铝基复合材料后又一具有竞争力的轻金属基复合材料。与铝基复合材料相比，镁基复合材料具有更低的密度和更高的比刚度、良好的阻尼性能和电磁屏蔽性能，是航空航天和国防工业的理想材料，在航空航天及军事工业有广泛的应用前景，是当今高技术领域中最有希望采用的金属基复合材料之一。

6.1 长纤维增强镁基复合材料

近年来，连续纤维增强镁基复合材料逐渐吸引了科学家的眼球，主要的纤维增强体有碳纤维、硼纤维、氧化铝纤维等。20 世纪 80 年代，有专家学者指出，连续碳纤维增强镁基复合材料的比刚度和比强度居于可用结构材料之首，具有密度小、比强度和比刚度高、热变形抗力好、热膨胀系数低等优点，并且与碳纤维增强树脂基复合材料相比，具有耐潮湿、耐高温、抗辐照、抗氧化及高温力学性能好等优点。因此，在航空航天中有良好的应用前景，应用于空间技术可以用来制造火箭发动机的外壳、卫星天线、抗空间辐射构件，同时，可应用于高精度光学测量系统中。我国正在飞速发展各种轻质高强合金和复合材料，相信在不久的未来，它们有更广阔的发展前景。

6.1.1 碳纤维增强镁基复合材料显微组织

图 6-1 是典型的碳纤维增强镁基复合材料金相照片。从图 6-1 中可以看出基体合金完全渗入纤维中。

图 6-2 是 C_f/Mg 复合材料的界面透射电镜照片，可以看出界面处发生了界面反应，并有反应产物 Al_4C_3 生成。

6.1.2 碳纤维增强镁基复合材料界面

根据目前的研究结果，纤维增强金属基复合材料的界面结合强度要适中。如果界面的结合强度过大，材料在拉伸时两相无法发生相对运动，在材料破坏时表现为断裂界面光滑的"脆性断裂"。而如果两者之间的界面结合过小，则界面难以起到传递载荷的作用。只有复合材料界面结合强度适中的时候，界面既能够充分的传递载荷，又能够通过纤维拔出的方式来有效地消耗外界施加的能量，从而提高材料的抗拉强度。因此，得到一个强度适中的界面结合强度对于纤维增强金属基复合材料力学性能的提升至关重要。

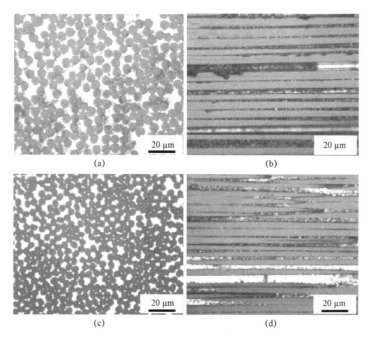

图 6-1 C$_f$/Mg 复合材料的金相组织照片

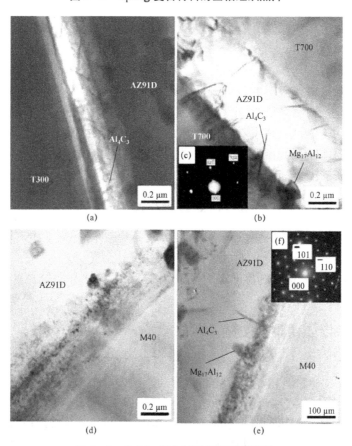

图 6-2 C$_f$/Mg 复合材料界面透射照片

（a）T300/AZ91；（b）T700/AZ91；（c）图（b）的衍射花样；（d），（e）M40/AZ91；（f）图（e）的衍射花样

　　然而，碳纤维增强镁基复合材料中存在的主要问题是碳纤维和镁的润湿性并不好，导致界面结合较差，从而影响复合材料的性能。目前，改善 C_f/Mg 复合材料界面结合的方法有 2 种：第一，选择合适的镁合金基体，使得合金中的合金元素与 C_f 发生适当的反应，既能够改善两者之间的润湿性，又不以损伤碳纤维为代价；第二，选择合适的 C_f 或者在 C_f 表面涂覆一层涂层，该涂层与基体镁合金和纤维增强体的结合均很好，这样既改善了复合材料的界面性能，又能够起到保护碳纤维的作用，最终实现改善基体镁之间润湿性的目的。

　　有人对镁合金中铝元素对界面的影响进行了研究，并通过对碳纤维表面进行包覆，研究了纤维涂层对复合材料界面状态的影响。图 6-3 为复合材料界面状态透射电镜照片。当纤维表面包覆保护膜的时候，界面反应减弱，起到保护碳纤维的作用，同时能够改善碳纤维和镁合金的界面结合。但是当基体合金中铝元素含量增加时，界面反应也相应加剧，界面产物变多变大。

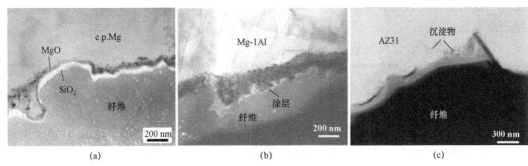

(a)　　　　　　　　　　　(b)　　　　　　　　　　　(c)

图 6-3　不同复合材料界面透射照片

（a）C_f/Mg（c.p.）；（b）$C_f/Mg-1Al$；（c）$C_f/AZ31$

6.1.3　碳纤维增强镁基复合材料力学性能

　　表 6-1 是目前采用液态浸渗法制备碳纤维增强金属基复合材料的抗拉强度表。经过碳纤维表面涂覆制备的复合材料抗拉性能很高，基本达到理论强度值。未进行涂层包覆的强度则较低，这是因为界面反应损伤了碳纤维，并且使复合材料界面变脆，导致材料发生低应力脆断。

表 6-1　采用液态浸渗法制备的 C_f/Mg 复合材料的拉伸性能

时间	研究机构	制备方法	材料	体积分数/%	抗拉强度/MPa
2006 年	德国柏林大学	压力浸渗	T300/Mg TiN 涂层	60	1 270
1995 年	西北工业大学	真空浸渗	T300/Mg-4Al SiC、热解碳涂层	33	1 100
1996 年	上海交通大学	低压浸渗	M40/ZM6	36.9	509
1997 年	中科院金属所	压力浸渗	T300/Mg-4Al SiC 涂层	33	1 000
2007 年	大连海事大学	热压扩散结合	T800/Mg	55	500

6.2 短纤维增强镁基复合材料

近年来，非连续增强金属基复合材料的研究和开发工作获得了异乎寻常的发展。非连续纤维（如 SiC 晶须、短碳纤维等）增强镁基复合材料也是材料学领域中的一个研究热点。它具有可加工性、各向同性、尺寸稳定性、耐高温性等特点。随着节省能源、减轻环境污染的观点逐渐深入人心，非连续增强镁基复合材料在交通运输工具等民用方面的应用无疑会大增。

6.2.1 晶须增强镁基复合材料

（1）晶须增强镁基复合材料显微组织

图 6-4 是 SiC 晶须增强 AZ91 镁基复合材料铸态及挤压态扫描照片。铸态时，晶须在复合材料中随机分布，没有特定的取向，经过热挤压变形后发现许多晶须被折断，晶须更加均匀地分散在基体内部。

（2）晶须增强镁基复合材料界面

镁合金在碳化硅表面形核时，可能以碳化硅晶须的 {111}、{200} 及 {220} 侧表面作为形核基底。研究表明，当镁由液相结晶形成晶体时，所形成的晶体表面由 {0002}、$\{10\bar{1}0\}$、$\{10\bar{1}1\}$ 面构成。因此，镁合金在晶须表面形核时，也应该以低指数密排面 $\{10\bar{1}0\}$、{0002}、$\{10\bar{1}1\}$、$\{10\bar{1}2\}$ 及 $\{11\bar{2}0\}$ 等及密排面上的低指数晶向 <0001>、$<10\bar{1}0>$、$<11\bar{2}0>$、$<\bar{1}2\bar{1}3>$ 等与碳化硅晶须暴露于镁熔体中的侧表面及侧表面上的低指数晶向 <001>、<101>、<111> 平行而结晶形核。

（a） （b）

图 6-4　SiC_w/AZ91 复合材料的 SEM 组织
（a）铸态；（b）挤压态（400 ℃）

从晶体学方面考虑，镁合金与碳化硅晶须之间可以形成很多种晶体学位向关系。以镁合金在碳化硅晶须侧表面的密排面 {111} 为形核基面为例，如果镁合金以 $<\bar{1}2\bar{1}3>$ 晶向首先沿平行于碳化硅晶须的 $<10\bar{1}>$ 晶向形成，然后，镁合金的 $\{10\bar{1}0\}$ 面沿平行于碳化硅晶须的 {111} 面形核长大，那么，在复合材料的界面将存在以下的晶体学位向关系，即，$\{01\bar{1}\bar{1}\}Mg//\{111\}SiC_w$，$<\bar{1}2\bar{1}3>Mg//<011>SiC_w$。依此类推，当镁合金以碳化硅晶须侧表面的密排面（111）为形核基面时，还可能形成如下位向关系：① $\{11\bar{2}0\}Mg//（111）SiC_w$，$<0001>Mg//<10\bar{1}>SiC_w$；② $\{10\bar{1}0\}Mg//（111）SiC_w$，$<0001>Mg//<10\bar{1}>SiC_w$；

③ {0002}Mg//（111）SiC_w，<11$\bar{1}$0>Mg//<1$\bar{1}$0>SiC_w 等。

但是，这些晶体学位向关系不可能都会出现，只有那些固–液界面能最大，而结晶后固–固界面能最小的具有低界面能的晶体学位向关系才会出现。

从具有晶体学位向关系的 SiC_w-AZ91 界面的高分辨透射电镜照片（HRTEM）可以看到，镁合金基体和碳化硅晶须的晶面在界面处紧密结合，仅存在少量的晶格错配，表明这些具有晶体学位向关系的界面为低能界面，界面结合强度较高，如图 6–5 所示。

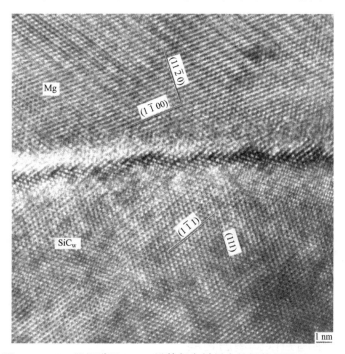

图 6–5　SiC 晶须增强 AZ91 镁基复合材料中的低能界面 HRTEM

而在镁合金和碳化硅晶须界面之间不存在低能晶体学位向关系的复合材料界面处，复合材料和基体合金之间可能仅存在机械结合，这部分界面的界面结合强度较低。

由于 SiC_w-Mg 复合材料界面的复杂性，SiC_w/Mg 复合材料界面的本质及其组成目前还没有充分理解。研究结果已经表明，复合材料的界面由不同晶体学位向的碳化硅晶须和镁表面构成；由不同位向的 SiC 和 Mg 构成的界面具有不同的晶体学位向关系和不同的晶格错配度，复合材料的界面能也不同；界面可以由 C 和 Mg 原子层构成，也可以由 Si 和 Mg 原子层构成等，这些都使得在原子水平上研究 SiC_w/Mg 复合材料的界面结合非常困难。

采用硅胶黏结剂的 SiC_w/AZ91 复合材料中，在复合材料铸锭的不同部位，界面反应物的分布不均匀，界面反应物主要分布于复合材料铸锭表面处的 SiC_w-AZ91 界面。而在采用酸性磷酸铝黏结剂的 SiC_w/AZ91 复合材料中，在复合材料铸锭的不同部位，界面反应物的分布较均匀。

采用硅胶或酸性磷酸铝黏结剂的 SiC_w/AZ91 复合材料中，SiC 晶须与 AZ91 基体合金的界面反应物均为 MgO，如图 6–6 所示。其来自压铸时黏结剂与熔融镁合金的反应。界面反应方程式分别为

$$SiO_2 + 2Mg \rightarrow 2MgO + Si \tag{6-1}$$

$$Al(PO_3)_3 + 9Mg \rightarrow 9MgO + Al + 3P \qquad (6-2)$$

采用不同黏结剂的复合材料中，界面反应物的不均匀分布与碳化硅晶须预制块中黏结剂的不同分布有关。含硅胶黏结剂的碳化硅晶须预制块中，黏结剂主要分布于预制块表面处的晶须表面，而含酸性磷酸铝黏结剂的预制块中，黏结剂的分布较为均匀。

界面反应物 MgO 和碳化硅晶须之间存在一种确定的晶体学位向关系：

$$\{111\}_{MgO} /\!/ \{111\}SiC_w$$

$$<101>_{MgO} /\!/ <101>SiC_w$$

两者之间以半共格的原子匹配方式结合，结合强度较高。

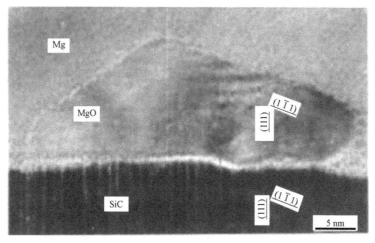

图 6-6 SiC 晶须增强 AZ91 镁基复合材料中基体与增强体界面处产物 HRTEM

6.2.2 短碳纤维增强镁基复合材料

（1）短纤维增强镁基复合材料纤维组织

图 6-7 为两种体积分数的铸态 $C_{sf}/AZ91$ 的光学显微组织。可以看到，纤维的分布比较均匀，无明显的团聚现象；纤维形态保持搅拌时的特征，取向随机，既可以看到纤维的端头，也可以观察到纤维的平躺；晶粒尺寸在 $25 \sim 35\ \mu m$。

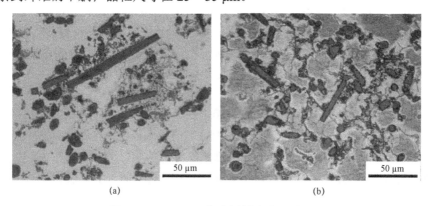

（a）   （b）

图 6-7 $C_{sf}/AZ91$ 复合材料光学显微组织

（a）10%；（b）15%

经过挤压后所获得的 C_{sf}/AZ91 复合材料，其基体组织致密，无任何明显的孔洞等缺陷存在，组织为典型的细小变形再结晶组织。结合图 6-8，可以发现，挤压后所获得的 C_{sf}/AZ91 复合材料中，其纤维分布具有如下 2 个显著的特点：① 纤维分布均匀，不存在纤维间的搭桥、成束聚集等纤维相互垂直接触缺陷；② 纤维分布沿挤压方向定向排列。前者主要是由于在挤压过程中，变形区以上挤压模具内的基体金属始终受到压头压力作用，金属和纤维之间存在相对运动；后者主要是由于挤压前排列位向偏离挤压方向的碳纤维在挤压过程中为适应金属基体的塑性流动，而使得其排列位向朝挤压方向偏转的结果。

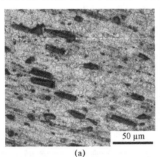 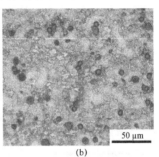

(a)　　　　　　　　　　(b)

图 6-8　挤压态 10% C_{sf}/AZ91 复合材料的光学显微照片

（2）短纤维增强镁基复合材料界面

图 6-9 为典型 C_{sf}/AZ91 复合材料的拉伸断口形貌。发现有纤维与基体界面脱离的现象，这表明增强体与基体之间结合得不好，复合材料的破坏并不以纤维的拉断为主要形式，而是在纤维/基体界面，纤维横向排列时，破坏方式为界面脱黏，主要与界面的结合强度有关，纤维没有起到增强作用。另外，铸态复合材料拉伸时有较多的纤维横向拔掉，纤维横向拔掉较纵向拔出容易，导致基体金属塑性发挥的不充分。

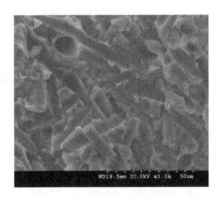

图 6-9　20% C_{sf}/AZ91 铸态复合材料拉伸断口形貌

（3）短纤维增强镁基复合材料力学性能

表 6-2 列出了铸态 AZ91 合金和铸态复合材料拉伸性能。C_{sf}/AZ91 复合材料具有低的延伸率，但在拉伸过程中没有明显的屈服点，这是由于复合材料在低应变速率下发生了脆性断裂。相比基体合金复合材料的屈服强度大约提高了 75%，这是由于增强体的加入，抑制了晶粒的长大；同时，复合材料的弹性模量也较基体合金有所提高；在搅拌铸造过程中，C_{sf}/AZ91 镁基复合材料熔体的黏度增加，夹杂氧化无法避免，导致复合材料组织中含有较多气孔与夹杂缺陷，裂纹容易萌生和扩展，从而降低了 C_{sf}/AZ91 镁基复合材料的力学性能。

表 6-2　铸态 AZ91 合金和铸态复合材料拉伸性能比较

材料	抗拉强度/MPa	屈服强度/MPa	弹性模量/GPa	延伸率/%
AZ91	186	75	44	7.2
10% C_{sf}/AZ91	168	126	46	1.2

续表

材料	抗拉强度/MPa	屈服强度/MPa	弹性模量/GPa	延伸率/%
15% C_{sf}/AZ91	159	136	48	0.9
20% C_{sf}/AZ91	144	141	48	0.6

此外，复合材料制备过程中基体内部产生的热残余应力分布通常非常不均匀，以至于高应力区（通常在纤维的端部附近区域）达到临界应力状态要远远早于作为整体的基体达到临界应力状态，这也是复合材料抗拉强度比基体合金低的原因之一。

6.3 颗粒增强镁基复合材料

颗粒增强金属基复合材料由于制备工艺简单、成本较低、微观组织均匀、材料性能各向同性且可以采用传统的金属加工工艺进行二次加工等优点,已经成为金属基复合材料领域最重要的研究方向。颗粒增强镁基复合材料因其密度小，且比镁合金具有更高的比强度、比刚度、耐磨性和耐高温性能，受到航空航天、汽车、机械及电子等高技术领域的重视。与连续纤维增强、非连续（短纤维、晶须等）纤维增强镁基复合材料相比，颗粒增强镁基复合材料具有力学性能各向同性、制备工艺简单、增强体价格低廉、易成型、易机械加工等特点，是目前最有可能实现低成本、规模化商业生产的镁基复合材料。微米、亚微米和纳米颗粒的加入对复合材料的显微组织和力学性能具有不同的影响规律，下面分别介绍。

6.3.1 微米颗粒增强镁基复合材料

（1）微米颗粒增强镁基复合材料显微组织

图 6-10 为典型的微米 SiC_p/AZ91 复合材料晶相照片。在凝固过程中，颗粒可能会被凝固前沿界面"吞并"或"推移"，这将分别导致颗粒分布在基体的晶粒内部或者晶间区域。如图 6-10（a）所示，在铸态 SiC_p/AZ91 复合材料中，大量的 $Mg_{17}Al_{12}$ 在晶界上析出，晶界都被 $Mg_{17}Al_{12}$ 所覆盖。尽管如此，仍然可见绝大部分 SiC_p 分布在晶界附近区域。对复合材料进行固溶处理（T4），消除第二相的影响，如图 6-10（b）所示，绝大部分 SiC_p 偏聚在晶界附近区域，而只有极少数的 SiC_p 分布在晶粒内部（如图 6-10（b）中箭头所示）。这是搅拌铸造金属基复合材料固有的典型颗粒分布，通常称为"项链状"颗粒分布。因此，复合材料中 SiC_p 在微观上分布不均匀。如果颗粒被基体合金凝固前沿界面"吞并"，颗粒分布在基体的晶粒内部，就不会出现微观上的分布不均匀，此时，颗粒能够对基体起到良好的增强效果。但是，当颗粒被凝固前沿界面"推移"时，就会出现上述颗粒偏聚在晶界区域的现象，这时颗粒的增强效果就会大大减弱，甚至对力学性能起到副作用。

镁合金中的一些合金元素如 Al 能够和 SiC_p 在高温下发生反应，所以必须考察 SiC_p 和 AZ91 基体之间的界面反应。如图 6-11 所示，SiC_p 和基体合金之间的界面很干净，没有发生化学反应，SiC_p 在 AZ91 熔体中的稳定性较好。基体 AZ91 合金中的第二相在 SiC_p 和基体的界面上形成，通过 TEM 衍射斑点确定第二相为 $Mg_{17}Al_{12}$。由于界面上析出的第二相与基体和 SiC_p 都能形成良好的结合，因此有利于提高界面结合强度。虽然大部分界面没有反应产物，但是在少数的界面附近有一些弥散分布的几十纳米的 MgO 小颗粒，这些 MgO 颗粒是在搅拌铸造过程中形成的。

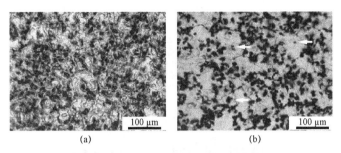

图 6-10　10 μm 10% SiC$_p$/AZ91 复合材料光学显微组织

（a）铸态；（b）固溶处理态

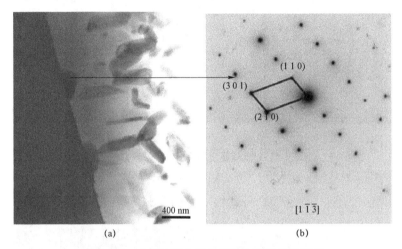

图 6-11　SiC$_p$/AZ91 复合材料的典型界面形貌

（a）界面形貌；（b）Mg$_{17}$Al$_{12}$ 衍射斑点

图 6-12 为增强体粒径分别为 5 μm、20 μm 和 50 μm 的 SiC$_p$/AZ91 镁基复合材料的挤压铸造态 SEM 显微组织形貌。复合材料中，颗粒的分布比较均匀，不存在明显的颗粒偏聚和未渗透区。颗粒的形貌比较完整，未发现颗粒破碎的现象，说明增强体颗粒在挤压铸造过程中没有发生破坏。SiC 颗粒的一个普遍特征是有明显的棱角，而棱角往往相当尖锐，这主要是由制造、加工方法决定的。这种 SiC 颗粒是由尺寸很大的高强度 SiC 结晶块经破碎、研磨而成，脆性的 SiC 经反复多次的断裂而形成的小颗粒自然会有许多的棱角。而有棱角的 SiC 颗粒用作磨料是非常适合的，但以此作为镁基复合材料的增强体，其效果有待进一步讨论。

通过观察 SiC$_p$/AZ91 镁基复合材料中 SiC$_p$-Mg 界面的 TEM 照片，可以看出界面平直且结合紧密，界面上存在细小、不连续的界面相。图 6-13 为 SiC$_p$-Mg 界面反应物的 TEM 照片，选区电子衍射环经标定为 MgO，其晶格常数 $a = 0.421\ 2$ nm。由于界面反应物为 MgO，这些氧化镁颗粒在挤压铸造时随镁合金溶液一起卷入预制块中，弥散分布于碳化硅颗粒/基体的界面。在这种情况下，氧化镁颗粒不可能与碳化硅颗粒之间存在紧密的结合。根据以上分析，界面反应物主要来自预制块中所含的氧化物黏结剂和熔融镁合金的反应。对 3 种复合材料界面附近处的位错形貌观察，由于碳化硅颗粒和基体合金的热膨胀系数相差很大，可以看到 3 种复合材料在界面附近都存在很高密度的位错，并且在增强体为 50 μm 的 SiC$_p$/AZ91 复合材料近界面处的基体合金中发现了大量的孪晶。

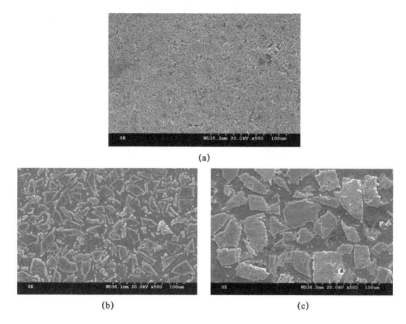

(a)

(b)   (c)

图 6-12　SiC$_p$/AZ91 镁基复合材料挤压铸造态的 SEM 显微组织

（a）增强体为 5 μm 的 SiC$_p$/AZ91；（b）增强体为 20 μm 的 SiC$_p$/AZ91；（c）增强体为 50 μm 的 SiC$_p$/AZ91

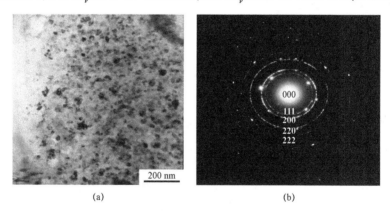

(a)   (b)

图 6-13　SiC$_p$-Mg 界面相的 TEM 照片

（a）界面相的形貌；（b）选区电子衍射花样

（2）微米颗粒增强镁基复合材料力学性能

图 6-14 为体积分数对铸态 10 μm SiC$_p$/AZ91 复合材料的力学性能的影响。随着体积分数的增加，SiC$_p$/AZ91 复合材料的屈服强度和弹性模量明显提高，当体积分数为 15% 时，复合材料的屈服强度几乎为合金的 2 倍，弹性模量提高了 50%。图 6-14 显示了颗粒尺寸对铸态 10% SiC$_p$/AZ91 复合材料力学性能的影响。随着颗粒尺寸的减小，SiC$_p$/AZ91 复合材料的屈服强度显著升高，但是弹性模量变化不明显。说明弹性模量与体积分数有关，受颗粒尺寸影响不大。颗粒对复合材料的强化机制主要有位错强化、晶粒细化强化和 Orowan 强化。SiC$_p$体积分数越高、颗粒尺寸越小，复合材料中的位错密度就越高，并且还会细化基体的晶粒，所以 SiC$_p$/AZ91 复合材料的屈服强度显著提高。但是，在铸态 SiC$_p$/AZ91 复合材料中，颗粒

主要分布在晶界上，同时颗粒尺寸和颗粒间距都比较大，对位错的阻碍作用有限。因此，Orowan 强化机制在搅拌铸造 SiC$_p$/AZ91 复合材料中作用不显著。

如图 6－14 所示，SiC$_p$/AZ91 复合材料的断裂强度随着体积分数的增加和颗粒尺寸的减小而下降，甚至低于单一合金的强度。这种现象主要是由于"项链状"颗粒分布和气孔所致。如图 6－15 所示，延伸率在 10 μm SiC$_p$/AZ91 的复合材料中出现一个峰值。5 μm 10% SiC$_p$/AZ91 复合材料的延伸率较小是由于相对较高的孔隙率所致；而 50 μm 10% SiC$_p$/AZ91 复合材料的延伸率较小是由于颗粒较大，基体和颗粒之间的界面容易产生缺陷，导致基体和增强体之间不能有效地传递载荷，从而导致复合材料过早地发生断裂。

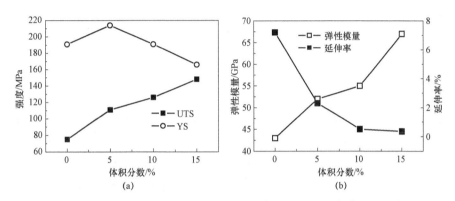

图 6－14　体积分数对 10 μm SiC$_p$/AZ91 复合材料的力学性能的影响
（a）屈服强度（YS）和断裂强度（UTS）；（b）弹性模量和延伸率

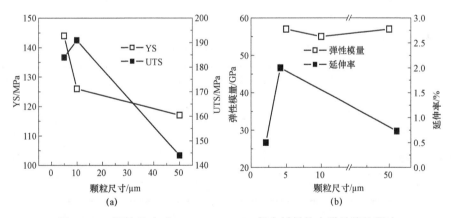

图 6－15　颗粒尺寸对 10% SiC$_p$/AZ91 复合材料的力学性能的影响
（a）屈服强度（YS）和断裂强度（UTS）；（b）弹性模量和延伸率

对挤压铸造态合金和制备好的 3 种复合材料进行了拉伸性能测试，图 6－16 为合金及复合材料的拉伸应力－应变曲线。表 6－3 为合金及采用不同增强体粒径 SiC$_p$/AZ91 复合材料的力学性能，与基体合金相比较，复合材料的屈服强度、抗拉强度和弹性模量均大大提高，而延伸率下降。此外，不同增强体粒径的 SiC$_p$/AZ91 复合材料的性能也不相同。由于复合材料中增强体的类型、黏结剂的类型、体积分数和基体合金都相同，这种性能差别与增强体的粒径变化有关。

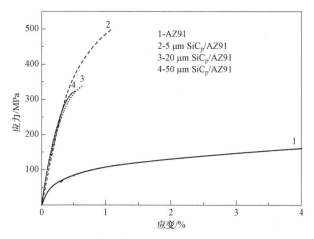

图 6-16　合金及复合材料的拉伸应力-应变曲线

　　增强体粒径为 5 μm 的复合材料的抗拉强度最高，其抗拉强度比增强体粒径为 20 μm 的复合材料高约 47%，比增强体粒径为 50 μm 的复合材料高约 54%，比基体合金高约 160%。而增强体粒径为 20 μm 的复合材料与增强体粒径为 50 μm 的复合材料抗拉强度大致相同。增强体粒径为 5 μm 的复合材料具有最高的屈服强度，这也说明了小粒径的颗粒增强效果要好于大粒径的颗粒。根据之前的讨论，一部分小粒径的颗粒位于晶粒内部，弥散的小颗粒比大颗粒更容易使载荷从基体向增强体传递，从而导致复合材料具有较高的强度。可以看出，增强体粒径为 50 μm 的复合材料具有最高的弹性模量，其弹性模量较基体合金提高了约 182%。可以认为，颗粒粒径越大，其阻碍复合材料变形的能力越强。

表 6-3　合金及不同增强体粒径 SiC$_p$/AZ91 复合材料的力学性能

材料	屈服强度/MPa	抗拉强度/MPa	弹性模量/GPa	延伸率/%
AZ91	75	191	45	7.2
5 μm SiC$_p$/AZ91	426	498	102	1.08
20 μm SiC$_p$/AZ91	314	338	113	0.61
50 μm SiC$_p$/AZ91	315	323	127	0.52

6.3.2　亚微米颗粒增强镁基复合材料

（1）亚微米颗粒增强镁基复合材料的显微组织

　　图 6-17 所示为 0.2 μm SiC$_p$/AZ91 复合材料的铸态光学显微组织。同 AZ91 合金对比可知，亚微米 SiC$_p$ 的加入细化了复合材料的晶粒。亚微米 SiC$_p$ 在复合材料基体的晶界处存在"岛状"聚集，呈"项链状"颗粒分布，同微米 SiC$_p$ 增强复合材料的研究结果一致，这也主要是由于亚微米 SiC$_p$ 在凝固过程中被液固界面前沿"推移"所致。另外，随着 SiC$_p$ 体积分数的增加，亚微米 SiC$_p$ 在晶界处的偏聚现象严重，如图 6-17（e）和图 6-17（f）所示。

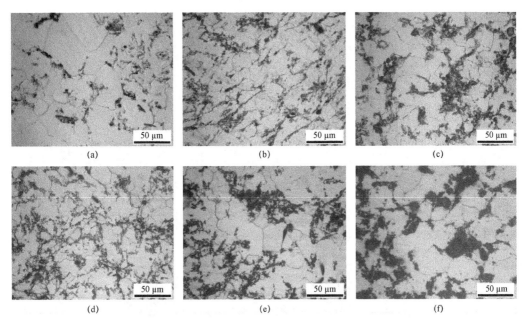

图 6-17　0.2 μm SiCₚ/AZ91 复合材料铸态的光学显微组织

（a）0.5%；（b）1%；（c）1.5%；（d）2%；（e）5%；（f）10%

同 AZ91 合金相比，少量 0.2 μm SiCₚ（0.5%）的加入可使 AZ91 基体得到显著细化，并沿挤压方向形成由小的 DRX 晶粒构成的变形带，如图 6-18 所示。随着亚微米 SiCₚ 体积分数的增加，复合材料基体中大的 DRX 晶粒比例减少，小的 DRX 晶粒比例增多，因此复合材料的平均晶粒尺寸减小。当 SiCₚ 的体积分数为 1.5% 时，复合材料的平均晶粒尺寸最小。随着 SiCₚ 体积分数的继续增加，复合材料基体中大的 DRX 晶粒比例增多，导致复合材料的平均晶粒尺寸增大，如图 6-19 所示。上述研究结果表明，复合材料热变形后的平均晶粒尺寸同亚微米 SiCₚ 的体积分数相关：体积分数 ≤1.5% 时，复合材料的平均晶粒尺寸随亚微米 SiCₚ 体积分数的增加而减小；体积分数 ≥2% 时，复合材料的平均晶粒尺寸随亚微米 SiCₚ 体积分数的增加而增大。

0.2 μm SiCₚ/AZ91 复合材料热变形后的 TEM 组织如图 6-20 所示。可见亚微米 SiCₚ 的体积分数较小（0.5%）时，复合材料基体中晶粒内部位错密度较低，如图 6-20（a）所示；亚微米 SiCₚ 的体积分数较大（5%）时，复合材料基体中位错密度较高，如图 6-20（b）所示。这主要是由于：一方面，颗粒体积分数越大，则在热变形过程中亚微米 SiCₚ 同基体的不匹配程度增大，热变形后残留的位错密度较高；另一方面，由于亚微米 SiCₚ 与 AZ91 基体的热膨胀系数不同，热变形后的冷却过程中，在复合材料基体中产生热错配位错，并随 0.2 μm SiCₚ 体积分数的增加，位错密度增大。

对比图 6-17 和图 6-18 可知，热变形对亚微米 SiCₚ 分布的改善情况与颗粒体积分数相关：当亚微米 SiCₚ 的体积分数较小时，热变形可以有效改善颗粒在基体中的分布状态，提高其分布的均匀性；当亚微米 SiCₚ 的体积分数较大时，亚微米 SiCₚ/AZ91 复合材料铸态组织中存在的颗粒团聚区经热变形后并没有被消除，而是沿挤压方向伸长。以上研究结果表明，热变形有利于改善小体积分数亚微米 SiCₚ/AZ91 复合材料中 SiCₚ 的分布状态，而当亚微米 SiCₚ 的体积分数较大时，由于颗粒团聚区较大，热变形对亚微米 SiCₚ 分布的改善作用不明显。

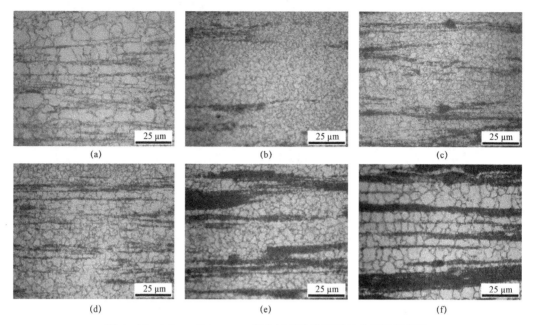

图 6-18 0.2 μm SiC$_p$/AZ91 复合材料热变形后的光学显微组织

(a) 0.5%；(b) 1%；(c) 1.5%；(d) 2%；(e) 5%；(f) 10%

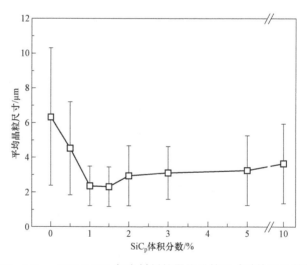

图 6-19 0.2 μm SiC$_p$/AZ91 复合材料的平均晶粒尺寸随体积分数的变化

（2）亚微米颗粒增强镁基复合材料界面

图 6-21 为 0.2 μm 1% SiC$_p$/AZ91 复合材料热变形完成后的 SEM 组织，可见亚微米 SiC$_p$ 不仅分布在晶界处，也分布在晶粒内部。亚微米 SiC$_p$ 及基体界面的 TEM 形貌如图 6-22（a）所示，可见亚微米 SiC$_p$ 与基体界面平整，无界面反应产物。从图 6-22（b）所示的 HRTEM 分析结果可以看出，亚微米 SiC$_p$ 与 AZ91 基体直接进行界面结合，无微孔和非晶层存在，并存在一种特定的晶体学位向关系。通过对图 6-22（b）进行傅里叶变换，得出界面处的衍射斑点，如图 6-22（c）所示。

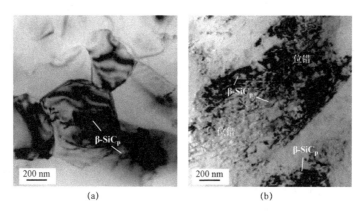

图 6-20 0.2 μm SiC$_p$/AZ91 复合材料的热变形后的 TEM 组织

结合图 6-22（b）和图 6-22（c），可以判定这种位向关系为：

$$[0\ 1\ 1]\ SiC_p//[1\ 0\ \overline{1}\ 0]\ Mg$$
$$(1\ 1\ \overline{1})\ SiC_p//(0\ 1\ \overline{1}\ \overline{1})\ Mg$$

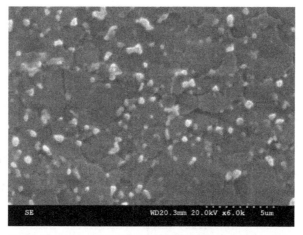

图 6-21 0.2 μm 1% SiC$_p$/AZ91 热变形后的 SEM 组织

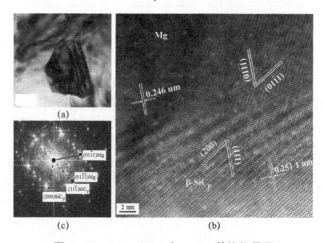

图 6-22 0.2 μm SiC$_p$ 与 AZ91 基体的界面

（a）界面的 TEM 形态；（b）SiC$_p$ 和 AZ91 界面的 HRTEM 图像；（c）为图（b）的傅里叶变换图像

亚微米 SiC_p-AZ91 界面的 HRTEM 图表明，亚微米 SiC_p 的（$11\bar{1}$）晶面平行于 Mg 的（$011\bar{1}$）晶面，其中亚微米 SiC_p 的（$11\bar{1}$）晶面的晶面间距 d（$11\bar{1}$）$SiC_p = 0.251\ 61$ nm，Mg 的（0111）晶面的晶面间距 d（$01\bar{1}\ \bar{1}$）Mg $= 0.245\ 2$ nm。

对于（$11\bar{1}$）SiC_p//（$01\bar{1}\ \bar{1}$）Mg，它们在界面的错配度为：

$$\delta = (d(11\bar{1})SiC_p - d(01\bar{1}\ \bar{1})M_g)/d(11\bar{1})SiC_p \times 100\%$$
$$= (0.251\ 61 - 0.245\ 2)/0.251\ 61 \times 100\%$$
$$= 2.55\%$$

可见，两者之间的错配度较小，可称这种界面为半共格界面。并且，亚微米 SiC_p 同 AZ91 基体间界面结合较好，无界面反应发生。

（3）亚微米颗粒增强镁基复合材料的力学性能

表 6-4 为亚微米 SiC_p/AZ91 复合材料热变形后的力学性能，表明少量（0.5%）亚微米 SiC_p 的加入降低了 AZ91 基体的抗拉强度。随着颗粒体积分数的增加，复合材料的抗拉强度增大，当亚微米 SiC_p 的加入量为 2%（体积分数）时，达到最大值，随着颗粒体积分数的继续增加，复合材料的抗拉强度降低。

表 6-4 亚微米 SiC_p/AZ91 复合材料热变形后的力学性能

材料	SiC 体积分数/%	屈服强度/MPa	抗拉强度/MPa	弹性模量/GPa	延伸率/%
AZ91	0	215.6 ± 6.3	332.2 ± 5.5	44.6 ± 0.7	15.5 ± 1.5
$0.5SiC_p$/AZ91	0.5	260 ± 7.3	300.2 ± 3.7	44.9 ± 0.6	2.23 ± 0.5
$1SiC_p$/AZ91	1	275.3 ± 5.2	335.4 ± 4.3	45.5 ± 0.72	2.43 ± 0.55
$1.5SiC_p$/AZ91	1.5	280.8 ± 6	361.1 ± 4.3	46.5 ± 0.31	2.89 ± 0.02
$2SiC_p$/AZ91	2	285.4 ± 3.9	364.4 ± 4.3	47.8 ± 0.7	4.2 ± 0.6
$3SiC_p$/AZ91	3	267.7 ± 2.5	349.3 ± 7.2	50.7 ± 0.8	3.7 ± 0.2
$5SiC_p$/AZ91	5	261 ± 6.8	326.3 ± 3.2	52.3 ± 1.2	1.6 ± 0.2
$10SiC_p$/AZ91	10	—	324.9 ± 8.2	59.1 ± 1.49	0.71 ± 0.08

AZ91 合金及 0.2 μm SiC_p/AZ91 复合材料热变形后的断口如图 6-23 所示。图 6-23（a）表明，基体合金的拉伸断口存在很多小韧窝，为典型的韧性断裂。但当基体中含有少量（0.5%）亚微米 SiC_p 时，断口上发现了许多微裂纹，如图 6-23（b）所示。当亚微米 SiC_p 的体积分数较大（>2%）时，SiC_p 团聚现象比较明显，并且随颗粒体积分数增加，SiC_p 团聚区增大。而在变形过程中，SiC_p 团聚区应力集中较大，易于产生微裂纹，导致复合材料断裂。亚微米 SiC_p/AZ91 复合材料的增强机理主要有 Orowan 强化机制、位错强化机制、细晶强化机制和载荷传递作用。4 种强化机制中，位错强化机制对屈服强度的贡献最大。当亚微米 SiC_p 的体积分数较小时，颗粒增强效果较显著，但当体积分数较大（>2%）时，由于颗粒团聚区的出现，颗粒增强效果弱化。

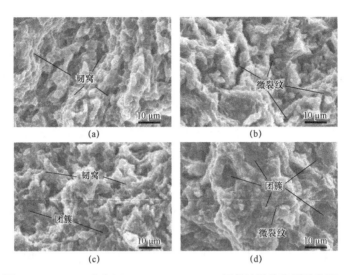

图 6-23 **AZ91 合金及 0.2 μm SiC$_p$/AZ91 复合材料热变形后的断口**

室温变形过程中，位错在亚微米 SiC$_p$ 附近塞积，导致颗粒附近位错密度增大，有利于提高复合材料的强度。亚微米 SiC$_p$ 与 AZ91 基体界面结合较好，结合强度较高，室温变形过程中界面处不易产生微裂纹。

6.3.3 纳米颗粒镁基复合材料

（1）纳米颗粒镁基复合材料显微组织

制备纳米颗粒增强的金属基复合材料，纳米颗粒的来源通常有原位自生和外部添加两种类型。原位自生颗粒增强金属基纳米复合材料中，增强体颗粒细小，并且分布较为均匀，但是其制备成本较高；外加添加颗粒增强金属基纳米复合材料成本相对较低，但是由于增强体颗粒和基体间往往润湿性较差，从而导致增强体颗粒易于发生团聚。在微米级颗粒增强镁基复合材料的制备工艺中，搅拌铸造法是最常用的液相法之一。利用机械搅拌可实现微米级颗粒较为均匀地分散到基体镁合金中。但是对于金属基纳米复合材料，由于纳米颗粒比表面积较大，采用搅拌铸造法很难打散熔体中纳米颗粒团聚，使其均匀分散到基体合金中。目前，利用超声波在液态熔体中传播时将产生空化效应和声流效应的原理，超声波分散法已经成功应用于金属熔体（包括镁熔体）中纳米颗粒的分散。但是单纯采用超声波分散法制备金属基纳米复合材料时，存在加入纳米颗粒难度大，同时所需工时长等问题。通过将最常用的搅拌铸造法与制备金属基纳米复合材料的新技术之一——超声波分散法相结合，通过搅拌铸造法高效地加入纳米颗粒，并宏观上分散纳米颗粒，利用超声波作用于熔体时产生的空化效应和声流效应进一步打散纳米颗粒微观团聚，两种技术的结合可以更有效地制备纳米颗粒分布较为均匀的镁基纳米复合材料。

为了研究超声波的引入对复合材料显微组织的影响，在不同超声波功率条件下，对纳米碳化硅颗粒进行超声波分散处理。图 6-24 为不同超声波功率条件下制备得到的纳米碳化硅复合材料的金相组织。不同超声波处理功率对纳米 SiC$_p$/AZ91 镁基复合材料基体晶粒尺寸的影响不明显，但对纳米复合材料中 β-Mg$_{17}$Al$_{12}$ 相形貌有明显影响。随着超声波处理功率的增加，纳米复合材料中 β-Mg$_{17}$Al$_{12}$ 相由块状转变为细小层片状的数量先增加后减少。当超声波处理功率为 350 W 时，其空化效应和声流效应不足，导致部分 SiC 纳米颗粒不能被有效打散，而合金熔体中虽然存在被激活的不溶性固体杂质微观粒子，比如 Mn 基金属间化合物，但其数量并不能在合金凝固阶段形成有效的非均匀形核，凝固过程中形核质点数量少，因此被液固界面前沿推移到晶界的形核质点数量也减少，导致大部分 $\beta\text{-}Mg_{17}Al_{12}$ 相在低功率时仍呈连续的块状分布。随着超声波处理功率的增加，更多的 SiC 纳米颗粒和合金熔体中被激活的不溶性固体杂质的微观粒子可能成为凝固过程中的形核质点，被液固界面前沿推移到晶界的形核质点数量增加，因此，大部分 $\beta\text{-}Mg_{17}Al_{12}$ 相随超声波处理功率的增加，由连续的块状分布转变为细小的层片状分布。通过调节超声波工具杆浸入熔体的深度，可以调节超声波处理熔体的功率，当超声波处理功率继续增加时，超声波工具杆随之浸入熔体深度也增加。由于超声波主要通过工具杆末端面导入熔体，其作用范围为工具杆末端面以下的椭球面，因此超声波处理功率为 600 W 时，熔体中超声波空化效应和声流效应影响区域反而减少。未被打散的 SiC 纳米颗粒通常易于团聚，在凝固过程中将被液固界面推移而沿晶界分布，并且部分 $\beta\text{-}Mg_{17}Al_{12}$ 相仍然呈块状分布。因此，超声波处理功率过高或过低都不利于 SiC 纳米颗粒的分散。

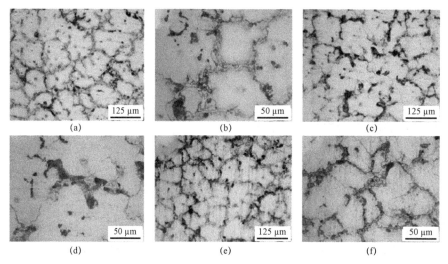

图 6-24　不同超声波处理功率下制备的纳米 $SiC_p/AZ91$ 复合材料的金相组织

（a），（b）350 W；（c），（d）480 W；（e），（f）600 W

　　搅拌铸造制备镁基复合材料，熔体状态对纳米颗粒的最终分布有很大影响。图 6-25 为不同熔体状态下所制备的纳米 $SiC_p/AZ91$ 镁基复合材料的 SEM 形貌。由图 6-25（a）和图 6-25（c）可见，采用液态搅拌及升温过程中继续搅拌工艺时，可发现纳米复合材料中沿晶界分布的 SiC 纳米颗粒团聚，$\beta\text{-}Mg_{17}Al_{12}$ 相数量较少；而对熔体进行半固态搅拌时，如图 6-25（b）和图 6-25（d）所示，沿晶界分布的 SiC 纳米颗粒团聚数量减少，出现少量以细小层片状存在的 $\beta\text{-}Mg_{17}Al_{12}$ 相。对两种不同熔体状态制备的复合材料进行后续超声处理，液态搅拌及升温过程中继续搅拌工艺将更多的气体及夹杂引入熔体中，这将削弱超声波在熔体中产生的空化效应和声流效应，导致 SiC 纳米颗粒团聚不能被有效打散，最终在凝固过程中被液固界面推移到晶界。较小速率下对熔体进行半固态搅拌，可减少液态熔体与外界空气接触，从而减少或避免气体及夹杂，有利于发挥超声波在熔体中的空化效应和声流效应，促进 SiC 纳米颗粒在熔体中的均匀分散。

相对于液态条件下搅拌，半固态搅拌制备得到的复合材料中，碳化硅颗粒更容易分散均匀，而搅拌时间的长短也将对碳化硅颗粒的分布有很大影响。图 6－26 所示为不同搅拌时间纳米 SiC_p/AZ91 镁基复合材料的金相组织，当超声波处理时间和处理功率相同时，随着半固态搅拌时间的增加，纳米 SiC_p/AZ91 镁基复合材料的基体晶粒尺寸变化不大，这同样也是由于所加入的 SiC 纳米颗粒体积分数相同所致。随着半固态搅拌时间的延长，熔体黏度将逐渐增加，同时也将卷入更多的气体和夹杂，这些将削弱后续超声波作用于熔体时的空化效应和声流效应作用，导致 SiC 纳米颗粒的分散效果不明显。因此，随着半固态搅拌时间的延长，镁基纳米复合材料中的 SiC 纳米颗粒团聚逐渐增加（图 6－26（c）中插图）。

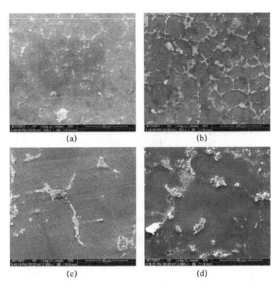

图 6－25　不同熔体状态下制备的纳米 SiC_p/AZ91 复合材料的 SEM 组织

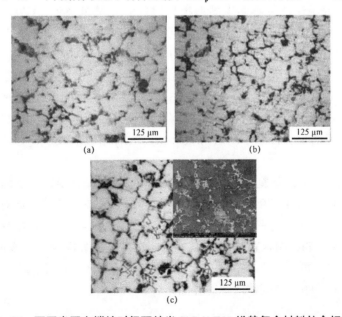

图 6－26　不同半固态搅拌时间下纳米 SiC_p/AZ91 镁基复合材料的金相组织

（a）液态搅拌 5 min＋浇铸温度搅拌 5 min；（b）半固态高速搅拌 10 min；（c）半固态低速搅拌 10 min

（2）纳米颗粒镁基复合材料力学性能

图 6-27 所示为不同半固态搅拌时间制备纳米 SiC$_p$/AZ91 镁基复合材料的室温拉伸性能。同无超声处理的 AZ91 合金相比，不同半固态搅拌时间镁基纳米复合材料的抗拉强度和屈服强度同时提高。当半固态搅拌时间为 5 min 时，镁基复合材料的延伸率较 AZ91 合金甚至显著提高。这与通过传统搅拌铸造制备纳米级颗粒增强的镁基复合材料延伸率降低有着明显的区别。随着半固态搅拌时间的延长，镁基纳米复合材料的抗拉强度和延伸率随之降低。

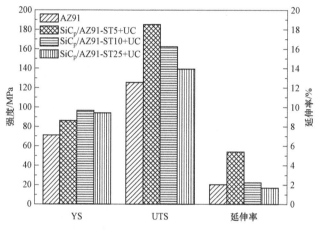

图 6-27　不同半固态搅拌时间纳米 SiC$_p$/AZ91 材料的室温拉伸性能

（3）纳米颗粒镁基复合材料界面

图 6-28 所示为小速率下不同半固态搅拌时间制备纳米 SiC$_p$/AZ91 镁基复合材料的 TEM 形貌。由图 6-28（a）和图 6-28（b）可以看出，当半固态搅拌时间为 5 min 时，镁基纳米复合材料中 SiC 纳米颗粒的分布较为均匀。这表明，半固态搅拌辅助超声波分散法可有效将增强体纳米颗粒分散到镁熔体中。而随着搅拌时间的增加，如图 6-28（c）所示，则出现了一部分 SiC 纳米颗粒团聚。当半固态搅拌时间为 5 min 时，镁基纳米复合材料中大部分 β-Mg$_{17}$Al$_{12}$ 相呈细小的层片状，这些都有利于提高镁基纳米复合材料的力学性能。随着半固态搅拌时间的延长，细小的层片状 β-Mg$_{17}$Al$_{12}$ 相数量减少，导致其抗拉强度和延伸率降低。

铸态纳米 SiC$_p$/AZ91 镁基复合材料中，SiC 纳米颗粒与基体 AZ91 之间的界面结合情况直接影响其力学性能。图 6-29 所示为超声波处理功率为 480 W 时，半固态小速率搅拌制备纳米 SiC$_p$/AZ91 镁基复合材料中 SiC 纳米颗粒与基体及 β-Mg$_{17}$Al$_{12}$ 相界面的 HRTEM 形貌。由图 6-29 可见，SiC 纳米颗粒与基体界面处没有发生界面反应，表明二者结合良好。超声波作用于熔体时，可以清洗颗粒表面，有利于去除颗粒表面的气体和杂质，改善颗粒与基体润湿性，进而增强颗粒与基体之间的界面结合。

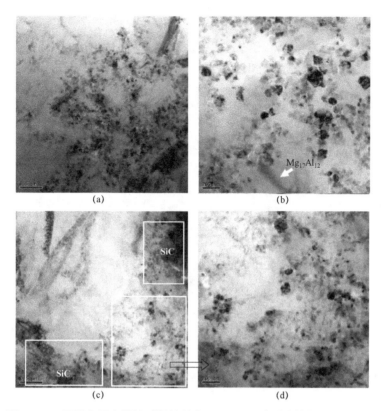

图 6-28　不同半固态搅拌时间的纳米 SiCₚ/AZ91 复合材料的 TEM 形貌

（a）5 min；（b）5 min（高倍率）；（c）10 min；（d）10 min（高倍率）

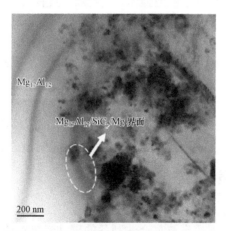

图 6-29　小速率半固态搅拌制备纳米复合材料 Mg/SiC/β–Mg₁₇Al₁₂ 界面的 HRTEM 形貌

对搅拌速率为 500 r/min 时半固态搅拌 10 min 工艺（LST – 10 min）制备纳米 SiCₚ/AZ91 镁基复合材料中的 $Mg_{17}Al_{12}/SiC_p/Mg$ 界面进行观察，如图 6-30 所示，发现 $\beta-Mg_{17}Al_{12}$ 相润湿性较好，其 HRTEM 图像如图 6-30（a）所示。分别对 $\beta\text{-}Mg_{17}Al_{12}$ 相与 SiC 纳米颗粒区域进行傅里叶变换（FFT），得到相应的 SiC 纳米颗粒与 $\beta\text{-}Mg_{17}Al_{12}$ 相区域傅里叶变换斑点，如图 6-30（b）和（c）所示。由图 6-30（b）可见，面心立方的 SiC 晶带轴为 $[011]$，$(\bar{1}\,\bar{1}1)$ 面与 $(\bar{2}00)$ 面夹角为 54.74°，面 $(1\bar{1}1)$ 与面 $(\bar{1}\,\bar{1}1)$ 夹角 70.52°；由图 6-30（c）可

见，体心立方 β-Mg$_{17}$Al$_{12}$ 晶带轴为［113］，面（$\bar{1}\,\bar{2}\,1$）与面（$\bar{5}\,21$）夹角为 81.43°，面（$\bar{5}\,21$）与面（$12\bar{1}$）夹角为 98.57°。从 HRTEM 图像分析可以看到，β-Mg$_{17}$Al$_{12}$ 相与 SiC 存在某种位相关系，即［113］β-Mg$_{17}$Al$_{12}$//［011］SiC。

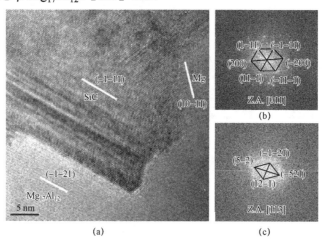

图 6-30　小速率半固态搅拌制备纳米 SiC$_p$/AZ91 复合材料界面的 HRTEM 形貌

6.4　碳纳米材料增强镁基复合材料

碳纳米管、石墨烯具有优异的力学性能（高强度和高模量）和良好的物理性能（导电性能和导热性能），是镁基复合材料理想的增强体。碳纳米管具有很大的长径比，可以发挥碳纳米管的形态效应对基体性能的影响。因此，碳纳米管增强镁基复合材料是突破传统镁基复合材料弹性模量、强度及延伸率无法兼得的一种重要途径。由于碳纳米管具有巨大的表面积，在范德瓦尔斯力的作用下，碳纳米管极易引起团聚。因此，碳纳米管在镁基体里的良好分散尤其重要。

迄今为止，石墨烯增强镁基复合材料的研究尚处于初级阶段，目前仅有的相关报道采用的都是液态冶金类制备方法。有人利用液态超声与固态搅拌摩擦焊相结合，制备了分布均匀的石墨烯增强纯镁基复合材料。还有人采用化学分散、半固态搅拌、液态超声与热挤压结合方法制备了石墨烯分散良好且呈层状分布的 GNP/Mg-6Zn 复合材料。

6.4.1　碳纳米管增强镁基复合材料

（1）碳纳米管增强镁基复合材料显微组织

通过半固态搅拌结合液态超声波复合法制备的碳纳米管增强 Mg-6Zn 复合材料，达到了碳纳米管在基体中良好分散的目标，如图 6-31 所示。研究发现，铸造过程中的凝固速度对碳纳米管在基体中的分布具有重要影响，当凝固速度较低时，碳纳米管容易被推送至晶界处，从而容易形成团聚；当凝固速度较高时，碳纳米管可被吞并于基体的晶粒内部，从而形成碳纳米管的均匀分布，如图 6-32 所示。

由于碳纳米管对基体晶粒的长大存在钉扎作用，制备过程中涉及材料的晶粒长大及晶界迁移行为均会受到碳纳米管的限制。因此，碳纳米管对使用液态冶金法制备的复合材料的晶粒具有较大影响。如图 6-33 所示，相比镁合金基体，碳纳米管增强镁基复合材料的晶粒得到了有效细化。

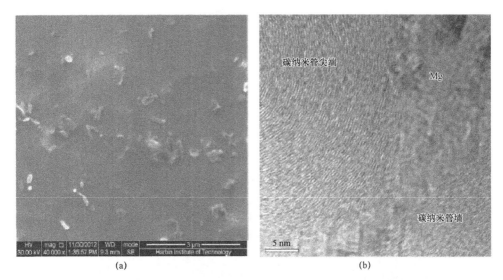

图 6 - 31　半固态搅拌结合液态超声波复合法制备 CNT 增强 Mg - 6Zn 复合材料中 CNT 的分布情况
（a）SEM 照片；（b）TEM 照片

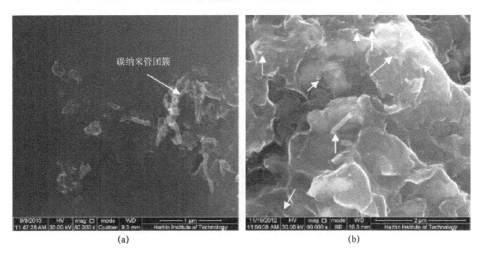

图 6 - 32　CNT 增强 Mg - 6Zn 拉伸断口 SEM 照片
（a）较慢凝固速度条件下，形成 CNT 团聚；（b）较快凝固速度条件下，CNT 分散均匀

（2）碳纳米管增强镁基复合材料界面

由于 Mg 与 C 无法形成热力学稳定化合物，故目前改善 CNT-Mg 界面的途径主要通过改变基体的化学组成与改变碳纳米管的表面组成来完成。如图 6 - 34 所示，图 6 - 34（a）为 CNT 增强 AZ61 复合材料，界面处形成三元化合物 Al_2MgC_2，图 6 - 34（b）中 CNT 表面的镀 Ni 层与基体 Mg 反应生成 Mg_2Ni。界面反应物的生成提高了 CNT 与镁基体的润湿性，使 CNT-Mg 界面由单纯的机械结合转变为化学结合。通过控制适当的界面反应，可以提高 CNT 的载荷传递效应，有利于进一步提升复合材料的力学性能。表 6 - 5 列出了碳纳米管增强镁基复合材料的拉伸力学性能。

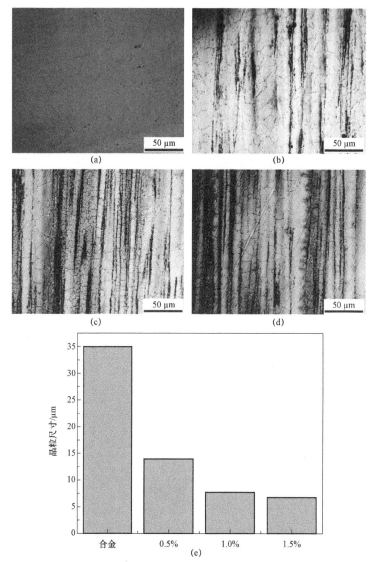

图 6-33　挤压态 CNT 增强 Mg-6Zn 复合材料及基体合金的金相照片
（a）Mg-6Zn 合金；（b）0.5%；（c）1.0%；（d）1.5%；（e）晶粒尺寸

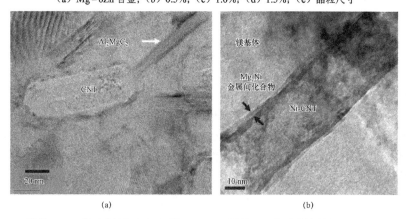

图 6-34　CNT 增强 AZ61 复合材料（a）与镀 Ni CNT 增强 Mg 复合材料的 CNT-Mg 界面结构（b）

表 6－5 碳纳米管增强镁基复合材料的拉伸力学性能

基体	CNT 体积分数/%	CNT 质量分数/%	弹性模量/GPa	屈服强度/MPa	拉伸强度/MPa	断裂应变/%
AZ91D		0	44.3	86	128	0.90
		1.5	64.3	104	157	1.28
AZ31		0	60		160	3.74
		1	90		210	8.56
Mg		1.5	98.9		190	7.15
		0		126	192	8
		0.3		128	194	12.7
		1.3		140	210	13.5
		1.6		121	200	12.2
		2		122	198	7.7
AZ31	0			172	263	10.4
	1			190	307	17.5
Mg		0		127	205	9
		0.06		133	203	12
		0.18		139	206	11
		0.3		146	210	8
AZ91D		0	40	232	315	14
		0.5	43	281	383	6
		1	49	295	388	5
		3	51	284	361	3
		5	51	277	307	1
Mg	0			178		9.4
	1.1			253		1.2
AZ31B	0			279		10.8
	0.9			355		5
Mg		0			220	2.14
		1.8			252	1.61
		2.4			285	1.87
		3			258	1.35
ZK60A	0			163	268	6.6
	1.0			180	295	15.0
Mg－6Zn	0		40	157	271	22
	0.5		43	173	295	27
	1.0		52	209	321	17
	1.5		57	197	308	10

6.4.2 石墨烯增强镁基复合材料

（1）石墨烯增强镁基复合材料显微组织

类似于碳纳米管对晶粒长大的钉扎作用，石墨烯也能显著细化基体晶粒。试验证明，通过引入高能超声可以有效改善石墨烯与基体的润湿性，进而改善界面结合。如图 6-35 所示，石墨烯与镁基体的界面结合紧密，界面处无孔洞或夹杂。

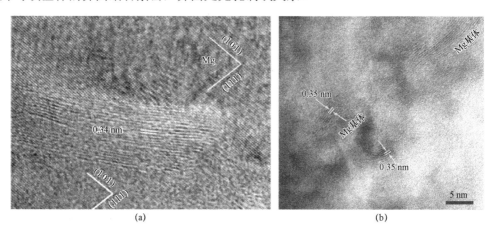

图 6-35 GNP 与镁基体的界面结合 HRTEM 照片

（2）石墨烯增强镁基复合材料力学性能

石墨烯的添加显著提升了基体的力学性能，如图 6-36 所示，且由于石墨烯独特的二维效应，石墨烯的增强效率也显著高于其他类型增强体。由于石墨烯增强镁基复合材料的研究还在起步阶段，未来还有大量工作值得开展，例如界面调控、增强增韧机制的研究及石墨烯的二维形状效应等。

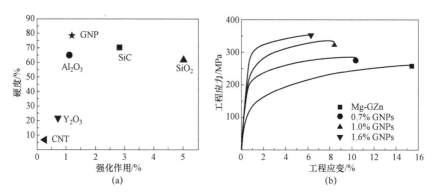

图 6-36 石墨烯增强镁基复合材料
（a）硬度；（b）拉伸性能

参考文献

[1] 郑明毅. SiC$_w$/AZ91 镁基复合材料的界面与断裂行为[D]. 哈尔滨: 哈尔滨工业大学, 1999.

［2］ 李淑波. AZ91 合金和 SiC$_w$/AZ91 复合材料的高温压缩变形行为［D］. 哈尔滨：哈尔滨工业大学，2005.

［3］ 王晓军. 搅拌铸造 SiC 颗粒增强镁基复合材料高温变形行为研究［D］. 哈尔滨：哈尔滨工业大学，2008.

［4］ 邓坤坤. 热变形 SiC$_p$/AZ91 镁基复合材料的显微组织与力学性能［D］. 哈尔滨：哈尔滨工业大学，2011.

［5］ 聂凯波. 多向锻造变形纳米 SiC$_p$/AZ91 镁基复合材料组织与力学性能研究［D］. 哈尔滨：哈尔滨工业大学，2012.

［6］ 沈明杰. 不同尺寸 SiC$_p$ 增强 AZ31B 镁基复合材料的制备及组织性能［D］. 哈尔滨：哈尔滨工业大学，2014.

［7］ 李成栋. 超声辅助搅拌铸造制备 CNTs/Mg-6Zn 镁基复合材料及其组织性能［D］. 哈尔滨：哈尔滨工业大学，2014.

［8］ 宋美慧. C$_f$/Mg 复合材料组织和力学性能及热膨胀二维各向同性设计［D］. 哈尔滨：哈尔滨工业大学，2009.

［9］ 黄勇. 搅拌铸造 C$_{sf}$/AZ91 镁基复合材料的组织与性能研究［D］. 哈尔滨：哈尔滨工业大学，2007.

［10］ Zheng M Y，Wu K，Yao Z K，et al. Interfacial reaction in squeeze cast SiC sub w/AZ 91 composites with different binders［J］. Transactions of the Nonferrous Metals Society of China，2001，11（2）：217-221.

［11］ Hashim J，Looney L，Hashmi M S J. Metal Matrix Composites. Production by the Stir Casting Method［J］. Journal of Materials Processing Technology，1999（92-93）：1-7.

［12］ Bhanu P V V，Bhat B V R，Mahajan Y R，Ramakrishnan P. Effect of Extrusion Parameters on Structure and Properties of 2124 Aluminum Alloy Matrix Composites［J］. Materials and Manufacturing Processes，2001，16（6）：841-853.

［13］ Lloyd D J. Particle Reinforced Aluminum and Magnesium Matrix Composites［J］. International Materials Reviews，1994，39（1）：1-23.

［14］ Miller W S，Humphrey F J. Strengthening Mechanisms in Particulate Metal Matrix Composites［J］. Scripta Metallurgica Et Materialia，1991（25）：33-38.

［15］ Miller W S，Humphrey F J. Strengthening Mechanisms in Particulate Metal Matrix Composites-Rely to Comments by Arsenault［J］. Scripta Metallurgica Et Materialia，1991（25）：2623-2626.

［16］ Tekmen C，Ozdemir I，Cocen U，et al. The Mechanical Response of Al-Si-Mg/SiC$_p$ Composite：Influence of Porosity［J］. Materials Science and Engineering A，2003（360）：365-371.

［17］ Ray S. Casting of Metal Matrix Composites［J］. Key Engineering Materials，1995（104-107）：417-446.

［18］ Hashim J，Looney L，Hashmi M S J. Particle Distribution in Cast Metal Matrix Composites-Part.I［J］. Journal of Materials Processing Technology，2002（123）：251-257.

［19］ Miller W S，Humphreys F J. Strengthening mechanisms in particulate metal matrix composites [J]. Scripta Metallurgica, 1991 (25): 33－38.

[20] Nguyen Q B, Gupta M. Enhancing compressive response of AZ31B magnesium alloy using alumina nanoparticurlates [J]. Composite Science and Technology, 2008 (68): 2185－2192.

[21] Li C D, Wang X J, Liu W Q, et al. Microstructure and strengthening mechanism of carbon nanotubes reinforced magnesium matrix composite[J]. Materials Science and Engineering A, 2014, 597 (8): 264－269.

[22] Li C D, Wang X J, Liu W Q, et al. Effect of solidification on microstructures and mechanical properties of carbon nanotubes reinforced magnesium matrix composite [J]. Materials and Design, 2014, 58 (6): 204－208.

[23] Fukuda H, Kondoh K, Umeda J, et al. Interfacial analysis between Mg matrix and carbon nanotubes in Mg–6 wt.% Al alloy matrix composites reinforced with carbon nanotubes [J]. Composites Science and Technology, 2011, 71 (5): 705－709.

[24] Nai M H, Wei J, Gupta M. Interface tailoring to enhance mechanical properties of carbon nanotube reinforced magnesium composites [J]. Materials and Design, 2014, 60 (8): 490－495.

[25] Xiang S, Wang X, Gupta M, et al. Graphene nanoplatelets induced heterogeneous bimodal structural magnesium matrix composites with enhanced mechanical properties [J]. Scientific Reports, 2016, 6 (1): 38824.

[26] Liu S Y, Gao F P, Zhang Q Y, et al. Fabrication of carbon nanotubes reinforced AZ91D composites by ultrasonic processing[J]. Transactions of Nonferrous Metals Society of China, 2010, 20 (7): 1222－1227.

[27] Zeng X, Zhou G H, Xu Q, et al. A new technique for dispersion of carbon nanotube in a metal melt [J]. Materials Science and Engineering A, 2010, 527 (20): 5335－5340.

[28] Goh C S, Wei, et al. Simultaneous enhancement in strength and ductility by reinforcing magnesium with carbon nanotubes [J]. Materials Science and Engineering A, 2006, 423 (1): 153－156.

[29] Paramsothy M, Hassan S F, Srikanth N, et al. Simultaneous Enhancement of Tensile/ Compressive Strength and Ductility of Magnesium Alloy AZ31 Using Carbon Nanotubes [J]. Journal of Nanoscience and Nanotechnology, 2010 (10): 956－964.

[30] Goh C S, Wei J, Lee L C, et al. Development of novel carbon nanotube reinforced magnesium nanocomposites using the powder metallurgy technique[J]. Nanotechnology, 2006, 17 (1): 7－12.

[31] Shimizu Y, Miki S, Soga T, et al. Multi-walled carbon nanotube-reinforced magnesium alloy composites [J]. Scripta Materialia, 2008, 58 (4): 267－270.

[32] Kondoh K. Microstructural and mechanical analysis of carbon nanotube reinforced magnesium alloy powder composites [J]. Materials Science and Engineering A, 2010, 527 (16): 4103－4108.

[33] Sun F, Shi C, Rhee K Y, et al. In situ synthesis of CNTs in Mg powder at low temperature for fabricating reinforced Mg composites [J]. Journal of Alloys & Compounds, 2013 (551):

496－501.

[34] Paramsothy M，Chan J，Kwok R，et al. Addition of CNTs to enhance tensile/compressive response of magnesium alloy ZK60A [J]. Composites Part A Applied Science and Manufacturing，2011，42（2）：180－188.

[35] Brahim I A，Mohamed F A，Lavernia E J. Particulate Reinforced Metal Matrix Composites-a Review [J]. Journal of Materials Science，1991（26）：1137－1156.

[36] He F，Han Q Y，Jackson M J. Nanoparticulate Reinforced Metal Matrix Nanocomposites-a Review [J]. International Journal of Nanoparticles，2008（1）：301－309.

[37] Nie K B，Wang X J，Wu K，et al. Microstructure and tensile properties of micro-SiC particles reinforced magnesium matrix composites produced by semisolid stirring assisted ultrasonic vibration [J]. Materials Science and Engineering A，2011（528）：8709－8714.

[38] Nie K B，Wang X J，Wu K，et al. Processing，microstructure and mechanical properties of magnesium matrix nanocomposites fabricated by semisolid stirring assisted ultrasonic vibration [J]. Journal of Alloys and Compounds，2011（509）：8664－8669.

[39] Lan J，Yang Y，Li X. Microstructure and Microhardness of SiC Nanoparticles Reinforced Magnesium Composites Fabricated by Ultrasonic Method [J]. Materials Science and Engineering A，2004（386）：284－290.

[40] Yang Y，Lan J，Li X. Study on Bulk Aluminum Matrix Nano-composite Fabricated by Ultrasonic Dispersion of Nano-Sized SiC Particles in Molten Aluminum Alloy [J]. Materials Science and Engineering A，2004（380）：378－383.

[41] Cao P，Ma Q，StJohn D H. Effect of Manganese on Grain Refinement of Mg-Al based Alloys [J]. Scripta Materialia，2006（54）：1853－1858.

[42] 王晓军，吴昆，胡小石，邱鑫，郑明毅，邓坤坤，聂凯波，乔晓光. 颗粒增强镁基复合材料 [M]. 北京：国防工业出版社，2018.

第 7 章
铝基复合材料

7.1 概述

铝基复合材料是以铝或铝合金为基体，增强相以纤维、晶须、颗粒等形式存在，通过特殊手段使其结合为一体所形成的一类材料。铝基复合材料的研究开始于 20 世纪 50 年代，近 20 年来，无论在理论上还是在技术上，都取得了较大进步。由于铝合金密度低、整体刚度大、耐锈蚀性能好、焊接性能好、塑韧性好等优异力学性能，以及其熔点低、易成型、与多种增强相结合性能好、凝固过程中没有多余相变等复合材料制备的有利因素，使得铝基复合材料成为发展最为迅猛的金属基复合材料种类。目前开发的铝基复合材料主要有 SiC/Al、B/Al、BC/Al、Al_2O_3/Al 等，这些材料在具有优异的加工性能和良好塑韧性的同时，兼具高比模量、高比强度、高耐磨型、良好的尺寸稳定性、高硬度及低热膨胀等特点，在电子封装、航空航天、汽车工业和兵器装备等领域应用广泛。

7.2 铝基复合材料的设计和分类

7.2.1 铝基复合材料的设计思路

铝基复合材料的设计重点是通过材料复合，解决铝及铝合金在应用过程中遇到的问题，如硬度低、强度低和热变形程度大等。在进行铝基复合材料设计时，应充分考虑铝及其合金的易氧化、化学性质活泼和熔点低等重要特点，对制备方式中的工艺细节进行相应的调整，如熔体浸渗工艺中的润湿角、界面反应，粉末冶金工艺中常会面临的粉体氧化和团聚等现象。

7.2.2 铝基复合材料的分类

铝基复合材料根据增强相不同，可以分为颗粒增强、长纤维增强、短纤维增强、晶须增强、三维连续相增强和梯度增强相增强等。颗粒增强铝基复合材料的颗粒大小及颗粒间距通常大于等于 1 μm，在基体中均匀分布，宏观上表现为各向同性。采用空心陶瓷颗粒作为增强相添加到铝合金基体中，在实现增强作用的同时，进一步降低复合材料的体密度；长纤维增强、短纤维增强和晶须增强都属于纤维增强，其中晶须长度为数十微米、短纤维长度一般为数毫米，长纤维的长度可以贯穿整个基体，因此晶须和短纤维增强铝基复合材料在宏观上仍可认为各向同性，而长纤维增强复合材料则表现出明显各向异性；三维连续相指增强相和基体在空间上呈连续分布，这一增强方式使得增强相和基体之间交织成网络，形成互锁，增强相分布更为均匀，且在宏观上呈各向同性；梯度增强相增强是通过人为控制增强相的不均匀分布，使复合材料不同区域呈现出不同的力学性能，以满足多种需要。

另外，铝基复合材料根据成型方式不同，有粉末冶金法、搅拌铸造法、液态金属浸渗法和原位合成法等。根据增强相不同，有碳纤维或碳纳米管增强、陶瓷颗粒或陶瓷纤维增强及玻璃纤维增强等形式。

7.3 颗粒增强铝基复合材料

颗粒增强铝基复合材料是目前应用最为广泛的铝基复合材料，其特点是制备方法多样、制备难度低、成本低廉、尺寸稳定性高，且性能上各向同性。20 世纪 80 年代末，美国首次披露了光学级碳化硅颗粒增强铝基复合材料，用它替代铍、钛制作轻型反射镜基材及惯性导航仪构件。到了 20 世纪 90 年代，美国公司又推出了电子级碳化硅颗粒增强铝基复合材料，用 SiC_p/Al 复合材料代替 W/Cu 合金和 Kovar 合金用作电子封装件。

强度是颗粒增强铝基复合材料的主要力学性能指标之一，弹性模量是增强颗粒加入后提高最为明显的力学性能，塑性下降是限制颗粒增强铝基复合材料在工程结构上应用的主要障碍，材料断裂时的延伸率和断裂韧性可以表示材料抵抗断裂变形的能力。影响复合材料力学性能的因素主要有增强体的体积分数、尺寸、类型、形状、分布，基体合金的类型，制备工艺及材料的热处理状态等。

7.3.1 颗粒增强铝基复合材料强化机制

在过去的 20 年里，科研工作者对颗粒增强铝基复合材料的强化机制进行了详细的研究。强化机制主要有两种：一种是直接强化，即载荷传递模型，比如 Eshelby 模型、剪切滞后模型和修正的剪切滞后模型。其作用机理是，在外加载荷的作用下，基体通过界面剪切作用将载荷传递到硬的增强体颗粒上，从而导致复合材料屈服强度和弹性模量的提高。另一种是间接强化，即基体强化模型，其作用机理是基体与增强体的弹性模量不同及热膨胀系数的差异，导致在制备过程、热处理过程及拉伸变形过程中，基体中及基体与增强体的界面处位错密度升高，高的位错密度引起位错的交互作用，基体中内应力提高，导致析出相的形核与生长速度加快，从而提高了材料的屈服强度。

7.3.2 颗粒增强铝基复合材料失效机制

颗粒增强铝基复合材料的断裂机制大体上分为 3 类：① 增强体的脆性断裂；② 基体中孔洞的形核、生长及连通，最终导致基体的塑性断裂；③ 由于裂纹的扩展而导致增强体与基体的界面脱黏或者断裂。

3 种断裂机制形成的 3 种断裂表面的形貌分别为：① 增强体的脆性断裂形成的光滑的断裂表面；② 基体的塑性断裂形成的一系列的小韧窝；③ 基体与增强体界面脱黏形成的与增强体尺寸相当的大韧窝。

一般情况下，复合材料的断裂由上述一种或几种机制造成，影响金属基复合材料失效的因素主要有：① 增强体的体积分数、尺寸、形状及空间分布；② 增强体与基体的成分；③ 增强体与基体的界面结合状况；④ 制备过程、热处理过程及力学性能测试过程。

7.3.3 颗粒增强铝基复合材料的应用

颗粒增强 SiC_p/Al 基复合材料的密度仅为钢的 1/3，但比强度比纯铝和中碳钢的都高，具有极强的耐磨性，可以在 300～350 ℃ 的高温下稳定工作，因而被美国、日本和德国等发达国家广泛应用于汽车发动机活塞、齿轮箱、飞机起落架、高速列车及精密仪器的制造等，并形成市场化的生产规模。

高体积分数（≥50%）SiC_p/Al 复合材料具有优异的结构承载功能、卓越的热控功能及独特的防共振功能，它的比模量可以达到铝合金和钛合金的 3 倍，热膨胀系数比钛合金还低，热导率则远高于铝合金，平均谐振频率比铝、钛、钢三大金属结构材料高出 60% 以上，这种结构/功能一体化的综合性能优势使得此新型材料在航空航天精密仪器结构件、微电子器件封装元件等领域有着广阔的应用前景。例如美国主力战机 F-22 "猛禽" 上的自动驾驶仪、发电单元、抬头显示器、电子计数测量阵列上广泛采用 SiC_p/Al 复合材料代替传统封装材料。

美国洛克希德·马丁公司将 25% $SiC_p/6061Al$ 复合材料用作承放仪器的支架，其比刚度较 7075 铝合金高 65%。20 世纪 90 年代末，碳化硅颗粒增强铝基复合材料在大型客机上获得大量应用。惠普公司从 PW4084 发动机开始，采用 DWA 公司生产的挤压态碳化硅颗粒增强变形铝合金基复合材料（6092/SiC/17.5p-T6）制作风扇出口导流叶片，用于采用 PW4000 系列发动机的波音 777 客机上。

7.4 三维连续相增强铝基复合材料

三维连续相增强铝基复合材料又称双连续铝基复合材料，其增强相和铝（铝合金）基体均呈现空间拓扑结构。这种组成相的空间结构特殊，使得该种复合材料相比传统的颗粒增强或纤维增强等非连续相增强复合材料而言，每一种组成相的物理力学特征都能够有效保留，从而为铝基复合材料的设计和应用提供新思路。通常情况下，这种新型空间结构 Al 基复合材料的增强相是 SiC、Al_2O_3、SiO_2 等无机陶瓷相。

7.4.1 双连续 Al/陶瓷复合材料的特点

20 世纪 80 年代末，日本的 Nabeya 钢铁工具公司和 Bridgestone 公司合作开发一种以铸铁为基体的多孔陶瓷复合材料（Breathnite，意为"会呼吸的金属"），此后这种三维双连续金属/陶瓷复合材料引起了科研人员的广泛关注。同时，由于铝及其合金的冶炼和制备技术逐渐成熟，使得其应用也日益广泛。因此，这种新型空间结构很快应用于铝基复合材料的研发，制备出双连续 Al/陶瓷复合材料。

自 20 世纪 90 年代开始，国外的科研工作者率先对这种具有新型空间结构的 Al/陶瓷复合材料（图 7-1）的制备工艺和力学物理性能进行了相应的探索性研究。其中，加拿大萨斯喀彻温大学的 Wegner 和英国剑桥大学的 Gibson 一同对这种新型

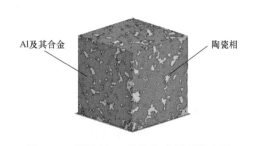

Al及其合金　　　　陶瓷相

图 7-1　双连续 Al/陶瓷复合材料示意图

复合材料的物理模型和力学性能开展了比较系统的研究。国内对三维连续 Al/陶瓷复合材料的研究与国际同步，始于 20 世纪 90 年代中后期，先后有西安交通大学、南昌航空航天大学、北京理工大学、湖北工业大学等科研单位在这种复合材料的制备工艺和力学物理性能研究方面开展了研究，并且已经取得了一些阶段性成果，但是到目前为止，这种新型的 Al/陶瓷复合材料还只停留在实验室试验阶段，暂时没有对其进行商业化生产。

在双连续 Al/陶瓷复合材料中，陶瓷相作为复合材料的增强相，对复合材料的强度贡献较大，而铝及其合金基体在复合材料中起到传导应力和改善塑性的作用。同时，组成相的空间结构及两相的界面特征对复合材料的力学性能有重要影响。双连续 Al/陶瓷复合材料的特殊空间结构决定了这种材料具有以下特点：

① 复合材料中陶瓷相体积分数变化范围较宽，且可以保证陶瓷相均匀分布，抑制陶瓷相的偏聚。由于陶瓷相在复合材料中三维连续分布，使得这种复合材料可以容纳更高体积分数的陶瓷相。相比于传统的非连续相增强铝基复合材料，这种复合材料中陶瓷相的体积分数可达 70% 以上。此外，陶瓷相的这种特殊空间结构也可以有效地抑制复合材料制备过程中陶瓷相的偏聚现象，从而提高复合材料的均匀性，使得其在宏观上表现出良好的各向同性，尤其对于低体积分数的陶瓷相复合材料，其对均匀性的改善作用更为显著。此外，高硬度的陶瓷相在空间上呈现三维连续分布，在摩擦表面上形成硬的微凸体并起到承载作用，抑制了基体合金的铝相变形和高温软化，并在磨损表面形成具有保护作用的氧化膜，使得复合材料的抗磨性能大大提高。

② 应力能有效地在陶瓷和铝基体之间进行传递。这种复合材料在受外力作用时，因其组成相在三维空间内连续分布，使得集中在点或面上的应力可以迅速在整个材料范围内分散和传递。此外，由于陶瓷相和金属相两相接触面积大，应力可更有效地通过两相界面传递。陶瓷相在失效前提供较高的硬度和强度，而铝基体具有较高的失效应变，能够吸收部分能量，改善复合材料的韧性。相比传统陶瓷材料，其韧性的提高十分显著。尤其是在冲击载荷作用下，这种双连续金属/陶瓷复合材料具有更小的损伤面积，是新一代轻质防护器材的备选热门材料之一。同时，双连续空间结构可将陶瓷和铝基体各自的性能特点更多地保留在最终获得的复合材料中。此外，这种三维连续结构还可以引起结构互锁效应，对复合材料的力学性能具有显著改善作用，使得这种复合材料具有更高的承载能力和抗冲击能力。

③ 复合材料中陶瓷相的三维连续网络结构可阻碍铝及其合金晶粒的粗化和生长，也会改善合金在制备过程中的宏观偏析现象。Al/陶瓷界面通常情况下润湿性差，润湿角度大，表面曲率处处接近于零，并且具有最小的表面积，是一种具有最低表面能的状态，由于在凝固过程中缺乏足够的驱动力来致使界面迁移，所以很难使铝晶界迁移和合并，避免晶粒粗化。同时，在铝相凝固过程中，连续分布的陶瓷相可以作为金属相的形核基体，致使其形核率显著上升，加之金属的晶粒长大受到陶瓷相所形成孔洞尺寸的制约，金属相晶粒的粗化长大过程会进一步受阻。

此外，由于三维连续铝基体的存在，即使是陶瓷体积分数较高的复合材料，其导电、导热和断裂韧性等物理性能及加工性能相比传统非连续陶瓷增强铝基复合材料，均会有显著提高。三维连续相 Al/陶瓷复合材料由于上述优良特性，使得其从问世以来就受到了国内外材料工作者的广泛重视，并已经成为铝基复合材料新的研究领域之一。

近年来，随着越来越多的高性能、低成本三维连续网络结构 Al/陶瓷复合材料的出现，同时，其在汽车工业、电子封装及军事工业等重要领域展现出的广泛应用前景，都使得这些新型的 Al/陶瓷复合材料备受关注。

7.4.2 Al/SiC 双连续相复合材料

目前，SiC 陶瓷因其具有质量小、强度高、硬度高及导电性和导热性好等优点，使得 SiC 陶瓷成为铝合金中的增强相的热门备选材料之一。作为一种典型的三维连续相增加铝基复合材料，Al/SiC 双连续相复合材料同时将 SiC 相和 Al 相的特征予以保存。SiC 相和 Al 相的三维连续网络分布也对复合材料的物理和力学性能产生了积极影响。这些因素使得该种新型复合材料具有较为广阔的应用前景。随着科学技术的不断发展，SiC 陶瓷和 Al 及其合金的原料价格不断下降，生成设备较为普遍，制备工艺也日益成熟。这就为 Al/SiC 双连续相复合材料实现工业化生产及其普遍应用奠定了基础。

与传统的颗粒、纤维等非连续相增强的 Al/SiC 复合材料相比，由于 Al/Si 双连续相复合材料中组成相空间结构的复杂性，使得其具有独特的力学和物理性能。Al/SiC 双连续相复合材料空间结构复杂，组成相之间结构互锁作用突出，Al 相对 SiC 陶瓷相的约束作用显著，使得 Al/SiC 双连续相复合材料具有优越的力学性能。对于这种新型结构的 Al/SiC 双连续相复合材料而言，影响其力学性能的因素主要有以下 4 个方面：

（1）Al/SiC 双连续相复合材料中的缺陷

由于这种新型的 Al/SiC 双连续相复合材料是以熔体浸渗法为主，致使其在制备过程中更易出现缺陷，并且缺陷会造成复合材料力学性能的显著降低。因此，尽量控制和减少 Al/SiC 双连续相复合材料中的缺陷是评价复合材料制备工艺的重要指标之一。

对于 Al/SiC 双连续相复合材料，宏观缺陷主要是指因 Al 合金未能完全填充 SiC 预制体中的孔隙而形成孔洞、Al 合金在冷却过程中所形成的缩孔或缩松、多孔 SiC 预制中的盲孔及复合材料组成相的界面开裂等。而微观缺陷主要有 Al 合金的微观偏析、Al/SiC 界面局部的不连续及复合材料中的微观裂纹等。宏观缺陷的出现会直接影响复合材料的致密度，从而使得其力学性能大幅度降低；微观缺陷的出现则会造成复合材料局部区域弱化甚至失效，降低复合材料的均质性，在复合材料受载荷时，裂纹在这种弱化区域萌生的倾向较大。

（2）SiC 相的体积分数及多孔 SiC 预制体孔径尺寸、孔隙形貌及分布、孔壁厚度等特征参数

通常情况下，在 Al/SiC 双连续相复合材料中，SiC 陶瓷相作为增强相是复合材料强度的主要贡献相。因此，Al/SiC 双连续相复合材料中，SiC 相的体积分数会直接影响其力学性能。当 Al/SiC 双连续相复合材料中 SiC 相的体积分数较低时，且在 SiC 体积分数相同和预制体孔隙率保持不变的情况下，复合材料的硬度和抗弯强度随着 SiC 预制体孔径的增大而提高。而当 SiC 相性能参数保持不变时，Al 相材料的硬度和抗弯强度越高，其复合材料的硬度值和抗弯强度也越高。但是，对于高体积分数 SiC 相的 Al/SiC 双连续相复合材料（通常 SiC 的体积分数≥80%）而言，由于 Al 相体积分数有限，因此 SiC 相的性质特征对复合材料强度起到决定性作用。

而 SiC 预制体的孔径尺寸、孔隙形貌及分布、孔壁厚度等特征，主要对复合材料中两相分布均匀性及两相界面处的应力分布产生重要影响，从而影响复合材料的整体力学性能。

（3）Al 基体的微观组织结构

与传统的非连续相增强 Al 基复合材料类似，作为基体相的 Al 或者 Al 合金的微观组织结构，对这种新型 Al/SiC 双连续相复合材料的力学性能产生重要的影响。在复合材料中，Al 相填充在三维贯通的 SiC 管道中，在凝固过程中，多数情况下，Al 相以 SiC 孔壁为其核心进行异质形核，因此，在这种复合材料中，Al 相的晶粒尺寸相对较小。添加合金元素和合金热处理的传统方法仍然是提高复合材料力学性能的有效手段，能够直接优化复合材料中 Al 相的微观组织，但是也会对 Al/SiC 界面的组织结构产生重要影响。若合金元素添加或者热处理不当，反而会弱化两相界面结合，造成复合材料力学性能的下降。因此，应综合考量合金化和热处理对 Al/SiC 双连续相复合材料的力学性能的影响。

（4）Al/SiC 界面组织结构

相比非连续 SiC 相增强型 Al 基复合材料，Al/SiC 双连续相复合材料的界面面积较大，且界面呈连续分布，这就使得界面特征对复合材料力学性能的影响更为显著，并且 Al/SiC 界面组织结构特征对复合材料力学性能影响也较为复杂。

目前，针对 Al/SiC 界面的研究，主要集中在以下 3 个方面：① Al/SiC 界面性质的研究，主要包括 Al/SiC 两相结合机制、界面反应及扩散机理等研究；② SiC 和 Al 两相在界面处晶体学取向关系的研究；③ Al/SiC 界面结合强度及界面结合能的研究。

对于 Al/SiC 界面结构，可以用以下 4 种模型来诠释其结合特征：① SiC 和 Al 两相通过原子间相互作用直接结合，这是一种比较强的冶金结合方式。这种结合方式中，Al/SiC 界面洁净平直，且在两相之间缺乏有效的互相扩散，如图 7-2 和图 7-3 所示。② SiC 和 Al 在界面处发生化学反应，生成相应反应产物（如 Al_4C_3 相），并以此种方式实现两相的结合。如图 7-4 所示，Al/SiC 界面处析出片层状或颗粒状的 Al_4C_3 相，Al/SiC 界面呈现锯齿状。③ 在两相界面处引入特定反应层（如 Al_2O_3、SiO_2 层），作为其过渡层分别连接 SiC 和 Al。图 7-5 是在 Al/SiC 两相界面中分别引入 Al_2O_3 和 SiO_2 层后的微观组织结构。④ SiC 和 Al 两相通过原子扩散的方式结合。SiC 和 Al 两相即使在 2 273 K 的高温下，也缺乏有效的相互扩散作用。

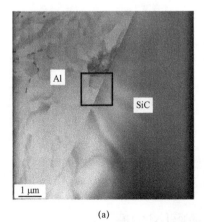
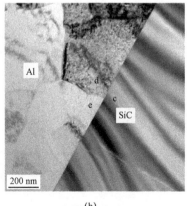

(a)　　　　　　　　　　(b)

图 7-2　Al 和 SiC 在界面处通过原子之间相互作用结合，Al/SiC 界面洁净平直

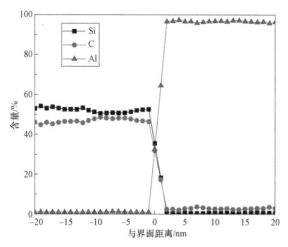

图 7-3　Al/SiC 界面处 EDS 线扫描：Al 和 SiC 两相缺乏有效扩散

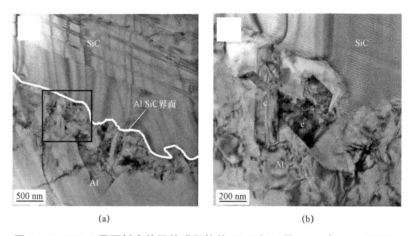

(a)　　　　　　　　　　　　　(b)

图 7-4　Al/SiC 界面析出片层状或颗粒状 Al₄C₃ 相（图（b）中 c、e 所示）

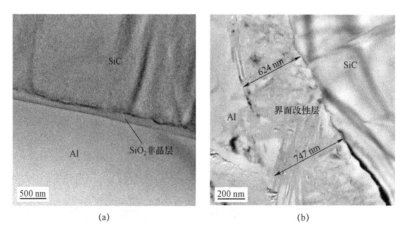

(a)　　　　　　　　　　　　　(b)

图 7-5　Al/SiC 界面引入过渡层

（a）界面处的非晶 SiO₂ 过渡层；（b）界面处的 Al₂O₃ 过渡层

只有在 Al 相接近熔化时，SiC 和 Al 在界面处才有可能发生化学反应，生成相应的 Al_4C_3 相，反应方程式如下：

$$4Al(1) + 3SiC(g) \rightleftharpoons Al_4C_3(s) + 3Si(in\ 1\ Al) \tag{7-1}$$

而在较低温度下，界面反应产物不会通过固相扩散的方式形成。有研究指出，复合材料在接近 Al 相熔点温度（953 K）下长时间保温，在 Al 的低指数晶面会发生不规则的浸渗现象；当温度进一步提高至略高于 Al 相熔点温度（973 K）时，在界面局部区域会发生界面反应，生成有害的 Al_4C_3 相。但是，美国国家标准与技术研究院的 Clough 等人的研究指出，SiC 表面含有富 C 层的情况下，SiC 纤维增强型 Al 基复合材料在较低温度（843～923 K）下退火时，SiC 和 Al 两相也可以在界面处发生化学反应，并形成 Al_4C_3 相。

通常情况下，Al/SiC 界面反应产物 Al_4C_3 相被认为是有害相。一方面是因为 Al_4C_3 相的本身是硬而脆的陶瓷相，使得复合材受载荷时裂纹易于 Al_4C_3 相中萌生扩展，导致其力学性能的下降；而另一方面 Al_4C_3 相可以与空气中的水发生水化反应，其方程式如下：

$$Al_4C_3(s) + 12H_2O(g) \rightarrow 4Al(OH)_3(s) + 3CH_4(g) \tag{7-2}$$

$$Al_4C_3(s) + 18H_2O(1) \rightarrow 4Al(OH)_3(s) + 3CO_2(g) + 12H_2(g) \tag{7-3}$$

因此，造成复合材料在潮湿环境下的稳定性迅速下降，甚至造成其失效断裂。

Al-SiC 体系复合材料界面结构特征复杂，影响其界面组织结构的因素主要有以下 5 点：① SiC 的晶体结构类型。SiC 有大量的同素异构体，晶体结构的不同，会直接影响 Al/SiC 界面的微观结构及界面结合能等特性。② 复合材料的制备工艺。在用液相法制备 Al/SiC 合材料过程中，浸渗压力、制备温度及浸润时间等工艺参数都会对 Al/SiC 界面结构特征造成显著的影响。③ Al 合金的成分。Al 相中的合金元素不仅会影响 Al 相的力学性能，而且合金元素也会对 Al/SiC 界面反应产生显著影响，进而影响界面结构特征。④ Al/SiC 界面改性。通过对 SiC 预制体进行表面改性，在复合材料的 Al/SiC 界面之间引入反应层。合适反应层的引入，不仅能有效地抑制有害界面反应，而且可以提高界面结合强度，从而改善 Al/SiC 界面组织结构。⑤ 复合材料的热处理工艺。热处理工艺可以直接影响 SiC 和 Al 之间的原子扩散作用，从而对 Al/SiC 界面结构及化学稳定性造成一定程度影响。

对于用熔体法制备的 Al/SiC 双连续相复合材料，Al/SiC 界面的影响主要表现在以下 3 个方面：液态 Al 的浸渗压力、液态 Al 和多孔 SiC 预制体的浸渗温度及浸润时间。这些因素都会对界面反应的热力学和动力学产生直接影响，进而影响 Al/SiC 界面的结构特征及其力学性能。

1）浸渗压力

应用无压浸渗法制备 Al/SiC 双连续相复合材料时，无须施加额外压力，但是利用真空压力浸渗和挤压浸渗制备复合材料时，都需外界施加压力，迫使熔融的 Al 浸渗至 SiC 多孔预制体中，并且液态 Al 需在一定的压力下完成凝固。所以，浸渗压力不仅能影响复合材料的致密度，而且会在一定程度上影响 Al/SiC 界面组织结构。浸渗压力较大时，Al 相会产生一定量的塑性变形，而过快的冷却速度会导致复合材料宏观残余应力增加，提高复合材料的开裂倾向，但其通常不会对界面结合方式产生本质影响。此外，过大的浸渗压力会使 SiC 预制体受到液态 Al 的冲击而开裂破坏，而当浸渗压力过小时，会造成 Al 液浸渗不完全，形成宏观缺陷。因此，浸渗压力是制备复合材料的重要参数之一，浸渗压力的选择与液态 Al 的黏度及 SiC 预制体孔径等参数直接相关。

2）浸渗温度

SiC 和 Al 能否发生界面反应直接与浸渗温度相关，浸渗温度越高，发生有害界面反应的倾向越大。浸渗温度是影响 Al/SiC 界面结构特征的重要因素之一。同时，浸渗温度直接影响液态 Al 的黏度，从而影响 Al 液的浸渗过程。但是必须指出，热力学中的吉布斯自由能只是表征化学反应的可能性，界面反应是否发生还取决于反应动力学。在其他制备参数选择恰当的情况下，即使在浸渗温度相对较高时，Al/SiC 界面也不会发生相应有害化学反应。

3）浸润时间

在 Al/SiC 体系中，两相发生界面反应生成反应产物 Al_4C_3 需要一定的孕育时间。在浸渗温度相同的情况下，随着 Al 液浸润时间的延长，Al/SiC 界面反应倾向不断增加；当浸润温度为 1 053 K、浸润压力为 8 MPa 时，Al_4C_3 相的孕育时间可达到 60 min。因此，有效控制浸润时间能够完全避免复合材料中有害界面反应的发生。此外，相比于真空压力浸渗法等工艺，挤压浸渗技术可以有效缩短 Al 液的浸润时间。一般情况下，利用挤压浸渗技术制备 Al/SiC 双连续相复合材料时，Al 液的浸渗过程只有几秒，并且 Al 合金由液体至凝固的过程也仅需几十秒，这就最大限度地减少了 Al 液与 SiC 预制体的接触和浸润时间，从而能有效避免有害界面反应产物 Al_4C_3 相的析出。

对于 Al/SiC 双连续相复合材料而言，Al 的合金成分的变化不仅对液态 Al 的流动性有较大影响，而且也对复合材料中的 Al/SiC 界面反应和润湿特性有显著影响。在 Al/SiC 双连续相复合材料中，影响其界面组织结构的主要合金元素为 Si、Mg 和 Cu 等。

Si 对 Al/SiC 界面结构有重要影响，由式（7-1）可知，Si 的加入可以有效抑制反应的正向进行，阻碍有害反应产物 Al_4C_3 相的形成，Al 液即使在 1 323 K 温度下，也能与 SiC 相长时间浸润，但当 Si 质量分数高于 8% 时，Al/SiC 界面的有害化学反应可以被完全抑制。同时，Si 也可以降低 Al 液和固态 SiC 相之间的润湿角度，改善两相的界面润湿性。

Mg 的添加对复合材料界面结构的改善提升起到积极作用，并且也会改善 Al 和 SiC 润湿性，进而有研究指出：当 Mg 质量分数小于 2% 时，通过熔体法制备复合材料，Al/Mg 合金会与经过氧化处理的 SiC 所形成的 SiO_2 过渡层发生化学反应，在两相界面处形成 $MgAl_2O_4$ 相，如式（7-4）：

$$Mg(l) + SiO_2(g) \rightarrow 2MgO(s) + Si(in\ l\ Al) \qquad (7-4)$$

而当 Mg 质量分数超过 4% 时，界面处通常形成 MgO 相，如公式（7-5）所示，其作用与 $MgAl_2O_4$ 相似。

$$Mg(l) + 2Al(l) + 2SiO_2(g) \rightarrow MgAl_2O_4(s) + Si(in\ l\ Al) \qquad (7-5)$$

与 Al_4C_3 相比，$MgAl_2O_4$ 和 MgO 相不仅化学性质稳定，而且它们的存在也可以进一步提高 Al/SiC 两相的界面结合强度（如图 7-6 所示），阻碍裂纹在两相界面处萌生扩展，从而提高复合材料整体的力学性能。此外，Mg 元素也是 Al 合金的重要合金元素之一，其添加也有利于复合材料中 Al 基体相的强化，从而进一步提高复合材料的力学性能。

Cu 可与 Al 形成 Al_2Cu 相，Al_2Cu 相的析出可以提高 Al 的强度，但是对于 Al-SiC 体系的复合材料，Cu 的添加使得 Al/SiC 界面处容易析出粗大的 Al_2Cu 相，这不仅会造成 Al 相的微观偏析，而且界面脆性 Al_2Cu 的形成也会造成界面脆化，使得裂纹易于在两相界面处萌生扩展，造成复合材料力学性能的下降。经过适当的热处理后，粗大的 Al_2Cu 相消失，界面偏析会得到有效改善，复合材料中 Al/SiC 界面结构得到改善，其力学性能也有所提升。但是，到目前为止，Cu 对 Al/SiC 界面反应的影响没有明确结论，并且没有有力的试验结果说明 Cu 对 Al/SiC 界面处两相的结合方式产生本质影响。

因此，合金元素对 Al/SiC 界面结构特征的影响主要有两方面：一是某些合金元素溶解到 Al 相中，通过影响界面反应的热力学和动力学过程，阻碍界面处有害反应产物的形成，如 Si 元素；二是某些合金元素可以在 Al/SiC 界面处富集或者析出新的相，阻碍 SiC 和 Al 的直接接触，避免 Al/SiC 界面处有害化学反应的发生，如 Mg 元素。

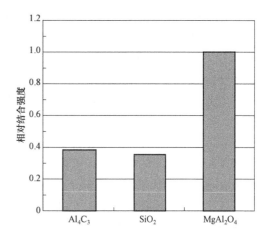

图 7-6　Al/SiC 相界面处 Al₄C₃、SiO₂ 和 MgAl₂O₄ 相对结合强度的比较

此外，在复合材料制备过程中，也会引入其他杂质元素，如 Fe、Ni、Mn 和 Cr 等。但是，由于这些杂质元素含量十分有限，并且这些元素在 Al 中有一定的固溶度，杂质元素多以固溶的方式存在于 Al 相中。因此，这些杂质元素对复合材料 Al/SiC 界面组织结构的影响十分有限。

界面改性通常是在 Al/SiC 界面之间引入新的改性层。一般是先在 SiC 预制体的表面引入新的过渡层，制备过程中利用熔融的 Al 液与过渡层发生物理或化学反应，从而形成界面改性层。界面改性层的出现是为了改善 Al 和 SiC 两相的润湿性、提高界面结合强度和阻止界面有害反应的发生。针对 Al/SiC 双连续相复合材料中组成相空间结构的复杂相，其应用范围最广泛、工艺最简单可控的界面改性是多孔 SiC 预制体氧化法。

多孔 SiC 预制体氧化法是将 SiC 置于氧气充足的环境下，经高温加热并保温适当时间，使得 SiC 的表面生成一层致密的 SiO₂ 层（其可能发生的反应方程式见式（7-6）～式（7-8）），然后再将其用于复合材料的制备。

$$SiC(s) + (3/2)O_2(g) \rightarrow SiO_2(s) + CO(g) \tag{7-6}$$

$$SiC(s) + 2O_2(g) \rightarrow SiO_2(s) + CO_2(g) \tag{7-7}$$

$$SiC(s) + O_2(g) \rightarrow SiO_2(s) + C(石墨) \tag{7-8}$$

通常情况下，SiC 的氧化温度一般在 1 473～1 673 K，SiC 的氧化温度低于 1 673 K 时，在其表面形成非晶的 SiO₂ 层；高于此温度时，非晶 SiO₂ 层则迅速结晶，形成有择优取向的 α-SiO₂ 相。非晶 SiO₂ 层的出现对复合材料力学性能提高效果最佳。SiO₂ 层的出现，一方面可以阻碍 SiC 和 Al 的直接接触，避免 SiC 和 Al 发生有害界面反应；另一方面，SiO₂ 层在复合材料的制备过程中与液态 Al 反应，生成对应的 Al₂O₃ 相，其反应方程见式（7-9）：

$$Al(1) + 3SiO_2(g) \rightarrow 2Al_2O_3(s) + Si(in\ 1\ Al) \tag{7-9}$$

当 Al 以扩散反应的方式进入非晶 SiO₂ 后，能形成梯度结构，利用 Al、O、Si 原子之间强大吸引力提高界面结合强度。需要指出的是，SiO₂、Al₂O₃ 等改性层与 SiC 界面结合强度不仅与两相的结合方式相关，而且也与改性层厚度直接相关。

Al 和 Al₂O₃ 的两相润湿情况和界面结合强度与 Al₂O₃ 相的晶体结构类型等因素密切相关。

并且 Al 和 Al$_2$O$_3$ 两相界面由化学反应形成，化学反应会提高两相的润湿性，且反应生成物 Al$_2$O$_3$ 化学性质稳定。总体来看，Al/Al$_2$O$_3$ 界面具有较高的结合强度。同时，Al 和 SiO$_2$ 发生化学反应后，会使得液态 Al 中 Si 含量提高，从而抑制 SiC 和 Al 之间有害界面反应的发生，阻碍 Al$_4$C$_3$ 相的形成。

因此，可以通过调整氧化工艺参数（氧化温度、氧化时间等）对 SiO$_2$ 层厚度进行有效的控制，从而实现对复合材料界面组织结构的控制和优化。SiC 预制体经氧化处理后，其反应产物中除了 SiO$_2$ 层之外，也可能存在极薄的 Si—O—C 过渡层，其厚度小于 2 nm；但在通常情况下，SiC 经氧化处理后，其表面 SiO$_2$ 层的厚度在 100 nm 以上，所以，Si—O—C 层对整个氧化层及界面改性层的影响十分有限。

综上所述，Al/SiC 界面组织结构对复合材料力学性能的影响十分复杂，但其对复合材料力学性能的影响十分关键。因此，在复合材料不同的服役要求下，应选择合适的工艺方法，得到差异化的界面结构来满足其对复合材料性能的要求。

参考文献

[1] Takagi Y，Kikuchi T，Katayama C. A new image-plate reader for various sizes and shapes [J]. Journal of Synchrotron Radiation，1998，5（3）：854−856.

[2] 王泽建. 三维连续网络结构碳化硅陶瓷/铸铁复合材料的制备方法及性能研究 [D]. 武汉：湖北工业大学，2009.

[3] Breslin M C，Ringnalda J，Seeger J，et al. Alumina/Aluminum Co-Continuous Ceramic Composite（C4）Materials Produced by Solid/Liquid Displacement Reactions：Processing Kinetics and Microstructures [C]. Proceedings of the 18th Annual Conference on Composites and Advanced Ceramic Materials—A：Ceramic Engineering and Science Proceedings，Volume，1994，15（4）：104−112.

[4] Breslin M C，Ringnalda J，Xu L，et al. Processing，microstructure，and properties of co-continuous alumina-aluminum composites[J]. Materials Science and Engineering A，1995，195（1−2）：113−119.

[5] Skirl S，Hoffman M，Bowman K，et al. Thermal expansion behavior and macrostrain of Al$_2$O$_3$/Al composites with interpenetrating networks [J]. Acta materialia，1998，46（7）：2493−2499.

[6] D W L，J G L. The mechanical behaviour of interpenetrating phase composites—I：modelling [J]. International Journal of Mechanical Sciences，2000，42（5）：925−942.

[7] D W L，J G L. The mechanical behaviour of interpenetrating phase composites—II：a case study of a three-dimensionally printed material [J]. International Journal of Mechanical Sciences，2000，42（5）：943−964.

[8] D W L，J G L. The mechanical behaviour of interpenetrating phase composites—III：resin-impregnated porous stainless steel [J]. International Journal of Mechanical Sciences，2001，43（4）：1061−1072.

[9] D W L，J G L. The fracture toughness behaviour of interpenetrating phase composites

[J]. International Journal of Mechanical Sciences，2001，43（8）：1771 – 1791.

[10] 赵敬忠，高积强，金志浩. 三维碳化硅结构增强铝基复合材料的制备 [J]. 兵器材料科学与工程，2004，27（6）：11 – 14.

[11] 赵敬忠，高积强，金志浩. 浸渗反应技术制备 AlN 基复合材料 [J]. 西安交通大学学报，2004，38（1）：108 – 110.

[12] 刘俊峰，尧军平. 三维网络陶瓷增强 ZL109 复合材料的干摩擦磨损性能 [J]. 南昌航空大学学报：自然科学版，2007，21（2）：76 – 79.

[13] 尧军平，王薇薇，方利华. 三维网络陶瓷（骨架）增强 Al 合金复合材料的磨损行为[J]. 热加工工艺，2001（2）：3 – 4.

[14] 尧军平. 铝基网络陶瓷复合材料的制备与摩擦磨损特性 [J]. 南昌大学学报：工科版，2001，23（3）：45 – 48.

[15] 王扬卫，于晓东，王富耻，等. 无压浸渗制备 Si_3N_4/AlN – Al 复合材料的力学性能[J]. 特种铸造及有色合金，2008，28（5）：335 – 337.

[16] 薛辽豫，王富耻，王扬卫，等. 合金元素对 SiC/Al 双连通复合材料力学性能的影响[J]. 稀有金属材料与工程，2014（8）：023.

[17] 范少林. SiC3D/Al 复合材料组织性能优化研究 [D]. 北京：北京理工大学，2014.

[18] 范亚斌. 挤压铸造制备 SiC3D/Al 复合材料工艺优化和抗冲击复合结构设计 [D]. 北京：北京理工大学，2014.

[19] Xue L，Wang F，Ma Z，et al. Effects of surface-oxidation modification and heat treatment on silicon carbide 3D/AlCu$_5$MgTi composites during vacuum-pressure infiltration [J]. Applied Surface Science，2015（356）：795 – 803.

[20] Xue L，Wang F，Ma Z，et al. The effect of surface oxidized modification on the mechanical properties of SiC3D/Al [J]. Applied Surface Science，2015（332）：507 – 512.

[21] Li G，Zhang X，Fan Q，et al. Simulation of damage and failure processes of interpenetrating SiC/Al composites subjected to dynamic compressive loading [J]. Acta Materialia，2014（78）：190 – 202.

[22] 张志金，王扬卫，于晓东，等. 三维网络 SiC 多孔陶瓷增强铝基复合材料的制备 [J]. 稀有金属材料与工程，2009，38（A02）：499 – 501.

[23] 冯胜山，王泽建，刘庆丰，等. 三维连续网络结构陶瓷/金属复合材料的研究进展 [J]. 材料开发与应用，2009，24（1）：60 – 68.

[24] Clarke D R. Interpenetrating Phase Composites[J]. Journal of the American Ceramic Society，1992，75（4）：739 – 758.

[25] Etter T，Schulz P，Weber M，et al. Aluminium carbide formation in interpenetrating graphite/aluminium composites[J]. Materials Science and Engineering A，2007，448（1 – 2）：1 – 6.

[26] Pavese M，Valle M，Badini C. Effect of porosity of cordierite preforms on microstructure and mechanical strength of co-continuous ceramic composites [J]. Journal of the European Ceramic Society，2007，27（1）：131 – 141.

[27] 邢志国，吕振林，谢辉. SiC/环氧树脂复合材料冲蚀磨损性能的研究 [J]. 摩擦学学报，

2010，30（3）：291－295.

[28] Daehn G S，Breslin M C. Co-continuous composite materials for friction and braking applications [J]. JOM，2006，58（11）：87－91.

[29] Gómez De Salazar J M，Barrena M I，Morales G，et al. Compression strength and wear resistance of ceramic foams-polymer composites [J]. Materials Letters，2006，60（13－14）：1687－1692.

[30] Agrawal P，Sun C T. Fracture in metal-ceramic composites [J]. Composites Science and Technology，2004，64（9）：1167－1178.

[31] 张旭. SiC_(3D)/Al 复合材料损伤演化机理及抗弹性能研究 [D]. 北京：北京理工大学，2014.

[32] 黄丹，陈维平，何曾先，等. 三维网络陶瓷/金属复合材料研究新进展 [J]. 特种铸造及有色合金，2010，（4）：309－313.

[33] Hahn H T，Tsai S W. Introduction to composite materials [M]. Boca Raton：CRC Press，1980.

[34] Daniel I M，Ishai O，Daniel I M，et al. Engineering mechanics of composite materials [M]. New York：Oxford University Press，1994.

[35] Jones R M. Mechanics of composite materials [M]. Boca Raton：CRC Press，1998.

[36] Li S，Xiong D，Liu M，et al. Thermophysical properties of SiC/Al composites with three dimensional interpenetrating network structure [J]. Ceramics International，2014，40（5）：7539－7544.

[37] Chang H，Binner J，Higginson R，et al. High strain rate characteristics of 3－3 metal-ceramic interpenetrating composites [J]. Materials Science and Engineering A，2011，528（6）：2239－2245.

[38] Forquin P，Tran L，Louvigné P－F，et al. Effect of aluminum reinforcement on the dynamic fragmentation of SiC ceramics [J]. International Journal of Impact Engineering，2003，28（10）：1061－1076.

[39] Ewsuk K G，Glass S J，Loehman R E，et al. Microstructure and properties of Al_2O_3－Al（Si）and Al_2O_3－Al（Si）－Si composites formed by in situ reaction of Al with aluminosilicate ceramics [J]. Metallurgical and Materials Transactions A，1996，27（8）：2122－2129.

[40] La V G，Badini C，Puppo D，et al. Co-continuous Al/Al_2O_3 composite produced by liquid displacement reaction：Relationship between microstructure and mechanical behavior [J]. Journal of Materials Science，2003，38（17）：3567－3577.

[41] Pavese M，Fino P，Valle M，et al. Preparation of C4 ceramic/metal composites by reactive metal penetration of commercial ceramics [J]. Composites Science and Technology，2006，66（2）：350－356.

[42] Pavese M，Fino P，Ugues D，et al. High cycle fatigue study of metal-ceramic co-continuous composites [J]. Scripta Materialia，2006，55（12）：1135－1138.

[43] Manfredi D，Pavese M，Biamino S，et al. Microstructure and mechanical properties of co-continuous metal/ceramic composites obtained from Reactive Metal Penetration of

commercial aluminium alloys into cordierite [J]. Composites Part A: Applied Science and Manufacturing, 2010, 41 (5): 639–645.

[44] Aghajanian M K, Burke J, White D R, et al. A new infiltration process for the fabrication of metal matrix composites [J]. SAMPE Quarterly, 1989 (20): 43–46.

[45] Chen J, Hao C, Zhang J. Fabrication of 3D–SiC network reinforced aluminum-matrix composites by pressureless infiltration [J]. Materials Letters, 2006, 60 (20): 2489–2492.

[46] Hashim J, Looney L, Hashmi M. The wettability of SiC particles by molten aluminium alloy [J]. Journal of Materials Processing Technology, 2001, 119 (1): 324–328.

[47] Carim A. SiCAl$_4$C$_3$ interfaces in aluminum-silicon carbide composites [J]. Materials Letters, 1991, 12 (3): 153–157.

[48] Rodríguez-Reyes M, Pech-Canul M I, Rendón-Angeles J C, et al. Limiting the development of Al$_4$C$_3$ to prevent degradation of Al/SiC$_p$ composites processed by pressureless infiltration [J]. Composites Science and Technology, 2006, 66 (7–8): 1056–1062.

[49] 徐跃, 高霖, 崔崇, 等. Mg 对无压渗透制备 Al/SiC$_p$ 陶瓷基复合材料的影响 [J]. 材料开发与应用, 2011, 26 (2): 14–17.

[50] 徐跃, 高霖, 崔崇, 等. 无压浸渗制备 Al/SiC$_p$ 陶瓷基复合材料研究 [J]. 铸造技术, 2011, 32 (2): 200–202.

[51] 蔺绍江. 高体积分数 SiC$_p$/Al 复合材料的制备及其冲击特性研究 [D]. 西安: 西北工业大学, 2005.

[52] 王伟兰, 邓克明. 铸铁基三维网状多孔陶瓷复合材料的组织与性能 [J]. 江西冶金, 1996, 16 (5): 15–18.

[53] 李进军. 气压浸渗 SiC$_p$/Al 电子封装外壳的制备与性能 [D]. 西安: 西北工业大学, 2007.

[54] 薛辽豫. SiC_(3D)/Al 复合材料制备与界面组织性能研究 [D]. 北京: 北京理工大学, 2016.

[55] Di Z, Xian Q X, Tong X F, et al. Microstructure and properties of ecoceramics/metal composites with interpenetrating networks [J]. Materials Science and Engineering A, 2003, 351 (1–2): 109–116.

[56] Demir A, Altinkok N. Effect of gas pressure infiltration on microstructure and bending strength of porous Al$_2$O$_3$/SiC-reinforced aluminium matrix composites [J]. Composites Science and Technology, 2004, 64 (13–14): 2067–2074.

[57] Ma T, Yamaura H, Koss D A, et al. Dry sliding wear behavior of cast SiC-reinforced Al MMCs [J]. Materials Science and Engineering A, 2003, 360 (1–2): 116–125.

[58] Lee H, Hong S. Pressure infiltration casting process and thermophysical properties of high volume fraction SiC$_p$/Al metal matrix composites [J]. Materials Science and Technology, 2003, 19 (8): 1057–1064.

[59] 赵龙志, 何向明, 赵明娟, 等. SiC 泡沫陶瓷/SiC$_p$/Al 混杂复合材料的导热性能 [J]. 材料工程, 2008 (1): 6–10.

[60] 张博文. SiC3D/Al 复合材料挤压铸造制备工艺优化及其抗弹性能研究 [D]. 北京: 北京理工大学, 2016.

［61］朱时珍，赵振波，刘庆国. 多孔陶瓷材料的制备技术［J］. 材料科学与工程，1996，14（3）：33-39.

［62］王守仁，耿浩然，王英姿，等. 金属基复合材料中网络结构陶瓷增强体的制备及研究进展［J］. 机械工程材料，2006，29（12）：1-3.

［63］Daehn G S，Breslin M C. Co-Continuous composite materials for friction and braking application［J］. JOM，2006，56（11）：89-91.

［64］叶何远. SiC 泡沫陶瓷/铝基复合材料的界面结合及腐蚀行为研究［D］. 南昌：南昌大学，2015.

［65］Zhu J，Wang F，Wang Y，et al. Interfacial structure and stability of a co-continuous SiC/Al composite prepared by vacuum-pressure infiltration［J］. Ceramics International，2017，43（8）：6563-6570.

［66］Mandal D，Viswanathan S. Effect of heat treatment on microstructure and interface of SiC particle reinforced 2124 Al matrix composite［J］. Materials Characterization，2013（85）：73-81.

［67］Arsenault R，Pande C. Interfaces in metal matrix composites［J］. Scripta Metallurgica，1984，18（10）：1131-1134.

［68］Ribes H，Da S R，Suery M，et al. Effect of interfacial oxide layer in Al-SiC particle composites on bond strength and mechanical behaviour［J］. Materials Science and Technology，1990，6（7）：621-628.

［69］Mahon G，Howe J，Vasudevan A. Microstructural development and the effect of interfacial precipitation on the tensile properties of an aluminum/silicon-carbide composite［J］. Acta Metallurgica et Materialia，1990，38（8）：1503-1512.

［70］Janowski G，Pletka B. The influence of interfacial structure on the mechanical properties of liquid-phase-sintered aluminum-ceramic composites［J］. Materials Science and Engineering A，1990，129（1）：65-76.

［71］Henriksen B，Johnsen T. Influence of microstructure of fibre/matrix interface on mechanical properties of Al/SiC composites［J］. Materials Science and Technology，1990，6（9）：857-862.

［72］Rohatgi P，Ray S，Asthana R，et al. Interfaces in cast metal-matrix composites［J］. Materials Science and Engineering A，1993，162（1）：163-174.

［73］Feest E. Interfacial phenomena in metal-matrix composites［J］. Composites，1994，25（2）：75-86.

［74］Liu Z，Wang D，Yao C，et al. Interface characterization of a β-SiC whisker-Al composite［J］. Journal of materials science，1996，31（24）：6403-6407.

［75］Geng L，Yao C. SiC-Al interface bonding mechanism in a squeeze casting SiC_w/Al composite［J］. Journal of materials science letters，1995，14（8）：606-608.

［76］Arsenault R. Interfaces in metal—and intermetallic-matrix composites［J］. Composites，1994，25（7）：540-548.

［77］Radmilovic V，Thomas G，Das S. Microstructure of α-Al base matrix and SiC particulate composites [J]. Materials Science and Engineering A, 1991 (132): 171 – 179.

[78] Van Den Burg M, De Hosson J T M. Al/SiC interface structure studied by HREM [J]. Acta Metallurgica et Materialia, 1992 (40), Supplement: S281 – S287.

[79] Rao B, Jena P. Molecular view of the interfacial adhesion in aluminum-silicon carbide metal-matrix composites [J]. Applied Physics Letters, 1990, 57 (22): 2308 – 2310.

[80] Flom Y, Arsenault R. Interfacial bond strength in an aluminium alloy 6061—SiC composite [J]. Materials Science and Engineering, 1986 (77): 191 – 197.

[81] Teng Y, Boyd J. Measurement of interface strength in Al/SiC particulate composites [J]. Composites, 1994, 25 (10): 906 – 912.

[82] Lee J, Subramanian K. Failure behaviour of particulate-reinforced aluminium alloy composites under uniaxial tension [J]. Journal of Materials Science, 1992, 27 (20): 5453 – 5462.

[83] 朱静波. SiC/Al 界面控制及其对 SiC3D/Al 复合材料力学性能影响的研究 [D]. 北京: 北京理工大学, 2017.

[84] Shi Z, Yang J – M, Lee J, et al. The interfacial characterization of oxidized SiC (p) /2014 Al composites [J]. Materials Science and Engineering A, 2001, 303 (1): 46 – 53.

[85] Wang S, Dhar S, Wang S R, et al. Bonding at the SiC – SiO$_2$ interface and the effects of nitrogen and hydrogen [J]. Physical Review Letters, 2007, 98 (2): 026101.

[86] Arsenault J C R. A Comparison of Interfacial Arrangements of SiC/Al Composites[J]. Scripta Metallurgica et Materialia, 1995, 32 (11): 1783 – 1787.

[87] Yao L G C K. SiC – Al interface structure in squeeze cast SiC$_w$/Al composite [J]. Scripta Metallurgica Materialia, 1995, 33 (6): 949 – 952.

[88] Romero L W, Arsenault R J. Interfacial structure of a SiC – Al composite [J]. Materials Science and Engineering A, 1996, 212 (1): 1 – 5.

[89] Romero J C, Arsenault R J. Anomalous penetration of Al into SiC [J]. Acta Metallurgica et Materialia, 1995, 43 (2): 849 – 857.

[90] Clough R B, Biancaniello F S, Wadley H N G, et al. Fiber and interface fracture in singlecrystal aluminum/SiC fiber composites [J]. Metallurgical Transactions A, 1990, 21 (10): 2747 – 2757.

[91] Park J K, Lucas J P. Moisture effect on SiC$_p$/6061 Al MMC: Dissolution of interfacial Al$_4$C$_3$ [J]. Scripta Materialia, 1997, 37 (4): 511 – 516.

[92] Xuan Luo G Q, Weidong Fei, Wang E G, Changfeng Chen. Systematic study of β – SiC surface structures by molecular-dynamics simulations[J]. Physical Review B, 1998, 57(15): 9234 – 9240.

[93] Henriksen B. The microstructure of squeezecast SiC$_w$ – reinforced Al$_4$Cu base alloy with Mg and Ni additions [J]. Composites, 1990, 21 (4): 333 – 338.

[94] Dahl N, Johnsen T E. The effect of magnesium and nickel as alloying elements in AlCu/SiC composites [J]. Materials Science and Engineering A, 1991 (135): 151 – 155.

[95] Ribes H, Suery M. Effect of particle oxidation on age hardening of Al – Si – Mg/SiC

composites [J]. Scripta Metallurgica, 1989, 23 (5): 705 – 709.

[96] Salvo L, Suery M, Legoux J, et al. Influence of particle oxidation on age-hardening behaviour of as-fabricated and remelted SiC reinforced Al – 1% Mg alloys [J]. Materials Science and Engineering A, 1991 (135): 129 – 133.

[97] Hughes A, Hedges M, Sexton B. Reactions at the Al/SiO$_2$/SiC layered interface [J]. Journal of Materials Science, 1990, 25 (11): 4856 – 4865.

[98] Strangwood M, Hippsley C A, Lewandowski J J. Segregation to SiC/Al interfaces in Al based metal matrix composites [J]. Scripta Metallurgica et Materialia, 1990, 24 (8): 1483 – 1487.

[99] Li T, Fan D, Lu L, et al. Dynamic fracture of C/SiC composites under high strain-rate loading: microstructures and mechanisms [J]. Carbon, 2015 (91): 468 – 478.

[100] Wei Z, Ma P, Wang H, et al. The thermal expansion behaviour of SiCp/Al – 20Si composites solidified under high pressures [J]. Materials & Design, 2015 (65): 387 – 394.

[101] Isaikin A, Chubarov V, Trefilov B, et al. Compatibility of carbon filaments with a carbide coating and an aluminum matrix [J]. Metal Science and Heat Treatment, 1980, 22 (11): 815 – 817.

[102] Shen P, Wang Y, Ren L, et al. Influence of SiC surface polarity on the wettability and reactivity in an Al/SiC system [J]. Applied Surface Science, 2015 (355): 930 – 938.

[103] Laurent V, Chatain D, Eustathopoulos N. Wettability of SiC by aluminium and Al – Si alloys [J]. Journal of Materials Science, 1987, 22 (1): 244 – 250.

[104] Iseki T, Kameda T, Maruyama T. Interfacial reactions between SiC and aluminium during joining [J]. Journal of Materials Science, 1984, 19 (5): 1692 – 1698.

[105] Mizumoto M, Tajima Y, Kagawa A. Thermal expansion behavior of SiCp/aluminum alloy composites fabricated by a low-pressure infiltration process [J]. Materials Transactions, 2004, 45 (5): 1769 – 1773.

[106] Fan T, Zhang D, Yang G, et al. Chemical reaction of SiCp/Al composites during multiple remelting [J]. Composites Part A: Applied Science and Manufacturing, 2003, 34 (3): 291 – 299.

[107] Eustathopoulos V L, D C N. Wettability of SiC by aluminium and Al – Si alloys [J]. Journal of Materials Science, 1987, 22: 244 – 250.

[108] Ferro A, Derby B. Wetting behaviour in the Al – Si/SiC system: interface reactions and solubility effects [J]. Acta Metallurgica et Materialia, 1995, 43 (8): 3061 – 3073.

[109] Lee J C, Lee H I, Ahn J P, et al. Methodology to design the interfaces in SiC/Al composites [J]. Metallurgical and Materials Transactions A, 2001, 32 (6): 1541 – 1550.

[110] Candan S, Bilgic E. Corrosion behavior of Al – 60 vol.% SiCp composites in NaCl solution [J]. Materials Letters, 2004, 58 (22 – 23): 2787 – 2790.

[111] Luo Z P. Crystallography of SiC/MgAl$_2$O$_4$/Al interfaces in a pre-oxidized SiC reinforced SiC/Al composite [J]. Acta Materialia, 2006, 54 (1): 47 – 58.

[112] Shi Z, Ochiai S, Gu M, et al. The formation and thermostability of MgO and MgAl$_2$O$_4$ nanoparticles in oxidized SiC particle-reinforced Al – Mg composites [J]. Applied Physics

　　　A，2014，74（1）：97－104.

[113] Lee J C，Lee H I，Ahn J P，et al. Modification of the interface in SiC/Al composites [J]. Metallurgical and Materials Transactions A，2000，31（9）：2361－2368.

[114] Hijikata Y，Yaguchi H，Yoshikawa M，et al. Composition analysis of SiO_2/SiC interfaces by electron spectroscopic measurements using slope-shaped oxide films [J]. Applied Surface Science，2001，184（1）：161－166.

[115] Hornetz B，Michel H J，Halbritter J. Oxidation and 6 H-SiC-SiO_2 interfaces [J]. Journal of Vacuum Science and Technology A：Vacuum，Surfaces，and Films，1995，13（3）：767－771.

[116] 梅志，顾明元. 碳化硅颗粒增强铝基复合材料的界面特征及力学性能[J]. 热加工工艺，1996（3）：19－21.

[117] Shi Z，Ochiai S，Hojo M，et al. The oxidation of SiC particles and its interfacial characteristics in Al－matrix composite [J]. Journal of Materials Science，2001，36（10）：2441－2449.

[118] Zhao L Z，Zhao M J，Cao X M，et al. Thermal expansion of a novel hybrid SiC foam－SiC particles－Al composites [J]. Composites Science and Technology，2007，67（15－16）：3404－3408.

[119] Xue C，Yu J K. Enhanced thermal transfer and bending strength of SiC/Al composite with controlled interfacial reaction [J]. Materials & Design，2014（53）：74－78.

[120] Imbeni V，Hutchings I M，Breslin M C. Abrasive wear behaviour of an Al_2O_3－Al co-continuous composite [J]. Wear，1999（233－235）：462－467.

[121] 龚燕妮. 真空压力浸渗 SiC/Al 复合材料工艺过程数值模拟研究 [D]. 北京：北京理工大学，2015.

[122] 龚燕妮，王扬卫，冯思嘉，等. 最大时间步长对 SiC/Al 复合材料浸渗模拟的影响[J]. 稀有金属材料与工程，2015（S1）：782－786.

[123] Zhu J，Wang Y，Wang F，et al. Effect of Ductile Agents on the Dynamic Behavior of SiC3D Network Composites [J]. Applied Composite Materials，2016，23（5）：1015－1026.

[124] 王庆祥. 连续增强 SiC_（3D）/Al 复合材料三维实体模型重构及动态力学性能模拟 [D]. 北京：北京理工大学，2016.

[125] Wang Q，Zhang H，Cai H，et al. Reconstruction of co-continuous ceramic composites three-dimensional microstructure solid model by generation-based optimization method [J]. Computational Materials Science，2016（117）：534－543.

第8章
钛基复合材料

8.1 概述

钛基复合材料（Titanium Matrix Composites），是指在钛或钛合金基体中加入高模量、高强度、高硬度及良好高温性能增强相的一种复合材料，它把基体的韧性、延展性与增强相的高强度、高模量结合起来，从而使钛基复合材料具有比钛合金更高的比强度和比模量、极佳的疲劳和蠕变性能，以及优异的高温性能和耐蚀性能。因此，在汽车、航空、航天等工业领域具有广泛的应用潜力，并日益成为现今结构材料发展的重要研究方向。美、日和欧洲一些国家已经纷纷展开关于钛基复合材料的研制及应用研究，并在飞机发动机、高铁等领域的关键零部件的研制上取得重要进展。研究非连续增强钛基复合材料是目前的重要方向，增强体加入钛合金基体中，可显著提高材料的比模量、比强度和蠕变性能，以满足航空、航天等领域结构材料不断发展的需要。

8.2 钛基复合材料的分类

钛基复合材料的性能主要取决于所选用钛基体及增强相的特性、含量和分布等，此外，采用不同工艺方法制备的钛基复合材料，其性能特点也有显著差异，应用范围和领域也会有所不同。因此，钛基复合材料的分类方法有很多种，图8-1所示为常见的几种分类方法。

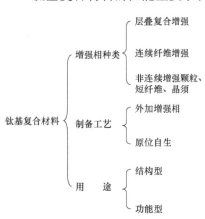

图8-1 钛基复合材料的分类方法

早期钛基复合材料的研究更多集中在连续纤维增强型钛基复合材料上，主要的连续纤维增强相有 SiC、B、C、Al_2O_3 纤维等。连续纤维增强钛基复合材料性能优异，并且具有良好的机械性能。但连续纤维的生产成本过高，制造工艺复杂，产品难以机械加工，由于技术不成熟导致产品性能不稳定，且具有各向异性等难以克服的缺陷，使得连续纤维增强钛基复合材料的应用与推广受到较大的限制。因此，国际上逐渐将注意力从连续纤维增强型钛基复合材料转移到非连续增强钛基复合材料的研究上，各国对非连续增强钛基复合材料的需求也很迫切。非连续增强钛基复合材料的增强体主要包括颗粒、晶须或短纤维，和连续纤维增强钛基复合材料相比，非连续增强钛基复合材料解决了连续纤维增强钛基复合材料制备过程复杂、工艺不成熟、成本过高等问题；更重要的是，由于增强相在基体中的弥散分布，非连续增强钛基复合材料具有各向同性，适用于承受复杂应力状态，并且具有比连续增强钛基复合材料更好的机械加工性。因此，本章内容主要针对非连续增强钛基复合材料。

8.3 钛合金基体的选择

钛基复合材料中，增强体的含量一般不会太高，例如，原位自生增强钛基复合材料增强体含量一般不超过 20%。所以，钛基复合材料的力学性能主要取决于基体合金。选择合理的基体将直接决定了钛基复合材料的力学性能特征。表 8-1 所示为常用钛基复合材料基体钛合金的类别及性能特征。可以看出，基体合金有着较为广泛的选择余地。然而，最佳的结构材料未必是复合材料中基体合金的最佳选择。通常，钛基复合材料基体的选择根据使用目的和制造方法来决定。例如，原位增强钛基复合材料基体最初主要选用纯钛，以便从基础理论上进行探索性研究。随后，研究最深、应用最广、综合性能优异的（α+β）钛合金越来越受到研究者的关注，比较典型的代表为 Ti-6Al-4V。

在航空、航天等领域中，随着轻质、高强、耐高温等性能指标的提高，对耐高温结构材料的需求越来越迫切。选用高温钛合金作为基体，方可进一步提高钛基复合材料的高温力学性能和服役温度。为达到该目的，选择高温钛合金作为钛基复合材料的基体已经成为高温用钛基复合材料的发展趋势。

表 8-1 常用钛合金及其性能特征

类别	典型合金	特 点
α 或近 α	纯 Ti、TA15、Ti-1100、IMI834	强韧性一般，焊接性能好，抗氧化性及蠕变性能好
α+β	Ti-6Al-4V、Ti-6242	强韧性中上，可热处理强化，中等强度，焊接性能好，疲劳性能好，应用范围广
β	Ti-10V-2Fe-3Al Ti-15V-3Cr-3Al-3Sn	强度高，热处理强化能力强，可锻性及冷成型性能好

表 8-2 为目前已开发的比较成熟的 600 ℃用高温钛合金成分及性能特征。高温钛合金具有优异的高温强度、蠕变抗力及抗氧化性能，在高温钛合金基体中原位生成增强相之后，其高温性能可进一步提高。

表 8-2 常用高温钛合金及其性能特征

合金	名义成分	性能特点
IMI834	Ti-5.5Al-4Sn-4Zr-0.3Mo-1Nb-0.5Si-0.06C	良好的蠕变疲劳性能、热稳定性
Ti-1100	Ti-6Al-2.75Sn-4Zr-0.4Mo-0.45Si	低韧性、良好的高温蠕变疲劳性能
BT36	Ti-6.2Al-2Sn-3.6Zr-0.75Mo-1Nb-0.15Si	良好的高温蠕变抗力、组织细小
Ti-60	Ti-6.5Al-4.8Sn-2Zr-1Mo-0.35Si-0.1Nd	良好的热稳定性和高温抗氧化能力
Ti-600	Ti-6Al-2.8Sn-4Zr-0.5Mo-0.4Si-0.1Y	良好的高温蠕变抗力和抗氧化能力

8.4 增强体的选择

理想的增强相须满足以下条件：① 强度、刚度、耐热性等物理及力学性能优异；② 在基体中热力学稳定；③ 与基体线膨胀系数相差较小，界面结合稳定；④ 高温下增强相所含元素不溶于基体。到目前为止，作为增强相的主要有连续纤维、非连续纤维。连续纤维增强相主要有 SiC、B、C、Al_2O_3 纤维等；非连续纤维增强相主要是高硬度、难熔的陶瓷相，如 TiC、TiB、TiN、TiB_2 等。表 8-3 所示为 TMCs 中增强相的性能数据。这些增强相的共同特点是熔点高，比刚度、比强度高，并具有良好的化学稳定性。

表 8-3 非连续增强钛基复合材料常用增强相

增强相	密度/ ($g \cdot cm^{-3}$)	熔点/K	导热系数/ ($J \cdot cm^{-1} \cdot s^{-1} \cdot K^{-1}$)	热膨胀系数/ ($\times 10^{-6} \, ^{\circ}C^{-1}$)	泊松比	弹性模量/GPa
SiC	3.19	2 970	0.168	4.6	0.163	430
TiC	4.99	3 433	0.172~0.311	7.4~8.8	0.180	440
TiB	4.57	2 473	—	8.6	—	550
B_4C	2.51	2 720	0.273~0.290	4.8	0.207	445
TiB_2	4.52	3 253	0.244~0.260	4.6~8.1	0.180	500
ZrB_2	6.09	3 373	0.231~0.244	5.7	0.144	503
TiN	5.40	3 290	—	9.3	—	250
Al_2O_3	3.97	2 323	—	8.3	—	420

其中 TiC 和 TiB 颗粒被认为是制备钛基复合材料最为合适的增强相，这是由于 TiC 和 TiB 的密度、泊松比、热膨胀系数都与钛的相近，能够降低复合材料中的残余应力，弹性模量为钛的 4~5 倍。另外，TiC 和 TiB 结构稳定，并与钛基体互溶。最常作为 B 源的原料有 B、TiB_2、B_4C 和 LaB_6 等。单质 B 是最早作为 B 源加入钛和钛合金中的，并通过不同的加工工艺在不同的基体上生成 TiB_w 增强相。但 B 单质高昂的价格制约了其工业化应用。近年来，TiB_2 和 B_4C 作为 B 源，由于其低廉的价格、较低的反应条件，被越来越多的研究者使用。作为原位反应生成 TiC 增强相的原材料被称为 C 源。除上述使用的 B_4C 之外，石墨粉是最常用的 C 源。一些学者也在研究一些其他增强相对钛基复合材料性能的影响。皇家墨尔本理工大学的 Munir 等用碳纳米管作为增强相，采用粉末冶金的制备工艺研究了其对钛基复合材料的性能影响。中南大学的刘咏等在 Ti-1.5Fe-2.25Mo-1.2Nd-0.3Al 合金基体中加入 Cr_3C_2，在基体中生成 TiC。Cr 元素的加入可以起到颗粒强化、细晶强化和固溶强化的作用。

8.5 钛基复合材料的制备方法

根据制备非连续增强钛基复合材料的工艺不同，制备方法主要有熔铸法、粉末冶金法、机械合金化法、自蔓延高温合成法等。

8.5.1　熔铸法

熔铸法是将熔融的金属液加入与铸件相同的铸型空腔内冷却成型的一种热加工工艺。许多研究者将熔铸法与原位自生技术相结合,采用传统的钛合金熔炼方法来制备钛基复合材料。利用熔铸法制备钛基复合材料,具有成本低、工艺过程简单灵活和容易加工复杂构件的优点。纯钛或其合金在液态时具有较强的化学活性,会与大部分常见的颗粒增强相发生严重的界面反应,故外加法很难用于此技术。通过熔铸法制备的钛基复合材料容易出现组织、成分不均匀和晶粒粗大等问题。上海交通大学吕维洁等利用真空自耗电弧炉熔炼的方法,制备了(TiC+TiB)/Ti、TiC/Ti、TiB/Ti 复合材料,并对制备工艺、合成机理、力学性能等做了充分的研究。哈尔滨工业大学戚继球利用水冷铜坩埚真空感应凝壳炉与中频感应炉熔炼高温钛合金基体复合材料,再将熔体浇注到石墨型腔中,冷却得到板形铸件,并对铸件的显微组织、热处理温度、高温力学性能、失效形式做了一系列的研究。

8.5.2　粉末冶金法

粉末冶金法就是将金属粉(或金属粉末与非金属粉末的混合物)作为原料,经过成型和烧结,制备复合材料的固相烧结工艺技术。粉末冶金中的烧结方法主要有:① 反应热压法(Reactive Hot Pressing,RHP),将干燥粉料充填入模型内,再从单轴方向边加压边加热,即基体与增强相原料之间在烧结过程中发生反应,生成增强相,同时进行致密化压制;② 放电等离子烧结法(Spark Plasma Sintering,SPS),是利用在粉末颗粒间直接通入脉冲电流进行加热烧结的新型快速烧结技术;③ 热等静压法(Hot Isostatic Pressing,HIP),是一种在高温高压条件下,原料粉末受到各向均等的超高压力,从而烧结成型的工艺技术。粉末冶金法可以调整颗粒增强相的粒度和含量,使增强体分布均匀,但不易制成尺寸较大的零部件。美国 Dynamet 公司采用粉末冶金技术研制出 Cerme Ti 系列复合材料,制备过程为将 TiC 粉加入 TC4合金或 Ti−6Al−6V−2Sn 合金粉中,在低于 β 相变点 250 ℃进行烧结,随后进行锻造、轧制或挤压等热加工工序,后续的加工过程将大幅度提高材料的密度及机械性能。印度的 Kumar 等通过热等静压、放电等离子烧结与真空烧结 3 种方法对获得的 20%和 40%体积分数的 TiB 增强钛基复合材料进行了一个详细的表征。结果表明,使用热等静压与 SPS 烧结的样品致密度更高;随着 TiB 体积分数的增加,弹性模量、剪切模量与显微硬度也有所增加,泊松比下降;与真空烧结相比,热等静压与 SPS 烧结的样品硬度更高。韩国延世大学的 Shin S E 等人利用粉末冶金的方法得到少层石墨烯增强钛基与铝基复合材料。通过球磨、混粉、热压烧结的方法,得到的 0.7%的少层石墨烯增强钛基复合材料的强度提升明显,对制备的复合材料进行了一系列的表征,发现少量纳米尺度的增强相能显著增强纳米复合材料的力学性能。

8.5.3　机械合金化法

机械合金化法是在 20 世纪 70 年代由加拿大 INCO 公司的 Benjamin 等人提出的,主要用于合成非平衡态、纳米级合金粉末的高能球磨技术。粉末在高能球磨过程中会产生大量畸变缺陷,激活能降低,使合金化过程的热力学与动力学不同于普通的固态过程,因而有可能制备出常规条件下难以合成的许多新型合金。该方法通过将原料粉末不断研磨、破碎,可以获得纳米级尺度的粉末,从而有效提高了复合材料的强塑性。其缺点是高能球磨的效率很低、球磨介质会造成粉末污染等。吉林大学彭丽华采用了机械合金化法和 SPS 烧结工艺制备了 TiB_2 增强钛基复合材料，并研究了复合材料的微观组织和抗氧化性能，充分分析了机械合金化对混合粉末的物相和形貌的影响，研究了球磨工艺和 SPS 烧结温度对烧结试样的微观组织、密度和硬度的影响。哈尔滨工业大学的周玉等采用该方法用 B 粉和 TiB_2 制备了 10%TiB/Ti-4.0Fe-7.3Mo 复合材料，研究了球磨时间、粉末混合物、加工控制剂、粉末尺寸和转速等对 TiB 晶须在复合材料中的形成机制的影响，混合粉末经过 1 000 ℃、20 MPa 热压烧结，易于形成 TiB 晶须。

8.5.4　自蔓延高温合成法

自蔓延高温合成法是由苏联学者 Merzhanov 等于 1967 年提出的一种材料合成方法。该方法是通过原料粉末之间的放热化学反应，利用反应热来成型复合材料的工艺，主要用来制备陶瓷、金属间化合物、复合材料及功能梯度材料等先进材料。其突出优点是节能、速度快、产物纯度高。但是，采用 SHS 技术合成的材料存在内部孔隙，即产物结构疏松，致密度仅为理论密度的 50% 左右。

8.6　热加工对钛基复合材料的影响

塑性变形是改善金属材料组织与性能的方法之一。热加工会使金属材料产生机械纤维（晶粒、第二相和夹杂物沿着加工方向排列）和织构，从而提高材料的力学性能。例如，美国莱特州立大学的 Weiss 等总结了 α 钛和近 α 钛的热加工工艺，提出控制显微组织和变形均匀性对于优化材料的力学性能尤为重要。而非连续钛基复合材料一般都需要进行热加工，一方面能够提高复合材料的致密度，另一方面能够减少烧结或者铸造产生的组织缺陷，从而提高复合材料的力学性能。研究发现，通过热加工不仅可以减少组织缺陷，而且会具有细晶强化或者位错强化等强化机制，来进一步提高其强度水平。

钛基复合材料的热加工比钛和钛合金的热加工更为复杂，这是因为增强相的加入使较软的基体上分布了许多较硬的增强相（如 SiC、TiB、TiC、稀土氧化物等），这使钛基复合材料的变形更加困难。烧结态的非连续钛基复合材料由于组织缺陷，导致塑性水平非常低，只有经过后续变形，才能获得不错的力学性能。

8.6.1　挤压对钛基复合材料的影响

挤压是对放在模具模腔内的金属坯料施加外力，迫使金属从模孔中挤出，得到所需断面外形、尺寸，并具有一定力学性能的挤压制品的塑性加工工艺。金属在挤压时，处于三向压应力状态，塑性提高，变形抗力显著下降。挤压能够改善金属的组织，提高其力学性能。

哈尔滨工业大学的黄陆军等对原位自生的 $TiB_w/TC4$ 复合材料进行了热挤压，并研究了不同热挤压工艺对复合材料高温变形特性的影响。研究发现，随着挤压温度与应变率的下降，复合材料的流变应力减小。当应变率为 $10\ s^{-1}$ 时，在 β 相内发生非连续的屈服。通过两相区及 β 相区的应力-应变曲线计算出了复合材料的本构方程及塑性变形过程中的激活能。

日本大阪大学的 Li 等利用粉末冶金技术与热挤压工艺制备出不同含量的（TiC＋TiB）/Ti

复合材料。结果表明，通过热挤压之后，TiB 晶须表现出一定的取向性，与变形方向平行，TiC 颗粒与 TiB 晶须分散得更加均匀。试验测得的复合材料的室温抗拉强度达到 1 138 MPa，但延伸率仅为 2.6%。

日本大阪大学的 Kondoh 等采用 SPS 烧结技术与热挤压，用商业纯钛作为基体，制备了碳纳米管与石墨增强钛基复合材料。与纯钛相比，质量分数为 0.4% 的碳纳米管增强钛基复合材料的最大抗拉强度达到 696 MPa，相比纯钛提高了 40.4%，断后伸长率下降到 27.3%。

8.6.2　锻造对钛基复合材料的影响

锻造是利用锻压设备，通过工具或者模具使金属毛坯产生塑性变形，从而获得具有一定形状、尺寸和内部组织的工件的一种压力加工方法。锻造能改善金属的组织，提高金属的力学性能和物理性能。通过锻造可以把粗大的晶粒击碎成细小的晶粒，并且形成纤维组织。当纤维组织沿着零件轮廓合理分布时，能够提高零件的塑性和冲击韧性。

上海交通大学的马凤仓等研究了锻造的工艺参数对变形后的原位自生 TiC 和（TiB+TiC）/Ti-1100 复合材料的组织和力学性能的影响。结果表明，加热温度能够调控双态组织中 α 相的含量，不同变形量得到的 α 相和 β 相的大小和形态不同，冷却速度会影响 α 相的形核和长大；不同增强体含量的复合材料在室温拉伸下呈现脆性断裂，强化效果明显，高温拉伸下呈现韧性断裂，表现出很高的强度和塑性。

俄罗斯科学院的 Imayev 等对铸造态的 TiB$_w$ 增强钛基复合材料进行等温锻造，研究了锻造对复合材料组织和力学性能的影响规律。结果发现，热锻能够使 TiB$_w$ 晶须有效地定向排列，同时保持较高的长径比；与基材相比，锻造条件下的复合材料的强度明显提高，塑性没有急剧下降，室温抗拉强度达到 796 MPa，室温延伸率为 7.6%。

8.6.3　轧制对钛基复合材料的影响

轧制是将金属坯料通过一对旋转轧辊的间隙来发生变形的过程。按轧件的运动方式，可以分为纵轧、横轧和斜轧。当轧制温度超过金属的再结晶温度时，称这个过程为热轧。轧制可以破坏坯料的铸造组织，细化坯料的晶粒，并消除显微组织的缺陷，从而使金属组织致密化，力学性能得到改善。

哈尔滨工业大学黄陆军等在制备出性能良好的网状结构 TiB$_w$/Ti 复合材料的基础上，为了进一步提高复合材料的力学性能并指导后续塑性变形，对复合材料进行了轧制变形，研究了轧制变形对网状 TiB$_w$/Ti 复合材料显微组织与力学性能的影响。结果表明，随着轧制变形量的提高，复合材料性能显著提高，这是由于基体的变形强化机制；体积分数为 8.5% 的 TiB$_w$/Ti 复合材料抗拉强度从 842 MPa 提高到了 1 030 MPa。随着轧制变形量的提高，TiB 晶须逐渐被打断，这对复合材料的力学性能起到了不利的影响。

上海交通大学的郭相龙等采用熔铸法制备了原位自生（TiB+La$_2$O$_3$）/Ti 复合材料，并对其进行不同变形量的热轧加工。研究发现，TiB 短纤维在轧制过程中会发生转动，最后平行于轧制方向，复合材料的力学性能逐渐提高。当变形量达到 95% 时，室温拉伸屈服强度为 1 091 MPa，断面收缩率为 7.6%。分析表明，细晶强化是复合材料中主要的强化机制，TiB 短纤维的转动也提高了复合材料的室温屈服强度。

8.7　石墨烯增强钛基复合材料

前面所述的原位自生非连续增强的钛基复合材料在增强体的选取上有一定的局限性，例如，原位自生的增强体大多为陶瓷颗粒或晶须，它们在基体中的尺寸大多为微米级别，所以复合材料很难达到纳米级别增强，就弹性模量而言，即使是较高的 TiB，也只有 550 GPa，如果想继续提高钛基复合材料的力学性能，方法之一就是扩大非连续增强钛基复合材料的增强体选取范围。最近几年，碳纳米材料如碳纳米管（CNT，弹性模量 1.1 TPa，断裂强度 60~110 GPa）及石墨烯（弹性模量约 1 TPa，断裂强度约 125 GPa，比表面积约 2 630 $m^2 \cdot g^{-1}$），被尝试以粉末冶金的方法加入钛基体制备钛基复合材料，并使得钛基复合材料的力学性能在以往传统制备工艺的基础上继续提高，展现出碳纳米增强体的独特优势，实现钛基复合材料在纳米尺度上的增强。

8.7.1　石墨烯增强钛基复合材料的制备工艺

（1）球磨制备石墨烯与钛的混合粉末

对于石墨烯粉末的选择，一般考虑采用少层石墨烯粉末（FLG，碳原子叠层为几层至十几层）或者多层石墨烯粉末（MLG，碳原子叠层为几十层或者上百层）。一方面，石墨烯与钛基体存在较高的化学反应活度，而钛基复合材料在烧结或热加工过程中所使用的温度较高，故而石墨烯可能会与基体发生界面反应，单层的石墨烯在高温下可能会被完全破坏，甚至是完全被反应消耗；另一方面，生产少层或多层石墨烯相对于单层石墨烯成本较低，有利于广泛地推广和使用。相对于碳纳米管粉末而言，石墨烯在低速球磨或者高速球磨的过程中更容易分散，原因之一在于，在不破坏碳纳米管结构的前提下，使用物理分散很难打破碳管之间的相互缠结，而石墨烯粉末片层间的团聚相对更容易消除。

碳纳米材料如碳纳米管、纳米金刚石和石墨烯增强的钛基复合材料的球磨方法一般以湿法球磨为主，在以往的粉末混合过程中，碳纳米相一般以超声分散或加入表面活性剂进行处理，接着在球磨的过程中与钛粉末均匀混合。表 8-4 为碳纳米相增强钛基复合材料在制备前期粉末球磨混合的部分方法。从表 8-4 中可以看出，由于碳纳米相尤其是石墨烯具有极高的比表面积，所以在作为增强体时，所使用的质量分数一般不超过 2%。如超过此含量，碳纳米相较难在球磨条件下均匀分布，即可能会出现大范围的团聚现象，进而影响复合材料成型后的力学性能。此外，由于碳纳米材料粉末天生具有易团聚的现象，所以，在粉末混合的前期或者混合过程中，将必不可少地使用有机溶剂进行分散。

表 8-4　碳纳米相增强钛基复合材料球磨及混合方法

增强相	增强相含量	粉末混合方法
多壁碳纳米管	质量分数 0.2%~1.0%	采用掺有两性表面活性剂的异丙醇分散酸化处理的碳纳米管粉末，然后与球形纯钛粉末在行星式球磨机上球磨 50 min（300 r/min）
纳米金刚石	体积分数 1.8%	采用己烷作为分散剂的湿法球磨，球磨时间 16 h，球料比 10:1

增强相	增强相含量	粉末混合方法
多壁碳纳米管	质量分数 0.4%～1.0%	在氩气氛围中使用行星式球磨机高能球磨 24 h，球料比 4:1（100 r/min）
多壁碳纳米管	质量分数 0.5%	碳纳米管粉末在乙醇中超声分散，并与通过硬酯酸处理后的钛粉在行星式球磨机中球磨 1 h（150 r/min）
多壁碳纳米管/石墨片	质量分数 0.1%～0.4%	在摇摆机中添加润滑油，使原始粉末混合 120 min
少层石墨烯	质量分数 0.025%～0.1%	少层石墨烯粉末在乙醇中超声分散，并与钛粉浆液混合，在行星式球磨机中球磨 2.5 h，球料比 5:1（350 r/min）
多层石墨烯	质量分数 0.5%～1.5%	多层石墨烯粉末在十二烷基苯磺酸钠溶液中超声分散后加入钛粉，并球磨 12 h（300 r/min）
少层石墨烯	体积分数 0.3%～0.7%	使用石墨片在异丙醇中球磨剥离出石墨烯，然后与钛粉球磨 3 h（100 r/min）
氧化石墨烯	质量分数 0.5%	氧化石墨烯与钛粉的混合浆液超声分散 1 h
少层石墨烯	质量分数 0.5%	TC4 球形粉末与少层石墨烯粉末在 V 形搅拌机中混合 24 h，混合粉末在乙醇中水浴（70 ℃）条件下机械搅拌

在制备石墨烯增强钛基复合材料的过程中，原始石墨烯粉末的选择不同于石墨烯增强铜基复合材料。现阶段，铜基复合材料中所使用的石墨烯粉末一般需要通过物理或化学的手段进行镀镍、铜等金属层，用于提高铜基体与石墨烯之间界面的润湿性。钛基复合材料中所使用的石墨烯或氧化石墨烯粉末表面一般不需要镀层，归因于：① 石墨烯与钛基体之间存在较强的 Ti—C 离子键；② 石墨烯与钛基体之间形成的 TiC 颗粒或一定程度的 TiC 层可以有效提高界面强度。所以，在粉末混合的过程中，只需要将石墨烯均匀分布在钛基体中，并保证尽量减少石墨烯片层的缺陷和石墨烯片之间的团聚，即达到混合粉末的最好效果。图 8-2（a）为高倍少层石墨烯与钛粉经过球磨后的扫描电子显微镜（SEM）照片，从图中可以看出，少层石墨烯吸附于球形钛粉表面，且结构保存较为完好。图 8-2（b）为球磨后混合粉末的低倍 SEM 照片，从图中可以看出，球磨后的混合粉末经过干燥，仍然会有部分石墨烯团聚现象。

较长的球磨时间、较高的球磨转速及高硬度的球磨珠会导致石墨烯在球磨过程中的破损和缺陷的大量形成。反之，降低球磨转速和时间则不会在较大程度上影响石墨烯的原始状态。如图 8-2（c）所示，混合粉末中的石墨烯相比原始石墨烯出现少量的缺陷，且随着后续混粉末的烧结、热加工，基体中石墨烯的缺陷逐渐增多（ID/IG 的比值大小与石墨烯的结构缺陷呈正相关）。此外，球磨还可以使少层石墨烯层数降低，存在继续剥离出石墨烯的现象。如图 8-2（d）所示，少层石墨烯的原始粉末经过球磨以后层数下降，且在后续复合材料制备过程中继续降低（石墨烯的 G 峰与石墨烯的层数有关，随着石墨烯层数的减少，G 峰将偏向波数较大的一侧）。

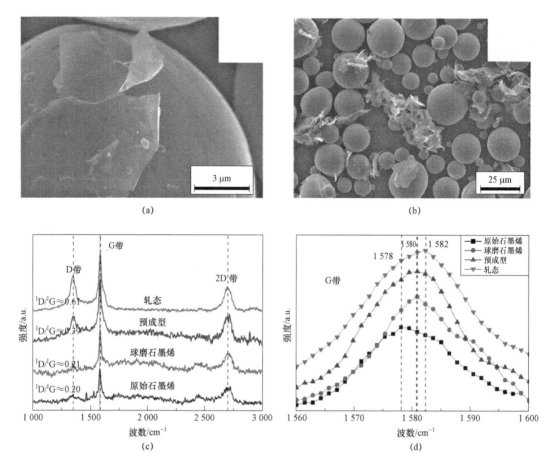

图 8-2　球磨后石墨烯与钛粉混合粉末的高倍和低倍 SEM 照片（a），（b），
以及石墨烯原始粉末与球磨后石墨烯粉末及石墨烯增强钛基复合材料的拉曼光谱（c），（d）

（2）热压烧结法制备石墨烯/Ti 复合材料

热压烧结（Hot-Pressing，HP）是制备钛基复合材的常规试验方法，将球磨后石墨烯与钛的混合粉末装于石墨模具或者钢模具中，模具内一般垫有石墨纸以防粘模。将装有混合粉末的模具置于真空或者氩气氛围的环境中（保护钛基体不被氧化）加热并同时加压。在加热的初期对装有粉末的模具施加一定的压力，可以在烧结前使复合材料具有一定的密实结构。对于采用石墨模具装载粉末而言，其烧结温度一般可以达到热压烧结炉所能承受温度的上限，而加压一般不超过 50 MPa，以防模具开裂受损。若要使烧结压强提高，则需选择钢制模具如不锈钢或硬质合金钢模具等装载粉末，但是烧结温度一般不超过 873 K，否则模具会在加热加压的过程中出现压头"墩粗"现象，发生取样困难的情况。

碳与钛在较大的温度范围内具有自发发生反应生成碳化物的趋势，见式（8-1）：

$$\mathrm{Ti} + \mathrm{C}(石墨烯) = \mathrm{TiC} \tag{8-1}$$

钛与石墨烯的摩尔反应焓 ΔH_{m} 和摩尔吉布斯自由能 ΔG_{m} 随温度的变化曲线如图 8-3 所示（图中 880 ℃时的拐点为钛基体的相转变过程）。从热力学的角度解释，式（8-1）中碳化物的形成在炉内可以自发进行且化学反应为放热反应。所以，热压烧结温度和压强的参数调整对复合材料的最终成型具有十分重要的影响。一方面，在高温烧结的条件下，石墨烯与钛基体完全反应形成碳化物颗粒，石墨烯成为一种碳源，用于 TiC 颗粒增强钛基体；另一方面，在低温烧结的条件下，石墨烯与钛基体的自发反应速度变缓，在最终成型的复合材料中，石墨烯仍然能够以最初的二维碳纳米结构存在于钛基体中。值得注意的是，如果低温烧结的压强较低，则复合材料在烧结后的致密度较低，孔隙率较高。所以，低温烧结一般选择较大的压强，使复合材料组织致密。

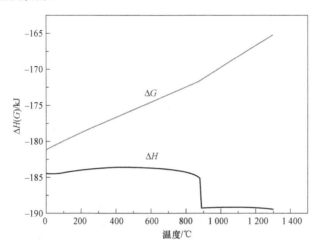

图 8-3　反应式的摩尔反应焓 ΔH_m 和摩尔吉布斯自由能 ΔG_m 随温度的变化

（3）放电等离子烧结技术制备石墨烯/Ti 复合材料

放电等离子烧结，也可以称为离子火花烧结（Plasma Activated Sintering，PAS）、离子辅助烧结（Plasma-Assisted Sintering，PAS），它将等离子活化、热压、电阻加热相结合，具有快速烧结、细化晶粒、高致密度和高性能等特点，对于实现高效优质、高性价比的材料制备具有重要意义，尤其是在纳米材料、复合材料等的应用中表现出极大的优越性。SPS 技术被大量高校、企业和科研机构用于新型材料的制备，并在金属、陶瓷、复合材料领域取得了诸多的研究成果。

通过对 SPS 烧结参数的精确调节，可以间接控制碳纳米相如碳纳米管、石墨烯与基体反应的程度，既可以采用原位自生法，以碳纳米相为碳源，获得具有弥散分布效果的混杂增强的钛基复合材料；也可以利用碳纳米材料自身力学的特性去增强钛基复合材料。表 8-5 为使用 SPS 方法制备的碳纳米相增强钛基复合材料的烧结参数。从表 8-5 中可以看出，复合材料的制备一般选择粒径较小的基体粉末。基体粉末粒径较小有利于碳纳米相更均匀弥散地分布于基体中。钛基复合材料烧结的保温时间一般不超过 1 h，且烧结温度的设定一般在 723～1 373 K。

表 8-5　放电等离子烧结制备钛基复合材料

增强相	基体粉末（粒径）	烧结参数（烧结温度×保温时间；压力）
多壁碳纳米管	CPTi（21.9 μm）	1 073 K×30 min；30 MPa
多壁碳纳米管	CPTi（5～40 μm）	823 K×5 min；300 MPa
多壁碳纳米管	CPTi（20 μm）	723～1 073 K×10 min；50 MPa
多层石墨烯	纳米 Ti（约 60 nm）	1 373 K×6 min；40 MPa
少层石墨烯	TiAl（20 μm）	1 373 K×10 min；50 MPa

钛基复合材料的烧结成型需满足增强体均匀分布、组织致密这两个条件，能否满足这两个条件与球磨混粉后的粉末混合的状态有关。球磨混粉一般无法避免出现碳纳米增强体团聚现象，所以，在烧结后的复合材料中，这种团聚现象会少量分布于钛基体中，并影响复合材料的力学性能。如图 8-4 所示，烧结后成型的复合材料力学性能测试断口中可以明显发现碳纳米管或石墨烯团聚的现象。图 8-4（a）是少层石墨烯与 TiAl 粉末 8 h 球磨后，在 1 373 K 50 MPa 下进行 SPS 烧结后的少层石墨烯增强 TiAl 复合材料的 SEM 断口形貌，从断口中可以发现，石墨烯以片层相互堆叠的形式团聚在颗粒的晶界处，这种团聚是由球磨混粉中石墨烯较高的含量和不充分分散导致的。

图 8-4（b）是碳纳米管与钛粉球磨 24 h 后，在 1 073 K 30 MPa 下进行 SPS 烧结后拉伸试样的 SEM 断口形貌。从断口中可以发现团簇的碳纳米管，这种团簇的形成是由混粉过程中碳管的不完全分散，碳管相互缠结导致的。

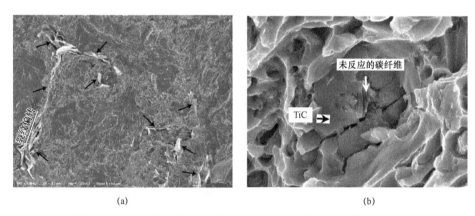

(a)　　　　　　　　　　　　　　(b)

图 8-4　石墨烯增强 TiAl 复合材料断口形貌（a）和碳纳米管增强钛基复合材料断口形貌（b）

（4）石墨烯/Ti 复合材料的热加工工艺

金属基复合材料的热加工工艺是复合材料最终成型、改善复合材料综合力学性能的重要环节。非连续增强钛基复合材料的热加工工艺主要包括热锻、热挤压和热轧等。一方面，热加工有助于消除烧结过程中出现的缺陷，随着复合材料致密度的提高，石墨烯与基体紧密结合，有利于石墨烯更好地承载应力。另一方面，热加工有助于使石墨烯更好地分散于基体之中，在一定程度上消除团聚。因为球磨混粉过程中石墨烯的分散效果是有限的，所以，热变形的引入，如热锻、热挤压和热轧能够十分有效地将石墨烯再次分散，并随着复合材料变形的方向重新分布。因此，复合材料热变形程度不仅会影响基体组织的演变，也会极大影响石墨烯的分散与取向。复合材料的热变形一般在烧结之后进行，表 8-6 是碳纳米相增强钛基复合材料的热变形工艺参数及拉伸力学性能。从表 8-6 中可以看出，碳纳米相增强钛基复合材料热塑性变形温度较高，这与钛基体自身的特性有关。选择合适的工艺参数对坯体在热加工的过程中避免流变失稳，最终获得高致密、高质量的复合材料具有重要意义和影响。

表 8-6　碳纳米相增强钛基复合材料的热变形工艺参数及拉伸力学性能

增强相/基体	质量分数/%	烧结工艺	热加工工艺	σ_{UTS}/MPa	ε_f/%
多壁碳纳米管/纯钛	0.4 0.8 1.0	SPS	热挤压；挤压温度 1 273 K，挤压比 37:1，挤压速率 3.0 mm/s	887±5.2 1 026±11.5 1 182±15.9	25±1.5 19±1.1 15±0.5
多壁碳纳米管/纯钛	0.18 0.24 0.35	SPS	热挤压；挤压温度 1 273 K，挤压比 37:1，挤压速率 3.0 mm/s	682±11 704±8 754±10	34.2±2.3 38.1±1.8 34.8±2.4
少层石墨烯/纯钛	0.025 0.05 0.1	SPS	热轧；热轧温度 1 223 K，压下量 60%，三道次	716 784 887	25 20 10
少层石墨烯/TC4	0.5	热等静压	热锻；热锻温度 1 243 K，锻造比 3	1 058±3	9.3±0.3

8.7.2　石墨烯增强钛基复合材料微观组织

微观组织在很大程度上决定了复合材料力学性能的差异。非连续增强钛基复合材料的微观组织形态与钛基体及增强体的分布状态有着密不可分的关系。碳纳米相增强钛基复合材料的研究还处在探索阶段，钛基体的选择一般以纯钛、传统的 TC4 钛合金为主。微观组织的演变一方面与碳纳米相的含量有关，另一方面与球磨、烧结、热加工工艺的选择有关。

图 8-5 所示为具有不同石墨烯质量分数的钛基复合材料在经过 SPS 低温高压烧结和热轧后块体复合材料致密度的变化曲线。从图 8-5 中可以看出，随着石墨烯质量分数的增加，烧结后块体复合坯体的致密度逐渐下降，其中，当石墨烯质量分数大于 0.1% 时，复合坯料致密度下降速度变快。进一步热轧处理后，复合块体的致密度虽然仍随石墨烯质量分数的增加而下降，但相对于烧结块体已经有了较大的提高，其致密度均在 98% 以上，说明热轧工艺可以使复合材料达到较高的致密度。当石墨烯质量分数保持在较低水平（小于 0.1%）时，其复合材料块体均能达到 99% 以上的致密度。

图 8-6 为石墨烯增强钛基复合材料在 SPS 工艺下坯体的 OM 和 SEM 照片。图 8-6

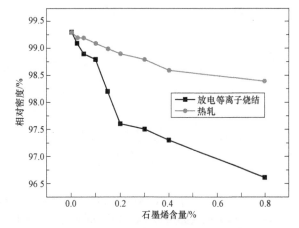

图 8-5　石墨烯质量分数对钛基复合材料致密度的影响

（a）为纯钛基体在低温高压下烧结的 OM 照片，可以较为明显地看出基体晶界迁移和晶粒长大的现象。图 8-6（b）～（d）为石墨烯质量分数为 0.025%、0.05% 和 0.1% 的钛基复合材料烧结后 OM 照片，复合材料的晶粒尺寸小于 35 μm。石墨烯分布于晶界处，并随着石墨烯含量的增高，团聚现象明显（黑色区域）。图 8-6（e）、（f）为石墨烯质量分数为 0.1% 的复合坯体在不同放大倍数下的 SEM 照片。可以很清晰地看出石墨烯分布于晶界处，而这种晶粒之间由石墨烯的引入所导致的"阻隔"，会在复合材料烧结的过程中出现抑制晶粒长大的效果。

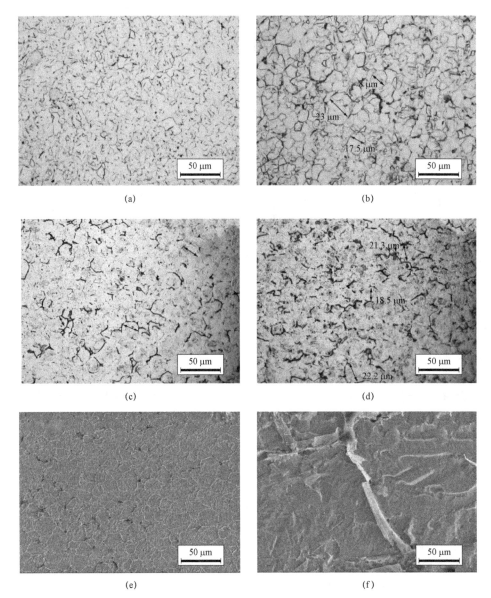

图 8-6　SPS 工艺下制备的石墨烯增强钛基复合材料坯体光镜照片
（a）0、（b）0.025%、（c）0.05%、（d）0.1%，以及 SEM 照片（e）0.1%、（f）0.1%

　　图 8-7 为热轧后钛基复合材料的 SEM 照片（纵截面）。可见，纯钛在经过热轧后存在较强的织构现象。图 8-7（b）～（d）为石墨烯质量分数分别为 0.025%、0.05% 和 0.1% 的钛基复合材料热轧后的组织照片。石墨烯的存在抑制了基体晶粒在热轧方向的变形，没有存在像热轧纯钛一样的严重变形晶粒。此外，石墨烯有规律地排布，并与热轧方向呈现约 15° 的小角度夹角。这意味着石墨烯会在热轧过程中随着切应力的作用沿着基体变形方向排布，且由于石墨烯自身的高断裂强度和刚度，石墨烯在热变形的过程中大部分没有产生破碎的现象（见

图 8-7（f））。图 8-7（c）是石墨烯质量分数为 0.025% 的热轧后钛基复合材料经过深度侵蚀后的 SEM 高倍照片。可以看出，石墨的表面存在细小的缺陷，经过 EDS 能谱测试发现，石墨烯的表面存在 10% 的钛元素，这是因为石墨烯在经过高温热轧后会产生与钛基体的界面反应，适量的界面反应有助于提高石墨烯增强钛基复合材料的界面强度。

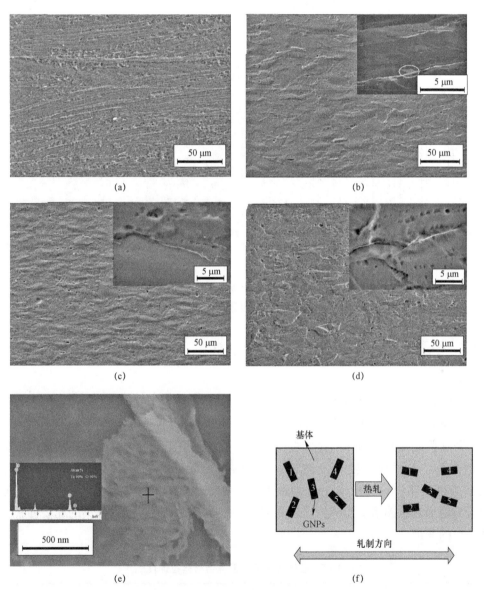

图 8-7　热轧后石墨烯增强钛基复合材料的 SEM 显微组织照片
（a）0%、（b）0.025%、（c）0.05%、（d）0.1%、（e）0.1% 及（f）石墨烯在热轧过程中的分布过程

图 8-8（a）所示为石墨烯增强钛基复合材料平均晶粒尺寸随石墨烯含量变化的趋势图，从图中可以看出，复合材料的平均晶粒尺寸随石墨烯含量的增加而不断减小。这是因为石墨烯在基体中的分散阻碍了晶界的迁移，从而抑制了晶粒长大。晶粒尺寸的大小不仅与石墨烯

的含量有关，还与石墨烯横向尺寸相关。提高石墨烯含量的同时，减小石墨烯片层的尺寸可以有效细化组织。然而，随着石墨烯含量的增高，团聚的现象也越发明显，所以晶粒尺寸降低的速率随着石墨烯含量的持续增高而放缓。如图8-8（b）所示，当石墨烯质量分数为0.8%时，球磨和热轧工艺均不能有效分散较多含量的石墨烯，所以石墨烯以小范围团聚的方式（见圈住部分）存在于基体中，其他分散在基体中的石墨烯对晶粒细化的作用有限。除此以外，复合材料基体晶粒的大小也与烧结工艺的选择有关，SPS具有抑制晶粒长大的效果。

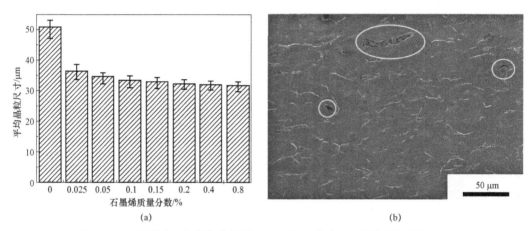

图8-8　石墨烯增强钛基复合材料平均晶粒尺寸随石墨烯含量的变化（a）
和石墨烯质量分数为0.8%的钛基复合材料SEM照片（b）

8.7.3　石墨烯增强钛基复合材料力学性能

（1）静态拉伸性能

图8-9为石墨烯含量为0.025%～0.1%的钛基复合材料与纯钛经过SPS烧结和热轧后的拉伸曲线。表8-7列出了相应具体的拉伸性能。可以看出，石墨烯的含量在极低的水平，仍然能够有效增强钛基复合材料的拉伸性能。最大抗拉强度与屈服强度随着石墨烯含量的增加有极大的提高。石墨烯含量为0.025%、0.05%、0.1%的钛基复合材料最大抗拉强度达到716 MPa、784 MPa、887 MPa，相比纯钛提高了24.5%、36.3%、54.2%。复合材料的断口延伸率随着石墨烯含量的增加而降低，这是因为位于晶界的石墨烯具有极高的比表面积，阻碍了基体晶粒的变形。

表8-7　石墨烯增强钛基复合材料拉伸性能

GNPs质量分数/%	GNPs体积分数/%	YS/MPa	UTS/MPa	延伸率/%
0	0	520	575	30
0.025	0.05	603	716	25
0.05	0.112	657	784	20
0.1	0.225	817	887	10

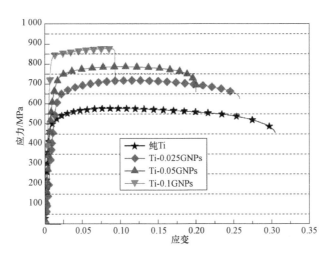

图 8-9　石墨烯增强钛基复合材料的拉伸曲线

采用低温高压的 SPS 技术，有效地保证了石墨烯在钛基复合材料中的碳纳米结构的相对完好，使钛基复合材料能够有效利用石墨烯的优异力学性能。热轧的应用，使石墨烯在基体中再次分散并沿着热轧方向排布。因此，石墨烯能够在复合材料沿热轧方向的拉伸过程中起到承载应力的作用。图 8-10 为石墨烯质量分数为 0.1% 的钛基复合材料试样拉伸断口，以及断口周边显微组织的 SEM 照片。从图 8-10（a）可见，石墨烯在拉伸的过程中被分裂为尺寸较小的石墨烯片，随着拉伸过程的进行，在石墨烯的断裂处沿着热轧方向产生微小的连接孔洞。图 8-10（b）为复合材料的准解理断口形貌，可以发现，在韧窝的底部出现断裂后的石墨烯残片，意味着石墨烯在拉伸变形的过程中吸收了大量的能量。

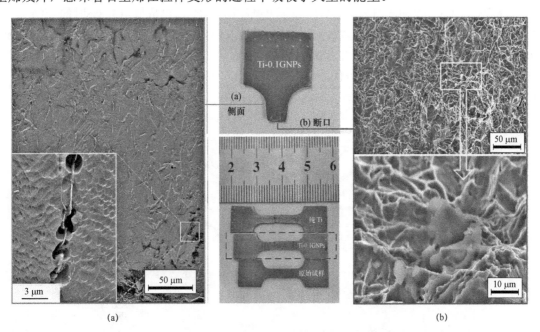

图 8-10　石墨烯（0.1%）增强钛基复合材料拉伸断口及周边组织的 SEM 照片

除此以外，石墨烯还具有提高复合材料延伸率的效果，在提高抗拉强度的同时，复合材料的延伸率基本保持不变。表 8-8 为经过热等静压、热锻和热处理制备的石墨烯增强 TC4 钛合金准静态拉伸数据。复合材料的弹性模量、极限抗拉强度、屈服强度相比纯 TC4 提高了 14.6%、12.3% 和 20.1%。对于一般的钛基复合材料而言，强度的增加一般伴随着塑性的降低。然而，在此方法下制备的石墨烯增强 TC4 强度大幅增加，塑性没有下降。

表 8-8　石墨烯增强 TC4 拉伸性能

样品	弹性模量/GPa	极限抗拉强度/MPa	屈服强度/MPa	延伸率/%
Ti	109±1	942±3	850±5	9.4±0.3
Ti＋0.5% GNFs	125±2	1 058±3	1 021±0.32	9.3±0.3

（2）动态压缩性能

通过 SPS 烧结后热轧成型制备石墨烯含量分别为 0%、0.05%、0.1%、0.2%、0.4% 和 0.8% 的石墨烯增强钛基复合材料，得到不同石墨烯含量复合材料在 3 000 s^{-1} 和 3 500 s^{-1} 应变率的压缩应力-应变曲线。如图 8-11 所示，复合材料在两种应变率条件下，最大流变应力和应变随石墨烯含量的变化的趋势相差不大。然而，随着石墨烯质量分数的增加，在应变率为 3 000 s^{-1} 时，0.05% 石墨烯质量分数复合材料的流变应力达 1 240 MPa，0.4% 时达到 1 800 MPa，在 0.8% 时降低至 1 530 MPa。而应变由 0.05% 时的 28% 降低至 0.2% 时的 20%，然后提高至 0.4% 时的 24%，再降低至 0.8% 时的 20%。在应变率为 3 500 s^{-1} 时，复合材料的流变应力由 0.05% 时的 1 400 MPa 提高到 0.4% 时的 1 860 MPa，然后降低至 0.8% 时的 1 650 MPa。而应变由 0.05% 时的 28.5% 降低至 0.2% 的 21%，然后提高至 0.4% 时的 30%，再降低至 0.8% 时的 20.5%，见表 8-9 和表 8-10。当石墨质量分数为 0.4% 时，复合材料的强韧性匹配最佳，即 0.4 Gr-TiMCs 复合材料的综合力学性能最好，在 3 000 s^{-1} 和 3 500 s^{-1} 下的应变与纯钛相差不大，且比纯钛的流变应力分别提高了 107% 和 94%。

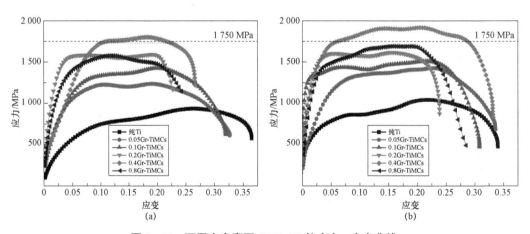

图 8-11　不同应变率下 GNPs/Ti 的应力-应变曲线

（a）3 000 s^{-1}；（b）3 500 s^{-1}

表 8-9　石墨烯增强钛基复合材料在 3 000 s⁻¹ 下的动态性能

GNPs 质量分数/%	0	0.05	0.1	0.2	0.4	0.8
应力/MPa	870	1 240	1 395	1 590	1 800	1 530
应变/%	34	28	25	20	24	20
与纯钛强度对比/%	0	+43	+60	+83	+107	+76

表 8-10　石墨烯增强钛基复合材料在 3 500 s⁻¹ 下的动态性能

GNPs 质量分数/%	0	0.05	0.1	0.2	0.4	0.8
应力/MPa	960	1 400	1 470	1 610	1 860	1 650
应变/%	33	28.5	26	20.5	30	20.5
与纯钛强度对比/%	0	+46	+53	+68	+94	+72

8.7.4　石墨烯增强钛基复合材料界面结构

界面是金属基复合材料研究的重点，界面的微观结构形态和强度直接影响载荷传递的效果和裂纹的扩展过程，并决定了金属基复合材料的性能。就碳纳米材料增强金属复合材料而言，金属基体中分布着如碳纳米管、纳米金刚石、C60、石墨烯等具有不同纳米结构的碳纳米相，界面处的原子结构、物理和化学环境、键合类型不同于界面两侧的相。碳纳米相增强钛基复合材料的界面主要承担着碳纳米材料与基体之间的外力传递、裂纹阻断等功能。同时，碳纳米相与钛基体之间具有强烈的化学反应活性，所以在界面区域很容易发生化学反应。界面的化学反应有利于提高增强体与基体之间的浸润性，提高界面强度。然而，界面反应的程度直接影响复合材料性能，过度的界面反应会在界面处产生大量的碳化物，并破坏碳纳米结构，导致复合材料性能下降。所以，碳纳米相增强钛基复合材料宏观性能的优劣很大程度上取决于碳纳米材料与基体的结合状态，而这也是金属基复合材料研究的重点和难点。

根据石墨烯与金属基复合材料结合方式的不同，可将界面分为机械结合型、浸润溶解型和反应结合型。由于较高的烧结温度和热加工过程，使碳纳米材料在钛基体中极易发生界面反应，所以界面类型偏向于反应结合型的界面。碳纳米相增强钛基复合材料的界面研究处在探索阶段。韩国延世大学的 Shin 等通过低温高压热压烧结制备少层石墨烯增强钛基复合材料，并研究了石墨烯与钛基体间的界面问题。图 8-12（a）为通过第一性原理计算得到的石墨烯与钛的界面模型，图 8-12（b）为复合材料的高分辨透射电镜 HRTEM 照片及能量损失谱（EELS）测试。从 HRTEM 中可以观察到石墨烯与钛界面处的莫尔条纹，通过 EELS 在界面两侧（i，ii，iii）处的测试可以发现 Ti—C 强烈的金属键合，而摩尔条纹的存在正是 Ti—C 离子键所导致的晶格畸变造成的。

比利时那慕尔大学的 Felten 等采用化学气相沉积制备了钛与多壁碳纳米管的复合材料。建立了具有不同钛原子数的钛团簇（钛原子数 1~4）与石墨烯结构的界面模型（见图 8-13），通过密度泛函理论的计算发现，当钛原子的排布平行于石墨烯表面时，具有最稳定的界面结构；当钛原子位于碳原子正上方时，Ti—C 间距为 2.13 Å；当钛原子位于石墨烯六圆环中间上方时，Ti—C 间距为 2.39 Å。

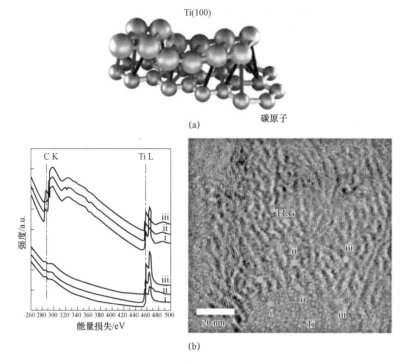

图 8-12 钛与石墨烯的界面模型（a）和钛与石墨烯界面 HRTEM 照片（b）

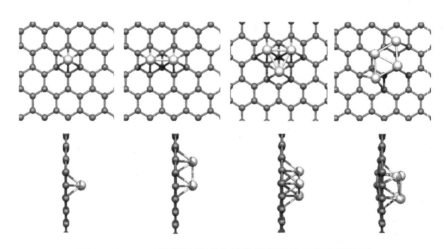

图 8-13 1~4 钛原子的密度泛函最优结构正视及侧视图

图 8-14 为北京航空材料研究院的曹振等人制备的石墨烯增强 TC4 钛合金的 HRTEM 及选区电子衍射照片。图 8-14（a）为石墨烯增强钛基复合材料的 TEM 明场像，从图 8-14 中可以看出，石墨烯位于晶界处，通过 EDS 能谱测试发现，白亮的条带状物质为纯碳，说明石墨烯的结构被完整保存。图 8-14（b）为 8-14（a）中"A"区域的 HRTEM，发现石墨烯与钛基体之间的界面紧密结合，由选区衍射可以发现 TiC 反应层的存在，说明复合材料在 970 ℃高温锻造的过程中存在石墨烯与基体反应生成碳化物的现象。TiC 颗粒以多晶的形式存在于石墨与基体的界面处，有助于提高复合材料界面强度。

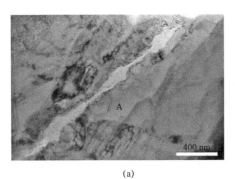
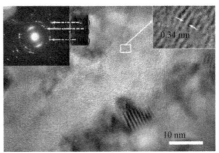

(a)　　　　　　　　　　　　　　　　(b)

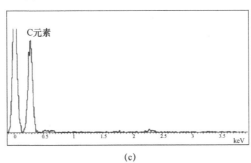

(c)

**图 8-14　锻造态石墨烯增强钛基复合材料石墨烯与钛基体界面的
TEM 明场像（a）、HRTEM（b）、EDS 能谱（c）**

当石墨烯与钛基体的界面过量反应时，将会生成大量的碳化钛。在一般情况下，石墨烯增强钛基复合材料希望保留石墨烯自身的纳米结构。然而，石墨烯有时也会被当作一种碳源，在制备钛基复合材料的过程中原位自生 TiC 颗粒，因为 TiC 颗粒作为一种钛基复合材料的增强体，也同样具有显著的增强效果。由于石墨烯自身具有纳米特性，原位自生的 TiC 颗粒也同样具有特殊的微观结构。分散均匀的石墨烯在经过充分反应后将产生片状的 TiC 颗粒，相比普通碳源产生的 TiC 颗粒，纳米片状的 TiC 颗粒具有显著提高钛基复合材料强韧性的优势。图 8-15 为石墨烯原位自生 TiC 后与钛基体之间的界面 HRTEM 照片及 FFT 图，右

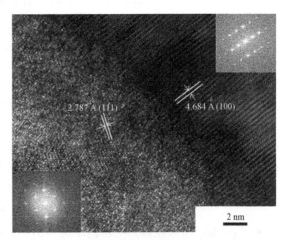

**图 8-15　石墨烯原位自生 TiC 后与钛基体之间的
界面 HRTEM 照片及 FFT 图**

侧部分的晶格间距为 4.684 Å，对应 Ti 的（100）晶面；左侧区域的晶格间距为 2.787 Å，对应 TiC 的（111）晶面，通过 FFT 图得知密排六方的 α-Ti 基体与面心立方 TiC 的晶带轴分别为 [010] 和 [013]。

8.7.5　石墨烯增强钛基复合材料强化机理

随着石墨烯增强钛基复合材料研究的进行，研究者发现，随着石墨烯作为增强体的引入，

钛基复合材料的强度、硬度、塑性等力学性能有了明显的提高，仅需微量的石墨烯就可以起到极大的增强效果。石墨烯增强钛基复合材料的强化机制主要包括石墨烯自身承载应力的直接强化和石墨烯影响基体的微观组织和变形模式的间接强化。

载荷传递是石墨烯发挥自身优异力学特性的重要方式。如 Kelly 和 Tyson 提出针对短纤维增强复合材料的剪切滞后理论模型，当复合材料受到载荷的作用时，载荷通过复合材料的基体，经过界面传递至短纤维。短纤维的长度和在复合材料中的临界断裂长度决定了基体中的最大应力能否达到短纤维的断裂强度，也意味着短纤维在复合材料受载荷作用过程中是以"拔出"还是"断裂"的形式承载应力。由此，复合材料断裂强度的公式可表达为

$$\sigma_c = \sigma_\gamma V_f \cdot \frac{l}{2l_c} + \sigma_m(1 - V_f), \quad l_c > l \tag{8-2}$$

$$\sigma_c = \sigma_\gamma V_f \cdot \left(1 - \frac{l_c}{2l}\right) + \sigma_m(1 - V_f), \quad l_c < l \tag{8-3}$$

其中，V_f 为短纤维的体积分数；σ_c、σ_γ、σ_m 分别为复合材料、短纤维和基体的强度；l 为短纤维在复合材料中的平均尺寸；l_c 为短纤维的临界断裂强度，其表达式为

$$l_c = \frac{\sigma_f d}{2\tau_m} \tag{8-4}$$

其中，d 为短纤维的直径；τ_m 为基体的剪切强度（$\approx \sigma_m/2$）。对于石墨烯增强钛基复合材料而言，石墨烯可视作一种短纤维，Shin 等计算得到其临界断裂长度 l_c 的修正公式为：

$$l_c = \sigma_\gamma \frac{Al}{\tau S} \tag{8-5}$$

其中，σ_γ 为石墨烯的强度；A 为石墨烯的横截面积；S 为界面面积；l 为石墨烯的长度。当石墨烯的尺寸大于临界断裂强度时，则石墨烯将以断裂的形式吸收能量；当石墨烯的尺寸小于临界断裂强度时，界面传递给石墨烯的最大应力不足以使其断裂，石墨烯将以脱出的形式吸收能量。此模型建立在两个条件的基础上：① 复合材料的基体力学性能近似为不加入增强体的纯金属性能；② 界面能够有效传递载荷。而复合材料的界面与基体的性能本身就是极其复杂的，所以，对于石墨烯增强钛基复合材料强化机理的研究需要从多方面考虑。

细晶强化石墨烯增强钛基复合材料是一种常见的增强方式，根据霍尔佩奇公式：

$$\sigma_m = \sigma_0 + k d_m^{-0.5} \tag{8-6}$$

式中，σ_0 为阻碍晶粒内部位错运动的阻力；k 为与材料的种类性质及晶粒尺寸有关的常数；d_m 为平均晶粒尺寸。基体的强度会随着晶粒尺寸的减小而增大。石墨烯的加入可以抑制晶粒生长，这是由于石墨烯阻碍位错运动，塞积的位错会形成亚晶并进一步形成晶界，从而细化基体晶粒。

奥罗万机制是纳米颗粒增强金属基复合材料的一种重要的强化机制，纳米尺寸的增强体阻碍了位错的滑移，从而提高了复合材料强度，其公式可表达为

$$\Delta\sigma_{OR} = \frac{0.13Gb}{d_p\left[\left(\dfrac{1}{2V_{GNPs}}\right)^{\frac{1}{3}} - 1\right]} \ln\left(\frac{d_p}{2b}\right) \tag{8-7}$$

其中，b 是基体的柏氏矢量；d_p 是石墨烯的平均尺寸；G 是基体的剪切模量。然而，石墨烯在厚度方向虽是纳米级别，但是作为一种二维材料，作为增强体时，长、宽方向的微米尺寸将不利于发挥位弥散强化的功能。通过定量的计算，奥罗万机制对复合材料强度的贡献仅有几兆帕。

织构强化效应也是复合材料强化的一种方式，晶粒在某一方向上的取向将极大影响该方向复合材料的力学性能，使复合材料的强度呈现各向异性的趋势。通过冷热加工后的复合材料基体晶粒，若发生晶粒偏转的情况，将产生强烈的织构，若此织构方向不利于晶体滑移，则会较大程度上在这个方向提高复合材料的强度。

由于钛基复合材料在制备过程中会接触高温、非真空的环境，所以经常会发生钛基体吸氧、吸氮的情况，会产生固溶强化的效果。固溶元素的存在造成了晶格畸变，并增大了位错运动的阻力，从而产生复合材料强化效果。强度的增加与固溶元素的浓度有很大关系，其公式为

$$\Delta\sigma_{YS} = \frac{\tau_0}{S_F} = \frac{1}{S_F}\left(\frac{F_m^4 c^2 w}{4Gb^9}\right)^{\frac{1}{3}} \tag{8-8}$$

其中，$\Delta\sigma_{YS}$ 为屈服强度增量；τ_0 为切应力；F_m 为溶质原子与位错之间的相互作用力；c 为溶质原子的浓度；w 为溶质原子与位错间距（$=5b$）；G 为弹性模量；b 为柏氏矢量 b 的模。此外，石墨烯等碳纳米材料在复合材料的制备过程中易发生碳元素与基体元素相互扩散的现象，碳元素在基体中的固溶强化作用也不容忽视。

值得一提的是，石墨烯增强钛基复合材料的增强机制一般不会是单一的，而是依赖多种增强机制的相互作用。图 8-16 所示为轧制态石墨烯增强钛基复合材料的各增强机制对复合材料强度的影响。从图中可以看出，复合材料强度的提高是由织构强化、载荷传递和细晶强化共同作用的结果。

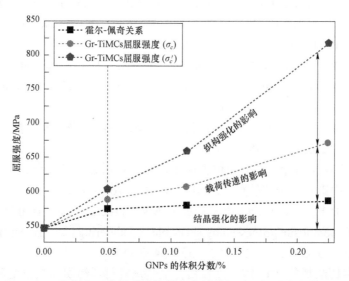

图 8-16　轧制态石墨烯增强钛基复合材料的增强机理半定量分析

参考文献

[1] 耿林，倪丁瑞，郑镇洙. 原位自生非连续增强钛基复合材料的研究现状与展望 [J]. 复合材料学报，2006，23（1）：1-11.

[2] 肖代红，黄伯云. 原位合成钛基复合材料的最新进展 [J]. 粉末冶金技术，2008，26（3）：217-223.

[3] Abkowitz S，Fisher H，Hayashi S. CermeTi（R）discontinuously reinforced Ti-matrix composites：Manufacturing，properties，and application [J]. Journal of the Minerals Metals and Materials Society，2004，56（5）：37-41.

[4] Saito T，Takamiya H，Furuta T. Thermomechanical properties of P/M titanium metal matrix composite [J]. Materials Science and Engineering A，1998，243（1-2）：273-278.

[5] Morsi K，Patel V V. Processing and Properties of Titanium-titanium Boride（TiB$_w$）Matrix Composites-A Review [J]. Journal of Materials Science，2007，42：2037-2047.

[6] Peng H X，Dunne F P E，Grant P S，et al. Dynamic densification of metal matrix-coated fibre composites：Modeling and Processing [J]. Acta Materialia，2005，53（3）：617-628.

[7] 朱艳. SiC 纤维增强 Ti 基复合材料界面反应研究 [D]. 西安：西北工业大学，2003.

[8] Geng L，Ni D R，Zhang J. Hybrid effect of TiB$_w$ and TiC$_p$ on tensile properties of in situ titanium matrix composites[J]. Journal of Alloy and Compounds，2008，463（1-2）：488-492.

[9] Ma Z Y，Misbra R S，Tiong S C. High-temperature creep behavior of TiC particulate reinforced Ti-6Al-4V alloy composite [J]. Acta Materialia，2002（50）：4293-4302.

[10] 黄菲菲. 原位 TiB 增强高温钛合金基复合材料的组织与性能研究 [D]. 哈尔滨：哈尔滨工业大学，2014.

[11] Munir K S，Li Y，Liang D，et al. Effect of dispersion method on the deterioration，interfacial interactions and re-agglomeration of carbon nanotubes in titanium metal matrix composites [J]. Materials and Design，2015（88）：138-148.

[12] Liu B，Liu Y，He X Y. Preparation and mechanical properties of particulate-reinforced powder metallurgy titanium matrix composites [J]. Metallurgical and Materials Transactions A，2007，38（11）：2825-2831.

[13] 吕维洁，张荻. 原位合成钛基复合材料的制备、微结构及力学性能 [M]. 北京：高等教育出版社，2005：76-95.

[14] 吕维洁，张小农，张荻，等. 原位合成 TiC 和 TiB 增强钛基复合材料的微观结构与力学性能 [J]. 中国有色金属学报，2000，10（2）：163-169.

[15] Tabrizi S G，Babakhani A，Sajjadi S A，et al. Microstructural aspects of in-situ TiB reinforced Ti-6Al-4V composite processed by spark plasma sintering [J]. Transactions of Nonferrous Metals Society of China，2015，25（5）：1460-1467.

[16] 戚继球. 熔铸法制备 TiC 增强高温钛合金基复合材料组织与高温变形行为 [D]. 哈尔滨：哈尔滨工业大学，2013.

[17] Abkowitz S M，Abkowitz S．Extending the life of shot sleeves with titanium metal matrix composite（MMC）Liners［C］．Fisher Harvey eds．2003 Transactions Congress Sessions/ 22nd International Die Casting Congress & Exposition．Chicago：North American Die Casting Association，2003：109-116.

[18] Kumar M S，Chandrasekar P，Chandramohan P，et al．Characterisation of titanium-titanium boride composites processed by powder metallurgy techniques［J］．Materials Characterization，2012，73（11）：43-51.

[19] Zhou W，Yamaguchi T，Kikuchi K，et al．Effectively enhanced load transfer by interfacial reactions in multi-walled carbon nanotube reinforced Al matrix composites［J］．Acta Materialia，2016（125）：369-376.

[20] 彭丽华．机械合金化放电等离子烧结钛基复合材料组织与性能研究［D］．长春：吉林大学，2008.

[21] Feng H B，Jia D C，Zhou Y．Influence factors of ball milling process on BE powder for reaction sintering of TiB/Ti-4.0Fe-7.3Mo composite［J］．Journal of Materials Processing Technology，2007，182（1-2）：79-83.

[22] Zeng Z，Zhang Y，Jonsson S．Deformation behavior of commercially pure titanium during simple hot compression［J］．Materials and Design，2009（30）：3105-3111.

[23] Weiss I，Semiatin S L．Thermomechanical processing of alpha titanium alloys-an overview［J］．Materials Science and Engineering A，1999，263（2）：243-256.

[24] 王博．TiB$_w$/Ti60 复合材料高温变形行为与热处理研究［D］．哈尔滨：哈尔滨工业大学，2015.

[25] 马凤仓．热加工对原位自生钛基复合材料组织和力学性能影响的研究［D］．上海：上海交通大学，2006.

[26] Zhang Y Z，Huang L J，Liu B X．Hot deformation behavior of in-situ TiB$_w$/Ti6Al4V composite with novel network reinforcement distribution［J］．Transactions of Nonferrous Metals Society of China，2012（22）：465-471.

[27] Li S F，Katsuyoshi K，Hisashi I．Microstructure and mechanical properties of P/M titanium matrix composites reinforced by in-situ synthesized TiC-TiB［J］．Materials Science and Engineering A，2015（628）：75-83.

[28] Hu H T，Huang L J，Geng L，et al．High temperature mechanical properties of as-extruded TiB$_w$/Ti60 composites with ellipsoid network architecture［J］．Journal of Alloys and Compounds，2016（688）：958-966.

[29] 马凤仓，吕维洁，覃继宁．锻造对（TiB+TiC）增强钛基复合材料组织和高温性能的影响［J］．稀有金属，2006，30（2）：236-240.

[30] Imayev V，Gaisin R，Gaisina E．Effect of hot forging on microstructure and tensile properties of Ti-TiB based composites produced by casting［J］．Materials Science and Engineering A，2014（609）：34-41.

［31］ Huang L J, Cui X P, Geng L. Effect of rolling deformation on microstructure and mechanical properties of network structured TiB_w /Ti composites ［J］. Transactions of Nonferrous Metals Society of China, 2012 （22）: 79−83.

［32］ Guo X L, Wang L Q, Wang M M, et al. Effects of degree of deformation on the microstructure, mechanical properties and texture of hybrid-reinforced titanium matrix composites ［J］. Acta Materialia, 2012 （60）: 2656−2667.

［33］ Wang F C, Zhang Z H, Sun Y J, et al. Rapid and low temperature spark plasma sintering synthesis of novel carbon nanotube reinforced titanium matrix composites［J］. Carbon, 2015 （95）: 396−407.

［34］ Melendez I M, Neubauer E, Angerer P, et al. Influence of nano-reinforcements on the mechanical propertiesand microstructure of titanium matrix composites ［J］. Composites Science and Technology, 2011, 71 （71）: 1154−1162.

［35］ Li S F, Sun B, Imai H, et al. Powder metallurgy Ti-TiC metal matrix composites preparedby in situ reactive processing of Ti-VGCFs system ［J］. Carbon, 2013 （61）: 216−228.

［36］ Munir K S, Zheng Y, Zhang D, et al. Microstructure and mechanical properties of carbon nanotubes reinforced titanium matrix composites fabricated via spark plasma sintering ［J］. Materials Science and Engineering A, 2017 （688）: 505−523.

［37］ Munir K S, Zheng Y, Zhang D, et al. Improving the strengthening efficiency of carbon nanotubes in titanium metal matrix composites ［J］. Materials Science and Engineering A, 2017 （696）.

［38］ Li S, Sun B, Imai H, et al. Powder metallurgy titanium metal matrix composites reinforced with carbon nanotubes and graphite ［J］. Composites Part A, 2013, 48 （1）: 57−66.

［39］ Mu X N, Zhang H M, Cai H N, et al. Microstructure evolution and superior tensile properties of low content graphene nanoplatelets reinforced pure Ti matrix composites ［J］. Materials Science and Engineering A, 2017 （687）: 164−174.

［40］ Song Y, Chen Y, Liu W W, et al. Microscopic mechanical properties of titanium composites containing multi-layer graphene nanofillers［J］. Materials and Design, 2016（109）: 256−263.

［41］ Shin S E, Choi H J, Huang J Y, et al. Strengthening behavior of carbon/metal nanocomposites ［J］. Scientific Reports, 2015 （11）: 1−7.

［42］ Hu Z, Tong G, Nian Q, et al. Laser sintered single layer graphene oxide reinforced titanium matrix nanocomposites ［J］. Composites Part B Engineering, 2016 （93）: 352−359.

［43］ Cao Z, Wang X, Li J, et al. Reinforcement with graphene nanoflakes in titanium matrix composites ［J］. Journal of Alloys and Compounds, 2016 （696）.

［44］ Xu Z, Shi X, Zhai W, et al. Preparation and tribological properties of TiAl matrix composites reinforced by multilayer graphene ［J］. Carbon, 2014, 67 （2）: 168−177.

［45］ Kondoh K, Threrujirapapong T, Imai H, et al. Characteristics of powder metallurgy pure titanium matrix composite reinforced with multi-wall carbon nanotubes ［J］. Composites Science and Technology, 2009, 69 （7−8）: 1077−1081.

［46］ Felten A，Martinezr I S，Ke X，et al. The Role of Oxygen at the Interface between Titanium and Carbon Nanotubes ［J］. Chemphyschem A European Journal of Chemical Physics and Physical Chemistry，2009，10（11）：1799.

［47］ Kelly A，Tyson W R. Tensile properties of fiber-reinforced metals：copper/tungsten and copper/molybdenum ［J］. Journal of the Mechanics and Physics of Solids，1965（13）：329－350.

［48］ Shin S E，Choi H J，Shin J H，et al. Strengthening behavior of few-layered graphene/aluminum composites ［J］. Carbon，2015（82）：143－151.

［49］ Zhang Z，Chen D L. Consideration of Orowan strengthening effect in particulate reinforced metal matrix nanocomposites：a model for predicting their yield strength ［J］. Scripta Materialia，2006（54）：1321－1326.

第9章
非晶合金复合材料

9.1　概述

　　块体非晶合金的出现和研究至今已 30 余年,该类材料以其优异的力学、物理和化学性能,如极高的强度、硬度及弹性应变,较高的冲击断裂韧性及耐腐蚀性等,成为国内外科技和工程领域的研究热点。针对块体非晶合金的发展历程、制备技术、性能特征及形变机制等,多处综述文献已做了详细报道。

　　虽然块体非晶合金以其高强度、高弹性的特点成为工程材料领域极具发展前景的被选材料之一,但是块体非晶合金变形过程中,沿主剪切带迅速发生断裂,室温条件下几乎无宏观塑性,这严重制约了其作为结构材料的实际应用。

　　鉴于晶体材料中位错受第二相阻力而增值的原理,在非晶合金中引入第二相,加载过程中在第二相附近产生应力的扰动,而剪切带扩展也会造成应力场,这两种应力相互作用导致剪切带数量增加和扩展方向发生改变,可诱发多重剪切带的产生和滑移,即制备出第二相增强(韧)的块体非晶合金基复合材料,既保证相应复合材料具有高强度、高硬度、耐磨、耐蚀等特性,同时又降低了整体脆性,增加其塑性。

　　目前,非晶复合材料按照增强(韧)相引入方式的不同,分为内生晶体相(原位合成)增强非晶合金复合材料和外加第二相(异位合成)增强非晶合金复合材料。内生晶体相非晶合金复合材料对制备方法和工艺有严格的要求,外加第二相非晶合金复合材料与其增强相空间拓扑结构关系更加密切。

9.1.1　非晶合金的定义、性能和应用

9.1.1.1　非晶合金的定义

　　非晶合金(Amorphous Alloy),又称作金属玻璃(Metallic Glass),是一种近年来迅速发展起来的极具研究价值和应用前景的新型材料。非晶合金由于冷却速度极快,凝固时原子来不及有序排列,长程无序,没有晶粒、晶界存在,但是原子间仍有金属键的结合。图 9-1 所示为非晶合金和晶体合金原子排列示意图,相比于晶体合金,非晶合金没有晶界和空位等缺陷,原子排列呈均质界面。正是由于这种独特的结构,非晶合金具有了异于传统晶体合金的特殊性能,主要表现为优异的力学性能,例如高的弹性极限、低的弹性模量、高强度、高硬度,以及超高的耐腐蚀性和优异的磁学性能等。

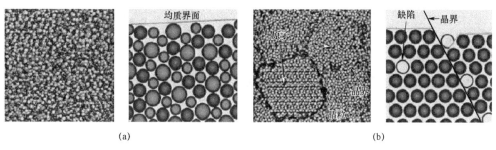

图 9-1　非晶合金和晶体合金原子排列示意图

（a）非晶体金属原子；（b）晶体金属原子

9.1.1.2　非晶合金的性能

非晶合金原子排布的特殊性，决定了它异于传统晶体合金的独特性能，包括优异的力学性能、电学性能、磁学性能和耐腐蚀性能等。

（1）力学性能

与晶体合金相比，非晶合金具有高强度、低弹性模量、高弹性应变极限和高弹性应变能。此外，同晶体合金相比，非晶合金屈服之前基本是完全弹性的，弹性极限接近屈服极限，无明显的加工硬化现象，具有较高的疲劳抗力。图 9-2 为非晶合金与其他材料的断裂韧度和强度对比图，表明非晶合金具有其他材料难以达到的超高强度，并且其断裂韧性保持在与其他晶体材料接近的水平。

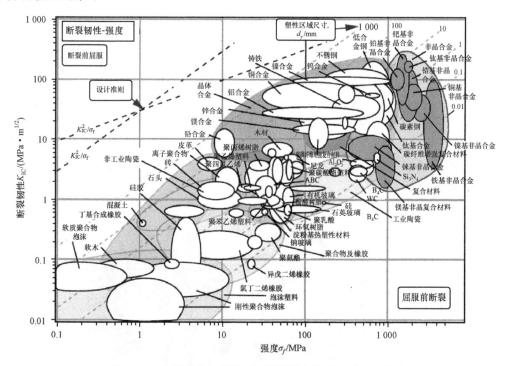

图 9-2　非晶合金与其他材料的断裂韧度和强度对比图

（2）电学性能

非晶合金原子排布具有长程无序的特点，对电子的散射能力较强，因此具有较高的电阻率，为晶体合金的2～3倍。同时，其电阻受温度的影响较小，相比于晶体合金具有较小的电阻率温度系数。

（3）磁学性能

由于非晶合金中没有晶界，磁晶各向异性低，也不存在第二相对磁畴壁的钉扎作用，因此具有优异的软磁性能。与传统的软磁材料相比，非晶合金具有高的磁饱和强度、电阻率和磁导率，以及更低的矫顽力。

（4）耐腐蚀性能

在晶体合金腐蚀过程中，由于晶体的晶界、位错和偏析等缺陷，表面不易形成稳定的钝化膜，从而成为腐蚀的发源区。而非晶合金恰恰不具有这些缺陷和不均匀性，腐蚀过程中合金表面易形成均匀、致密和覆盖性良好的钝化膜，因此其具有良好的耐腐蚀性能。

9.1.1.3 非晶合金的应用

近年来，随着对非晶合金研究的不断深入，人们已经认识到其独特的物理、化学性能。非晶合金必将成为支撑航空航天、精密制造、电子、国防工业和生物医疗等高新技术的关键材料。非晶合金可能的应用前景见表9-1。

表9-1 非晶合金的工程应用前景

基本特性	应用领域	基本特性	应用领域
高强度	工程结构材料	高硬度、高反射比	精密光学材料
高断裂韧性	模具材料	高冲击断裂能	工具材料
高疲劳强度	切削材料	高弹性能	体育器械材料
高耐腐蚀性	耐蚀材料	耐磨性	耐磨材料
高黏滞流动性	复合材料	优良的软磁性	软磁材料
高频磁导率	高磁致伸缩材料	高储氢能力	储氢材料
高电极效率	电极材料	良好的生物相容性	生物医学材料

以上这些领域中，有的已经进入工业应用阶段，有的仍处于实验室研究阶段，图9-3为非晶合金的应用实例。

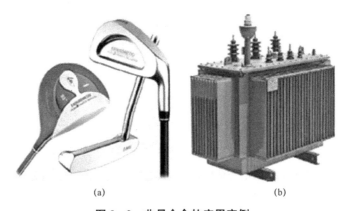

(a)　　　　　　　　　　(b)

图9-3 非晶合金的应用实例

（a）高尔夫球头；（b）非晶合金变压器

9.1.2　非晶合金复合材料的设计和分类

9.1.2.1　非晶合金复合材料的设计思路

与晶态合金不同，由于非晶合金内部原子排列无序，因此无法通过位错运动来实现变形。室温下，非晶合金的变形主要是以不均匀的局部切变方式进行，变形局限于剪切带内。在变形断裂后的试样上，可以观察到典型的鱼鳞状花样区，剪切断面与应力轴的夹角通常为 45°。尽管在某一个剪切带上局部的塑性应变很大，但是整体剪切带数量少，使得非晶合金在变形时沿单一剪切带贯穿试样截面而发生灾难性脆断，从应力-应变曲线上看，有脆性材料的特征，这在很大程度上制约了非晶合金在结构材料领域的应用。

因此，非晶合金复合材料的出现成为必然。通过在非晶合金的基体中引入具有不同强度和弹性模量的第二相，可以有效地阻碍单一剪切带的快速扩展，并且第二相和非晶合金基体间可以相互作用，诱发多重剪切带的生成和滑移，使应力得以重新分布。这样既保证了非晶合金复合材料具有非晶合金的高强度，又克服了其在室温下的脆性，进而提高非晶合金的塑性。当前大量关于非晶合金复合材料的研究表明，其塑性提高与第二相的尺寸、形状及体积分数有很大的关系。此外，非晶合金的熔点一般较低，有利于两相界面的反应润湿控制，可降低冷却过程中复合材料内部的残余热应力，因此也非常适合作为复合材料的母相。

9.1.2.2　非晶合金复合材料的分类

非晶合金复合材料按工艺可分为原位法和外加法。原位法是选择合适的合金成分，在适当的冷却速率下使第二相直接在合金基体中析出。原位法制备非晶复合材料的基本思路是在具有高玻璃形成能力的合金中加入合适的合金元素，在凝固过程中首先析出第二相，残余熔体为共晶成分或者近共晶成分，然后在快速冷却的条件下形成非晶合金，从而得到含有第二相的非晶合金复合材料。析出的第二相为金属间化合物或者固溶体，第二相的存在将会提高非晶合金的塑性变形能力。外加法则是在合适条件下将第二相直接引入非晶合金的基体中，使其弥散分布。

（1）原位内生晶体相增强非晶合金复合材料

原位内生晶体相强化的效果与所添加的合金元素、数量和成型工艺参数等密切相关。对非晶合金进行等温退火处理，使其发生部分晶化后，可得到纳米尺度晶体相增强的非晶合金复合材料。与非晶合金相比，分布在非晶合金内部的纳米相可明显提高材料的屈服强度和断裂应变。由于原位内生纳米相与母相界面结构具有一定的相似性，因此这种增强方式可以明显增强两相界面的结合力，提高材料的强度和韧性。但增强相颗粒通常比较脆，且过多的晶化还会导致纳米相结构的不均匀，降低材料的整体韧性。

另外一种非常有效的原位制备非晶合金复合材料的方法是通过匹配不同的合金成分和比例，在合金熔体凝固过程中直接析出晶体相。与通过部分晶化制备得到的非晶合金复合材料相比，原位析出晶体相增强非晶合金复合材料不仅工艺简单，而且能够更加有效地提高非晶合金复合材料的塑性。这种方法的另一优点是可以直接制备出所需形状的非晶合金复合材料，不需要后续的机械加工，具有净成型能力。考虑到从材料制备到零件成型等所有加工工艺，原位内生晶体相增强非晶合金复合材料的加工成本比较低。

（2）外加第二相增强非晶合金复合材料

外加第二相增强非晶合金复合材料主要有颗粒、丝束和骨架 3 种增强方式。

颗粒增强非晶合金复合材料是通过在熔体浇铸之前加入第二相颗粒的方法制备得到。由于受熔体温度的限制，只能选取具有高熔点的金属颗粒或者陶瓷颗粒作为增强相，并且选取的颗粒增强相必须与母相有尽可能少的界面反应，以防两相界面处发生部分晶化。此外，这种方法限制了添加颗粒的体积分数，如果加入较大体积分数的第二相颗粒，必然会导致熔融物黏度的提高，降低浇铸时的速率，容易导致熔融合金由于冷却速率不够高而发生晶化。利用机械合金化的方法尽管可以得到较大体积分数的第二相颗粒增强非晶合金复合材料，但工序复杂、影响因素多、操作性差，并且研磨过程中容易掺入其他合金元素或氧气等杂质，影响合金的非晶形成能力，实际应用受到限制。

与熔体浇铸前添加颗粒增强相的方法不同，渗流铸造法直接将熔体浇铸到预制体（丝束或骨架）中，因而可制得增强相体积分数很大的非晶合金复合材料。相比颗粒增强非晶合金复合材料，丝束增强非晶合金复合材料具有明显的各向异性特征，而骨架增强非晶合金复合材料，因其在空间上呈现连通网络状结构，两相可在三维上相互连通且分布均匀，互相约束、强化，因而性能更加优异。

9.2 原位内生晶体相增强非晶合金复合材料

原位内生晶体相增强非晶合金复合材料根据其变形过程中增强相是否发生相变，可分为非相变增强和相变增强两种非晶合金复合材料。

9.2.1 非相变增强非晶合金复合材料

非相变增强非晶合金复合材料，按析出增强相的类型，大致可以分为两类：纳米晶或微米晶颗粒/非晶合金复合材料和枝晶/非晶合金复合材料。

9.2.1.1 纳米晶或微米晶颗粒/非晶合金复合材料

通过非晶化法可制备出纳米晶/非晶合金复合结构，比如 $Zr_{60}Cu_{20}Pd_{10}Al_{10}$ 非晶合金经晶化处理后，可得到初晶相为纳米晶的非晶合金复合材料。由于纳米颗粒与基体间的力学性能差异和界面结合的良好性，这种结构有利于多重剪切带的产生，从而改善塑性。但是，这种方法一方面由于加热过程导致非晶基体的结构弛豫，使大多数基体出现脆化倾向；另一方面，晶化相大多为脆性的金属间化合物，这限制了其广泛应用。

利用急冷铸造法制备的非晶合金复合材料，其析出晶相颗粒尺寸在几十纳米到几十微米之间。这类复合材料表现出良好的力学性能，其主要原因是非晶合金基体没有经过退火处理，含有大量的自由体积。不足之处在于，该类复合材料具有明显的尺寸效应。随着样品尺寸的增大，析出晶体相的尺寸和分布极不均匀，从而导致塑性急剧下降。图 9-4 所示为纳米晶阻碍剪切带扩展的示意图，可见纳米第二相可有效阻碍非晶合金中剪切带单一方向扩展，使剪切带的数量增加，进而提高塑性。

晶体相（纳米晶、微米晶）增强非晶合金的目的在于通过引入第二相，以控制剪切带的产生和扩展，进而提高非晶合金基体的强度和塑性。晶体相对非晶合金力学性能的影响与其性质、尺寸及体积分数密切相关。当晶体相尺寸大于剪切带的宽度时，晶体相能够有效阻止剪切带的扩展，并可成为新剪切带的开动源，使非晶合金的剪切变形向着多剪切带发展，进而大幅度提高塑性，但是脆性相却由于自身先于基体破损而使非晶合金发生低强度脆性断裂；当晶体相的尺寸小于剪切带的宽度时，晶体相并不能有效地阻止剪切带的扩展，它只能增加剪切带内原子运动的阻力，使得剪切带变窄，导致材料强度增加，但是不能形成多重剪切带，无法有效提高塑性。

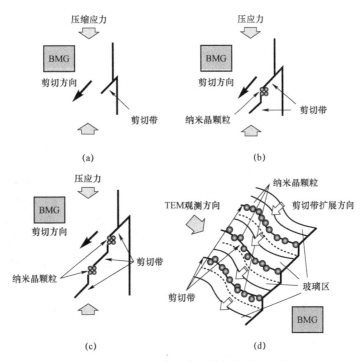

图 9-4　非晶合金中剪切带的扩展示意图

（a）最初阶段变形通过常规剪切带增殖；（b）剪切应力在纳米晶处生成；
（c）纳米晶阻碍剪切带扩展形成多重剪切带；（d）形成纳米微条纹

9.2.1.2　枝晶相/非晶合金复合材料

枝晶相/非晶合金复合材料一般通过急冷铸造法获得。图 9-5 所示为通过半固态凝固工艺制备得到的内生枝晶相/非晶合金复合材料，组织均匀，具有典型的缩颈现象，表现出极大的塑性变形能力。图 9-6 给出了该非晶合金复合材料与传统工程材料的韧度对比，发现该复合材料表现出了和钢、钛合金几乎相当的韧度水平，甚至更高。

枝晶相/非晶合金复合材料的力学性能受非晶合金基体相、内生枝晶晶体相及界面性能共同作用。在经受载荷作用时，其变形过程通常包含 3 个阶段：弹-弹性变形阶段、弹-塑性变形阶段和塑-塑性变形阶段。对于内生枝晶相/非晶合金复合材料，弹-弹变形阶段指的是内生枝晶相和非晶合金基体相均处在弹性变形阶段。随着应变增加，复合材料进入弹-塑性变形阶段。大多数内生枝晶/非晶合金复合材料在弹-塑性阶段的变形过程中，屈服首先在枝晶相中开动，产生位错和滑移等现象。在枝晶相发生塑性变形后，由于位错的交割而显现加工硬化现象，导致内生枝晶相的强度越来越高。

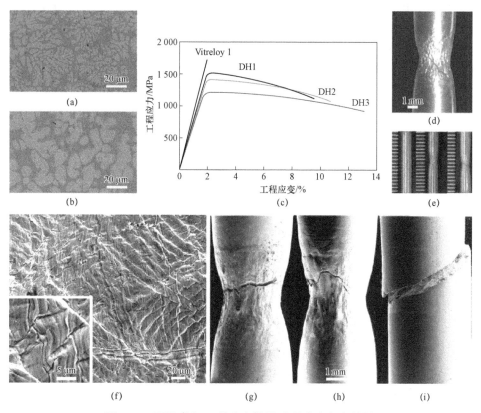

图 9-5　不同成分 Ti 基内生枝晶/非晶合金复合材料

（a），（b）微观组织；（c）室温拉伸工程应力–应变曲线；（d）颈缩现象；（e）拉伸前后对比；

（f）拉伸形变后的表面形貌；（g），（h）颈缩区域的放大图；（i）非晶合金的拉伸断裂形貌

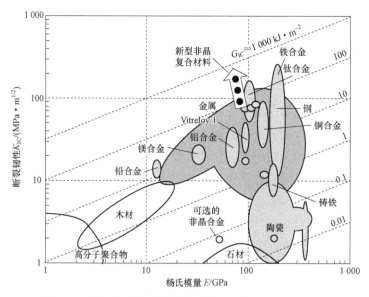

图 9-6　非晶合金复合材料与传统工程材料的韧度对比

有两种情况需要考虑：第一种是内生枝晶相的强度与非晶合金基体的屈服强度相当。当载荷达到非晶合金的屈服强度时，非晶合金基体内部产生剪切带。原来枝晶内部的滑移带通过界面延伸到基体内部形成剪切带，剪切带遇到其他枝晶后被阻碍，形成多重剪切带。样品最终的破坏是由于复杂剪切带贯穿整个试样造成的，此时样品表现为一定程度的加工硬化。第二种是内生相强度低于非晶合金基体的屈服强度。在载荷达到非晶合金屈服强度之前的某一时刻，内生相失去塑性变形能力。此时的复合材料相当于由两个脆相组成，即非晶合金基体和硬化后的内生相。从内生相停止硬化到基体屈服出现剪切带这段变形过程中，界面协调了两相内应力差。当载荷达到非晶合金基体的屈服强度时，基体出现剪切带，之后的过程仍是枝晶限制剪切带迅速扩展，这种材料的变形过程表现为先加工硬化后应变软化的现象。

9.2.2　相变增强非晶合金复合材料

相变诱导塑性效应（Transformation-induced plasticity，TRIP）是通过晶体在外力作用下发生相变而诱导产生塑性变形，这种机制已在钢铁材料及陶瓷材料中获得应用。基于这一思路，人们开展了基于 TRIP 效应提高非晶合金韧塑性的研究，并取得了突破性的进展。

图 9–7 所示为一种体心立方的 B2–CuZr 相（B2）在应力诱导下发生相变转变，形成一种 B19′（$P2_1/m$）或 B33（Cm）单斜结构马氏体 CuZr（M–CuZr）相的转变示意图。依据这一原理，可实现将 TRIP 效应引入非晶合金的目的。

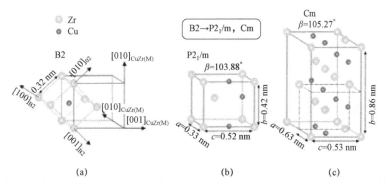

图 9–7　B2–CuZr 晶体结构示意图及其与马氏体相结构的晶体学遗传关系（a）、马氏体 CuZr 的基础结构（b）及超结构（c）

图 9–8 为 TRIP 效应韧塑化 CuZr 基非晶合金复合材料在准静态压缩过程中不同应力水平下平行（LD）于和垂直（TD）于加载方向的原位同步辐射高能 X 射线衍射（HEXRD）图。如图 9–8（a）中插图所示，当应力达到 866 MPa 时，LD 方向上在 2θ 约为 2.5° 的位置出现一个微小的晶体相衍射峰，表明复合材料中开始出现了形变诱发的新相，其晶体结构不同于初始的 B2–ZrCu 相。随着压缩应力的不断增加，新出现的晶体相衍射峰强度逐渐增强，而初始晶体相衍射峰强度逐渐减弱，同时伴随着一些新的衍射峰的出现，这些现象均说明新生成晶体相的体积分数在不断增加。在 TD 方向上观察到的现象与 LD 方向上的类似，相变发生于非晶复合材料屈服之前，如图 9–8（b）所示，只不过新生成晶体相衍射峰的位置和强度有所不同。

与其他非晶合金复合材料类似，TRIP 效应韧塑化非晶合金复合材料中的晶体相对非晶中剪切带的快速扩展起到阻碍和分叉作用，延缓了剪切带到裂纹的迅速发展，促使更多的细小

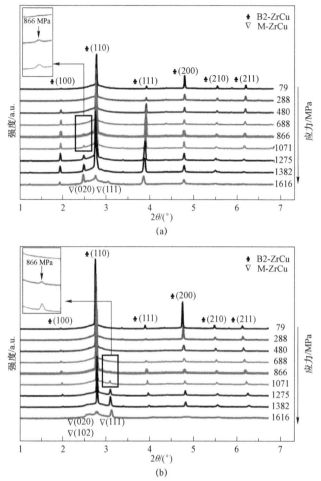

图9-8 非晶合金复合材料准静态压缩过程中的原位 HEXRD 图谱
（a）平行于加载方向（LD）；（b）垂直于加载方向（TD）

剪切带形成,增大剪切带密度,因而提高了复合材料的整体塑性变形能力。晶体相对于剪切带的阻碍作用在枝晶增强的非晶合金复合材料中也存在,但并不能产生明显的加工硬化效果。通过对比 TRIP 效应韧塑化非晶合金复合材料与无相变发生复合材料的性能特点, 发现 TRIP效应对该类复合材料优异力学性能的获得具有重要作用,如图9-9所示。没有相变发生的复合材料虽然表现出拉伸塑性,但呈现出明显的软化效果,而有相变发生的复合材料,虽然晶体相体积分数相对较小,但表现出明显的拉伸塑性和加工硬化效果。

图 9-10 为该复合材料变形前后的晶体相与非晶合金基体相的硬度变化。发现复合材料中晶体的硬度略小于非晶合金基体,变形过程中更容易先发生变形,而相变后的马氏体硬度则较奥氏体型晶体相明显提高,可以显著补偿非晶合金基体的应变软化;同时, 由于先发生相变的晶体相变成马氏体而提高了模量和硬度,变形抗力增大,后续的塑性变形进而转移到其他部位进行,抑制了局域变形的进一步累积,延缓了剪切带的快速扩展和微裂纹的产生,因而该类复合材料具有应变硬化效应。另外,由于马氏体相变的"自适应"效应,可有效降低晶体相-非晶界面的应力集中,这也有助于抑制裂纹在界面处产生,提高复合材料的整体性能。因此,可以看出,TRIP 效应韧塑化非晶合金复合材料优异力学性能的获得是通过以马

氏体相变贡献为主导的多方面因素共同作用产生的。

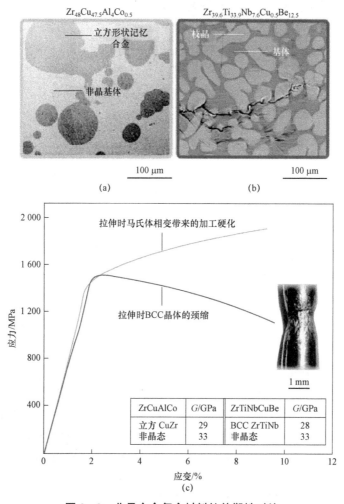

图 9-9　非晶合金复合材料拉伸塑性对比

（a）TRIP 效应韧塑化复合材料组织形貌；（b）无相变发生的枝晶增强非晶复合材料组织形貌；

（c）二者拉伸曲线对比，TRIP 效应韧塑化复合材料表现出明显的加工硬化特征

通过组织均匀化和优化马氏体相变等还可以优化 TRIP 效应韧塑化非晶合金复合材料的性能，使非晶合金复合材料能够在保持较高强度的前提下表现出具有明显差异的拉伸塑性，同时，还具有显著的加工硬化能力，并且其力学性能可以通过微观结构的调控加以控制和调节。因此，TRIP 效应韧塑化非晶合金复合材料的综合力学性能相比于其他体系非晶合金复合材料更为优异，因而也更具发展潜力和广阔的应用前景。

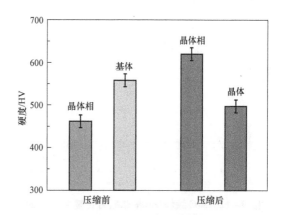

图 9-10　变形前后非晶合金复合材料中晶体相与非晶基体硬度的变化

9.3　颗粒增强非晶合金复合材料

颗粒增强非晶合金复合材料，根据颗粒的性质，又可分为脆性颗粒（陶瓷颗粒）和韧性颗粒（金属颗粒）增强非晶合金复合材料两大类。研究发现，尽管脆性颗粒（SiC、WC、TiB_2）和韧性颗粒（W、Nb、Ta、Fe 等）均能有效改善非晶合金的力学性能，但改善的效果与增强相性能、大小及体积分数等因素密切相关。

9.3.1　陶瓷颗粒/非晶合金复合材料

陶瓷颗粒（SiC、WC、TiB_2 等）是典型的高硬度、高强度的颗粒增强相，作为第二相加入非晶合金中可以进一步提高其性能。在添加过程中，如果陶瓷颗粒与非晶合金有较好的润湿性和强烈的界面，就会在界面处形成扩散层。图 9−11 为 SiC 颗粒/Zr 基非晶合金复合材料的组织形貌，SiC 在基体中分布相对均匀，SiC 颗粒与 Zr 基非晶合金界面处有一层 ZrC 形成，厚度小于 200 nm。当扩散层较薄时，对复合材料的性能影响不大。

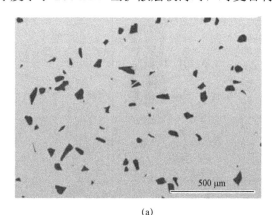
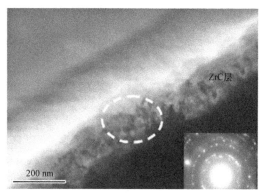

（a）　　　　　　　　　　　　　　　　　（b）

图 9−11　SiC 颗粒/Zr 基非晶合金复合材料
（a）组织形貌；（b）界面微观结构

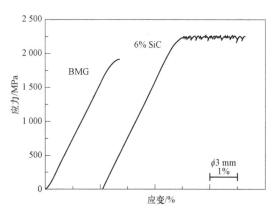

图 9−12　SiC 颗粒/Zr 基非晶合金复合材料的准静态轴向压缩应力−应变曲线

图 9−12 为 SiC 颗粒/Zr 基非晶合金复合材料的准静态轴向压缩应力−应变曲线。如图所示，复合材料表现出明显高于非晶合金的强度和塑性。

图 9−13 为 SiC 颗粒/Zr 基非晶合金复合材料的压缩断裂形貌。该复合材料表现为剪切破坏，在样品断裂面附近外表面处可看到大量剪切带的形成（图 9−13（b））。断口处可观察到大量 SiC 颗粒被剪切断裂（图 9−13（c），（d）），说明 SiC 颗粒与 Zr 基非晶合金具有较好的界面结合。

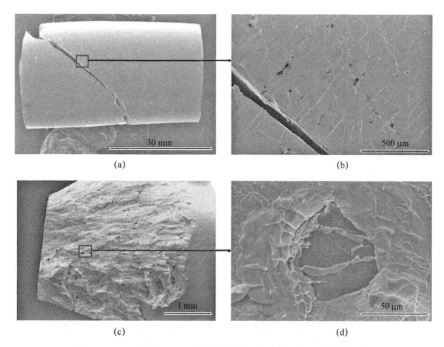

图 9-13　SiC 颗粒/Zr 基非晶合金复合材料压缩断裂形貌

(a), (b) 表面形貌；(c), (d) 断口形貌

在变形过程中，为了克服剪切带扩展前方陶瓷颗粒的阻碍作用，剪切带只能绕过或切过陶瓷颗粒，陶瓷颗粒的高强度导致裂纹扩展所需的功增加，并且由于陶瓷颗粒难以塑性变形，应变能在颗粒处逐渐积累，使复合材料的强度达到了很高的水平。当颗粒无法再继续支持这种不均匀变形而发生破坏后，剪切带即挣脱了颗粒的束缚，其扩展运动将不再受任何阻碍，贯穿整个试样的剪切带导致材料发生脆性断裂。因此，虽然陶瓷颗粒增强非晶合金复合材料的强度很高，但是由于不能有效阻碍剪切带的不稳定扩展，它不能承受稳定的塑性变形，其塑性变形量一般都较小。

9.3.2　金属颗粒/非晶合金复合材料

与陶瓷颗粒相比，韧性金属颗粒（W、Nb、Ta、Fe 等）的强度低而塑性好。图 9-14 为 Nb 颗粒增强镁基非晶合金复合材料的室温压缩应力-应变曲线，发现 Nb 颗粒的加入可有效提升非晶合金的塑性。

在复合材料的变形过程中，剪切带可以相对容易地绕过或者切过增强相，或通过塑性颗粒自身的变形使应变能得以松弛。因此，尽管这些复合材料的强度不是很高，但是通过塑性颗粒自身的变形，剪切带的不均匀应变被均匀地分布到了颗粒周围的基体上，大量二次剪切带的萌生和发展使变形得以均匀地分布于整个试样上，如图 9-15 所示。通过塑性颗粒的作用，剪切带的不稳定扩展被有效抑制，从而赋予了复合材料良好的塑性变形能力。因此，从改善非晶合金塑性的角度，塑性颗粒增强相具有脆性颗粒无法比拟的优势。

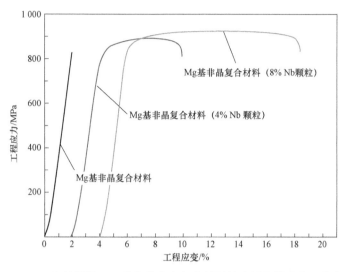

图 9-14　Nb 颗粒增强 Mg 基非晶合金复合材料的室温压缩应力-应变曲线

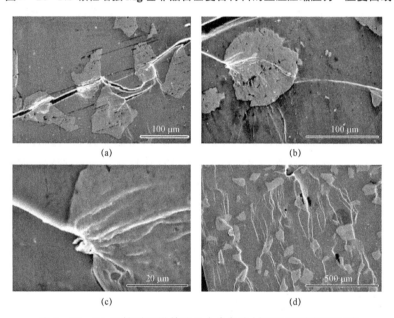

图 9-15　Nb 颗粒增强镁基非晶合金复合材料的压缩断裂形貌

　　从以上分析可知，这两类非晶合金复合材料的塑性改善机理不同。脆性颗粒改善非晶合金的塑性主要来源于基体，通过脆性颗粒阻碍剪切带的扩展而导致剪切带的增殖获得。这就预示着颗粒的尺寸将在这一过程中起很大的作用。SiC 颗粒增强非晶合金复合材料的研究表明，相同体积分数的大尺寸颗粒改善塑性的效果更佳。韧性颗粒改善非晶合金塑性机理分为两个部分：一是韧性颗粒本身的塑性变形；二是基体的变形。当然，无论是韧性颗粒还是脆性颗粒，增强颗粒的尺寸、体积分数都会对非晶合金的塑性产生很大的影响。通过研究 Ta、Nb 和 Mo 颗粒增强 $Zr_{57}Nb_5Al_{10}Cu_{15.4}Ni_{12.6}$ 非晶合金复合材料的结构及性能，如图 9-16 所示，低体积分数小尺寸的 Ta 及 Nb 颗粒的添加并没有改善非晶合金的塑性，对非晶合金屈服强度的影响也较小。而高体积分数大尺寸的 Mo、Ta 和 Nb 的添加则极大地提高了非晶合金的压缩塑性，但是复合材料的屈服强度相比非晶合金则明显下降。

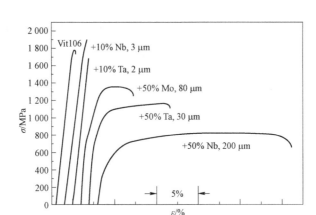

图 9-16　金属颗粒增强非晶合金复合材料的轴向压缩应力-应变曲线

复合材料塑性的提高是增强相与非晶合金基体间的残余热应力、颗粒形状及两相界面结合强度的综合作用的结果。此外，颗粒的尺寸和体积分数对非晶合金基体的形成能力也有很大的影响。对于这两类复合材料，潜在的机理、第二相的尺寸和体积分数与性能的关系仍需要系统地研究。

9.4　丝束增强非晶合金复合材料

9.4.1　钨丝/锆基非晶合金复合材料

9.4.1.1　界面控制

基于"内生涂层"的理念，在高温浸渗制备 W 丝/Zr 基非晶合金复合材料的过程中，使 W 丝表面自发形成一层"阻挡层"，希望这种内生涂层能够协调界面处的应力状态并改善界面性能，以此提高复合材料抗拉强度。

（1）原子间相互作用模型

Zr 基非晶合金基体中的活性元素 Zr 与 W 之间具有强烈的相互作用，在 Zr 基合金和含 Zr 的 Cu 基合金中，浸渗温度过高，很容易在界面处形成 W-Zr 反应产物。从原子间相互作用的观点看，需要寻找与 W 相互作用更强的元素，以抑制 W 与 Zr 的相互作用。在 A-B 二元体系中，根据最近邻原子相互作用模型，在规则溶液中，单位摩尔数的 A 和 B 均匀混合后，能量变化为：

$$\omega = N_0 Z \left(\varepsilon_{AB} - \frac{\varepsilon_{AA} + \varepsilon_{BB}}{2} \right) \tag{9-1}$$

其中，N_0 为阿伏伽德罗常数；Z 为原子的液相配位数；ε_{ij} 为 i-j 原子对之间的相互作用能，其数值越小，意味着原子对之间的相互作用越强。合金熔化后，可近似看作是原子均匀分布的均质液体，因此与 W 作用最强的元素，即 ε_{ij} 最小的元素，将优先在 W 表面富集。对于纯金属而言，物质 i 的气化热可近似表示为

$$\Delta H_{V_i} = -\frac{N_0 Z}{2} \varepsilon_{ii} \tag{9-2}$$

定义 $\varepsilon_{ij}^* = N_0 Z \varepsilon_{ij}$ 为摩尔原子相互作用能，则方程（9-1）和方程（9-2）可写为

$$\omega = \varepsilon_{AB}^* - \frac{\varepsilon_{AA}^* + \varepsilon_{BB}^*}{2} \tag{9-3}$$

$$\Delta H_{V_i} = -\frac{1}{2} \varepsilon_{ii}^* \tag{9-4}$$

在 A-B 二元规则溶液中，形成单位摩尔数的均质溶液产生的热效应为混合焓，用 ΔH_m 表示，则

$$\Delta H_m = \omega X_A X_B \tag{9-5}$$

因此，等摩尔数的 A 和 B 混合，形成单位摩尔数的均匀溶液产生的热效应为

$$\Delta H_m^0 = \frac{1}{4} \omega = \frac{1}{4}\left[\varepsilon_{AB}^* - \frac{1}{2}\left(-2\Delta H_{V_A} - 2\Delta H_{V_B}\right)\right]$$
$$= \frac{1}{4}\left(\varepsilon_{AB}^* + \Delta H_{V_A} + \Delta H_{V_B} \right) \tag{9-6}$$

因而

$$\varepsilon_{AB}^* = 4\Delta H_m^0 - \Delta H_{V_A} - \Delta H_{V_B} \tag{9-7}$$

不同元素之间的混合焓 ΔH_m^0 通过 Miedema 模型计算得到，根据方程（9-7）计算摩尔原子间相互作用能，原子间相互作用强弱可以用 $-\varepsilon_{AB}^*$ 表示，$-\varepsilon_{AB}^*$ 越大，表示 A 和 B 原子之间的相互作用越强。

考虑到元素添加对非晶形成能力的影响，以 $Zr_{40.08}Ti_{13.30}Cu_{11.84}Ni_{10.07}Be_{24.71}$ 合金为研究对象，研究添加各种元素之后各元素之间的相互作用。图 9-17 所示为以添加 Nb 元素为例的原子间相互作用强弱计算结果，W 与非晶合金基体中各元素相互作用要比非晶合金中各元素之间的相互作用强，并且 W-Nb 相互作用（$\varepsilon_{W-Nb}^* = -1\,536.4\ kJ/mol$）要比 W-Zr 相互作用强（$\varepsilon_{W-Zr}^* = -1\,426.9\ kJ/mol$，$\varepsilon_{W-Nb}^* < \varepsilon_{W-Zr}^*$）。这表明，在不含 Nb 或含 Nb 很少的合金中，W 将优先与 Zr 相互作用。添加 Nb 之后，W 将与 Nb 优先发生相互作用，从而导致 Nb 在 W 纤维表面偏聚，形成涂层，阻碍 W 与 Zr 的相互作用。

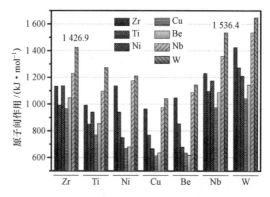

图 9-17　原子间相互作用强度计算结果

根据同样的方法计算向合金中添加其他元素后各原子间的相互作用，结果表明，W 与 Ta 的相互作用（$\varepsilon^*_{W-Ta} = -1\,610.4\ kJ/mol$）同样大于 W 与 Zr 之间的相互作用，向合金中添加 Ta 元素之后的界面特征与添加 Nb 元素的类似，并且 Ta 原子自身的相互作用非常强（$\varepsilon^*_{Ta-Ta} = -1\,516.4\ kJ/mol$），这表明，熔体中的 Ta 原子有相互团聚的趋势。

（2）Ta 和 Nb 添加对界面特征的影响

图 9-18 所示为座滴试验后的界面形貌。由图 9-18（a）可见，W/V 合金体系界面处发生严重的界面反应，反应产物如黑色箭头所示。EDS 分析表明，块状反应产物为 W-Zr 相；并且 W 基片表面被明显侵蚀，出现很多宽的纵向侵蚀沟，这种行为在复合材料中会严重破坏 W 纤维表面和复合材料界面。

添加 Ta 元素后，界面形貌明显改变，如图 9-18（b）所示。虽然界面处仍出现块状反应产物，但经 EDS 表征为 W-Ta 相，并且界面附近出现一层弥散分布的颗粒状产物，经 EDS 分析为纯 Ta 相，这与之前讨论的 Ta 原子间强烈的相互作用有关。此外，W 基片表面的侵蚀明显改善，只有少量的细侵蚀沟，这些都与之前的计算结果相吻合。W 和 Ta 之间强烈的相互作用使得 Ta 原子在 W 表面偏聚，W-Ta 相覆盖基片表面，阻止了合金熔体对 W 基片的继续侵蚀和界面反应，最终剩余的 Ta 原子由于强烈的相互作用而富集，并从基体中析出。

图 9-18（c）所示为向合金中添加 5%的 Nb 元素之后的界面特征。界面反应和熔体对 W 基片的侵蚀都被明显抑制，宏观上界面平整，无明显反应产物；从放大像可见，界面处存在一层

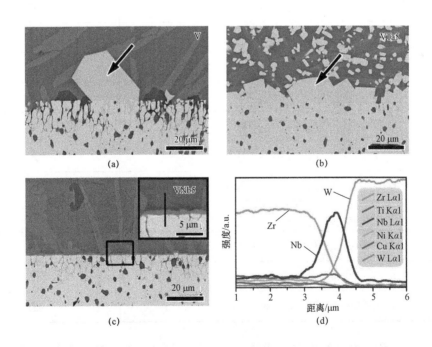

图 9-18　Zr 基合金（a）、添加 Ta（b）、添加 Nb（c）的合金与 W 基片的界面 SEM 形貌；（d）为（c）插图中沿黑实线从顶端到底端的 EDS 线扫描

约 1 μm 厚的界面层，经 EDS 表征为富 Nb 相，$w(\text{Nb}) > 85\%$，此外，含少量 W 元素及 Ti 元素。图 9-18（d）为从合金到 W 基片的线扫描，一层明显的富 Nb 相覆盖在 W 基片表面，Nb 在界面的偏聚阻止了 W 与 Zr 的相互作用，这种内生涂层的形成与原子间相互作用模型所预测的结果一致。

表 9-2 总结了多个 Zr 基和 Cu 基体系的界面结果，同样符合原子间相互作用机制计算结果。

表 9-2　各合金与 W 界面处的偏聚元素

合　金	偏聚元素
$Zr_{55}Cu_{30}Ni_5Al_{10}$	Zr
$Zr_{65}Cu_{17.5}Ni_{10}Al_{7.5}$	Zr
$Zr_{52.25}Cu_{28.5}Ni_{4.75}Al_{9.5}Ag_5$	Zr
$Zr_{52.25}Cu_{28.5}Fe_{4.75}Al_{9.5}Ag_5$	Zr
$Zr_{52.25}Cu_{28.5}Co_{4.75}Al_{9.5}Ag_5$	Zr
$Zr_{52.5}Cu_{17.9}Ni_{14.6}Al_{10}Ti_5$	Zr
$Zr_{57}Cu_{15.4}Ni_{12.6}Al_{10}Nb_5$	Nb
$(Zr_{55}Al_{10}Ni_5Cu_{30})_{98}Nb_2$	Nb
$Zr_{47}Ti_{13}Cu_{11}Ni_{10}Be_{16}Nb_3$	Nb
$Zr_{40.08}Ti_{13.30}Cu_{11.84}Ni_{10.07}Be_{24.71}$	Zr
$Zr_{38.1}Ti_{12.6}Cu_{11.2}Ni_{9.6}Be_{23.5}Nb_5$	Nb
$Zr_{38.1}Ti_{12.6}Cu_{11.2}Ni_{9.6}Be_{23.5}Ta_5$	Ta
$Zr_{38.1}Ti_{12.6}Cu_{11.2}Ni_{9.6}Be_{23.5}Cr_5$	Zr
$(Zr_{40.08}Ti_{13.30}Cu_{11.84}Ni_{10.07}Be_{24.71})_{99}Y_1$	Zr
$(Zr_{40.08}Ti_{13.30}Cu_{11.84}Ni_{10.07}Be_{24.71})_{99}Gd_1$	Zr
$Cu_{1-x}Fe_x$（$0.4 \leqslant x \leqslant 1.6$）	Fe
$Cu_{50}Zr_{43}Al_7$	Zr
$Cu_{47}Ti_{33}Zr_{11}Ni_6Sn_2Si_1$	Zr

Nb 的添加对界面改善效果非常明显。分别将不同 Nb 含量的合金置于 W 基片上，以 10 K/min 的升温速度随炉加热，利用记录的液滴高度和铺展面的直径计算接触角随温度的变化，如图 9-19 所示。合金在刚熔化之后的 30 K 范围之内快速铺展，随后缓慢达到平衡，在

1 073 K 之后一直到 1 273 K，接触角几乎不再随温度升高而发生明显变化。

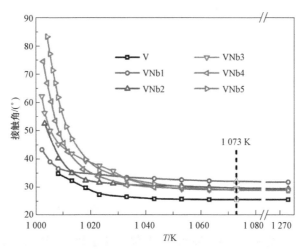

图 9-19　不同 Nb 含量合金在 W 基片上连续加热过程接触角随温度变化

对合金刚熔化时的起始接触角和达到平衡后的稳态接触角进行统计，结果如图 9-20 所示。随着 Nb 添加量增加，起始接触角明显增大，由 W/V 体系的约 35°升高为 W/VNb5 体系的接近 85°。插图所示为相应状态下的液滴侧面形貌，直观地反映出 Nb 添加对接触角的影响，稳态接触角随 Nb 添加变化不大，W/V 体系约为 25°，添加 1%的 Nb 之后，稳态接触角有所升高，继续添加 Nb 元素，稳态接触角略微下降并最终稳定在 29°左右。说明所有合金均与 W 基片保持良好的润湿性，而起始与稳态接触角之间的差值随 Nb 含量增加而增大，达到平衡的温度相差不大，因此，随 Nb 含量增加，液滴的铺展速度加快，这从图 9-19 的快速铺展阶段也可以直观地看出来。因此，从动力学来看，添加 Nb 元素有助于合金与 W 的快速润湿，因而有利于获得界面和性能稳定的复合材料。

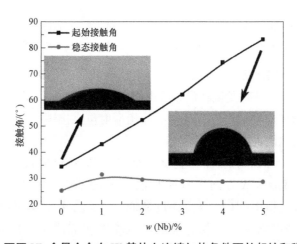

图 9-20　不同 Nb 含量合金在 W 基片上连续加热条件下的起始和稳态接触角

9.4.1.2 钨丝直径对复合材料力学性能的影响

图 9−21 所示为 3 种不同直径 W 丝/Zr 基非晶合金复合材料的横向微观形貌照片。深色区域为非晶合金相，浅颜色区域为 W 丝，W 丝均匀排布，非晶合金相均完全填充于 W 丝之间的空隙。

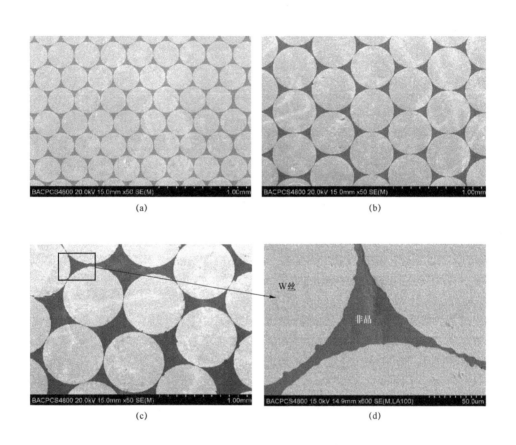

(a)   (b)

(c)   (d)

图 9−21　W 丝/Zr 基非晶合金复合材料的横向微观形貌照片

（a）W 丝直径 0.3 mm；（b）W 丝直径 0.5 mm；（c）W 丝直径 0.7 mm；（d）为图（c）的局部放大图

图 9−22 所示为 W 丝/Zr 基非晶合金复合材料横向截面的 TEM 图像。复合材料的两相界面均非常清晰、结合良好，没有发现孔洞、析出相等微观缺陷。界面处衍射斑点为 W 相衍射斑点与非晶合金衍射晕环的叠加，没有其他晶体相衍射斑点出现，良好的结构均匀性和界面结构保证了复合材料的性能优异。

图 9−23 所示为 W 丝/Zr 基非晶合金复合材料中 W 丝纵向截面的织构含量对比图，表 9−3 说明 W 丝内部沿拉拔方向上有明显的<101>织构。对比发现，0.5 mm 直径 W 丝/Zr 基非晶合金复合材料中<101>织构含量最低，这是由于 W 丝内部连续动态再结晶过程中，亚晶界上位错密度增加，使相邻亚晶的位相差相应增大，形成晶界，消耗了部分织构所致。

图 9-22　W 丝/Zr 基非晶合金复合材料横向截面的 TEM 图像

（a）W 丝直径 0.3 mm；（b）W 丝直径 0.5 mm；（c）W 丝直径 0.7 mm

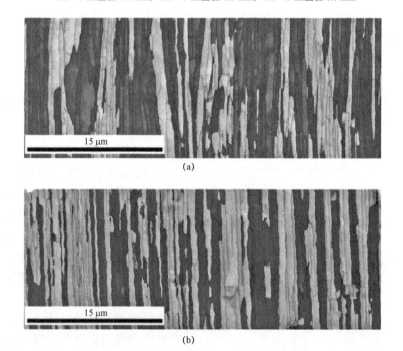

图 9-23　W 丝/Zr 基非晶合金复合材料中 W 丝纵向截面的织构分布图

（a）W 丝直径 0.3 mm；（b）W 丝直径 0.5 mm

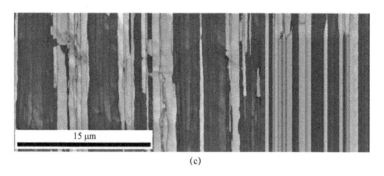

(c)

图9-23　W丝/Zr基非晶合金复合材料中W丝纵向截面的织构分布图（续）

（c）W丝直径0.7 mm

表9-3　W丝/Zr基非晶合金复合材料的织构含量（纵向）　　　　　%

织构取向	W丝直径0.3 mm	W丝直径0.5 mm	W丝直径0.7 mm
丝织构<110>//［100］	63.9	46.2	58.1
板织构<001>［110］	5.2	1.5	8.6
板织构<111>［01-1］	5.1	3.2	8.1
板织构<011>［01-1］	6.9	0.6	3.3

图9-24所示为不同直径W丝/Zr基非晶合金复合材料在准静态轴向压缩条件下的真应力-真应变曲线。3种复合材料均表现为弹性-完全塑性行为，其断裂应变接近20%，这比非晶合金的塑性有了显著提高，这是由于W丝限制了非晶合金相内单一剪切带的快速扩展，进而诱发更多剪切带的形成，提高了复合材料的整体塑性。W丝直径0.5 mm的复合材料抗压强度最高。

考虑应变率效应，基于位错机制的强度计算，可阐明材料微观结构及应变率对金属材料强度的影响。对于W等BCC金属，其等式如下：

$$\sigma = \Delta\sigma'_G + c_1\exp(-c_3 T + c_4 T\ln\dot\varepsilon) + c_5\varepsilon^n + kl^{-\frac{1}{2}} \tag{9-8}$$

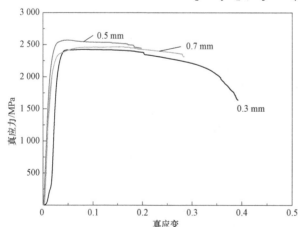

图9-24　W丝/Zr基非晶合金复合材料在准静态轴向压缩条件下的真应力-真应变曲线

式中，σ为应变为ε时的强度；$\Delta\sigma'_G$表示由初始位错密度和固溶度所引起的附加应力；$\dot\varepsilon$为应变率；l为晶粒尺寸；T为绝对温度，c_1、c_3、c_4、c_5、k、n为与应变率和温度无关的材料常数。从式（9-8）可以看出，在同一应变率和应变条件下，影响BCC金属强度的主要因素为材料的位错密度和晶粒尺寸。此外，由于W丝是由烧结的棒料热拉拔而成的，因此，其内部存在微孔，微孔会降低W丝强度，W丝直径越小，微孔对其强度的影响越大。因此，不同直径W丝对复合材料强度的影响主要由其内部的原始位错密度、晶粒尺寸和微孔所决定。

界面数量对复合材料强度的影响取决于其对非晶合金相的限制，界面数量越多，对非晶相的限制作用越强，非晶相中剪切带越不容易失稳扩展，复合材料的承载能力越强，尤其在非晶相严重软化时，限制作用更加明显。

为了说明 W 丝中的原始位错密度、晶粒尺寸、微孔及两相界面数量对强度的综合影响，假设 W 丝中的位错和晶粒尺寸所引起的强度变化量为 $\Delta\sigma_{G+D}$，W 丝中的微孔所引起的强度变化量为 $\Delta\sigma_P$，两相界面所引起的强度变化量为 $\Delta\sigma_I$，设三者均为正值，由于 W 丝中的位错、晶粒尺寸及两相界面均使强度增大，而 W 丝中的微孔使强度降低，因此复合材料的强度可以用下式表达：

$$\sigma = \sigma_0 + \Delta\sigma_{G+D} + \Delta\sigma_I - \Delta\sigma_P \tag{9-9}$$

其中，σ_0 表示与上述 3 种影响因素无关的强度分量，可以认为 3 种复合材料的 σ_0 相同。图 9-25 所示为 W 丝直径对 W 丝/Zr 基非晶合金复合材料应变率相关力学性能的影响。通过对比分析不同应变率条件下以上因素的变化，可详细分析 W 丝直径对该类复合材料应变率相关力学性能的影响。

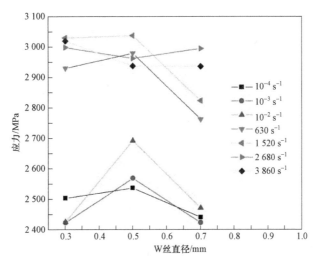

图 9-25　W 丝直径对 W 丝/Zr 基非晶合金复合材料应变率相关力学性能的影响

图 9-26 所示为 W 丝/Zr 基非晶合金复合材料的裂纹失稳扩展示意图。由于靠近两相界面处 W 丝存在较大的应力集中，裂纹优先萌生于 W 丝中靠近两相界面的位置。在向界面的扩展过程中，受局部应力分布的影响，裂纹可能沿 A、B、C 3 条路径扩展。裂纹沿不同路径的扩展主要取决于 W 丝强度与两相界面结合强度之间的差异及应力状态。当 W 丝强度高于界面结合强度时，裂纹倾向于沿界面扩展，即路径 A。裂纹扩展路径为 W 丝—非晶—两相界面，断口呈现出 W 丝自身轴向撕裂、非晶相剪切断裂和两相沿界面劈裂的特征。当 W 丝强度低于界面结合强度时，裂纹倾向于向 W 丝内部扩展，即路径 B，裂纹扩展路径为 W 丝—非晶—W 丝，断口呈现出 W 丝自身轴向撕裂和非晶相剪切断裂的特征；当 W 丝强度与界面结合强度相差不大时，裂纹扩展路径主要取决于应力状态，即界面处与 W 丝中的应力集中，当界面处的应力集中较大时，裂纹倾向于沿路径 A 扩展；当 W 丝中的应力集中较大时，裂纹倾向于沿路径 B 扩展。

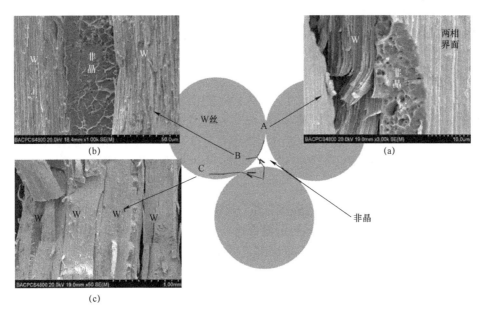

图9-26 W丝/Zr基非晶合金复合材料裂纹扩展路径示意图

9.4.1.3 钨丝体积分数对复合材料力学性能的影响

图9-27所示为不同W丝体积分数（V_f）W丝/Zr基非晶合金复合材料的轴向压缩真应力-真应变曲线。相比准静态加载，动态加载下复合材料具有更高的屈服强度且表现出更明显的加工软化现象。

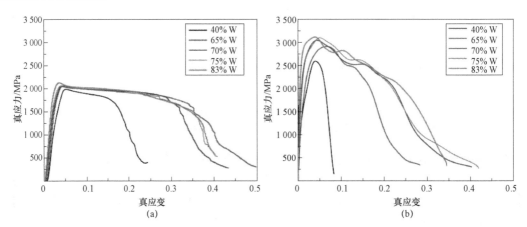

图9-27 不同 V_f 的 W丝/Zr基非晶合金复合材料的轴向压缩真应力-真应变曲线
（a）准静态；（b）动态

结合有限元模拟结果，图9-28给出了复合材料在应变为5%时的应力和断裂应变随 V_f 的变化曲线。在此基础上，利用响应面分析法进一步分析了 V_f 和应变率共同作用对复合材料力学性能的影响，如图9-29所示。研究结果表明，在准静态和动态压缩条件下，复合材料的应力均随着 V_f 和应变率的增加而增加，且动态压缩下的应力明显高于准静态压缩下的应力。

不同之处在于，相比准静态压缩，复合材料在动态压缩下的强度随 V_f 和应变率增加的幅度逐渐降低。复合材料的断裂应变在准静态和动态下的差别较大。准静态压缩条件下，其断裂应变随 V_f 增加呈先增加后降低的变化趋势，而在动态压缩下的断裂应变则随 V_f 增加而增加。有限元结果表明，在动态压缩下（图 9-28（b）），当复合材料的 V_f 高达 88% 时，其断裂应变开始下降，这是因为 W 丝之间的非晶合金相非常少，难以在 W 丝之间起到传递载荷或者承载变形的能力，因而断裂应变降低。

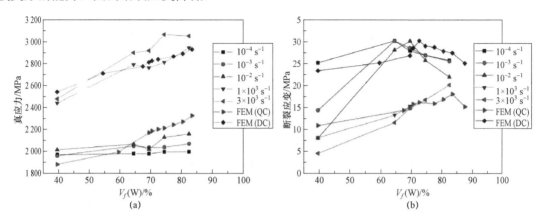

图 9-28　W 丝/Zr 基非晶合金复合材料在应变为 5% 时的应力（a）和
断裂应变（b）随 V_f 的变化曲线

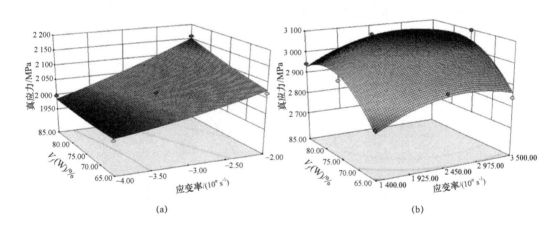

图 9-29　真应力（5% 应变），V_f 和应变率的响应面关系图
（a）准静态；（b）动态

9.4.1.4　温度对复合材料力学性能的影响

图 9-30 为不同温度下 0.3 mm 直径 W 丝/Zr 基非晶合金复合材料（$V_f = 83\%$）的轴向动态压缩真应力-真应变曲线。不同温度条件下，复合材料均表现出典型的加工软化现象。随着温度的升高，复合材料的抗压强度呈减小趋势，而断裂应变呈增大趋势。

为了定量说明温度对不同直径 W 丝/Zr 基非晶合金复合材料力学性能的影响，引入金属材料温度系数进行描述：

$$a = \frac{\ln P_k - \ln P_z}{T_z - T_k} \tag{9-10}$$

其中，P_k 为温度为 T_k 时复合材料的抗压强度；P_z 为温度为 T_z 时复合材料的抗压强度。

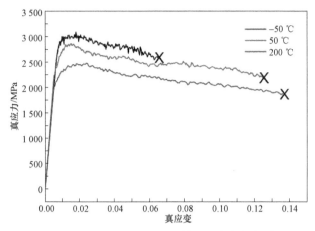

图 9-30 不同温度下 W 丝/Zr 基非晶合金复合材料的
轴向压缩真应力－真应变曲线

图 9-31 为不同直径 W 丝复合材料在 4 000 s^{-1} 应变率下的温度系数。如图 9-31 所示，0.5 mm 直径 W 丝复合材料的温度系数最低，仅为 0.8×10^{-3}，0.3 mm 和 0.7 mm 直径 W 丝复合材料的温度系数均较高，分别为 0.98×10^{-3} 和 1.02×10^{-3}，说明在 4 000 s^{-1} 应变率下，温度对 0.5 mm 直径 W 丝复合材料抗压强度的影响最小。

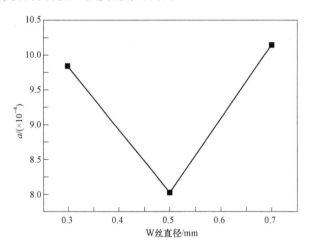

图 9-31 不同直径 W 丝/Zr 基非晶合金复合材料在
4 000 s^{-1} 应变率下的温度系数

对于每一温度，公式（9-10）可以写成如下的近似形式：

$$P_t = P_{t_z} e^{a(t_z - t)} = P_{t_z} e^A \approx P_{t_z}\left(1 + A + \frac{A^2}{2}\right) \qquad (9-11)$$

$$A = a(t_z - t) \qquad (9-12)$$

式中，P_t 为温度 t 下的变形抗力指标。

结合式（9-11）和式（9-12），可计算得到不同温度下对应复合材料的抗压强度。得到的温度－强度曲线为开口向上的抛物线，且 3 种复合材料呈现相同的变化趋势，并且抛物线的轴线远大于复合材料中非晶合金相的晶化温度。考虑到非晶相的晶化温度较低，因此，在非晶相的晶化温度以下，3 种复合材料的强度均随温度的升高呈下降趋势。

利用响应面方法，选取 W 丝直径、温度和应变率为 W 丝/Zr 基非晶合金复合材料抗压强度的影响因素进行系统研究。通过建立响应面模型，以抗压强度为响应值设计三因素三水平试验方案，对试验条件进行优化设计。根据动态压缩条件和试验结果，确定因素水平见表 9－4。

表 9－4　试验因素水平与编码

因素	编码	水平取值			因素取值		
温度/℃	A	−1	0	1	−55	67.5	190
W 丝直径/mm	B	−1	0	1	0.3	0.5	0.7
应变率/s^{-1}	C	−1	0	1	800	2 400	4 000

对获得的多元回归方程作响应曲面分析，图 9－32 所示为复合材料在应变率 800 s^{-1} 时以 W 丝直径和温度为变量因素的响应曲面，发现不同直径 W 丝复合材料均具有明显的高温软化效应。图 9－33 所示为复合材料在应变率为 800 s^{-1} 时，以 W 丝直径和温度为变量因素的响应曲面投影。A 点为动态压缩环境温度为−9 ℃时，复合材料达到最大抗压强度对应的 W 丝直径为 0.46 mm。B、C、D、E 点的选取方法与 A 点的相同。

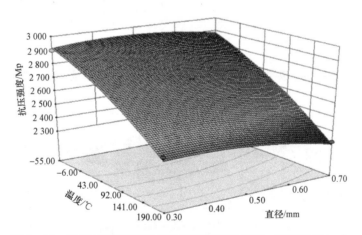

图 9－32　以 W 丝直径和温度为变量的响应曲面，应变率 800 s^{-1}

图 9－34 所示为复合材料在常温下以 W 丝直径和应变率为变量因素的响应曲面投影图。其中 A、B、C 点分别为复合材料强度曲线上的切点，D 点为 EF 区间内抗压强度达到最大值所对应的 W 丝直径和应变率，将 A、B、C、D 拟合成线。结合图 9－35 观察可知，常温下，W 丝直径为 0.4～0.45 mm 的复合材料与其他 W 丝直径复合材料相比，强度具有明显的优势，如图 9－34 中 A、B、C、D 点坐标所示，复合材料达到最大抗压强度所对应的 W 丝直径，随应变率的升高逐渐减小。

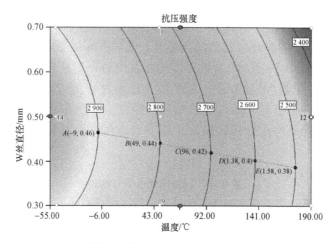

图 9-33　以 W 丝直径和温度为变量的响应曲面投影图，应变率 800 s⁻¹

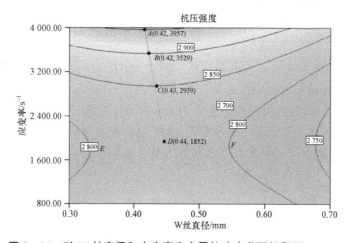

图 9-34　以 W 丝直径和应变率为变量的响应曲面投影图，25 ℃

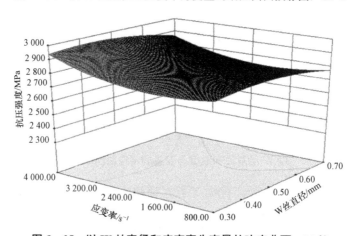

图 9-35　以 W 丝直径和应变率为变量的响应曲面，25 ℃

9.4.1.5　加载方向对复合材料力学性能的影响

图 9-36 所示为不同角度（θ_f）的 W 丝/Zr 基非晶合金复合材料的轴向压缩真应力–真应

变曲线。如图 9−36（a）所示，静态压缩条件下，θ_f 为 30° 和 45° 的复合材料没有宏观塑性，而其他角度复合材料均表现出典型的弹−塑性变形行为。而在动态压缩条件下，θ_f 为 0° 和 15° 的复合材料表现出明显的加工软化行为，而其他角度复合材料均表现出典型的线弹性变形行为，几何没有任何宏观塑性。

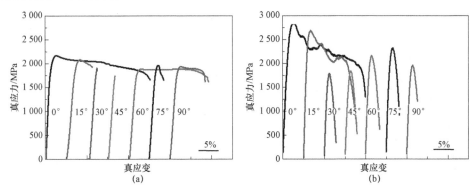

图 9−36　不同 θ_f 的 W 丝/Zr 基非晶合金复合材料的
轴向压缩真应力−真应变曲线
（a）准静态；（b）动态

　　图 9−37 为不同应变率条件下，W 丝/Zr 基非晶合金复合材料的抗压强度与断裂应变随 θ_f 的变化曲线。如图 9−37（a）所示，复合材料的准静态抗压强度随 θ_f 的增大而减小，到 θ_f 为 45° 时，达到最低值，之后随 θ_f 增加而逐渐增加。复合材料的动态抗压强度也首先随着 θ_f 的增大而减小，到 θ_f 为 45° 时，达到最低值，之后随 θ_f 的增大而增大，直到 θ_f 为 75°，随后随着 θ_f 继续增大，又呈现一定程度的降低。如图 9−37（b）所示，准静态条件下复合材料的断裂应变首先随着 θ_f 的增加而降低，到 θ_f 为 45° 时，达到最低值，之后随 θ_f 增加而增加，直到 θ_f 为 60°，随后随着 θ_f 的继续增大，又呈现一定程度的降低。动态条件下，复合材料的断裂应变首先随着 θ_f 的增加而降低，到 θ_f 为 45° 时，达到最低值，之后随 θ_f 增加而没有明显变化。θ_f 为 0° 的复合材料具有最高的抗压强度及最好的塑性变形能力，而 θ_f 为 45° 的复合材料表现出最差的力学性能。以上结果表明，W 丝/Zr 基非晶合金复合材料具有典型的各向异性的特点。

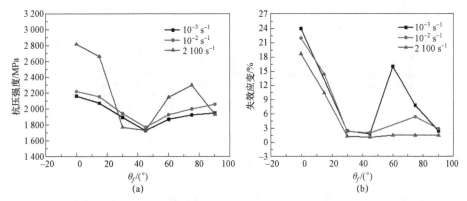

图 9−37　W 丝/Zr 基非晶合金复合材料的抗压强度（a）与
失效应变（b）随 θ_f 的变化曲线

9.4.2 碳纤维/非晶合金复合材料

C 纤维具有良好的导热性，并且相对非晶合金有较高的弹性模量，可在界面上与基体形成弹性错位，导致应力变化，有助于多重剪切带的形成。尤其是被誉为最完美的 C 纤维–C 纳米管，有着很高的弹性模量和导热性，并且其特有的无缝管体结构，使其具有极佳的力学、物理性能和化学稳定性，因此是理想的增前体材料。

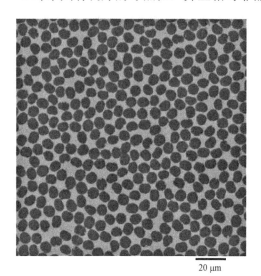

图 9–38 为利用渗流铸造法制备得到的连续 C 纤维/Zr 基非晶合金复合材料的形貌照片。图 9–39 所示为该复合材料的透射电镜照片，发现其界面上形成了 $0.3\sim0.6~\mu m$ 的（Zr＋Ti）–C 层，靠近非晶基体一侧元素富 Zr，而靠近 C 纤维一侧颗粒状的（Zr＋Ti）–C 层元素富 Ti。这是由于 Zr 含量最多，且与 C 的负混合热（109 kJ/mol）最大，Ti 次之，所以 Zr、Ti 与 C 之间有较大的反应驱动力，在界面上生成了（Zr＋Ti）–C 层。

图 9–38 连续 C 纤维/Zr 基非晶合金复合材料的形貌照片

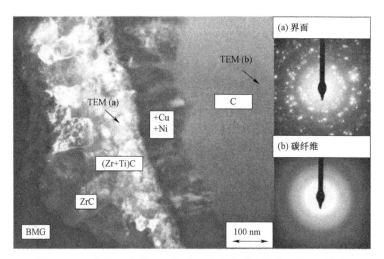

图 9–39 连续 C 纤维/Zr 基非晶合金复合材料的透射电镜图

图 9–40 为短 C 纤维增强 Zr 基非晶合金复合材料的形貌照片。图 9–41 为该复合材料的轴向压缩应力–应变曲线。结果表明，非晶合金复合材料的断裂强度明显提高，且随着 C 纤维体积分数的增加，强度逐渐增加。但该复合材料并没有表现出塑性提高的现象，这可能与基体和 C 纤维的界面结合力较低，且在 C 纤维沿径向易破碎、不能完全承载有关，所以塑性变形能力不理想。

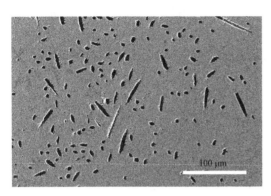

图 9-40　短 C 纤维/Zr 基非晶合金
复合材料的形貌照片

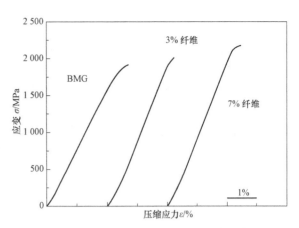

图 9-41　短 C 纤维增强 Zr 基非晶合金复合材料的
压缩应力-应变曲线

9.5　骨架增强非晶合金复合材料

9.5.1　多孔钨/锆基非晶合金复合材料

9.5.1.1　界面控制

图 9-42 是 ZrTiNiCuBe 合金熔体在多孔 W 上连续升温浸渗过程中不同时刻的照片。可以看到，随着浸渗时间的延长、温度的升高，合金熔体由原来的圆柱形逐渐向球冠形转变，合金熔体的高度越来越低，铺展半径越来越大，润湿角越来越小，体积越来越小，随着浸渗过程的进行，合金熔体逐渐浸渗到多孔 W 的孔隙中。当温度升高到 1 073 K 时，合金熔体基本上完全浸渗到多孔 W 中。

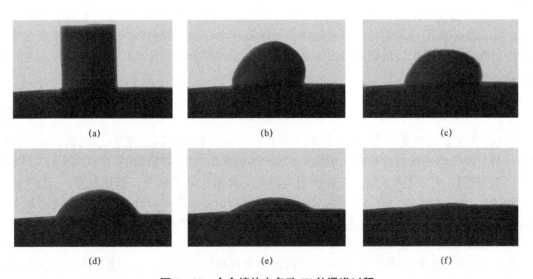

图 9-42　合金熔体在多孔 W 的浸渗过程
(a) 298 K；(b) 1 033 K；(c) 1 043 K；(d) 1 063 K；(e) 1 068 K；(f) 1 073 K

图9-43是合金熔体在多孔 W 上的浸渗率随温度和时间的变化曲线。可以看到，浸渗过程分为 3 个阶段：① 孕育阶段，在开始的一段时间内，合金开始熔化，黏度很大，流动性差，浸渗速率比较慢；② 迅速浸渗阶段，随着温度的升高，到达液相线温度以上，合金熔体完全熔化，黏度降低，流动性好，浸渗速率加快，体积迅速减小，浸渗过程进行得很快，在达到 1 073 K，浸渗了 4 min 后，合金基本上已经完全浸渗到多孔 W 中；③ 趋于平衡阶段，由于是无压浸渗，只靠熔体的重力使熔体浸渗到多孔 W 的孔隙中，所以，当浸渗到一定程度后，浸渗率基本保持一个定值，随温度和时间的变化不大。

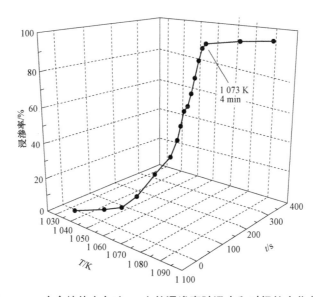

图9-43　合金熔体在多孔 W 上的浸渗率随温度和时间的变化曲线

以上结果说明，该合金的流动性比较好，适合作为非晶合金复合材料的基体。Zr 合金熔体在多孔 W 上浸渗填充的过程是在无任何外力作用下自发进行的，可以看作是真空无压浸渗过程。无压浸渗多孔体最简便的模型是将多孔体看作由许多毛细管排列而成，液体在这些毛细管中自发浸入。基于该模型，给出了液体浸渗一定体积分数的骨架时所受毛细管压力的静力学表达式：

$$P_c = \frac{6\lambda\sigma_{LV}(1-\omega)\cos\theta}{D\omega} \qquad (9-13)$$

式中，σ_{LV} 为金属液表面张力；D 为颗粒平均直径；ω 为多孔材料孔隙率；λ 为颗粒形状几何因子，是表征孔隙形状复杂程度的参数；θ 为液体与多孔材料的接触角。由式（9-13）可以看出，决定熔体自发浸渗多孔预制体的根本因素是体系的润湿情况，即接触角 θ。当接触角 $\theta > 90°$ 时，毛细管压力为负，在这种情况下，只有在一定外压下，合金熔体才能克服此毛细阻力浸入多孔预制体中；反之，当 $\theta < 90°$ 时，毛细管压力变为浸渗动力，这时合金熔体在毛细压力的驱动下就可以渗入多孔骨架中。

对于 Zr 基合金熔体/多孔 W 体系，平衡润湿角都很小，因此，该合金熔体可以自发浸渗到多孔 W 的孔隙中。以 1 073 K 为例，取 θ 为 25°，V_f 为 20%，D 为 20 μm，σ_{LV} 为 28×10^{-3} Nm^{-1}，对于形状复杂的骨架，λ 一般取为 5。计算出的毛细压力约为 0.61 MPa。因此，当合金熔体接触多孔 W 时，将受到较大的毛细力的作用，且在合金液体前沿均匀分布，足以使合金液浸入多孔 W 中的所有开放连通的孔隙中。

从动力学角度，人们已经建立了多个有关液相在多孔体内部浸渗的理论模型。由于在多孔 W 中的无压浸渗过程是在该合金的熔化温度以上进行，无凝固组织，因此属于典型的多孔介质流体动力学问题。液相浸入多孔骨架内部时，浸渗前沿将会受到以下主要力的作用：毛细压力 P_c、黏滞阻力 P_μ、颗粒间隙气体介质引起的液流端部阻力和液体重力。因为试验是在真空条件下进行的，空气阻力可忽略不计，由于试验样品比较小，重力相比于两者也可忽略不计。Emlak 和 Rhines 模型将平直毛细管模型修正为半圆柱链渗流通道模型，将毛细管曲率半径修正为孔洞内表面平均自由距离的 1/4。相对来说，Emlak 和 Rhines 模型与颗粒组成的多孔体实际情况较为接近，因此是较为精确的模型。该模型的表达式为：

$$h = \frac{2}{\pi}\left[\left(\frac{r\sigma_{LV}\cos\theta}{2\eta}\right)t\right]^{\frac{1}{2}} \tag{9-14}$$

式中，h 为浸渗深度；η 为金属液黏度；t 为浸渗时间；r 为等效毛细管半径。对于烧结金属骨架来说，内部孔隙呈三维随机取向分布，孔隙呈不规则形状，因此等效毛细管半径为 $r = R\omega/(1-\omega)$。其中 R 为增强体颗粒半径；ω 为多孔材料孔隙率。因此，可以得到该合金熔体在多孔 W 上的浸渗动力学为 $h = At^{1/2}$。式中，A 为常数，数量级为 10^{-3}，量纲为 $m/s^{1/2}$。对于 Zr 合金熔体/W 骨架体系，取 θ 为 25°，ω 为 20%，R 为 10 μm，σ_{LV} 为 $28 \times 10^{-3} Nm^{-1}$，$\eta$ 为 0.18 Pa·s，计算得出，在浸渗到 5 min 的时候，该合金熔体几乎已经完全填充到多孔 W 中，与试验数据吻合较好。

9.5.1.2　组织结构

多孔 W 具有明显的三维联通网状结构，如图 9-44（a）所示。与非晶合金复合之后，可以看到灰色的 W 相包围在黑色非晶合金相周围，非晶合金相完全填充到多孔 W 的孔洞中，两相界面非常清楚，无任何晶化相析出（图 9-44（b））。

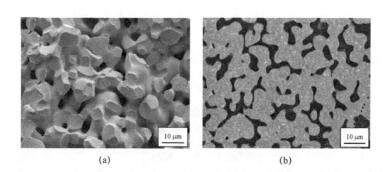

图 9-44　SEM 显微图片

（a）多孔 W；（b）多孔 W/Zr 基非晶合金复合材料

图 9-45 所示为多孔 W/Zr 基非晶合金复合材料两相界面处的 TEM 明场照片和对应选取区域的衍射花样。从图 9-45（a）可以看到，W 相和非晶合金相的界面非常清楚，没有晶体相析出，这与图 9-45（d）所示界面处的衍射花样一致，在界面处也没有观察到类似气孔或者孔隙等缺陷，两相界面结合状况良好。

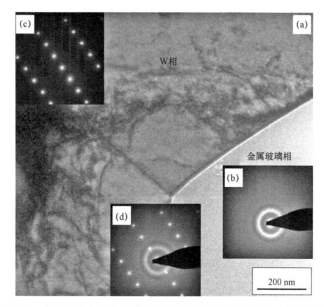

图 9-45 多孔 W/Zr 基非晶合金复合材料两相界面处的 TEM 明场照片和对应选区衍射花样

（a）两相界面处照片；（b）非晶合金相的衍射花样；（c）W 相的衍射花样；（d）两相界面处的衍射花样

9.5.1.3 热残余应力

复合材料中，随着复合材料从制备温度、热处理温度或加工温度冷却至室温，由于两相热膨胀系数的不同，会导致两相间产生热错配应力。当热错配应力低于基体的屈服应力时，这种热错配应力将以热残余应力的形式被保存下来；如果热错配应力超过基体的屈服应力，这种热错配应力将以基体发生塑性变形的方式释放出来，导致增强相周围的基体中产生高密度的位错，这些高密度的位错同样会造成微观残余应力的产生。

利用 HEXRD 技术直接测试多孔 W/Zr 基非晶合金复合材料中 W 相的热残余应力，见表 9-5，发现 W 相在 3 个主方向上均承受热残余压应力。制备过程中，温度降低引起材料收缩，由于非晶合金的热膨胀系数大于多孔 W，所以非晶合金基体的收缩量大于 W 相，多孔 W 因非晶合金基体的收缩而表现为压应力。随着 W 相体积分数的升高，在轴向及横向上，W 相内部的热残余应力逐渐降低，说明两相的热膨胀系数不匹配是引起热残余应力的主要原因。

表 9-5 多孔 W/Zr 基非晶合金复合材料中 W 相热残余应力的 HEXRD 结果

复合材料	σ_L（轴向）/ MPa	σ_T（横向）/ MPa
1 号（67% W）	-200	-164
2 号（72% W）	-145	-97
3 号（80% W）	-120	-59

在准确测定多孔 W 相热残余应力的基础上，结合有限元模拟技术，进一步计算得到了非晶合金相的热残余应力。W 相热残余应力的模拟值与 HEXRD 测量结果相吻合，说明模拟方

法真实可信。由表 9-6 可见，非晶合金基体相受拉应力，与先前分析结果相同。随着 W 相体积分数的增加，W 相内部热残余应力降低，而在非晶合金基体相中则逐渐增加。

表 9-6　多孔 W/Zr 基非晶合金复合材料中两相热残余应力的
FEM 结果（σ_L（轴向），σ_T（横向））

复合材料	多孔 W 相		非晶合金基体	
	σ_L/MPa	σ_T/MPa	σ_L/MPa	σ_T/MPa
1 号（67% W）	−158	−88	254	112
2 号（72% W）	−142	−76	245	120
3 号（80% W）	−125	−60	283	150

界面形状对热残余应力的分布同样具有重要影响。对复合材料界面部分的二维模型进行模拟计算，选取圆柱坐标系分析两相的热残余应力，可以得到不同形状界面（圆形和方形）中两相的热残余应力模拟值，如图 9-46 所示。对比两种形状的界面，发现非晶合金基体在 3 个方向均受拉应力，而多孔 W 相则仅在轴向和切向承受压应力，沿径向则受拉应力；非晶合金基体内部的热残余应力分布均匀，3 个方向上的热残余应力大小接近。而在多孔 W 相中，热残余应力的大小随着与界面距离的增加而降低。非晶合金基体的热残余应力在方形和圆形界面模型中的数值非常接近，而多孔 W 相在方形模型中的最大轴向热残余应力值大于圆形模型。

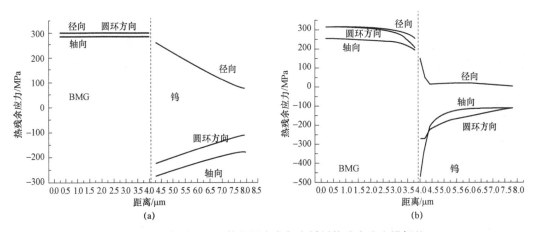

图 9-46　多孔 W/Zr 基非晶合金复合材料热残余应力模拟值
（a）圆形模型；（b）方形模型

由上述分析可知，由于多孔 W 内部孔隙形状不规则，导致浇铸之后非晶合金相也出现了不规则形状。当非晶合金基体为边界光滑的圆形时，热残余应力在界面发生应力集中现象较为均匀；而当非晶合金基体相出现类尖端形状时，则热残余应力在尖端处容易发生应力集中，复合材料易在此处发生屈服现象。因此，在制备复合材料的过程中，应避免多孔 W 内部的孔隙出现不规则的尖端。

9.5.1.4 钨相体积分数对复合材料力学性能的影响

表 9-7 为不同 W 相体积分数多孔 W /Zr 基非晶合金复合材料在准静态压缩试验条件下的相关性能指标。对比发现，随着 W 相体积分数的增加，非晶合金相高屈服强度的优势被减弱，导致复合材料在较低的应力水平下即发生屈服。与之相比，W /Zr 基非晶合金复合材料在准静态压缩试验条件下不仅没有明显的加工硬化现象，且断裂应变也仅为 14%，说明三维连通的网络结构比丝束增强能更有效地提高非晶合金的塑性。

表 9-7 多孔 W/Zr 基非晶合金复合材料的准静态压缩试验数据（应变率 10^{-3} s^{-1}）

复合材料	屈服强度/MPa	断裂强度/MPa	断裂应变/%
1 号（67% W）	1 380	1 845	53
2 号（72% W）	1 330	1 710	60
3 号（80% W）	1 270	1 760	57

从准静态压缩结果可以发现，多孔 W/Zr 基非晶合金复合材料的屈服强度随 W 相体积分数的增加而降低，这还与制备过程中非晶合金基体所受热残余应力有关。当非晶合金基体受残余拉应力时，会影响其力学性能，孔隙率较低时，非晶合金相承受的拉应力较大，因此复合材料也更易发生屈服。

压缩断裂能（J/m³）为材料破坏时单位体积内所储存的断裂能，通过对真应力-真应变曲线积分的获得，见公式（9-15）：

$$J = \int \sigma(\varepsilon) d\varepsilon \qquad (9-15)$$

计算出非晶合金、复合材料和纯 W 在应变率为 10^{-3} s^{-1} 时的压缩断裂能。如图 9-47 所示，当 W 相体积分数从 67% 上升至 80% 时，复合材料的断裂能并未随着 W 相体积分数的增加而提高，反而是 W 相体积分数为 72% 时的 2 号复合材料压缩断裂能最高，为 1 193 MJ/m³，比非晶合金高 2 440%，比 1 号和 3 号复合材料分别高 11% 和 12%。2 号复合材料压缩断裂能较高的原因是该复合材料在保持较高应力水平的同时，断裂应变略有提高。

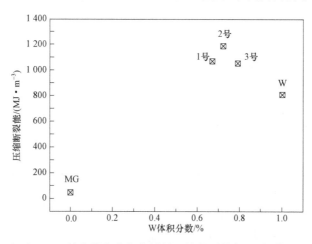

图 9-47 多孔 W/Zr 基非晶合金复合材料压缩断裂能与 W 相体积分数的关系

利用原位 HEXRD 技术对不同 W 相体积分数复合材料进行微观力学行为测试,结合有限元模拟技术分析两相变形过程中的应力配分情况。表 9-8 所示为复合材料中 W 相和非晶合金相屈服强度的模拟结果,随着 W 相体积分数的增加,W 相和非晶合金相的屈服强度均有所降低。由于 W 相体积分数较高,复合材料在变形过程初始阶段受到 W 相变形特征影响较大,而在随后的变形过程中,非晶合金相成为主要承载相,因此断裂阶段受到非晶合金相变形特征影响较大。W 相体积分数越高,在加载初始阶段其承载应力值越大,也越容易发生屈服。此时,体积分数较低的非晶合金相成为主应力承载相也越早,因此屈服较早。

表 9-8　多孔 W/Zr 基非晶合金复合材料中两相屈服强度的有限元模拟结果

复合材料	W 相屈服强度/MPa	非晶合金相屈服强度/MPa
1 号（67% W）	1 270	1 749
2 号（72% W）	1 175	1 500
3 号（80% W）	1 100	1 489

图 9-48 为不同 W 相体积分数复合材料中 W 相的 von-Mises 应力随外加应力的变化曲线。发现在 W 相屈服之后,随着 W 相体积分数的升高,W 相 von-Mises 应力随外加应力的增幅逐渐增大,说明 W 相的加工硬化现象更加明显。

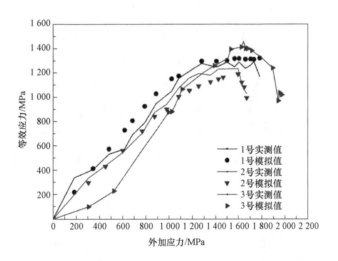

图 9-48　多孔 W/Zr 基非晶合金复合材料中 W 相的 von-Mises 应力随外加应力的变化

图 9-49 为不同 W 相体积分数复合材料在承受相同载荷变形后的 TEM 照片。对比发现,3 号复合材料中 W 相内部有大量位错相互缠结,位错数量远高于 1 号和 2 号复合材料,说明 3 号复合材料中 W 相在相同外加应力下变形更剧烈。相比其他两种复合材料,3 号复合材料强度较低,这是因为阻碍 W 相变形的非晶合金相体积分数较低,所分担的应力值也较低,所以 3 号复合材料中 W 相在屈服之后继续承载较大应力值,因此变形量更大。W 相的位错缠结现象在 3 号复合材料中最为明显,说明 W 相的加工硬化现象更为剧烈,这是因为受到非晶合金相的横向阻碍较小。

图 9-49 多孔 W/Zr 基非晶合金复合材料在承受相同载荷变形后的 TEM 照片

（a）67% W；（b）72% W；（c）80% W

9.5.1.5 温度对复合材料力学性能的影响

图 9-50 是多孔 W/Zr 基非晶合金复合材料（80% W）在不同温度拉伸后样品的宏观照片。可以看出，与室温拉伸相比，复合材料在高温拉伸时都具有较大的塑性变形，试样整体均匀变形，没有局域剪切化现象。真应力-真应变曲线如图 9-51 所示。

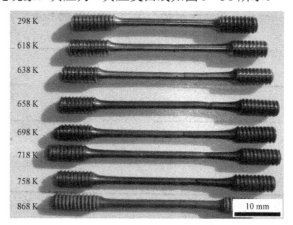

图 9-50 多孔 W/Zr 基非晶合金复合材料在不同温度拉伸后的宏观照片

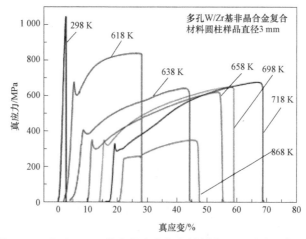

图 9-51 多孔 W/Zr 基非晶合金复合材料在不同测试温度下的
拉伸真应力-真应变曲线（应变率 $10^{-4}\,s^{-1}$）

如图 9-51 所示，复合材料在 618～868 K 的温度范围内均具有较大的塑性变形，并且伴随有明显的加工硬化现象。当复合材料在 868 K 拉伸时，没有明显的上、下屈服点。而 868 K 已经超出 Zr 基非晶合金过冷液相区温度约 150 K，非晶合金早已经晶化，说明在其他温度观察到的复合材料屈服点下降的现象是由非晶合金的应力过冲现象主导的。表 9-9 是多孔 W/Zr 基非晶合金复合材料在各个温度的力学性能。从表 9-9 中可以看出，随着试验温度的升高，复合材料的屈服强度大体上逐渐降低，而断裂强度的变化则比较复杂，先降低后升高再降低，而塑性应变的变化是先增大后减小，在过冷液相区及过冷液相区附近的温度内拉伸变形时，复合材料的塑性变形都在 40%以上，而远离过冷液相区，塑性变形能力明显降低，如图 9-52 所示。综合考虑，复合材料在 718 K 拉伸时具有最大的断裂强度和塑性应变。

表 9-9　多孔 W/Zr 基非晶合金复合材料在不同温度下的拉伸力学性能

温度/K	298	618	638	658	698	718	868
屈服强度/MPa	1 050	680	408	351	350	331	245
断裂强度/MPa	1 100	836	643	622	650	675	351
断裂应变/%	0.2	26	40	45	45	52	27

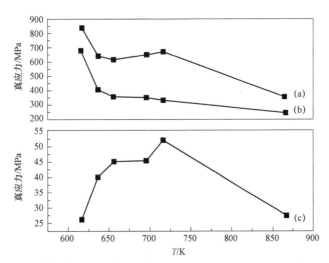

图 9-52　多孔 W/Zr 基非晶合金复合材料拉伸力学性能随温度的变化曲线
（a）屈服强度；（b）断裂强度；（c）断裂应变

9.5.1.6　应变率对复合材料力学性能的影响

表 9-10 为多孔 W/Zr 基非晶合金复合材料在室温轴向动态压缩试验条件下的相关性能指标。发现随着应变率的增加，复合材料的屈服强度、抗压强度均随之增大，屈服强度增幅为 5%～11%。对比准静态压缩数据（表 9-7），不同 W 相体积分数复合材料的屈服强度均显著提高，但断裂应变明显减小。

表 9−10　多孔 W/Zr 基非晶合金复合材料的动态压缩试验参数（应变率 $3.4 \times 10^3 \, s^{-1}$）

复合材料	屈服强度/MPa	抗压强度/MPa	断裂应变/%
1 号（67% W）	2 150	2 365	33
2 号（72% W）	2 060	2 350	34
3 号（80% W）	2 030	2 320	36

对比复合材料在准静态和动态加载条件下的真应力−真应变曲线，发现该复合材料均表现出明显的随应变率增加而塑性降低的现象，这与非晶合金和 W 相均具有很强的应变率敏感性有关。在高应变率载荷作用下，较高的应力水平导致 W 相在形变较小时就会在内部产生大量的微小缺陷，非晶合金相同样会产生大量的微观剪切带，导致试样局部软化，发生过早断裂。为了进一步考虑应变率的影响，引入了金属材料应变率敏感性系数：

$$m = \frac{d(\ln \sigma)}{d(\ln \dot{\varepsilon})} = \frac{\dot{\varepsilon}}{\sigma} \frac{d\sigma}{d\dot{\varepsilon}} \tag{9−16}$$

式中，m 为应变率敏感性系数；σ 为应力；$\dot{\varepsilon}$ 为应变率。

图 9−53 所示为不同 W 相体积分数复合材料在不同应变下取得的应力−应变率对数关系曲线图，经线性拟合得到的斜率即为应变率敏感性系数。

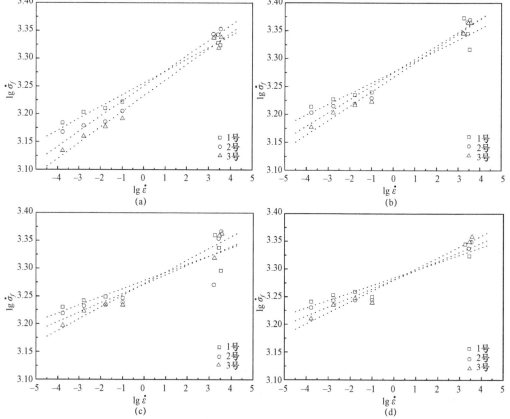

图 9−53　多孔 W/Zr 基非晶合金复合材料在不同应变下对应的应力和应变率对数关系曲线

（a）应变为 0.05；（b）应变为 0.10；（c）应变为 0.15；（d）应变为 0.20

图 9-54 为不同 W 相体积分数复合材料在不同应变取值对应的应变率敏感性系数。如图 9-54 所示，在同一应变取值下，复合材料的应变率敏感性系数随 W 相体积分数的增加而增大。随着选取应变值的逐渐增大，复合材料的应变率敏感性系数均逐步降低。对比应变 0.05 和 0.2 时的应变率敏感性系数，发现随着 W 相体积分数的增加，复合材料的应变率敏感性系数分别降低了 33%、36% 和 29%。

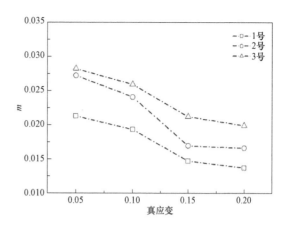

图 9-54　多孔 W/Zr 基非晶合金复合材料的应变率敏感性系数

纯 W 在应变为 0.05 时的应变率敏感性系数 $m = 0.031$，非晶合金由于在动态压缩试验条件下没有任何塑性，因此在较大应变率范围内无法较为准确地拟合线性曲线，在应变率低于 10^{-1} s^{-1} 的压缩范围内，拟合得到非晶合金的应变率敏感性系数 $m = -0.01$（由于非晶合金的断裂应变小于 5%，因此取断裂强度计算该非晶合金的应变率敏感性系数）。

根据复合材料的混合法则：

$$m_c = V_f m_t + (1 - V_f) m_m \qquad (9-17)$$

其中，c、t、m 分别代表复合材料、纯 W 和 Zr 基非晶合金；V_f 为复合材料中 W 相的体积分数。将 $V_f = 67\%$、$m_t = 0.031$ 和 $m_m = -0.01$ 代入公式（9-17）计算，得到 W 相体积分数为 67% 的 1 号复合材料的 m 为 0.020，考虑误差因素，这一数值和 1 号复合材料在应变 0.05 时的应变率敏感性系数 0.021 基本吻合。

9.5.2　多孔钛/镁基非晶合金复合材料

Mg 基非晶合金的屈服强度和断裂强度为传统铸造镁合金的 2~4 倍，但是 Mg 基非晶合金具有高强度的同时，韧塑性却非常差，大部分 Mg 基非晶合金在宏观屈服之前即发生瞬间断裂，并且破碎成许多小块，这极大地限制了 Mg 基非晶合金的实际应用。通过颗粒增韧 Mg 基非晶合金并不理想；相反，利用具有三维连通网络结构的多孔 Ti 增强、增韧 Mg 基非晶合金，预期会达到良好的效果。

9.5.2.1　界面控制

复合材料中连接基体与第二相的界面是影响复合材料力学性能的重要因素，对界面结构的控制也意味着对复合材料力学性能的优化。

图 9-55 所示为 $Mg_{63}Cu_{16.8}Ag_{11.2}Er_9$ 合金熔体与 Ti 在 903 K 保温不同时间后的界面润湿反应图。保温 2 min 后，界面反应已经比较剧烈，Ti 界面已明显被界面析出相坑蚀。随着润湿反应保温时间的增加，界面坑蚀越来越剧烈，界面反应层也越来越厚，保温 10 min 后，Ti 金属界面已呈现为锯齿状。

对保温 2 min 后的界面进行线性能谱分析，如图 9-56 所示，线性能谱分析轨迹为图 9-55（a）中虚线所示。发现 Ti 金属和 MgCuAgEr 合金各元素通过界面反应层后相互扩散。在反应层中发现 Mg 元素的含量并不是越靠近 Ti 金属而越低，而是在几个区域有轻微的起伏，这表明 Mg 元素参与了界面反应。

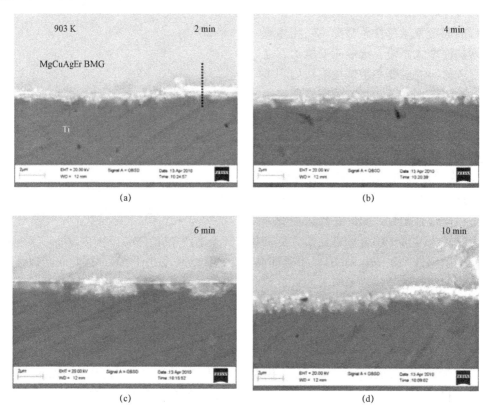

(a)　　　　　　　　　　　　　　　　　(b)

(c)　　　　　　　　　　　　　　　　　(d)

图 9－55　Mg$_{63}$Cu$_{16.8}$Ag$_{11.2}$Er$_9$ 合金熔体与 Ti 在 903 K 分别保温

2、4、6、10 min 后，快冷得到的界面形貌

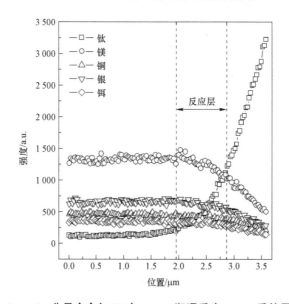

图 9－56　MgCuAgEr 非晶合金与 Ti 在 903 K 润湿反应 2 min 后的界面处成分分布

通常界面反应层厚度与时间的关系可用公式（9-18）表示：

$$X_t - X_0 = kt^n \tag{9-18}$$

其中，X_t 表示反应到时间 t 后的界面层厚度；X_0 为初始状态下界面层厚度；k 为界面产物生长速率常数；n 为时间常数。

当界面反应由不同因素控制时，界面产物生长速率表现出不同的变化规律。一般来说，当界面产物生长由界面反应控制时，反应层生长呈线性变化规律，时间常数 $n=1$；当界面产物生长由体扩散控制时，反应层生长呈抛物线变化规律，时间常数 $n=1/2$。

表 9-11 汇总了 883 K 和 903 K 下经过不同时间润湿反应后的界面产物厚度，发现在这两个温度下，反应层厚度随时间的增长遵循抛物线变化规律，因而认为 MgCuAgEr 非晶合金与 Ti 的界面反应是由体扩散控制的，这与观察到的界面处成分强烈的相互扩展相符合。因此，MgCuAgEr 非晶合金与 Ti 的界面反应层厚度随时间变化可以表示为

$$X_t - X_0 = kt^{\frac{1}{2}} \tag{9-19}$$

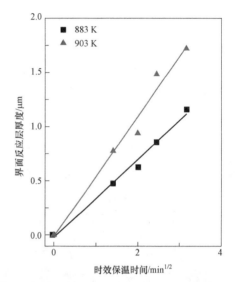

图 9-57　不同保温温度下，MgCuAgEr 非晶合金与 Ti 在界面反应层厚度随润湿反应时间平方根的关系

将界面厚度随润湿反应时间 $t^{\frac{1}{2}}$ 的变化绘制成图，如图 9-57 所示，拟合得到厚度随时间变化的斜率，即为界面产物生长速率常数 k；883 K 润湿反应 $k=4.654\times10^{-8}$ m/s$^{1/2}$，903 K 润湿反应 $k=7.164\times10^{-8}$ m/s$^{1/2}$。因此，在 883 K 和 903 K 下 MgCuAgEr 非晶合金与 Ti 的界面反应层厚度 X_t 生长随时间可以表示为

$$X_t = 4.654\times10^{-8}t^{\frac{1}{2}} \qquad (883\ \text{K}) \tag{9-20}$$

$$X_t = 7.164\times10^{-8}t^{\frac{1}{2}} \qquad (903\ \text{K}) \tag{9-21}$$

由于液固界面反应中界面产物的生长是热激活过程，界面产物生长速率常数 k 遵循阿累尼乌斯公式：

$$k = k_0 \exp\left(-\frac{Q^k}{RT}\right) \tag{9-22}$$

其中，Q^k 为界面产物生长激活能；k_0 为频率因子；R 为气体常数；T 为绝对温度。将公式两边取对数后，公式变为

$$\ln k = \ln k_0 - \frac{Q^k}{RT} \tag{9-23}$$

通过计算，可以得到 MgCuAgEr 非晶合金与 Ti 的界面产物生长激活能 $Q^k=176.76$ kJ/mol。总体来说，MgCuAgEr 非晶合金与 Ti 的界面反应是通过体扩散控制的，但是，在保温过

程中，界面反应也表现出明显的对温度的依赖性，903 K 界面处润湿反应比 883 K 时要剧烈得多。因此，控制界面反应的温度和持续时间对 Mg 基非晶合金复合材料的制备至关重要。

表 9-11 MgCuAgEr 非晶合金与 Ti 经过不同时间润湿反应后的界面层厚度

温度/K	时间/min				
	0	2	4	6	10
883	0	0.48	0.63	0.85	1.16
903	0	0.78	0.94	1.48	1.72

9.5.2.2 孔隙率对复合材料力学性能的影响

多孔 Ti 的相对密度由其孔隙率决定，使用孔隙率为 30%、40%、50%、60% 和 70%，孔径大小分别为 30~500 μm、100~200 μm 和 50~100 μm 的多孔 Ti 制备复合材料。图 9-58 为孔径大小 100~200 μm、孔隙度为 30%~70% 的多孔 Ti 制备得到的多孔 Ti/Mg 基非晶合金复合材料，其横截面 SEM 照片如图 9-58 所示。图中浅色区域为 Mg 基非晶合金，深色区域为多孔 Ti，可以观察到两相体积分数的连续变化。从 SEM 形貌观察，在各个孔隙率下，Mg 基非晶合金都能充分地填充多孔 Ti 的孔隙。

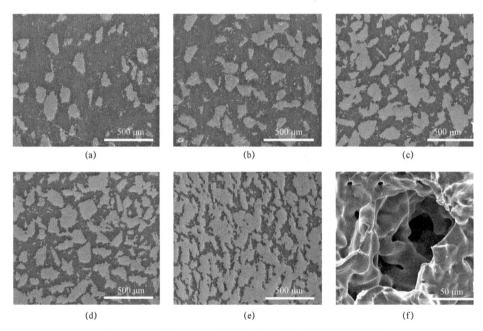

图 9-58 多孔 Ti/Mg 基非晶合金复合材料的显微组织
（a）30%、（b）40%、（c）50%、（d）60%、（e）70% 和（f）多孔 Ti 的高倍形貌

图 9-59 为孔隙率 30%~70% 的多孔 Ti/Mg 基非晶合金复合材料的压缩应力-应变曲线。不同 Ti 含量的复合材料均表现出一定的压缩塑性；屈服后复合材料的流变应力均逐渐增加；随着多孔 Ti 体积分数的增加，复合材料的屈服强度逐渐降低，变形量逐渐增加。此外，随着变形量的增加，Ti 的加工硬化作用也越来越显著，复合材料的断裂强度也逐渐增加。多孔 Ti 体积分数为 30% 的复合材料具有最高的屈服强度，约为 970 MPa，体积分数为 70% 的复合材

料具有最高的断裂强度和断裂应变，分别为 1 860 MPa 和 44%。

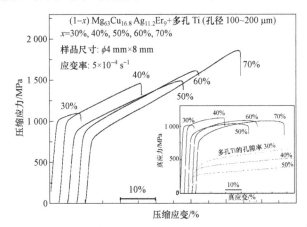

图 9-59　多孔 Ti/Mg 基非晶合金复合材料的压缩应力-应变曲线

不同孔径大小的多孔 Ti，同样对复合材料的性能产生显著影响。图 9-60 所示为具有不同孔径大小多孔 Ti/Mg 基非晶合金复合材料的压缩应力-应变曲线，发现随着复合材料中韧性相间距的减小，复合材料的屈服强度、断裂强度和压缩塑性都在一定程度上得到了提高。当韧性相间距从 500 μm 减小到 50~100 μm 后，多孔 Ti 体积分数为 30% 的复合材料屈服强度从约 800 MPa 提高到约 1 000 MPa，压缩塑性从 5% 提高到 10%，体积分数为 50% 的复合材料屈服强度略有提高，压缩塑性从 12% 提高到 30%。随着非晶相尺寸的减小，复合材料屈服强度逐渐提高。

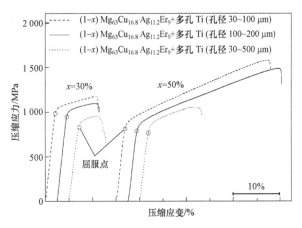

图 9-60　具有不同孔径大小的多孔 Ti/Mg 基非晶合金复合材料压缩应力-应变曲线

9.5.2.3　增强方式对复合材料力学性能的影响

表 9-12 列出了不同体积分数多孔 Ti/Mg 基非晶合金复合材料的压缩力学性能，并与外加颗粒和内生相增强的 Mg 基非晶合金复合材料进行性能对比。由表 9-12 所示，同是 Fe 颗粒增强 Mg 基非晶合金，内生复合方式制备的颗粒增强 $(Mg_{65}Cu_{7.5}Ni_{7.5}Zn_5Ag_5Y_{10})_{87}Fe_{13}$ 非晶合金复合材料与外加颗粒增强的 $Mg_{58}Cu_{28.5}Ag_{11}Gd_{2.5}$ 非晶合金复合材料的压缩力学性能截然不同。与外加 Ti 颗粒增强 $Mg_{65}Cu_{25}Gd_1$ 非晶合金复合材料相比，多孔 Ti/Mg 基非晶合金复合材料具有更高的屈服强度和断裂强度。

表 9-12　不同增强方式 Mg 基非晶合金复合材料的压缩力学性能对比

类　型		σ_y/MPa	σ_f/MPa	ε_f/%
复合材料	$Mg_{63}Cu_{16.8}Ag_{11.2}Er_9$ + 30%多孔 Ti	970	1 180	11
	$Mg_{63}Cu_{16.8}Ag_{11.2}Er_9$ + 40%多孔 Ti	930	1 460	23
	$Mg_{63}Cu_{16.8}Ag_{11.2}Er_9$ + 50%多孔 Ti	820	1 490	32
	$Mg_{63}Cu_{16.8}Ag_{11.2}Er_9$ + 60%多孔 Ti	795	1 615	35
	$Mg_{63}Cu_{16.8}Ag_{11.2}Er_9$ + 70%多孔 Ti	740	1 860	44
外加颗粒	$Mg_{65}Cu_{20}Ag_5Gd_{10}$ + 8%Nb 颗粒	800	909	12
	$Mg_{58}Cu_{28.5}Ag_{11}Gd_{2.5}$ + 20%Fe 颗粒	800	960	9.2
	$Mg_{58}Cu_{28.5}Ag_{11}Gd_{2.5}$ + 25%Mo 颗粒	950	1 100	10
	$Mg_{65}Cu_{25}Gd_{10}$ + 30%Ti 颗粒	700	897	37
	$Mg_{65}Cu_{25}Gd_{10}$ + 40%Ti 颗粒	650	897	41
原向内生	$(Mg_{65}Cu_{7.5}Ni_{7.5}Zn_5Ag_5Y_{10})_{87}Fe_{13}$	950	990	1
	$Mg_{81}Cu_{9.3}Y_{4.5}Zn_5$ + 48%Mg 片	650	1 163	18.5

　　图 9-61 是多孔 Ti 和 Ti 颗粒增强 Mg 基非晶合金复合材料屈服强度的对比数据。利用混合法则拟合得到这两种复合材料在含不同体积分数的 Ti 时，屈服强度与体积分数的关系如图 9-61 中直线所示。Ti 颗粒增强 $Mg_{65}Cu_{25}Gd_{10}$ 非晶合金复合材料中，非晶合金基体的表观屈服强度为 825 MPa，这与其实际测量的屈服强度非常接近；而拟合得到多孔 Ti/$Mg_{63}Cu_{16.8}Ag_{11.2}Er_9$ 非晶合金复合材料中，非晶合金基体的表观屈服强度约为 1 200 MPa。

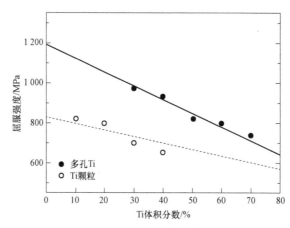

图 9-61　不同增强方式 Mg 基非晶合金复合材料的屈服强度与 Ti 体积分数的关系

9.5.3　多孔 SiC/Zr 基非晶合金复合材料

　　多孔 SiC/Zr 基非晶合金复合材料具有独特的双相连续网络结构，组织均匀，能在三维方向上实现两相的相互约束，具有优异的力学性能，是一种极具发展潜力的新型非晶合金复合材料。

9.5.3.1　界面控制

连接基体和增强相的界面是复合材料能否获得优异性能的决定因素之一。复合相的选择和制备过程的控制对于设计合适的界面结构尤其重要。对于非晶合金复合材料，复合相的化学稳定性和基体材料的相容性非常重要，因为这将严重影响基体的非晶形成能力。通过非晶合金熔体与陶瓷之间的润湿试验，为选择合理的制备工艺奠定了理论基础。

图 9-62 所示为不同温度条件下合金熔体与 SiC 之间的润湿动力学曲线，可见合金熔体与 SiC 之间具有较好的润湿性。当温度为 1 053～1 173 K 时，润湿角随时间的变化曲线只存在准稳态减小阶段和趋于平衡阶段。随着温度的升高，合金熔体与 W 之间达到平衡润湿角所需的时间也减少，随着保温时间的增加，润湿角逐渐减小，保温约 10 min 时，接近平衡状态。当润湿温度从 1 053 K 升高到 1 173 K 的过程中，初始润湿角从 80° 减小到 45°，平衡润湿角从约 50° 减小到约 30°，随温度

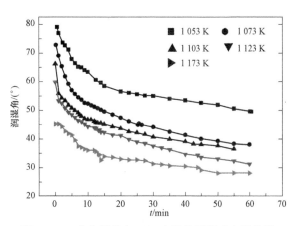

图 9-62　合金熔体与 SiC 之间的润湿动力学曲线

升高而线性递减。总体上，随着润湿温度的升高，合金熔体与 SiC 之间的润湿性增强。

图 9-63 是在 1 073～1 233 K 保温 30 min 后，合金熔体与 SiC 基片之间的界面形貌。可见在界面处没有发生明显的界面反应。由于 SiC 为粉末烧结制成，很难烧结成完全致密，SiC 颗粒之间存在微缺陷。在 1 123 K 以上温度观察到合金熔体逐渐渗入到 SiC 中。而 1 073 K 时，

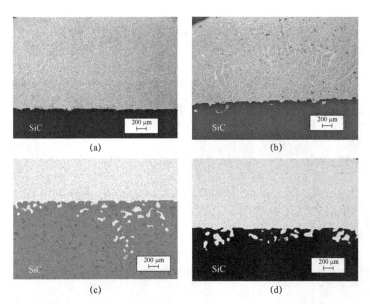

图 9-63　合金熔体保温 30 min 后与 SiC 之间的界面形貌

(a) 1 073 K；(b) 1 123 K；(c) 1 173 K；(d) 1 223 K

温度较低，合金的黏度较大，流动性较差，合金向 SiC 中渗入量的多少很大程度上取决于 SiC 的表面状态及 SiC 表面层的空隙连通程度。而当温度升高时，合金的黏度减小，流动性较好，润湿性也增强，因此合金向 SiC 中渗入的量增多。

9.5.3.2　组织结构

图 9-64 所示为多孔 SiC/Zr 基非晶合金复合材料的微观形貌和相应的 XRD 衍射图谱。如图 9-64（a）所示，灰色的非晶相与深色的 SiC 相在三维空间上连续分布。XRD 图谱（图 9-64（b））表明 SiC 相的强衍射峰叠加在具有明显非晶合金特征的漫散射峰上，在 XRD 的精度范围内，没有发现其他晶体相的衍射峰。

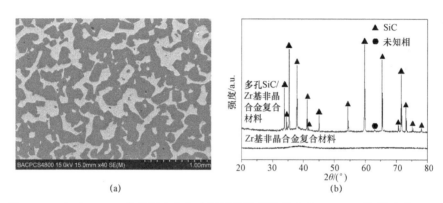

图 9-64　多孔 SiC/Zr 基非晶合金复合材料的微观形貌（a）及 XRD 衍射图谱（b）

图 9-65 为多孔 SiC/Zr 基非晶合金复合材料界面处微观结构，发现在两相界面处有些地方会产生一薄层界面反应，由于含量比较少，导致 XRD 无法分辨。

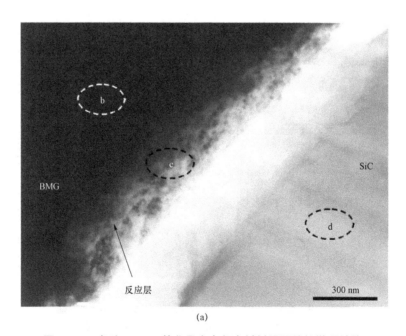

图 9-65　多孔 SiC/Zr 基非晶合金复合材料界面处的微观结构

图 9−65　多孔 SiC/Zr 基非晶合金复合材料界面处的微观结构（续）

9.5.3.3　孔隙率对复合材料力学性能的影响

图 9−66 所示为多孔 SiC/Zr 基非晶合金复合材料在准静态轴向压缩下的应力−应变曲线。SiC 相体积分数为 51%，复合材料的断裂强度为 1 250 MPa，并且表现出一些塑性应变。而 V_f 为 82% 的复合材料的断裂强度为 1 400 MPa，且在失效前仅发生了弹性变形。随着 V_f 的增加，复合材料的断裂模式由剪切变为轴向劈裂，如图 9−66 插图所示。

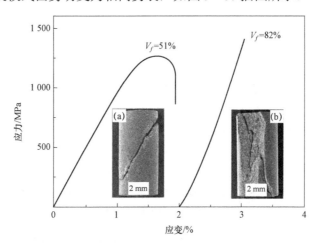

图 9−66　不同 V_f 多孔 SiC/Zr 基非晶合金复合材料在准静态轴向压缩下的
应力−应变曲线（插图：对应的断裂形貌）

9.5.3.4　应变率对复合材料力学性能的影响

图 9−67 所示为多孔 SiC/Zr 基非晶合金复合材料（$V_f=80\%$）的准静态与动态轴向压缩应力−应变曲线。复合材料在准静态与动态压缩作用下均表现出线弹性变形，直到发生灾难性的失效。复合材料的断裂强度明显高于非晶合金，且远远高于多孔 SiC。

图 9−68 所示为多孔 SiC/Zr 基非晶合金复合材料在不同应变率条件下的轴向压缩真应力−真应变曲线。可见，在准静态与动态压缩条件下，复合材料的断裂强度均随着应变率的增加而增加。复合材料的动态压缩强度明显低于准静态压缩强度。

图 9−69 所示为多孔 SiC/Zr 基非晶合金复合材料的应力−应变率对数关系曲线。可见，在应变率介于 $10^{-5} \sim 10^3 \text{ s}^{-1}$ 时，非晶合金均表现为负的应变率效应。而复合材料则表现出不一致的应变率敏感特征：在应变率为 $10^{-5} \sim 10^{-3} \text{ s}^{-1}$ 时，应变率敏感系数约为 0.023，表现为正的应变率效应；在应变率为 $10^{-3} \sim 10^3 \text{ s}^{-1}$ 时，应变率敏感系数变为 -0.029，表现为负的应变

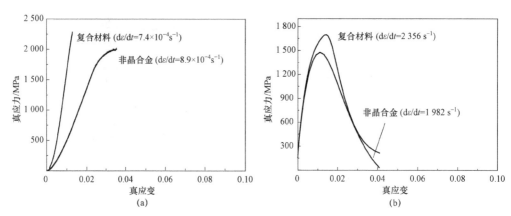

图 9-67 多孔 SiC/Zr 基非晶合金复合材料的轴向压缩真应力-真应变曲线

（a）准静态；（b）动态

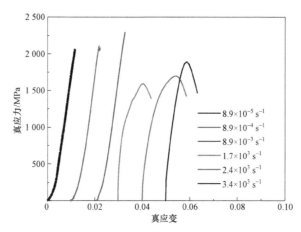

图 9-68 多孔 SiC/Zr 基非晶合金复合材料在不同应变率条件下的
轴向压缩真应力-真应变曲线

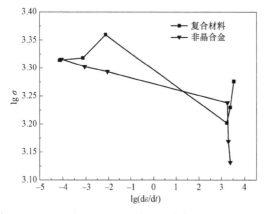

图 9-69 多孔 SiC/Zr 基非晶合金复合材料的
应力-应变率对数关系曲线

率效应；当应变率为 $1.7 \times 10^3 \sim 3.4 \times 10^3 \ s^{-1}$ 时，应变率敏感系数约为 0.247，表现为正的应变率效应。复合材料的应变率效应是由两相应变率效应的竞争关系来决定的。多孔 SiC 具有正的应变率效应特征，而非晶合金表现出负的应变率效应。在准静态与动态压缩条件下，SiC 相的正应变率效应占主导作用。因此，复合材料在应变率为 $10^{-5} \sim 10^{-3} \ s^{-1}$ 和 $1.7 \times 10^3 \sim 3.4 \times 10^3 \ s^{-1}$ 时，表现出正的应变率效应；而当应变率由 $10^{-3} \ s^{-1}$ 增加到 $10^3 \ s^{-1}$ 时，非晶相的负的应变率效应将占据主导作用，导致复合材料表现出负的应变率效应。

图 9-70 所示为多孔 SiC/Zr 基非晶合金复合材料在准静态与动态轴向压缩下的宏观断裂

形貌。复合材料在两种加载条件下表现出相似的断裂特征，均断裂成几块，呈剪切断裂与轴向劈裂的混合断裂模式。不同之处在于，复合材料在动态压缩下形成的碎块尺寸小于准静态压缩的情况。

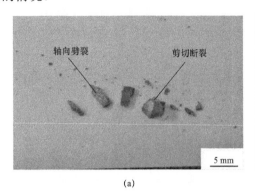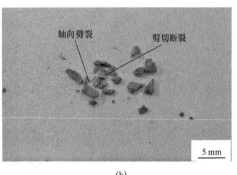

图 9-70　多孔 SiC/Zr 基非晶合金复合材料的宏观断裂形貌

（a）准静态；（b）动态

多孔 SiC/Zr 基非晶合金复合材料的两相在三维空间均匀连续分布。均匀分布的 SiC 相有效阻碍了非晶合金相的变形，这抑制了非晶合金相中剪切带的形成。同时，非晶合金相也限制了 SiC 相的变形。由于非晶合金相的屈服强度明显高于 SiC 相的抗压强度，当 SiC 相中萌生裂纹时，非晶合金相仍处于弹性变形阶段。裂纹容易沿着两相界面或向 SiC 相中扩展，当裂纹扩展遇到非晶合金相时，裂纹受到阻碍，停止扩展或沿两相界面扩展。在持续的载荷作用下，由于非晶合金相中自由体积的聚集，非晶合金相发生软化而形成黏性流动层，而 SiC 相中的裂纹也会发生聚集，甚至扩展进入非晶合金相，导致非晶合金相的失效。随后，裂纹不断聚集，导致复合材料的整体失效。两相相互约束的变形机制，可有效延迟失效，显著提高复合材料的抗压强度。

9.5.3.5　硬度

图 9-71 所示为多孔 SiC/Zr 基非晶合金复合材料的静态和动态硬度对比。复合材料的静态硬度平均值为（$1\,103 \pm 95$）HV，而动态硬度的平均值为（$1\,604 \pm 71$）HV，表明动态硬度明显高于静态硬度。

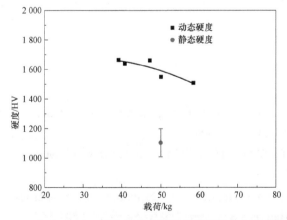

图 9-71　多孔 SiC/Zr 基非晶合金复合材料的静态与动态硬度值

图 9-72 所示为静态与动态硬度加载条件下，多孔 SiC 基非晶合金复合材料的表面压痕形貌。压痕加载引起复合材料产生了明显的破坏，压痕区域产生了大量的裂纹，并且压痕边缘区域产生了多条放射状的裂纹。相比静态压痕（图 9-72（a）），动态压痕诱导产生更剧烈的破坏，压痕区域 SiC 相发生明显的破碎，且出现了部分材料脱落的现象（图 9-72（b））。对图 9-72（b）区域Ⅰ的高倍观察中发现，裂纹萌生于 SiC 相中，沿着垂直于压痕边缘区域向外传播，而非晶合金相中并未出现明显裂纹，如图 9-72（c）所示。对图 9-72（b）区域Ⅱ的高倍观察中发现，非晶相中出现了明显的多重剪切带，并且裂纹容易沿着非晶相与陶瓷相的界面处传播，造成界面剥离的发生，如图 9-72（d）所示。

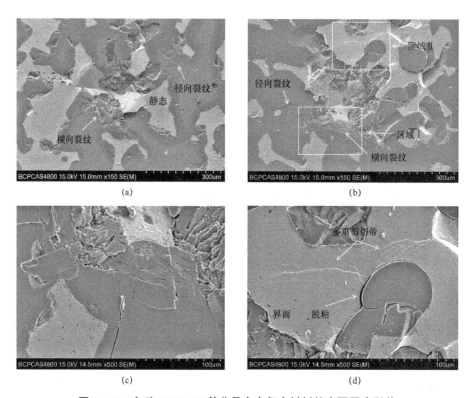

图 9-72　多孔 SiC/ZrTi 基非晶合金复合材料的表面压痕形貌

（a）静态压痕；（b）动态压痕；（c）为（b）图区域Ⅰ的高倍图像；（d）为（b）图区域Ⅱ的高倍图像

参考文献

[1] Johnson，William L. Bulk Glass-Forming Metallic Alloys: Science and Technology [J]. MRS Bulletin，1999，24（10）：42-56.

[2] Wang W H，Dong C，Shek C H. Bulk Metallic Glasses [J]. Materials Science and Engineering R，2004，44：45.

[3] Wang W. Roles of minor additions in formation and properties of bulk metallic glasses [J]. Progress in Materials Science，2007，52（4）：540-596.

［4］ Johnson W L，Demetriou M D，Harmon J S，et al. Rheology and Ultrasonic Properties of Metallic Glass-Forming Liquids：A Potential Energy Landscape Perspective［J］. Mrs Bulletin，2007，32（8）：644－650.

［5］ Schroers J. Processing of Bulk Metallic Glass ［J］. Advanced Materials，2010，22（14）：1566－1597.

［6］ Chen M. Mechanical Behavior of Metallic Glasses：Microscopic Understanding of Strength and Ductility ［J］. Annual Review of Materials Research，2008，38（38）：445－469.

［7］ Schuh C A，Hufnagel T C，Ramamurty U. Mechanical Behavior of Amorphous Alloys［J］. Acta Materialia，2007（55）：4067－4109.

［8］ Dai L H，Bai Y L. Basic mechanical behaviors and mechanics of shear banding in BMGs ［J］. International Journal of Impact Engineering，2008（35）：704－716.

［9］ Martin M，Thadhani N N. Mechanical properties of bulk metallic glasses ［J］. Progress in Materials Science，2010（55）：759－839.

［10］ Inoue A，Zhang W，Zhang T，et al. High-strength Cu-based bulk glassy alloys in Cu-Zr-Ti and Cu-Hf-Ti ternary systems ［J］. Acta Materialia，2001（49）：2645－2652.

［11］ Liu Z Q，Zhang Z F. Strengthening and toughening metallic glasses：The elastic perspectives and opportunities ［J］. Journal of Applied Physics，2014，115（16）：817.

［12］ 贺自强，王新林，全白云，等. 非晶态合金的局域剪切变形与断裂机制 ［J］. 材料科学与工程学报，2007，25（1）：132－137.

［13］ 刘涛. 陶瓷颗粒、纳米晶对 Zr-Cu 基非晶强韧性的影响 ［D］. 吉林：吉林大学，2009.

［14］ Choi-Yim H，Busch R，Köster U，et al. Synthesis and characterization of particulate reinforced $Zr_{57}Nb_5Al_{10}Cu_{15.4}Ni_{12.6}$ bulk metallic glass composites ［J］. Acta Materialia，1999（47）：2455－2462.

［15］ Szuecs F，Kim C P，Johnson W L. Mechanical properties of $Zr_{56.2}Ti_{13.8}Nb_{5.0}Cu_{6.9}Ni_{5.6}Be_{12.5}$ ductile phase reinforced bulk metallic glass composite ［J］. Acta Materialia，2001（49）：1507－1513.

［16］ Hays C C，Kim C P，Johnson W L. Improved mechanical behavior of bulk metallic glasses containing in situ formed ductile phase dendrite dispersions ［J］. Materials Science and Engineering A，2001（304－306）：650－655.

［17］ Choi-Yim H，Conner R D，Szuecs F，et al. Processing，microstructure and properties of ductile metal particulate reinforced $Zr_{57}Nb_5Al_{10}Cu_{15.4}Ni_{12.6}$ bulk metallic glass composites ［J］. Acta Materialia，2002（50）：2737－2745.

［18］ Choi-Yim H，Johnson W L. Bulk metallic glass matrix composites ［J］. Applied Physics Letters，1997（71）：3808－3810.

［19］ Dandliker R B，Conner R D，Johnson W L. Melt infiltration casting of bulk metallic-glass matrix composites ［J］. Journal of Materials Research，1998（13）：2896－2901.

［20］ Eckert J，Das J，Pauly S，et al. Mechanical properties of bulk metallic glasses and composites ［J］. Journal of Materials Research，2007，22（2）：285－301.

［21］张兴超，杜宇雷，陈光，等. 大块非晶合金的复合韧化研究进展［J］. 稀有金属材料与工程，2006，35（4）：510－515.

［22］Schneider S，Thiyagarajan P，Johnson W L. Formation of nanocrystals based on decomposition in the amorphous $Zr_{41.2}Ti_{13.8}Cu_{12.5}Ni_{10}Be_{22.5}$ alloy［J］. Applied Physics Letters，1996（68）：493－495.

［23］Fan C，Louzguine D V，Li C，et al. Nanocrystalline composites with high strength obtained in Zr-Ti-Ni-Cu-Al bulk amorphous alloys［J］. Applied Physics Letters，1999（75）：340－342.

［24］Fan C and Inoue A. Ductility of bulk nanocrystalline composites and metallic glasses at room temperature［J］. Applied Physics Letters，2000（77）：46－48.

［25］Fan C，Li C，Inoue A，et al. Deformation behavior of Zr-based bulk nanocrystalline amorphous alloys［J］. Physical Review B，2000，61（6）：R3761－3763.

［26］Bian Z，He G，Chen G L. Investigation of shear bands under compressive testing for Zr-base bulk metallic glasses containing nanocrystals［J］. Scripta Materialia，2002（46）：407－412.

［27］Kim Y C，Na J H，Park J M，et al. Role of nanometer-scale quasicrystals in improving the mechanical behavior of Ti-based bulk metallic glasses［J］. Applied Physics Letters，2003，83（15）：3093－3095.

［28］Glade S C，Löffler J F，Bossuyt S，et al. Crystallization of amorphous Cu47-Ti34-Zr11-Ni8［J］. Journal of Applied Physics，2001，89（3）：1573－1579.

［29］Calin M，Eckert J，Schultz L. Improved mechanical behavior of Cu-Ti-based bulk metallic glass by in situ formation of nanoscale precipitates［J］. Scripta Materialia，2003（48）：653－658.

［30］Choi-Yim H，Conner R D，Szuecs F，et al. Processing，microstructure and properties of ductile metal particulate reinforced $Zr_{57}Nb_5Al_{10}Cu_{15.4}Ni_{12.6}$ bulk metallic glass composites［J］. Acta Materialia，2002（50）：2737－2745.

［31］Kato H and Inoue A. Synthesis and mechanical properties of bulk amorphous Zr-Al-Ni-Cu alloys containing ZrC particles［J］. Materials Transactions Jim，1997，38：793－800.

［32］Hays C C，Kim C P，Johnson W L. Microstructure controlled shear band pattern formation and enhanced plasticity of bulk metallic glasses containing in situ formed ductile phase dendrite dispersions［J］. Physical Review Letters，2000（84）：2901－2904.

［33］Kato H，Hirano T，Matsuo A，et al. High strength and good ductility of $Zr_{55}Al_{10}Ni_5Cu_{30}$ bulk glass containing ZrC particles［J］. Scripta Materialia，2000（43）：503－507.

［34］Fan C，Ott R T，Hufnagel T C. Metallic glass matrix composite with precipitated ductile reinforcement［J］. Applied Physics Letters，2002（81）：1020－1022.

［35］Kühn U，Eckert J，Mattern N，et al. ZrNbCuNiAl bulk metallic glass matrix composites containing dendritic bcc phase precipitates［J］. Applied Physics Letters，2002（80）：2478－2480.

［36］Kühn U，Eckert J，Mattern N，et al. Microstructure and mechanical properties of slowly cooled Zr-Nb-Cu-Ni-Al composites with ductile bcc phase［J］. Materials Science and Engineering A，2004（375－377）：322－326.

[37] Dai Q L, Sun B B, Sui M L, et al. High-performance bulk Ti-Cu-Ni-Sn-Ta nanocomposites based on a dendrite-eutectic microstructure [J]. Journal of Materials Research, 2004 (19): 2557-2566.

[38] Bian Z, Kato H, Qin C L, et al. Cu-Hf-Ti-Ag-Ta bulk metallic glass composites and their properties [J]. Acta Materialia, 2005 (53): 2037-2048.

[39] Sun Y F, Wei B C, Wang Y R, et al. Plasticity-improved Zr-Cu-Al bulk metallic glass matrix composites containing martensite phase [J]. Applied Physics Letters, 2005 (87): 051905.

[40] Lee J C, Kim Y C, Ahn J P, et al. Enhanced plasticity in a bulk amorphous matrix composite: macroscopic and microscopic viewpoint studies [J]. Acta Materialia, 2005 (53): 129-139.

[41] Sun Y F, Guan S K, Wei B C, et al. Brittleness of Zr-based bulk metallic glass matrix composites containing ductile dendritic phase[J]. Materials Science and Engineering A, 2005 (406): 57-62.

[42] Dong W B, Zhang H F, Sun W S, et al. Zr-Cu-Al-Ta glassy matrix composites with enhanced plasticity [J]. Journal of Materials Research, 2006 (21): 1490-1499.

[43] Choi-Yim H, Busch R, Köster U, et al. Synthesis and characterization of particulate reinforced $Zr_{57}Nb_5Al_{10}Cu_{15.4}Ni_{12.6}$ bulk metallic glass composites [J]. Acta Materialia, 1999 (47): 2455-2462.

[44] Conner R D, Choi-Yim H, Johnson W L. Mechanical properties of $Zr_{57}Nb_5Al_{10}Cu_{15.4}Ni_{12.6}$ metallic glass matrix particulate composites [J]. Journal of Materials Research, 1999 (14): 3292-3297.

[45] Cannillo V, Leonelli C, Manfredini T, et al. Mechanical performance and fracture behavior of glass-matrix composites reinforced with molybdenum particles [J]. Composites Science and Technology, 2005 (65): 1276-1283.

[46] Jeng I K, Lee P Y. Mechanically alloyed tungsten carbide particle/$Ti_{50}Cu_{28}Ni_{15}Sn_7$ glassy alloy matrix composites[J]. Materials Science and Engineering A, 2007 (449-451): 1090-1094.

[47] Eckert J, Deledda S, Kühn U, et al. Bulk metallic glasses and composites in multicomponent systems. Materials Transactions JIM, 2001 (42): 650-655.

[48] Eckert J, Kübler A, Schultz L. Mechanically alloyed $Zr_{55}Al_{10}Cu_{30}Ni_5$ metallic glass composites containing nanocrystalline W particles[J]. Journal of Applied Physics, 1999(85): 7112-7119.

[49] Deledda S, Eckert J, Schultz L. Thermal stability of mechanically alloyed Zr-Cu-Al-Ni glass composites containing ZrC particles as a second phase [J]. Scripta Materialia, 2002 (46): 31-35.

[50] Fan C, Inoue A. Improvement of mechanical properties by precipitation of nanoscale compound particles in Zr-Cu-Pd-Al amorphous alloys [J]. Materials Transactions JIM, 1997 (38): 1040.

[51] Fan C, Inoue A. Shear sliding-off fracture of bulk amorphous Zr-based alloys containing nanoscale compound particles [J]. Materials Transactions JIM, 1999 (40): 1376.

[52] Saida J, Setyawan A D H, Kato H, et al. Nanoscale multistep shear band formation by

deformation-induced nanocrystallization in Zr-Al-Ni-Pd bulk metallic glass [J]. Applied Physics Letters, 2005 (87).

[53] Lim K R, Na J H, Park J M, et al. Enhancement of plasticity in Ti-based metallic glass matrix composites by controlling characteristic and volume fraction of primary phase [J]. Journal of Materials Research, 2010 (25): 2183.

[54] Cheng J L, Chen G, Xu F, et al. Correlation of the microstructure and mechanical properties of Zr-based in-situ bulk metallic glass matrix composites [J]. Intermetallics, 2010 (18): 2425.

[55] Qiao J W, Sun A C, Huang E W, et al. Tensile deformation micromechanisms for bulk metallic glass matrix composites: From work-hardening to softening[J]. Acta Materialia, 2011 (59): 4126.

[56] Schryvers D, Firstov G S, Seo J W, et al. Unit cell determination in CuZr martensite by electron microscopy and X-ray diffraction [J]. Scripta Materialia, 1997 (36): 1119-1125.

[57] Seo J W, Schryvers D. TEM investigation of the microstructure and defects of CuZr martensite. Part I: Morphology and twin systems[J]. Acta Materialia, 1998(46): 1165-1175.

[58] Hofmann D C, Suh J Y, Wiest A, et al. Designing metallic glass matrix composites with high toughness and tensile ductility [J]. Natrue, 2008 (451): 1085-1090.

[59] Hofmann D C, Suh J Y, Wiest A, et al. Development of tough, low-density titanium-based bulk metallic glass matrix composites with tensile ductility [J]. Proceedings of the National Academy of Sciences, 2008 (105): 20136-20140.

[60] Hofmann D C. Shape memory bulk metallic glass composites [J]. Science, 2010 (329): 1294-1295.

[61] Wu Y, Xiao Y H, Chen G L, et al. Bulk metallic glass composites with transformation-mediated work-hardening and ductility. Advanced Materials, 2010 (22): 2770-2773.

[62] Wu Y, Zhou D Q, Song W L, et al. Ductilizing bulk metallic glass composite by tailoring stacking fault energy [J]. Physical Review Letters, 2012 (109): 245506.

[63] Liu J M, Zhang H F, Fu H M, et al. SiC 颗粒增强锆基非晶材料的组织与变形行为[J]. 沈阳工业大学学报, 2010, 32 (002): 157-161.

[64] Pan D G, Zhang H F, Wang A M, et al. Enhanced plasticity in Mg-based bulk metallic glass composite reinforced with ductile Nb particles [J]. Applied Physics Letters, 2006, 89 (26): 42.

[65] Choi-Yim H, Conner R D, Szuecs F, et al. Processing, microstructure and properties of ductile metal particulate reinforced $Zr_{57}Nb_5Al_{10}Cu_{15.4}Ni_{12.6}$ bulk metallic glass composites [J]. Acta Materialia, 2002, 50 (10): 2737-2745.

[66] Conner R D, Choi-Yim H, Johnson W L. Mechanical properties of $Zr_{57}Nb_5Al_{10}Cu_{15.4}Ni_{12.6}$ metallic glass matrix particulate composites [J]. Journal of Materials Research, 1999, 14 (8): 3292-3297.

[67] Xu Y K, Xu J. Ceramics particulate reinforced $Mg_{65}Cu_{20}Zn_5Y_{10}$ bulk metallic glass composites [J]. Scripta Materialia, 2003, 49 (9): 843-848.

［68］ Jang J S C, Jian S R, Li T H, et al. Structural and mechanical characterizations of ductile Fe particles-reinforced Mg-based bulk metallic glass composites [J]. Journal of Alloys and Compounds, 2009, 485 (1−2): 290−294.

［69］ Choi-Yim H, Schroers J, Johnson W L. Microstructures and mechanical properties of tungsten wire/particle reinforced ZrNbAlCuNi metallic glass matrix composites [J]. Applied Physics Letters, 2002 (80): 1906−1908.

［70］ 张波. W/Zr 基非晶合金复合材料的制备与性能研究 [D]. 大连：大连理工大学, 2013.

［71］ Choi-Yim H, Johnson W L. Bulk metallic glass matrix composites [J]. Applied Physics Letters, 1997, 71 (26): 3808−3810.

［72］ Fu X L, Li Y, Schuh C A. Mechanical properties of metallic glass matrix composites: Effects of reinforcement character and connectivity[J]. Scripta Materialia, 2007, 56 (7): 617−620.

［73］ Liu J M, Zhang H F, Fu H M, et al. SiC 颗粒增强锆基非晶材料的组织与变形行为[J]. 沈阳工业大学学报, 2010, 32 (2): 157−161.

［74］ Choi-Yim H, Conner R D, Szuecs F, et al. Processing, microstructure and properties of ductile metal particulate reinforced $Zr_{57}Nb_5Al_{10}Cu_{15.4}Ni_{12.6}$ bulk metallic glass composites [J]. Acta Materialia, 2002, 50 (10): 2737−2745.

［75］ Khademian N , Gholamipour R . Study on microstructure and fracture behavior of tungsten wire reinforced Cu-based and Zr-based bulk metallic glass matrix composites [J]. Journal of Non-Crystalline Solids, 2013 (365): 75−84.

［76］ Shimizu I, Takei Y. Temperature and compositional dependence of solid-liquid interfacial energy: Application of the Cahn-Hilliard theory[J]. Physica B, 2005, 362(1−4): 169−179.

［77］ Takeuchi A, Inoue A. Classification of bulk metallic glasses by atomic size difference, heat of mixing and period of constituent elements and its application to characterization of the main alloying element [J]. Materials Transactions, 2005, 46 (12): 2817−2829.

［78］ Du J, Hoschen T, Rasinski M, et al. Shear debonding behavior of a carbon-coated interface in a tungsten fiber-reinforced tungsten matrix composite[J]. Journal of Nuclear Materials, 2011, 417 (1−3): 472−476.

［79］ Wang M L, Chen G L, Hui X, et al. Optimized interface and mechanical properties of W fiber/Zr-based bulk metallic glass composites by minor Nb addition[J]. Intermetallics, 2007, 15 (10): 1309−1315.

［80］ Yang X, Fan Z, Liang S, Xiao P. Effects of electric field on wetting behaviors of CuFe alloys on W substrate [J]. Journal of Alloys and Compounds, 2009, 475 (1−2): 855−861.

［81］ Wang M L, Chen G L, Hui X, Zhang Y, Bai Z Y. Optimized interface and mechanical properties of W fiber/Zr-based bulk metallic glass composites by minor Nb addition [J]. Intermetallics, 2007, 15 (10): 1309−1315.

［82］ Lin X H. Bulk glass formation and crystallization of Zr-Ti based alloys [D]. California: California Institute of Technology, 1997.

［83］ Zerilli F J, Armstrong R W. Dislocation mechanics based constitutive relations for material dynamics calculations [J]. Journal of Applied Physics，1987（61）：1816－1825.

[84] Zerilli F J，Armstrong R W. Description of tantalum deformation behavior by dislocation mechanics based constitutive relations[J]. Journal of Applied Physics，1990，68：1580－1591.

[85] Dresselhaus M S，Carbon Nanotubos [J]. Journal of Materials Research，1998，13（9）：2355－2356.

[86] Kim C P，Busch R. Processing of Carbon Fiber-Reinforced $Zr_{41.2}Ti_{13.8}Cu_{12.5}Ni_{10.0}Be_{22.5}$ Bulk Metallic Glass Composites [J]. Appllied Physics Letter，2001，79（10）：1456－1458.

[87] Bian Z，Wang R J，Zhang T，et al. Carbon-nanotube-reinforced Zr-based Bulk Metallic Glass Composites and Their Properties [J]. Advanced Function Materials，2004，14（1）：55－63.

[88] Bian Z，Wang R J. Excellent Wave Absorption by Zr-based Bulk Metallic Glass Composites Containing Carbon Nanotubos [J]. Advanced Materials，2003，15（7）：616－621.

[89] Liu J M，Zhang H F，Yuan X G，et al. Synthesis and Properties of Carbon Short Fiber Reinforced ZrCuNiAl Metallic Glass Matrix Composite [J]. Materials Transactions，2011，52（3）：412－415.

[90] 梁英教. 物理化学 [M]. 北京：冶金工业出版社，1988.

[91] Massalski T B. Binary Alloy Phase Diagrams [M]. USA：ASM International，1990.

[92] Metcalfe A. Interfaces in Metal Matrix Composites [M]. London：Academic Press，1974.

[93] Pech-Canul M，Makhlouf M. Processing of Al-SiC$_p$ metal matrix composites by pressureless infiltration of SiC$_p$ preforms [J]. Journal of Materials Synthesis and Processing，2000（8）：35－53.

[94] Masur L，Mortensen A，Cornie J，et al. Infiltration of fibrous preforms by a pure metal：Part II. Experiment. Metall [J]. Metallurgical Transactions A，1989（20）：2549－2557.

[95] Muscat D，Drew R A L. Modeling the infiltration kinetics of molten aluminum into porous titanium carbide[J]. Metallurgical and Materials Transactions A，1994，25（11）：2357－2370.

[96] Zhang H F，Li H，Wang A M，et al. Synthesis and characteristics of 80 vol.% tungsten （W） fibre/Zr based metallic glass composite [J]. Intermetallics，2009（27）：1－8.

[97] Ma W F，Kou H C，Chen C S，et al. Compressive deformation behaviors of tungsten fiber reinforced Zr-based metallic glass composites[J]. Materials Science and Engineering A，2008（486）：308－312.

[98] Lee C B，Yoon J W，Suh S J，et al. Intermetallic compound layer formation between Sn-3.5 mass %Ag BGA solder ball and （Cu，immersion Au/electroless Ni-P/Cu） substrate [J]. Journal of Materials Science-Materials in Electronics，2003（14）：487.

[99] Ma H，Xu J，Ma E. Mg-based bulk metallic glass composites with plasticity and high strength [J]. Applied Physics Letters，2003（83）：2793.

[100] Jang J S C，Jian S R，Li T H，et al. Structural and mechanical characterizations of ductile Fe particles-reinforced Mg-based bulk metallic glass composites [J]. Journal of Alloys and Compounds，2009（485）：290.

［101］ Kinaka M，Kato H，Hasegawa M，et al. High specific strength Mg-based bulk metallic glass matrix composite highly ductilized by Ti dispersoid ［J］. Materials Science and Engineering A，2008（494）：299.

［102］ Chen Y L，Wang A M，Fu H M，et al. Preparation，microstructure and deformation behavior of Zr-based metallic glass/porous SiC interpenetrating phase composites ［J］. Materials Science and Engineering A，2011（530）：15－20.

第10章
高熵合金复合材料

高熵合金（High entropy alloys, HEAs），又称为多主元合金（Multicomponent alloy, MA），打破了传统合金以一种或两种金属元素为主的设计理念。因高熵效应、晶格畸变效应、迟滞扩散效应和鸡尾酒效应等显著特点，高熵合金表现出有别于传统合金的冶金物理作用机制及一系列独特的力学和热学、物理性能。新颖的设计理念、广阔的设计空间及独特的性能特点使高熵合金成为继非晶合金后金属材料领域的又一研究热点。

10.1　高熵合金的特点和性能

人们对多主元合金的初期探索主要限于原子排列不具规则性的非晶合金。混乱度理论提出后，研究者们发现，并非所有具有高熵值的多主元合金都会按照最初的设想形成长程无序的玻璃态结构，也并不形成结构复杂的化合物，而是倾向于形成具有简单结构的固溶体。基于此，中国台湾学者叶钧蔚提出了新的合金设计理念，即采用多种元素作为主要组元，经过合理的元素选择和成分设计，最终获得具有简单结构的固溶体合金。由于具有高熵值的特点，故将其命名为多主元高熵合金。叶钧蔚将该种合金定义为包含 5 种及 5 种以上元素，且每种元素的原子含量介于 5%～35%。多主元高熵合金的设计颠覆了传统合金的设计理念，新的合金设计理念为合金体系的开发提供了新的维度，使合金系的种类猛烈增长。若以 13 种常用元素为待选元素，通过组合可得到 7 099 种五元至十三元新合金系。

10.1.1　高熵合金的特点

高熵合金由于其独特的元素组成、排列及相互作用势场，产生一些和传统合金显著不同的特性。台湾学者叶均蔚将其归纳为"四大效应"，即热力学上的高熵效应、结构上的晶格畸变效应、动力学上的迟滞扩散效应和性质上的"鸡尾酒"效应。

（1）高熵效应

热力学中，熵是用来表示系统混乱度的参数，根据玻尔兹曼熵与系统混乱度之间的公式，对于 n 种元素等摩尔比混合形成固溶体时，其摩尔组态熵 ΔS_{conf} 由式（10-1）计算：

$$\Delta S_{\text{conf}} = -k\ln w$$
$$= -R\left(\frac{1}{n}\ln\frac{1}{n} + \frac{1}{n}\ln\frac{1}{n} + \cdots + \frac{1}{n}\ln\frac{1}{n}\right)$$
$$= -R\ln\frac{1}{n}$$
$$= R\ln n$$

（10-1）

式（10-1）中，k 为玻尔兹曼常数，其值为 $1.380\,54 \times 10^{23}$ J/K；w 为热力学概率；R 为气体常数（8.314 J/（K·mol））。由该公式可知，在等摩尔比多主元合金中，主元元素越多，合金的摩尔混合熵越大，相应的等摩尔比合金中混合熵与组元数目 n 之间的关系如图 10-1 所示。在材料热力学中，组态熵只是其中一种，如果考虑原子振动、电子组态、磁矩组态等对熵的正贡献，多主元高熵合金的总熵值将会更大。

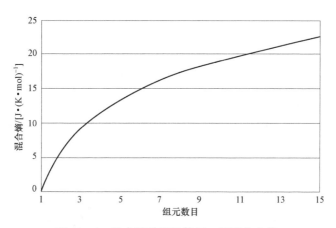

图 10-1 混合熵随组元数目 n 的变化曲线

高熵合金直到最近才被发现，一个很重要的原因就是按照经典的材料学理论吉布斯相律，在多主元高熵合金中，其平衡相组成为种类繁多的金属间化合物、端际固溶体，大量金属间化合物的形成将严重损害合金的机械性能，但是研究发现，多主元高熵合金多由简单固溶体相组成。

多主元高熵合金为什么多由简单固溶体相组成？普遍接受的观点是高熵效应能促进各元素混合形成固溶体相。一般固溶体混合熵较大，混合焓较小；而金属间化合物的特点是混合熵小，但是混合焓很负。根据吉布斯自由能 $\Delta G_{\text{mix}} = \Delta H_{\text{mix}} - T\Delta S_{\text{mix}}$，混合焓与混合熵处于竞争状态，当温度高时，混合熵起主导作用，使得吉布斯自由能更低的固溶体相生成。此外，高熵效应可能对电负性差起到负向作用，可以抑制金属间化合物的生成，还可以使元素的混合更容易，更易形成简单固溶体相。

（2）晶格畸变效应

图 10-2 所示为传统固溶体合金及高熵合金中的原子占位对比图。传统固溶体合金中，溶质原子被溶剂原子约束，占据晶格位置。对于等原子比高熵合金，如果不考虑化学有序化，各组元原子将等概率占据晶格阵点。不同原子的半径大多数情况下是不同的，直径大的原子将推开它周围的原子，而直径较小的原子，它周围存在多余的空间，因此将导致严

重的晶格畸变。这种原子位置上的可变性使高熵合金具有更大的组态熵，也使其处于连续的晶格畸变状态。

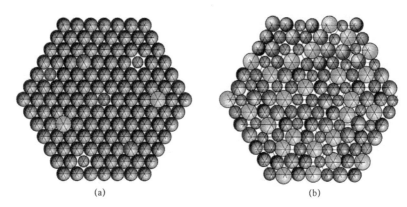

图 10-2　固溶体合金中原子占位对比

（a）传统固溶体合金；（b）高熵合金

严重的晶格畸变使高熵合金在力、热、电、光乃至化学性能方面均有独特表现，如高的固溶强化、热阻和 X 射线漫散射（图 10-3）等效应。针对 CuNiAlCoCrFeSi 合金体系，定量分析单组元至七组元合金的 XRD 衍射峰强度，发现合金衍射峰强度随主元数目的增加逐步降低，认为是由晶格畸变导致的。

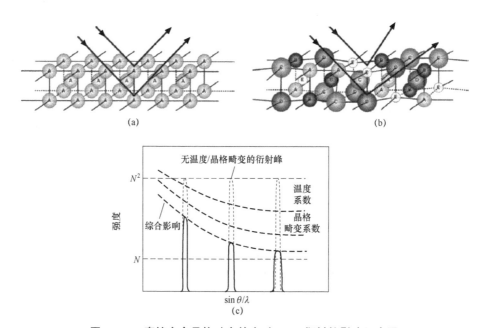

图 10-3　高熵合金晶格畸变效应对 XRD 衍射的影响示意图

（a）正常晶格；（b）产生了晶格畸变的高熵合金晶格；（c）温度和晶格畸变对衍射峰强度的影响

（3）迟滞扩散效应

扩散型相变中，一个新相的形成需要许多原子的协同扩散，以完成元素的再分配。如前所述，高熵合金中的元素既可看作是溶质原子，也可看作是溶剂原子，接近等摩尔比的成分配比及各种原子的尺寸差异造成高熵合金中存在严重的晶格畸变，这导致高熵合金中的元素扩散通道及扩散激活能与传统合金大为不同。晶格阵点之间晶格势能的大幅度波动造成高熵合金中元素的扩散相对缓慢，大量低晶格势能阵点限制和阻碍了原子的扩散，即所谓的迟滞扩散。

高熵合金中，每个阵点周围的原子都有所不同。因此，一个原子迁移至空位处后，与它相邻的原子是有差异的。这种局部原子构成的差异导致了不同阵点处原子键合的差异，进一步地，不同阵点处结合能也有所不同。当原子迁移至低能量阵点时，将被"困住"，原子从这一位置迁移出去的概率将减小。相反，如果该阵点是一个高能量的阵点，原子则具有更高的概率跳回到原始位置。这两种情况都将减缓扩散过程。需要注意的是，低固溶度的传统合金中，原子迁移至空位前后，局部原子构成绝大多数情况下是相同的。

（4）"鸡尾酒"效应

"鸡尾酒"效应最初由印度科学家提出。高熵合金包含多种元素，其整体性质即与组成元素的性质有关，如添加轻元素会降低合金的密度，又如添加耐氧化的元素如 Al、Cr、Si 等会提高合金的抗氧化能力，但又绝不是混合法则下各元素性质的简单叠加。由于组成元素之间有强烈的相互作用，因此高熵合金的性能呈现出类似于"鸡尾酒"效应的综合效应。例如，Al 是较软的 FCC 结构金属，但 $Al_xCoCrFeNi$ 和 $Al_xCoCrCuFeNi$ 两种合金的结构均展现随 Al 元素含量的增加从 FCC 向 BCC 转化的特点，且强度和硬度随之显著增大，如图 10-4 所示。出现这种现象的原因是 Al 原子与其他原子混合焓较负，结合力较强，且 Al 原子的半径较大，造成较大的晶格畸变。

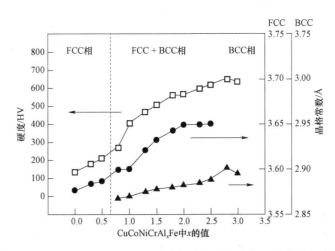

图 10-4　铸态 $CuCoNiCrAl_xFe$ 高熵合金系硬度与晶格常数示意图

10.1.2　高熵合金的性能

高熵效应使高熵合金形成"超级固溶体"，晶格畸变效应导致高熵合金存在强烈的强化作用，迟滞扩散效应使高熵合金中形成大量纳米尺度析出相，这些因素的共同作用使其产生了不同于传统合金的结构特点，导致其获得一些独特的性质和性能。

1）在力学性能方面，高强度、高硬度、高耐磨性是高熵合金主要的力学性能特点。高熵效应使高熵合金成为"超级固溶体"，严重的晶格畸变导致强烈的固溶强化作用，迟滞扩散效应促使高熵合金析出纳米晶。这些因素的综合作用，致使高熵合金表现出优异的力学性能。

目前力学性能测试多是对铸态合金进行室温准静态压缩及硬度测试。对于铸态高熵合金，就硬度/强度而言，相结构是主要影响因素。具体而言，主要是以下 3 个方面：

① 合金中各组成相的硬度/强度；

② 各相的体积分数；

③ 组成相的形态和分布。

高熵合金中常见合金相，大体可分成 4 类，每类具有不同的硬度范围，见表 10-1。组成元素种类相同或相近的不同合金中，BCC 结构的合金通常比 FCC 结构的合金强度/硬度高。

表 10-1　高熵合金中常见的组成相及其典型的硬度范围

类型	示例	典型的硬度范围/HV
共价化合物	碳化物，硼化物，硅化物	1 000～4 000
复杂结构的金属间化合物	σ 相，η 相，Laves 相	650～1 300
BCC 结构相	BCC，B2	300～700
FCC 结构相	FCC，L1$_2$，L1$_0$	100～300

图 10-5 为放电等离子烧结法制备的 Al$_x$CoCrCuFeNi（$x=0.45$、1、2.5、5）高熵合金的维氏硬度与铝含量之间关系图。其中 Al$_5$CoCrCuFeNi 高熵合金的硬度最高，达到了 960 HV。基于霍尔-佩奇效应，分析认为，与晶粒尺寸强化相比，随着铝含量的增加，固溶强化和有序强化得到明显增强。

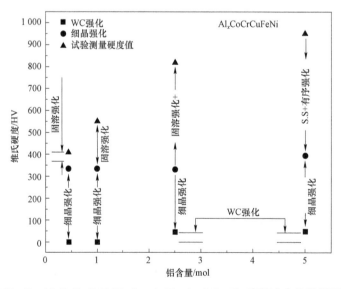

图 10-5　Al$_x$CoCrCuFeNi（$x=0.45$、1、2.5、5）高熵合金的维氏硬度

图 10–6 为 CoCrFeNiAlTi$_x$（$x=0$、0.5、1、1.5）系列高熵合金的压缩真实应力–应变曲线，其屈服强度均大于 1.4 GPa，断裂强度均超过 2.5 GPa。尤其是 CoCrFeNiAlTi$_{0.5}$ 双 BCC 相高熵合金，其屈服强度达到了 2.26 GPa，断裂强度达到 3.1 GPa，且断裂应变仍高达 23.3%。

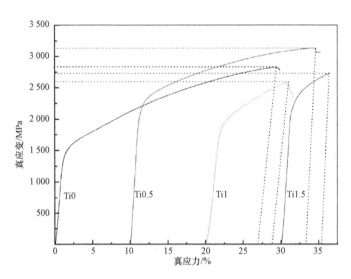

图 10–6　CoCrFeNiAlTi$_x$（$x=0$、0.5、1、1.5）高熵合金的压缩真实应力–应变曲线

CuCoNiCrAl$_{0.5}$Fe 合金系中添加 B 元素后发现，随着 B 元素含量增加，合金的相结构仍为面心立方，并且伴随着硼化物的产生。硼化物的体积分数随 B 元素含量的增加而增加，不仅合金的硬度得到了大幅度的提高，而且提高了合金的耐磨性和高温强度。当硼的摩尔含量为 1 时，耐磨性能优于 SUJ2 耐磨钢。

2）在耐热性方面，高熵合金的熔点普遍较高，并且在高温时仍具有较高的强度与硬度。由于高熵合金混乱度大，加之高温的作用会更加显著，使其高熵效应得到充分发挥，依旧存在固溶强化效应。CoCrFeNiCuAl$_{0.5}$ 高熵合金的高温压缩试验（应变率 $10\ \mathrm{s}^{-1}$）表明，该高熵合金在室温至 800 ℃ 之间保持着相同的强度水平，且具有明显的加工硬化能力，900 ℃ 后才开始软化，1 000 ℃ 后强度才明显下降；而在 $10^{-3}\ \mathrm{s}^{-1}$ 的应变率加载条件下，该高熵合金的强度直至 700 ℃ 均没有发生明显变化，900 ℃ 后显著软化。另有研究表明，AlCoCrCu$_{0.5}$NiFe 高熵合金在 1 000 ℃ 退火 12 h 后炉冷，并未出现回火软化现象，但现阶段工业生产中普遍使用的合金钢在超过 550 ℃ 时就出现回火软化现象。

3）在耐腐蚀性方面，高熵合金中一些特定元素易形成致密氧化膜，同时，合金具有玻璃化、微晶化、单相结构等特性，这些为高熵合金耐腐蚀性能的提高提供了有利条件，尤其是含有 Cu、Ti、Cr、Ni 或 Co 的高熵合金，与 304 不锈钢一样，在高浓度 H$_2$SO$_4$、HCl、HNO$_3$ 中均表现出很好的耐腐蚀性能，这个特性是其他铁合金所不具备的，见表 10–2。Cu 对合金抗腐蚀能力的增强有重要意义，这是因为 Cu 有利于钝化膜（硫化铜、硫酸铜、氢氧化铜）的形成，可阻挡或减少合金与腐蚀液的接触机会，增大腐蚀电位，减小腐蚀电流密度，从而增强合金的抗腐蚀性。

表 10-2 高熵合金的耐腐蚀性能

高熵合金	抗腐蚀性（×表示不腐蚀）		
	HCl（1 mol/L）	H$_2$SO$_4$（1 mol/L）	HNO$_3$（1 mol/L）
CuTiVFeNiZrCo	×	×	×
CuTiVFeNiZrCo+3%B	×	×	×
AlTiVFeNiZrCo	×	×	×
AlTiVFeNiZrCo+3%B	×	×	×
MoTiVFeNiZrCo	×	×	×
CuTiVFeNiZrCoCr	×	×	×
CuTiVFeNiZrCoCrPd	×	×	×
MoTiVFeNiZrCoCr	×	×	×
AlTiVFeNiZrCoCrPd+3%B	×	×	×

4）由于现阶段高熵合金成分中普遍包括 Fe、Co、Ni 等磁性元素，使得这些高熵合金的磁学性能较为显著。图 10-7 为 CoCrFeNiCuAl 合金的室温磁化曲线及饱和磁化强度随温度变化的曲线。CoCrFeNiCuAl 高熵合金室温饱和磁化强度为 38.18 emu/g，剩磁比为 5.98%，矫顽力为 45 Oe，退火后饱和磁化强度为 16.08 emu/g，剩磁比为 3.01%，矫顽力为 15 Oe。退火后合金的磁性能比铸态合金的有所下降。研究表明，CoCrCuFeNiTi$_x$、CoCrFeNiCuAl 高熵合金具有很好的软磁性能。

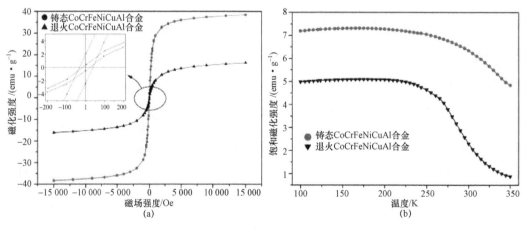

图 10-7 CoCrFeNiCuAl 合金的磁化曲线

（a）室温磁化曲线；（b）饱和磁化强度随温度变化曲线

10.2 双相结构高熵合金

通常 BCC 结构的高熵合金屈服强度很高，但是塑性有限；而 FCC 结构的高熵合金强度低，但塑性好。基于此，项目组提出 FCC+BCC 双相结构高熵合金的解决方案，以 FCC 相为基体，保证良好的塑性；利用硬相对软相变形的约束作用，实现合金强度的提高。AlCoCrFeNi 合金系统具有 FCC 和 BCC 两种组成相，并且 Al 元素是控制两相含量的主要因素，因此通过优化 Al 元素的配比，并综合利用冷/热变形和热处理，调整两相的相对含量、形态、尺寸和分布，是实现高熵合金强韧化的可行方法。

10.2.1　合金成分优化

通过研究 Al 含量对 Al_xCoCrFeNi（简记为 Al_x，x 为摩尔比）高熵合金的相组成、显微组织和力学性能的影响规律，优选合金成分，获得两种典型的 FCC+BCC 双相高熵合金 Al0.6 和 Al0.62。Al0.60 为典型的树枝晶组织，Al0.62 为层片状组织，二者 BCC 相含量适中，具有较好的综合力学性能。

图 10-8 为 Al_x 高熵合金的 X 射线衍射（XRD）图谱，可以看到，随着 Al 含量增加，合金相组成的变化规律均为 FCC→FCC+BCC→BCC，表明 Al 是影响 BCC 相形成的主要元素。双相合金中，两相的相对含量是影响力学性能的主要因素之一，因此，为了获得综合力学性能良好的 FCC+BCC 的双相 Al_x 合金，需要对 Al 含量进行系统的调整。另外，Al1.0 合金中，在 2θ 等于 30° 位置，可以观察到（100）超晶格衍射峰，表明合金中存在 B2 有序相。

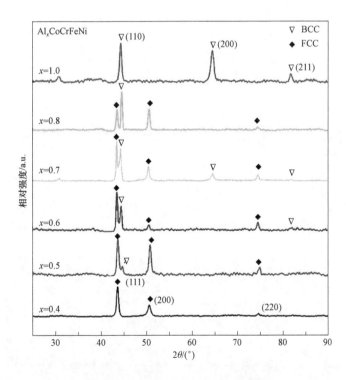

图 10-8　Al_x 系列高熵合金的 XRD 图谱

如图 10-9 所示，Al_x 系列高熵合金的微观组织随 Al 含量增加的演变过程为：柱状树枝晶组织→等轴晶→等轴树枝晶。表 10-3 列出了合金元素的分布情况，可以看出，由于 Al 熔点较低，主要分布于枝晶间区，并促进 BCC 相的形成。如图 10-9（d）所示，枝晶间 BCC 相表现为典型的板条状调幅结构特征。图 10-9（f）为 Al0.7 的高倍组织照片，可以看到 FCC 相呈条状分布于 BCC 相内，表明 BCC 相已经转变为基体相。如图 10-9（h）所示，由于 Al1.0 合金中 Al 元素含量相对较大，因此整个晶粒内均发生调幅分解，形成细小的板条组织。白色板条富 Al/Ni，根据 XRD 分析结果，推测其为 B2 结构；黑色板条为富 Cr/Fe 的 A2 结构。

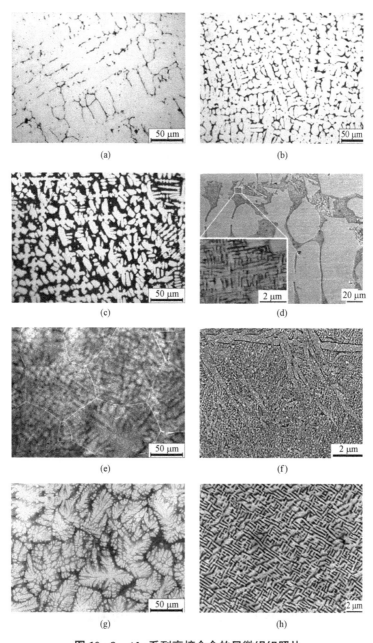

图 10-9　Alx 系列高熵合金的显微组织照片

（a）Al0.4；（b）Al0.5；（c），（d）Al0.6；（e），（f）Al0.7；（g），（h）Al1.0

表 10-3　Al*x* 系列合金中元素的分布情况

合金编号	位置	原子含量/%				
		Al	Co	Cr	Fe	Ni
Al0.4	名义成分	9.12	22.72	22.72	22.72	22.72
	枝晶轴	9.57	24.04	21.69	23.13	21.59
	枝晶间	15.17	19.47	23.08	19.48	22.80
Al0.6	名义成分	13.04	21.74	21.74	21.74	21.74
	枝晶轴	8.53	24.24	22.80	23.69	20.74
	枝晶间	14.93	19.45	23.35	18.74	23.53
Al1.0	名义成分	20.00	20.00	20.00	20.00	20.00
	白色板条	21.08	19.00	17.64	18.06	24.24
	黑色板条	13.57	19.82	25.90	22.11	18.60

图 10-10 所示为 Al*x* 系列高熵合金的准静态压缩工程应力-应变曲线。可见，该系列合金在 Al0.6 和 Al0.7 之间发生韧-脆过渡，Al 含量低于 Al0.6 的合金，塑性好，压缩不发生断裂；而当 Al 含量高于 Al0.7 时，塑性恶化，压缩试验中试样发生断裂。Al0.6 合金中，FCC 相含量约占 40（由金相照片计算），为基体相，所以表现出良好的塑性；而 Al0.7 合金 BCC 相已经成为基体相，所以呈脆性。

对于 Al*x* 系列高熵合金，精确调整 Al 含量，进而调整两相比例和形态，是调控合金强韧性匹配的关键。据此，项目组在 *x* = 0.6～0.7 范围内的韧-脆过渡区间，针对 Al 元素进行了进一步的微调，制备了 Al0.62、Al0.65 和 Al0.68 这 3 种合金。图 10-10（b）为相应的准静态压缩工程应力-应变曲线。结果表明，Al0.60～Al0.65 范围内的合金保持相对较好的强韧性匹配。图 10-11 为 Al0.60、Al0.62 和 Al0.70 合金的准静态拉伸应力-应变曲线，其中 Al0.60 合金的屈服强度为 475 MPa，延伸率为 23.7%；Al62 屈服强度为 960 MPa，延伸率仍达 10%；Al0.70 几乎没有塑性变形。

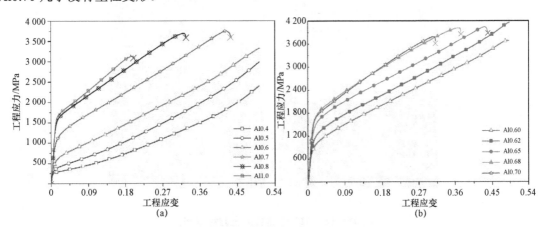

图 10-10　Al*x* 系列合金的准静态压缩工程应力-应变曲线

（a）*x* = 0.4～1.0；（b）*x* = 0.60～0.70

图 10-12（a）所示为 Al0.62 合金的显微组织照片，可以看到,尽管 Al0.62 合金的成分与 Al0.6 的接近，但显微组织明显不同。Al0.62 合金呈现为层片状组织，几个不同方向的板条构成一个集团，其尺寸在 100 μm 左右。相比于 Al0.6 合金，Al0.62 合金的组织明显细化。图 10-12（b）中 A、B 区域的选区电子衍射表明，浅色板条区域为 FCC 结构，深色板条区域为 BCC 结构，超斑点的出现证实枝晶间区为有序 A2 结构相和无序 B2 结构相组成的调幅组织。图 10-12（c）为图 10-12（b）中 C 区的放大图，可以看到富 Al/Ni 相呈球状，不同于 Al1.0 合金中的板条状。这可能有利于改善 BCC 相的塑性，进而提高合金的整体塑性。

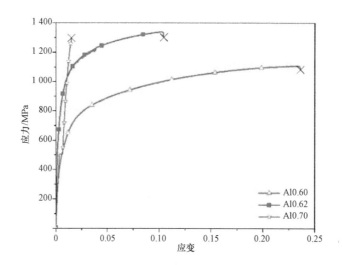

图 10-11　Al0.60、Al0.62 和 Al0.70 的准静态拉伸应力－应变曲线

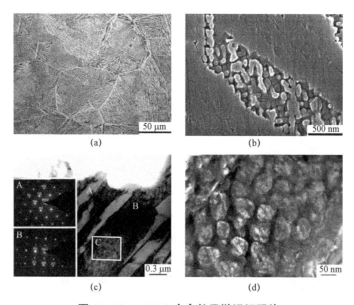

图 10-12　Al0.62 合金的显微组织照片

（a）金相照片；（b）SEM 照片；（c）TEM 明场相；（d）C 区高倍照片，TEM 明场相

10.2.2　冷却速率对高熵合金显微组织的影响

合金的凝固中，冷却速率是影响凝固组织最主要的因素，快速凝固有利于枝晶的细化，减小偏析，扩大固溶极限，甚至改变相组成。为了考察冷却速率对 Alx 系列高熵合金组织和力学性能的影响，采用"喷铸-铜模快冷"技术制备了 2 mm 直径合金试样，以获得大冷却速率。相较 10.2.1 节所讨论的合金样品，所制 2 mm 直径合金试样的冷却速率可达 10^2 K·s^{-1}，为叙述方便，下面分别简称为慢冷合金和快冷合金。图 10-13 为快冷 Alx 合金的 XRD 图谱，对比图 10-8 可以发现，快速冷却条件下 FCC 相的形成受到抑制，BCC 相的含量增加。例如，慢冷 Al0.7 和 Al0.8 合金存在大量 FCC 相，但快冷 Al0.7 和 Al0.8 合金中则没有 FCC 相形成；快冷 Al0.6 合金中 BCC 相的含量也明显增加。另外，FCC 结构的 Al0.4 和 BCC 结构的 Al1.0 相不受冷却速率的影响。

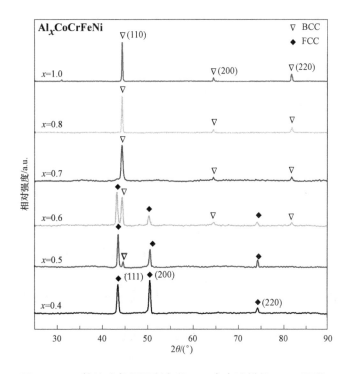

图 10-13　快速冷却凝固制备的 Alx 合金试样的 XRD 图谱

图 10-14 对比了快冷 Alx 合金和慢冷 Alx 合金的准静态压缩力学性能。可以看出，FCC 结构的 Al0.4 和 BCC 结构的 Al1.0 合金，冷却速率对合金的屈服强度影响不大；而位于"FCC+BCC"双相区的 Al0.5~Al0.8，由于快速冷却条件下 FCC 相的形成受到抑制，以及组织细化等因素，快冷合金的屈服强度明显提高。这一结果也佐证了控制 BCC 相的含量是调整强韧性配合的关键。

为进一步了解冷却速率对 Alx 系列合金力学性能的影响机制，针对 FCC 结构的 Al0.4 合金 FCC+BCC 结构的 Al0.6 合金和 BCC 结构的 Al1.0 合金，分析了冷却速率对其显微结构的影响。

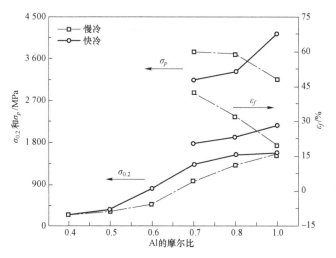

图 10-14　快冷 Alx 合金和慢冷 Alx 合金的力学性能对比

图 10-15 和图 10-16 分别为快冷 Al0.4 和 Al1.0 合金的显微组织照片。对比图 10-9 发现，冷却速率对两种合金的组织影响不大：不同冷却速率下，Al0.4 均为柱状树枝晶，而 Al1.0 为等轴树枝晶；所不同的只是快冷合金的晶粒尺寸减小。图 10-16（b）为 Al1.0 合金显微组织的 SEM 照片，左下角和右上角插入的图片分别为枝晶区和枝晶间区的高倍照片。可以看出，枝晶间区表现为调幅组织典型的板条状结构；而枝晶区富 Al/Ni 相转变成了球状，这与慢冷的 Al1.0 合金有所不同（见图 10-9）。

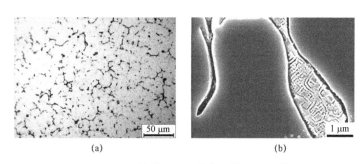

图 10-15　快冷 Al0.4 合金显微组织照片

（a）金相照片；（b）SEM 照片

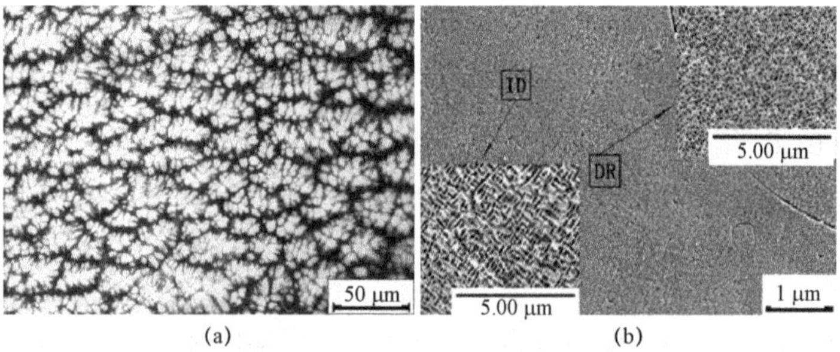

图 10-16　快冷 Al1.0 合金显微组织照片

（a）金相照片；（b）SEM 照片

图 10-17 为快冷 Al0.6 合金的微观组织形貌。由图 10-17（a）可以看出，Al0.6 的微观组织包含两种典型的特征形貌，图中分别标示为 A 和 B。图 10-17（b）和图 10-17（c）分别为图 10-17（a）中 A、B 区域的放大图。可以看出，A 区为典型的枝晶组织；B 区由针状板条集团构成，与 Al0.62 合金的组织类似（见图 10-12）。图 10-17（d）为 B 区高倍 SEM 照片，可以看到 BCC 相具有调幅组织结构特征。Al0.6 接近 Alx 合金的共晶成分，快速冷却条件下非平衡凝固，形成伪共晶组织。A 区为初生相，B 区为 FCC 和 BCC 相的共晶组织。

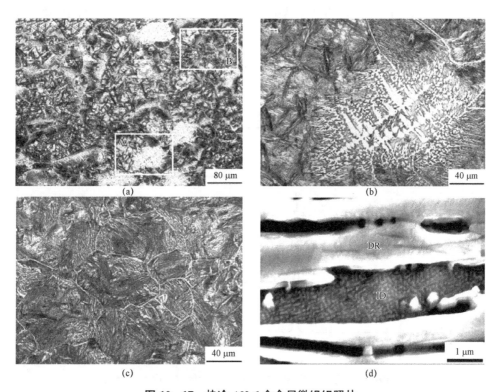

图 10-17　快冷 Al0.6 合金显微组织照片
（a）金相照片；（b）A 区高倍金相照片；（c）B 区高倍金相照片；（d）SEM 照片

10.2.3　双相高熵合金的组织调控

为了进一步改善 Al0.6 和 Al0.62 两种双相高熵合金的力学性能，尤其是塑性，针对 Al0.6 合金和 Al0.62 合金，分别采用"热变形+退火处理"和"冷变形+退火热处理"调整组织状态。

10.2.3.1　冷变形及热处理工艺优化

为了减小变形抗力，提高塑性变形能力，Al0.62 合金在轧制处理前先在 1 200 ℃退火处理 24 h，水冷淬火，以减少 BCC 相的含量。高温下 Al 元素在 FCC 相中的固溶度显著增加，所以试验中轧制态合金中 FCC 相处于过饱和状态，在退火过程中将可能发生脱溶分解和再结晶等过程。因此，合理选择退火温度和保温时间是改善组织的关键，通过系统研究退火温度和保温时间对轧制态 Al0.62 合金的相组成、显微组织和力学性能的影响规律，确定了获得等轴组织的热处理制度为退火温度大于 1 200 ℃，保温时间 10～20 h。

（1）相结构演变规律

图 10-18 为轧制变形 50%的 Al0.62 合金经过不同温度退火处理 1 h 后的同步辐射高能 X 射线衍射（HEXRD）图谱，可以看出，600～1 100 ℃退火，FCC 相衍射峰强度始终没有减弱，表明退火过程中 FCC 相没有明显减少。当 600～850 ℃退火时，随退火温度的升高，BCC 相衍射峰不断增强，并伴随有 B2 相衍射峰的出现。温度超过 850 ℃后，BCC 相衍射峰强度不发生明显变化。在 850 ℃退火处理的合金样品中，可以明显地看到 σ 相的存在，当温度超过 1 000 ℃时，σ 相又重新溶解。σ 相晶体结构复杂，滑移系少，所以不利于合金的塑性，退火时应该避免这一温度区间。

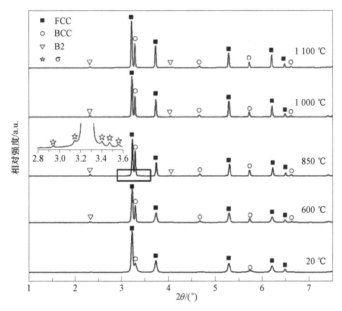

图 10-18　轧制变形 50%的 Al0.62 合金经过不同温度退火处理 1 h 后的同步辐射高能 X 射线衍射图谱

（2）组织演变规律

图 10-19 为轧制变形量 50%的 Al0.62 合金经不同退火温度处理 1 h 后的金相照片，观察截面为 TD 面。整体来看，600～1 100 ℃退火 1 h 后，合金仍保持为层片状组织，且层片长度、宽度和层片间距均无明显变化，说明在这一温度区间内，BCC 相具有高的稳定性，退火过程中不发生粗化。850 ℃退火时，FCC 相中出现针状析出物，其宽度为几十纳米，长度为几十到几百纳米不等；1 000 ℃退火时，针状相的数量增加，尺寸增大；当退火温度提高到 1 100 ℃时，析出相长大到 1 μm 左右，且由针状转变为岛状。结合 XRD 分析结果可以推测该析出相具有 BCC 结构。由于析出相对晶界、亚晶界的钉扎，FCC 相的再结晶将推至更高温度，甚至被抑制，不利于合金强韧性的提高。

在 1 100 ℃以下进行退火，Al0.62 合金中 BCC 相仍保持为长条状，由于 BCC 相塑性较差，这种结构在变形过程中将成为裂纹源和裂纹扩展通道，对塑性不利。为了调整 BCC 相的组织形态，需要进一步提高退火温度，并适当延长保温时间。图 10-20 为轧制变形量 50%的 Al0.62 合金在 1 200 ℃退火处理 1 h、5 h、10 h 和 20 h 后的显微组织照片，观察截面为 TD

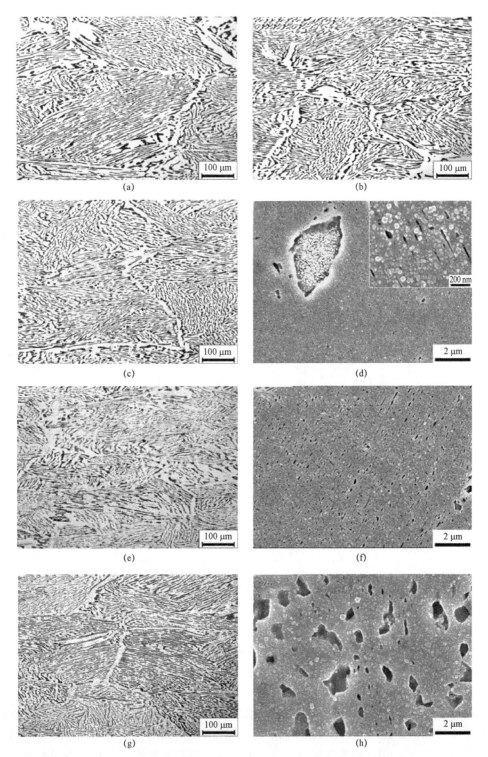

图 10−19　轧制变形量 50% 的 Al0.62 合金经不同退火温度处理 1 h 后的金相照片

（a）轧制态；（b）600 ℃；（c），（d）850 ℃；（e），（f）1 000 ℃；（g），（h）1 000 ℃

面。可以看到，退火 1 h 和 5 h 的合金样品，长条状 BCC 相虽有熔断迹象，但整体形貌较轧制态无明显差异。当退火时间超过 10 h 时，BCC 相由长条状转变为岛状分布于 FCC 基体上，这种等轴组织的获得将有利于合金塑性的提高。

图 10–21 为轧制变形 50% 的 Al0.62 退火过程中 BCC 相的结构随温度的演变过程。退火前 BCC 相中存在大量尺寸约为 50 nm 的球状析出物，如图 10–21（a）所示；850 ℃ 退火后局部区域内析出物长大为短棒状，如图 10–21（b）所示；1 100 ℃ 退火时，进一步发展为网络状。BCC 相具有高 Al、Ni 特征，并且 XRD 分析指出，退火过程中会有 B2 相产生，可以推测 BCC 相微观结构的转变可能与 B2 相的形成有关。当温度高于 1 200 ℃ 时，退火过程中球形析出物完全溶解，冷却过程中又重新析出，所以在 1 200 ℃ 退火的试样的 BCC 相中也观察到了大量的 50 nm 左右的球状析出物。相比低温度退火，1 200 ℃ 退火时析出物细小且呈球形，对 BCC 相的强度和塑性都是有利的。

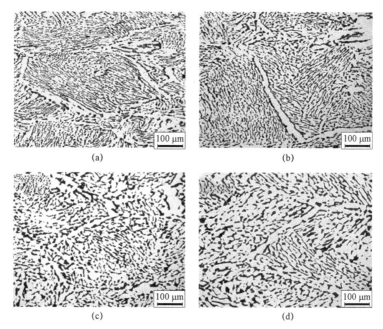

图 10–20　轧制变形量 50% 的 Al0.62 合金在 1 200 ℃ 退火处理后的金相照片
（a）保温 1 h；（b）保温 5 h；（c）保温 10 h；（d）保温 20 h

（3）力学性能演变规律

图 10–22 为轧制变形 50% 的 Al0.62 合金的力学性能随退火温度的演变规律，可以发现，屈服强度随退火温度的升高而不断下降，当退火温度超过 700 ℃ 以后，下降速率增加。推测 700 ℃ 之前强度下降主要与 FCC 相的回复有关，600～700 ℃ 下降速率稍有减缓，可能与针状析出相的形成有关。700 ℃ 以后，强度下降速率的增加，是回复与析出物长大综合作用的结果。随温度增加，断裂应变呈现为上升趋势，但在 850 ℃ 附近有所减小，这可能与这一温度处 σ 相的析出有关。退火温度低于 1 000 ℃ 时，断裂强度不断增大，这一方面来源于塑性提高，变形过程中加工硬化对断裂强度的贡献也不断增加；另一方面，是 FCC 相中大量针状析出物的形成。1 200 ℃ 退火时，FCC 相中无析出物，所以强度下降较明显。

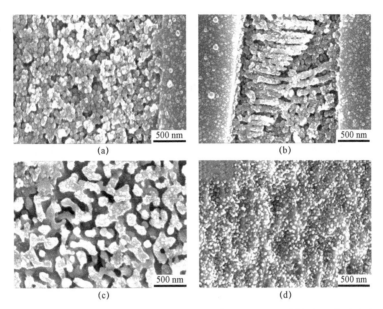

图 10-21　轧制变形 50% 的 Al0.62 退火过程中 BCC 相的结构随温度的演变过程

（a）轧制态；（b）600 ℃ 退火 1 h；（c）850 ℃ 退火 1 h；（d）1 200 ℃ 退火 20 h

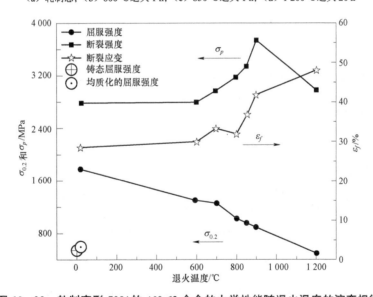

图 10-22　轧制变形 50% 的 Al0.62 合金的力学性能随退火温度的演变规律

　　Al0.62 合金轧制变形 50% 并在 1 200 ℃ 下退火处理 10 h 以上，由层片组织转变为等轴组织，预期力学性能将有所改善。图 10-23 对比了层片组织和等轴组织的 Al0.62 合金的准静态拉伸力学性能。等轴组织的 Al0.62 合金屈服强度由 592 MPa 下降到了 400 MPa，降低了 32.4%，但延伸率由 10.0% 增加到了 29.7%，提高了近 3 倍。

10.2.3.2　热变形及热处理工艺优化

　　针对枝晶组织的 Al0.6 合金，采用"热变形＋热处理"调整合金的组织状态。试验中，利用热模拟试验技术优化高熵合金的热加工工艺，分析变形温度和变形速率对双相高熵合金的变形行为和组织演变的影响。热变形过程中，合金的软化机制主要为动态回复，相同应变速率下，随着温度升高，合金显微组织的 BCC 相球化程度增大，相同温度下，BCC 相球化程度随着应变速率增大而增大；合金可稳定热加工的范围较广，失稳只发生在 1 100~1 200 ℃，10^{-3}~10^{-1} s^{-1}，最有利的热加工区间为 900~1 000 ℃，10^{-1}~1 s^{-1}。热变形过程中，由于热作用时间较短，BCC 相不能充分球化，辅以后续高温长时间退火处理，可以获得等轴双相组织。

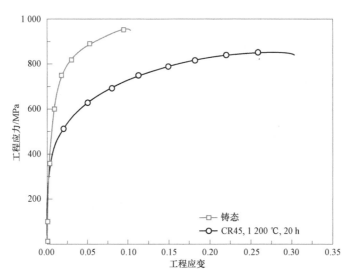

图 10-23 层片组织和等轴组织的 Al0.62 合金的准静态拉伸应力－应变曲线

（1）高温力学行为

图 10-24 为 Al0.6 高熵合金应变量为 50%，温度为 900~1 200 ℃，应变速率为 10^{-3}~1 s^{-1} 下的热变形流变曲线。从图中可以看出，流变应力随着温度的升高而下降，达到稳态的时间缩短，流变应力随着应变速率的升高而升高。在变形的开始阶段，流变应力均随着应变量的增加而迅速增加，发生加工硬化，当超过一定应变量后，流变应力逐渐减小，呈现出动态软化特征，而后软化趋于平缓，应力基本保持不变，出现稳态的平台。图 10-10（d）中，变形温度为 1 200 ℃，应变速率为 10^{-2} s^{-1}、10^{-1} s^{-1} 时，流变应力达到一定峰值后下降，流变曲线具有动态再结晶特征。

（2）组织演变规律

图 10-25 为 Al0.6 合金热变形后的 XRD 图，合金热变形后仍为 FCC＋BCC 的双相结构。1 000~1 100 ℃下热变形后 FCC 相（111）峰强度明显低于 900 ℃和 1 200 ℃，说明这一温度范围内变形过程中 FCC 相含量减少，对照 Al0.62 合金退火时的相组成变化规律，可以推测 1 000~1 100 ℃温度范围内变形时，FCC 相中将析出 BCC 相。900 ℃下不同应变速率热变形后，随着应变速率的增大，各晶面峰位向右偏移，这可能是因为变形温度相对较低，回复不能充分进行，所以变形后位错密度增加。

图 10-26 为 900 ℃不同应变速率下热变形后合金显微组织，可以看出，热变形后枝晶熔断，枝晶形态基本消除，具有明显的变形流线特征。不同变形速率下合金显微组织差别较小。图 10-26（c）中，在 10^{-1} s^{-1} 应变速率下，BCC 相发生少量破裂。

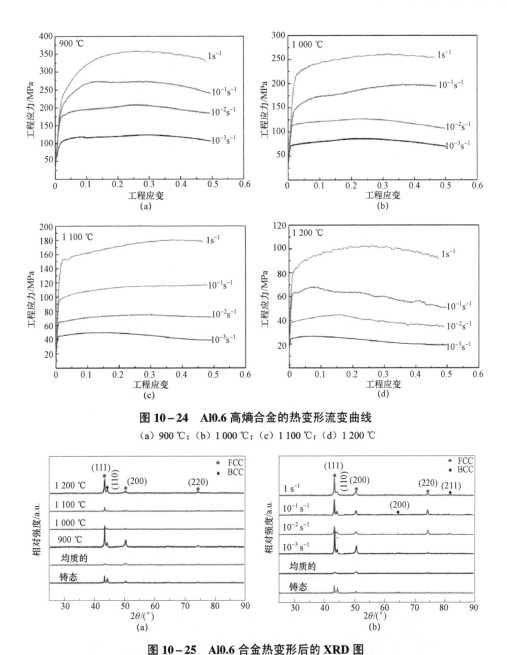

图 10-24　Al0.6 高熵合金的热变形流变曲线

（a）900 ℃；（b）1 000 ℃；（c）1 100 ℃；（d）1 200 ℃

图 10-25　Al0.6 合金热变形后的 XRD 图

（a）铸态、均质化及不同温度热变形后的合金 XRD；（b）900 ℃不同应变速率下热变形后的合金 XRD

图 10-27 为 1 000 ℃不同应变速率下热变形后合金显微组织，热变形后，试样表面有明显裂纹，合金枝晶完全熔断。应变速率为 10^{-3} s^{-1} 和 10^{-2} s^{-1} 时，在 FCC 相中产生少量针状析出物，应变速率增大时，析出物减少至消失。分析发现，是由于大应变速率下，热作用时间过短，析出物形成时间不足。

图 10-28 为 1 100 ℃不同应变速率下热变形后合金显微组织，热变形后，试样表面有明显裂纹，枝晶完全熔断。应变速率为 10^{-3} s^{-1} 和 10^{-2} s^{-1} 时，在 FCC 相中产生大量针状析出物，应变速率增大时，析出物消失。图 10-27（d）中应变速率为 1 s^{-1} 时，BCC 相部分球化。

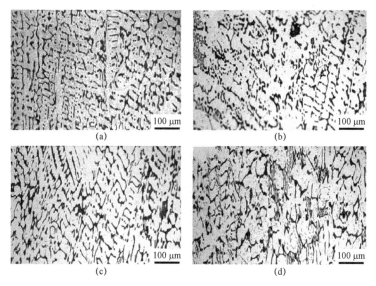

图 10-26　Al0.6 合金 900 ℃下不同应变速率热变形后显微组织
(a) $10^{-3}\ \mathrm{s}^{-1}$；(b) $10^{-2}\ \mathrm{s}^{-1}$；(c) $10^{-1}\ \mathrm{s}^{-1}$；(d) $1\ \mathrm{s}^{-1}$

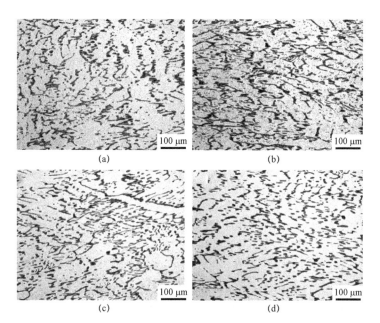

图 10-27　Al0.6 合金 1 000 ℃下不同应变速率热变形后显微组织
(a) $10^{-3}\ \mathrm{s}^{-1}$；(b) $10^{-2}\ \mathrm{s}^{-1}$；(c) $10^{-1}\ \mathrm{s}^{-1}$；(d) $1\ \mathrm{s}^{-1}$

　　图 10-29 为 1 200 ℃不同应变速率下热变形后合金显微组织。热变形后，枝晶完全熔断，BCC 相有球化趋势，说明在高温可以避免针状析出物的产生，并且削弱高熵合金的迟滞扩散效应，原子扩散阻碍减小，从而使 BCC 相球化。但热变形过程热作用时间太短，BCC 相球化不充分，推测 BCC 相球化需要高温、长时的热作用。

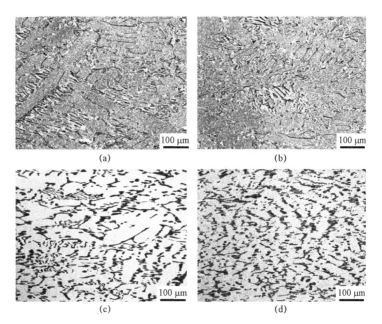

图 10-28　Al0.6 合金 1 100 ℃下不同应变速率热变形后显微组织

（a）10^{-3} s^{-1}；（b）10^{-2} s^{-1}；（c）10^{-1} s^{-1}；（d）1 s^{-1}

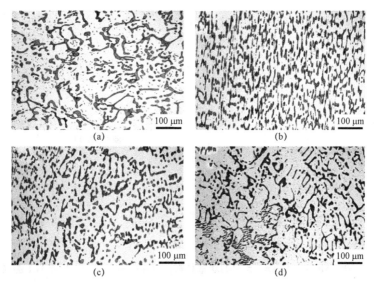

图 10-29　Al0.6 合金 1 200 ℃下不同应变速率热变形后显微组织

（a）10^{-3} s^{-1}；（b）10^{-2} s^{-1}；（c）10^{-1} s^{-1}；（d）1 s^{-1}

（3）热加工工艺优化

图 10-30 为 Al0.6 合金真应变为 0.5 时的动态材料模型的功率耗散图、失稳图和加工图。图 10-30（a）中线为功率耗散效率等值线，数字为功率耗散系数，表示与材料的微观组织演变相关的相对熵产生率，其值越大，则代表用于微观组织演变的能量越多。但在功率耗散图中，功率耗散效率值越大，并不代表材料的热加工性能越好，因为材料发生流变失稳的可能性也越高，因此，在判断材料的可热加工区域时，需要结合材料的微观组织和失稳判据来优

化工艺参数。图 10-30（b）中线为失稳判据等值线，小于 0 时，该区域内材料变形时会产生失稳，失稳判据绝对值越大，材料产生失稳的概率越大。图中阴影部分表示材料的流变失稳区。

功率耗散图与失稳图叠加则为合金热加工图。由图 10-30(c)可知，温度为 900~1 000 ℃，应变速率为 10^{-1}~1 s^{-1} 是最优的热加工区间，结合变形组织，该区间主要变形机制为动态回复。此外，温度 900~950 ℃、应变速率 10^{-3} s^{-1}，以及 1 150~1 200 ℃、应变速率 10^{-1}~1 s^{-1} 这两个区间，也是有利的热加工区间。而 1 100~1 200 ℃、$10^{-2.8}$~$10^{-1.2}$ s^{-1} 区间，功率耗散值最小，同时也是失稳区，在选取热加工参数时，必须避免该区间。

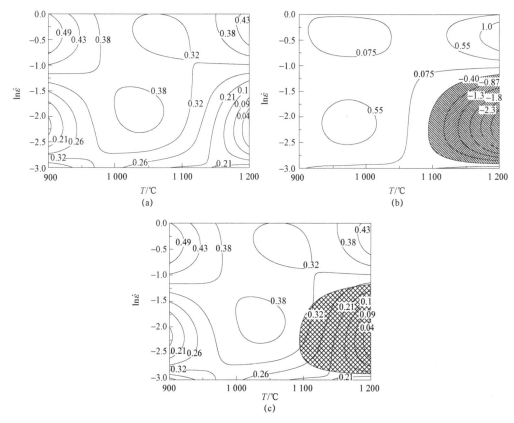

图 10-30　Al0.6 合金 $\varepsilon=0.5$ 时的功率耗散图（a）、失稳图（b）和加工图（c）

（4）高温退火处理

热变形过程中，由于热作用时间较短，BCC 相不能充分球化，另外，针对 Al0.62 的研究也发现，处理温度低于 1 200 ℃ 时，BCC 相中会形成较粗大的呈网状分布的 B2 相，所以对热变形后的 Al0.6 合金，有必要进行高温退火处理，退火温度不宜低于 1 200 ℃。

Al0.6 合金在 900 ℃，应变率为 1 s^{-1}，变形 50% 后，在 1 200 ℃ 下热处理 2 h、10 h、20 h，热处理后合金显微组织如图 10-31 所示。热处理 2 h 后，BCC 相有球化趋势；热处理 10 h 后，BCC 相部分球化，FCC 相发生少量再结晶；热处理 20 h 后，BCC 相完全球化，均匀分布在 FCC 基体上，BCC 相晶粒尺寸约 10 μm，FCC 相晶粒尺寸约 30 μm。

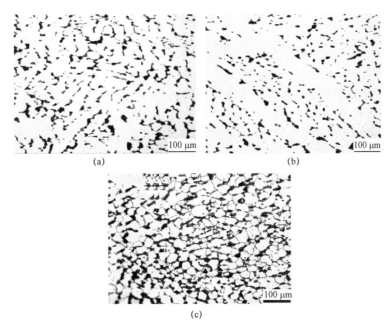

**图 10−31 经 900 ℃，应变率 1 s⁻¹，热变形 50% 的 Al0.62 合金
不同时间退火处理后的显微组织照片**

(a) 1 200 ℃，2 h；(b) 1 200 ℃，10 h；(c) 1 200 ℃，20 h

图 10−32 为 Al0.6 合金不同时间热处理后室温准静态压缩曲线。可以看出，合金屈服强度随着热处理时间增加而增大，1 200 ℃下热处理 2 h 后屈服强度为 520 MPa；1 200 ℃下热处理 10 h 后屈服强度 540 MPa；1 200 ℃下热处理 20 h 后屈服强度 700 MPa，均较铸态 338 MPa 有较大提高，但低于 900～1 100 ℃热变形后的屈服强度。可能是高温长时的热处理后变形位错消除，变形中产生的析出物溶解。

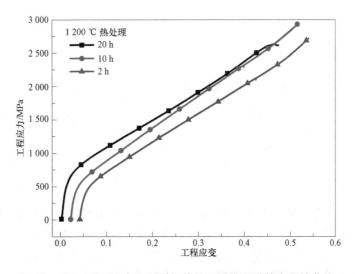

图 10−32 Al0.6 合金不同时间热处理后室温准静态压缩曲线

10.2.4 双相高熵合金的应变率相关力学行为

针对"冷轧+退火"处理获得的等轴组织的Al0.62合金，采用分离式霍普金森压杆（SHPB）试验技术测定其在约 $4.5\times10^3\ s^{-1}$ 应变率下的轴向压缩力学性能，对比准静态（应变率 $1\times10^{-3}\ s^{-1}$）压缩试验结果，分析应变率对双相高熵合金力学性能的影响。采用限位压缩试验技术，控制试验过程中样品的变形量，观察变形组织的演变过程，分析双相高熵合金宏观应变率响应行为的微观控制机制。

图10-33为Al0.62合金的准静态和动态压缩工程应力-应变曲线，表10-4为由图10-33得到的Al0.62合金的力学性能指标。可以发现，动态加载条件下，屈服强度稍有增加，但相比于传统合金，增加的幅度并不明显。另外，动态加载条件下，合金仍然保持很大的加工硬化率，在加工硬化和热软化共同作用下，动态压缩和准静态压缩曲线几乎平行。这主要是因为Al0.62合金以平面滑移为主要变形方式，不利于位错回复，此外，两相协调变形引起位错密度增加。

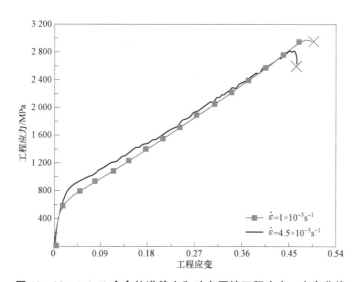

图10-33 Al0.62合金的准静态和动态压缩工程应力-应变曲线

表10-4 Al0.62合金的准静态和动态压缩力学性能指标

应变率/s^{-1}	$\sigma_{0.2}$/MPa	σ_2/MPa	σ_p/MPa	ε_f/%
1×10^{-3}	580	710	2 960	48.5
4.5×10^3	740	850	2 800	46.2

图10-34所示为应变量约为2%时Al0.62合金的变形组织照片。低倍照片下，试样的组织形貌并没有明显变化，高倍下观察时，在两相界面附近局部区域观察到多组平直的滑移线，表明合金以平面滑移为主要变形方式。由于FCC相强度较高，为了协调两相变形，界面附近处的FCC相承担了更多的变形，但宏观上看，材料变形仍然是均匀的。

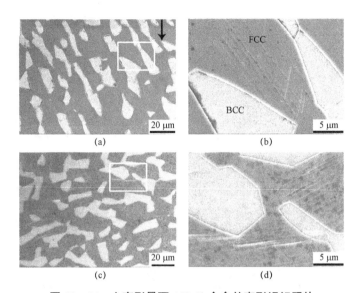

图 10-34　小变形量下 Al0.62 合金的变形组织照片

（a），（b）$\dot{\varepsilon}=1\times10^{-3}\,s^{-1}$，$\varepsilon=0.02$；（c），（d）$\dot{\varepsilon}=4.5\times10^{3}\,s^{-1}$，$\varepsilon=0.02$，图中黑色箭头为加载方向

图 10-35 为应变量约为 25% 时 Al0.62 合金的变形组织照片。可以看到试样表面已经出现明显的浮凸，BCC 相表面也呈现出了一定程度的起伏，表明 BCC 相也发生了较大的变形。另外，在两相界面附近可以观察到粗大的滑移带，与加载方向约呈 45° 角，推测这些区域中晶粒的滑移方向与最大剪应力方向刚好一致，所以产生大量滑移，形成粗大的滑移带。虽然宏观上试样仍表现为均匀变形，但微观尺度上已经开始出现局域化特征。

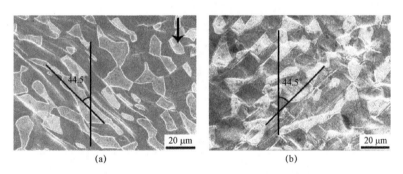

图 10-35　中等变形量下 Al0.62 合金的变形组织照片

（a），（b）$\dot{\varepsilon}=1\times10^{-3}\,s^{-1}$，$\varepsilon=0.25$；（c），（d）$\dot{\varepsilon}=4.5\times10^{3}\,s^{-1}$，$\varepsilon=0.244$，图中黑色箭头为加载方向

图 10-36 为应变量约为 42% 时 Al0.62 合金的变形组织照片。随变形量的增加，走向相同或相近的粗大滑移带相互连接，形成宏观形变带，其端部或两侧附近的 BCC 相内或相界面发生开裂。另外，在非最大剪应力方向上也出现了大量的粗大滑移带。如图 10-37 所示，裂纹形成后，在 FCC 相内沿着变形带扩展，在 BCC 相内穿过晶粒内部扩展，宏观表现为剪切破坏，裂纹方向与加载方向夹角为 47°。

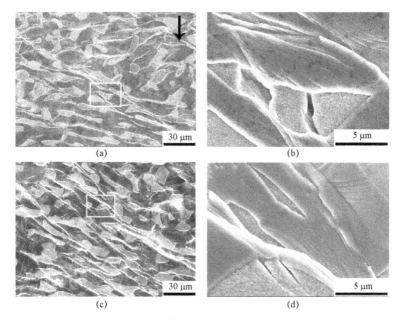

图 10-36　大变形量下 Al0.62 合金的变形组织照片

（a），（b）$\dot{\varepsilon}=1\times10^{-3}\,\mathrm{s}^{-1}$，$\varepsilon=0.42$；（c），（d）$\dot{\varepsilon}=4.5\times10^{3}\,\mathrm{s}^{-1}$，$\varepsilon=0.431$，图中黑色箭头为加载方向

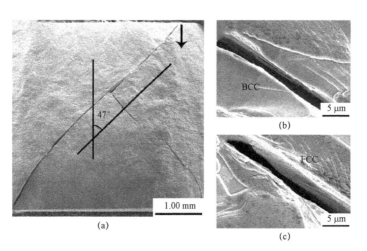

图 10-37　Al0.62 合金的断裂特征

10.3　非晶-高熵合金复合材料

通常情况下，利用烧结获得的 Al 基非晶/晶体复合材料中非晶相的含量很低，无法通过非晶基体内部剪切带的增殖来改善塑性，并且材料内部还会出现大量的脆性析出相（一般为金属间化合物）、部分微孔洞和微裂纹。当裂纹在此类材料中形成后，会迅速失稳扩展，从而导致合金发生脆性断裂。因此，只能通过添加第二相，通过颗粒本身的变形来阻止裂纹的不稳定扩展，从而增加合金的断裂抗性。第二相的自身性质对复合材料性能有很大的影响，需

要综合考虑第二相的强度、塑性及密度等特点。

高熵合金是一种由原子分数在 5%~35%、至少由 5 种不同组元组成的新型合金，成分为 $Al_{0.6}CoCrFeNi$ 的高熵合金具有强度高、塑性好的特点，其密度与普通不锈钢相近（7.9 g/cm³），是一种理想的第二相。

粉末冶金法是一种固相工艺，利用该方法制备颗粒增强复合材料时，可以允许组成成分之间的任意配比，并且该工艺适用于任何种类的金属基体和增强体，具有复合材料组成易控制、界面润湿性好、界面反应少、颗粒分散均匀等优点。基于此，利用 SPS 技术，在 Al 基非晶合金中添加不同体积分数的高熵合金颗粒，制备 Al 基非晶-高熵合金复合材料，以期实现性能改善。

10.3.1　Al 基非晶-高熵合金复合材料的制备

（1）相组成

图 10-38 为利用真空金属雾化制备得到的高熵合金粉末，绝大部分颗粒为球形，少量颗粒周围有卫星颗粒。筛取直径约 30 μm 的高熵合金颗粒与非晶粉末球磨混合。

图 10-38　高熵合金颗粒的扫描电镜图

与 Al 基非晶合金类似，高熵合金也是一种亚稳材料，在烧结过程中会发生相变，进而影响烧结过程中的结构演变及最终复合材料的性能。通过差式扫描量热法（DSC）对高熵合金颗粒的热稳定性进行研究，结果如图 10-39 所示，首个相变放热峰出现在 861.3 K，随着加热温度的升高，陆续出现了几个较小的吸热峰和放热峰，最后在 1 640.4 K 发生熔化。

图 10-40 为高熵合金颗粒的变温 XRD 图谱，室温下高熵合金颗粒为单一的 BCC 相。当加热到 873 K 时，合金中出现了 FCC 相，表明合金发生了由单一 BCC 相向 BCC+FCC 双相结构的转变；继续升高温度至 973 K，合金仍然为 BCC+FCC 相结构。

对复合材料进行物相分析，图 10-41 为不同复合材料（高熵合金体积分数为 25%、50%、75%的复合材料分别记为复合材料Ⅰ、Ⅱ、Ⅲ）的 XRD 图谱。由图可知，所有复合材料中除了存在由于非晶相晶化而析出的晶相（例如 Al_3Ti 和 $AlCu_2Ti$）外，在高熵合金中出现了 BCC 和 FCC 相。

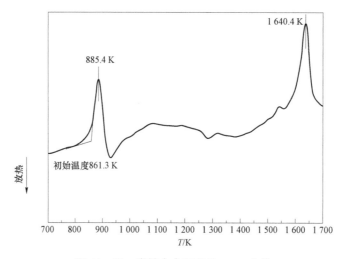

图 10-39　高熵合金颗粒的 DSC 曲线

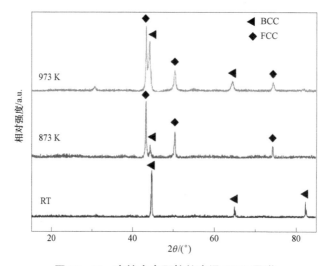

图 10-40　高熵合金颗粒的变温 XRD 图谱

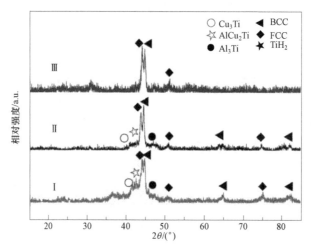

图 10-41　复合材料Ⅰ、Ⅱ、Ⅲ的 XRD 图谱

相比单相 BCC 结构，具有 BCC+FCC 结构的高熵合金具有更好的塑性，有利于提高复合材料的塑性。尽管高熵颗粒的体积分数不同，但复合材料的相组成相同，只是各相的含量不同。

（2）组织结构

图 10-42 为复合材料的扫描电镜图。经过烧结，形状不规则非晶粉末和球形高熵颗粒固结为致密的结构，高熵颗粒仍然保持圆球形，均匀分布于基体中。在复合材料中发现少量的高熵颗粒连接在一起，随着添加高熵颗粒体积分数的增加，复合材料中高熵颗粒发生连接的比例增加。在局部区域的放大图（图 10-5（f））中可以发现，复合材料中的基体中均出现了灰色和亮色区域，这是由于非晶在烧结中形成了非晶/纳米晶区和微米晶区。另外，通过对比不同复合材料，还发现，随着高熵合金体积分数的增加，基体中微米晶的尺寸和含量也逐渐增加。在复合材料中都可以观察到高熵颗粒和基体间均存在厚度约为 5 μm 的互扩散层。进一步放大观察互扩散层（图 10-42（d）），可以发现在互扩散层中有尺寸为 500 nm 左右的白色颗粒状组织。

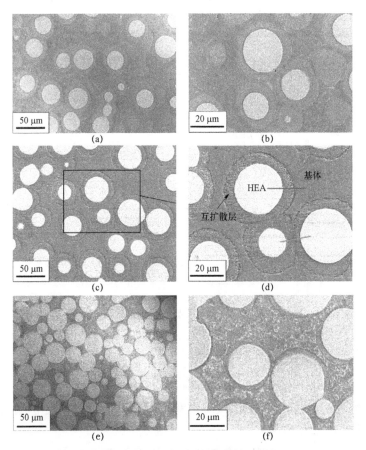

图 10-42 复合材料的扫描电镜图

（a）500×；（b）1 000×复合材料 I；（c）500×；（d）1 000×复合材料 II；（e）500×；（f）1 000×复合材料 III

图 10-43 为复合材料的透射电镜图。在复合材料中可以明显观察到基体、互扩散层和高熵合金颗粒，这三者之间由于晶粒尺寸和形态的差异，存在较为明显的边界，界面之间结合良好。

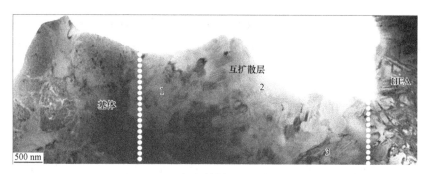

图 10-43　复合材料 II 的透射明场像

10.3.2　烧结过程

在高熵颗粒-非晶混合粉末的烧结过程中，为了计算在高熵颗粒和非晶粉末之间的电流分布，首先需要分析不同区域的电阻。如图 10-44 所示，为了便于计算，将混合粉末分为 3 个微单元：顶部和底部的非晶薄层、其他区域的非晶薄层及中心的高熵颗粒区域。

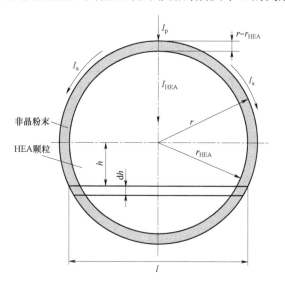

图 10-44　非晶合金-高熵合金颗粒烧结模型

用以下公式进行电阻计算：

$$R = \int_{h_1}^{h_2} \frac{v}{S} \mathrm{d}h \tag{10-2}$$

式中，v 为电阻率；S 为电流流经的面积；h_1 和 h_2 为微单元距离颗粒中心的距离。

对于顶部和底部的非晶薄层：

$$
\begin{aligned}
R_{\mathrm{a}}^{\mathrm{u\text{-}l}} &= 2\int_{r_{\mathrm{HEA}}}^{r-0.02} \frac{v_{\mathrm{a}}}{\pi(r^2 - h^2)} \mathrm{d}h \\
&= \frac{v_{\mathrm{a}}}{\pi r} \ln \frac{(2r - 0.02)(r - r_{\mathrm{HEA}})}{0.02(r + r_{\mathrm{HEA}})}
\end{aligned}
\tag{10-3}
$$

其中，R_a^{u-l} 为顶部和底部的非晶薄层的电阻；v_a 为非晶的电阻率。

对于其他部分的非晶薄层：

$$R_a^{lateral} = \int_{-r_{HEA}}^{r_{HEA}} \frac{v_a}{\pi(r^2 - h^2) - \pi(r_{HEA}^2 - h^2)} dh$$
$$= \frac{2v_a r_{HEA}}{\pi(r^2 - r_{HEA}^2)}$$

（10-4）

其中，$R_a^{lateral}$ 为其他部分的非晶薄层的电阻。

对于中心的高熵颗粒：

$$R_{HEA} = \int_{-r_{HEA}+0.02}^{r_{HEA}-0.02} \frac{v_{HEA}}{\pi(r_{HEA}^2 - h^2)} dh$$
$$= \frac{v_{HEA}}{\pi r_{HEA}} \ln \frac{2r_{HEA} - 0.02}{0.02}$$

（10-5）

其中，R_{HEA} 为高熵合金的电阻；v_{HEA} 为高熵合金的电阻率。

根据电流公式：

$$I_a^{u-l} = I_p$$

（10-6）

$$I_a^{lateral} = \frac{R_{HEA}}{R_{HEA} + R_a^{lateral}} I_p$$

（10-7）

$$I_{HEA} = \frac{R_a^{lateral}}{R_{HEA} + R_a^{lateral}} I_p$$

（10-8）

其中，I_a^{u-l} 为流经顶部和底部的非晶薄层的电流；$I_a^{lateral}$ 为其他部分的非晶薄层的电流；I_{HEA} 为流经中心的高熵合金的电流。

具体温升为：

对于顶部和底部的非晶薄层：

$$\Delta T_a^{u-l} = \frac{1}{\pi^2} \frac{(I_a^{u-l})^2 v_a \Delta t}{c_a [r_p^2 - (r_p - x)^2]^2}$$

（10-9）

其中，ΔT_a^{u-l} 为顶部和底部的非晶薄层的温升；c_a 为非晶的比热容。

对于其他部分的非晶薄层：

$$\Delta T_a^{lateral} = \frac{1}{\pi^2} \frac{(I_a^{lateral})^2 v_a \Delta t}{c_a [(r^2 - h^2) - (r_{HEA}^2 - h^2)]^2}$$
$$= \frac{1}{\pi^2} \frac{(I_a^{lateral})^2 v_a \Delta t}{c_a (r^2 - r_{HEA}^2)^2}$$

（10-10）

其中，$\Delta T_a^{lateral}$ 为其他部分非晶薄层的温升。

对于中心的高熵颗粒：

$$\Delta T_{HEA} = \frac{1}{\pi^2} \frac{I_{HEA}^2 v_{HEA} \Delta t}{c_{HEA} (r_{HEA}^2 - h^2)^2}$$

（10-11）

其中，ΔT_{HEA} 为中心高熵合金颗粒的温升；c_{HEA} 为高熵合金的比热容。

对于边缘非晶薄层与中心高熵颗粒温度的比值：

$$\frac{\Delta T_a^{\text{lateral}}}{\Delta T_{\text{HEA}}} = \frac{c_{\text{HEA}} v_{\text{HEA}} (r_{\text{HEA}}^2 - h^2)^2 \left(\ln \dfrac{2r_{\text{HEA}} - 0.02}{0.02} \right)}{4\pi^2 r_{\text{HEA}}^2 c_a v_a (r^2 - r_{\text{HEA}}^2)^4} \qquad (10-12)$$

要测量试验中 Al 基非晶合金和高熵合金的电导率、热导率和比热容等数据比较困难，因此分别用 Al 合金和 Fe–Cr–Al 合金的相关数据代替 Al 基非晶合金和高熵合金。通过计算，得到具体在高熵合金边缘部分的温升大约在 1 000 K 以上，在此温度下，高熵合金颗粒周围区域的 Al 基非晶合金粉末熔化。

高熵合金中的元素如 Al、Fe、Co、Ni 及 Cr 等在液态 AlCu 相中均有一定的溶解度，因此，在高熵合金颗粒边缘区域的元素均扩散进入液态 AlCu 相中，从而造成此区域内元素的分布为 Al–Cu–Fe–Co–Ni–Cr。而 Ti 元素在 AlCu 相中的溶解度则很低，这也就揭示了互扩散层中几乎不含 Ti 元素的原因，因此，Ti 元素也就很难扩散进入高熵合金颗粒内部。由于在烧结过程中伴有 400 MPa 的压力，而液相在压力作用下很容易发生变形，因此可以在图 10–43（b）中观察到由于挤压而发生变形的互扩散层。另外，在烧结时，液相的出现会使传质速率加快，烧结速率也加快。随着烧结致密化的完成及热量从熔化的高温区域向周围低温区域的传导，材料整体的温度逐渐趋于一致。由于发生熔化的区域很小，因此液态合金会以较高的速率凝固，晶粒的长大受到抑制，最终形成具有亚微米晶粒结构的互扩散层。

10.3.3　力学行为

图 10–45 为复合材料在单轴准静态压缩试验中的真实应力–应变曲线，随着高熵合金颗粒体积分数的增加，复合材料的强度呈现先增加后降低的趋势，其中复合材料 Ⅱ 的断裂强度为 1 720 MPa，对比同样烧结条件下的 Al 基非晶合金，添加 25% 体积分数的高熵合金并未对材料的性能（强度、塑性）有所提升；复合材料 Ⅱ 的断裂强度增加到（3 120±80）MPa，由此可见，适当提高添加高熵合金的体积分数可以显著提高材料的断裂强度，而对塑性几乎没有改善；复合材料 Ⅲ 的断裂强度降为 2 540 MPa，但表现出约 1% 的塑性变形。

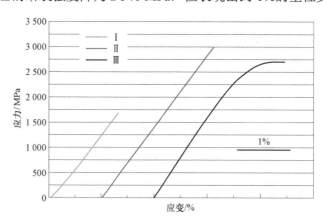

图 10–45　复合材料的准静态压缩真实应力–应变曲线

图 10–46 为不同复合材料的断口形貌图。断口主要呈现出镜面区域和凸起或者凹陷的半球形区域两种不同形貌。随着高熵合金体积分数的增加，镜面区域的面积逐渐减小，而半球

形区域的分布则逐渐密集。对于传统材料而言，镜面区域主要是由脆性断裂导致的，结合复合材料的结构特征分析可知，基体的脆性断裂形成了镜面区域，而由互扩散层和高熵颗粒所组成的壳层结构的断裂则形成了半球形区域，如果在一侧形成凸起的半球形，则在对应位置的断裂面形成凹陷的半球形。在复合材料Ⅱ和Ⅲ的断口形貌中可以发现，有些区域的半球形并不完整，而是呈现出类似于彗星尾的形貌，这主要是由于在压缩过程中断裂并未完全沿着互扩散层的半球面扩展，而是当扩展到一半时，从互扩散层中切出进入基体中，切出方向与压缩方向一致。

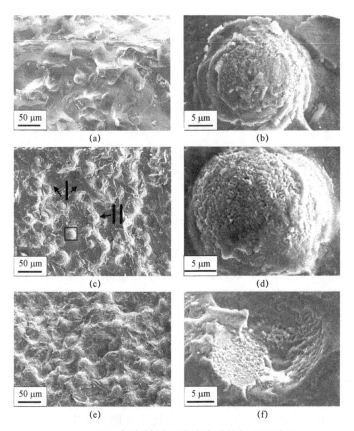

图 10-46　复合材料压缩试验后的断口形貌图

（a）复合材料Ⅰ500×；（b）1 000×；（c）复合材料Ⅱ500×；（d）1 000×；（e）复合材料Ⅲ500×；（f）1 000×

对半球形区域放大观察（图 10-47（b）、（d）、（f））可以发现，其内部有亚微米大小的凸起和凹坑。根据能谱分析结果，半球形区域的元素组成与互扩散层一致，因此半球形的断裂主要发生在互扩散层。而透射电镜分析结果表明，互扩散层是由亚微米晶粒组成的，结合两者分析，这些亚微米大小的凸起和凹坑可能是亚微米晶粒断裂时形成的。由于互扩散层的力学性能如强度、塑性很难进行表征，因此仅仅根据断口形貌并不能判断半球形区域是韧性断裂还是脆性断裂。

采用纳米压痕的方法对复合材料Ⅱ中各组成部分的硬度进行测试，互扩散层的硬度为14 GPa，高于高熵合金颗粒（9 GPa），但低于基体（16 GPa）。在承载过程中，由于互扩散层和相邻区域具有不同的硬度而成为应力集中区域。高熵合金颗粒区域可以通过塑性变形来承载更大的应力，因此裂纹主要在互扩散层和基体中扩展，而不能通过高熵合金颗粒。所以，在所有复合材料的断口形貌中均未发现高熵合金颗粒露出，这也说明断裂并未在高熵合金颗粒与互扩散层之间的界面发生。

图 10-47 为利用显微硬度试验在复合材料Ⅱ中所形成的压痕及裂纹扩展情况。当施加载荷达到 200g 以上时，才在压痕尖端出现裂纹，并且随着载荷的增加逐渐扩展。对比压痕边缘，当压痕边缘为基体时，由于基体具有较大的脆性而发生了剥落现象。当压痕边缘为高熵合金颗粒时，由于其塑性好，仅仅发生了塑性变形，但是在其相邻的基体中则出现少量裂纹，这是由于严重的塑性变形产生较大的应力集中，在邻近的基体区域形成裂纹。

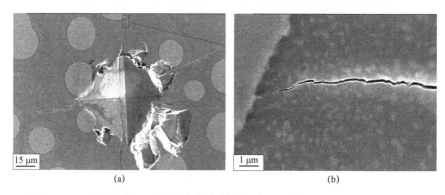

(a)　　　　　　　　　　　　　　(b)

图 10-47　利用显微硬度试验在复合材料Ⅱ中所形成的压痕及裂纹扩展情况

裂纹在扩展过程中，当遇到高熵合金颗粒及其周围的互扩散层时，受到阻碍作用，从而停止扩展。当载荷进一步增加时，裂纹重新启动，沿着高熵合金颗粒与互扩散层的界面或在互扩散层内扩展，最终绕过高熵合金颗粒向基体中继续扩展。当只有互扩散层出现在裂纹的扩展路径中时，裂纹一般不受阻碍作用。放大观察互扩散层中的裂纹，发现裂纹在更小的区域发生偏转。

图 10-48 为复合材料中微裂纹的扩展示意图。当承受应力时，裂纹形核首先发生在复合材料基体中的烧结缺陷处，由于基体为脆性相，微裂纹在基体中的扩展几乎沿直线迅速传播。随着应力的增加，微裂纹继续扩展，穿过基体和互扩散层的界面而进入互扩散层中，与存在有烧结缺陷的基体相比，互扩散层中几乎不存在烧结缺陷，且其主要由 BCC 结构的亚微米晶

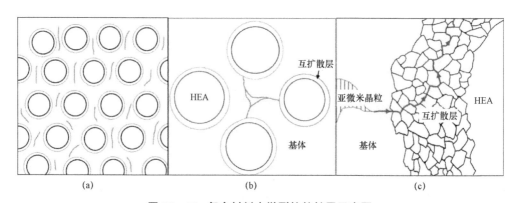

(a)　　　　　　　　　　　(b)　　　　　　　　　　　(c)

图 10-48　复合材料中微裂纹的扩展示意图

粒所组成，因此，与在基体中迅速失稳扩展相比，微裂纹在互扩散层中的扩展能够保持相对稳定。此外，与在基体中沿直线扩展相比，微裂纹在互扩散层中主要沿亚微米晶粒的晶界扩展，因此产生更多的断裂表面能。

当复合材料中高熵颗粒的体积分数为 25% 时，颗粒间距较大，颗粒间的相互影响大为减弱，此时复合材料表现为基体材料的力学特性，并且当微裂纹在基体中扩展时，受高熵合金颗粒的阻碍作用有限，大部分裂纹均在基体中发生扩展，裂纹在基体中的扩展路径要远大于在互扩散层中的扩展，因此复合材料 I 的强度并未提高。

当复合材料中高熵颗粒的体积分数增加到 50% 时，基体的体积分数降低，由于大部分烧结缺陷存在于基体中，因此单位面积中烧结缺陷的含量也就越低，材料的强度也就越高。另外，高熵颗粒体积分数的增加，会产生大量的互扩散层，微裂纹在基体中的扩展路径要远小于在互扩散层中的扩展路径。因此，在变形过程中，微裂纹在扩散层中的稳定扩展占主要部分。微裂纹的稳定扩展能够显著提高多晶材料的强度。另外，根据材料断裂强度与断裂表面能的关系，互扩散层中的沿晶断裂能够显著提高其断裂表面能。因此，复合材料的强度能够显著提高。

当高熵合金颗粒的体积分数达到 75% 时，复合材料中基体相含量已经很低，因而，裂纹扩展更加集中在互扩散层中，所以其强度仍然较高。另外，高体积分数使得高熵合金颗粒之间直接接触而没有基体相和互扩散层的存在，当施加应力时，相当于直接作用于高熵合金颗粒上，因此会产生一定的塑性变形。

3 种复合材料的塑性并未得到明显提升，这主要是由于高熵合金颗粒在变形过程中并未起到增塑的作用。根据颗粒增强复合材料中颗粒界面与材料性能之间的关系，尽管高熵合金颗粒可以阻碍裂纹的扩展，但是高熵合金颗粒增大与基体之间的界面结合力属于强界面，在变形过程中，在两个颗粒之间存在拉应力区，会产生耦合效应，增大的拉应力并不能作用在高熵合金颗粒上，而是发生在基体和互扩散层中，而脆性基体的抗拉能力大大低于其抗压能力，因此裂纹会在最大拉应力区萌生，断裂基本发生在基体和互扩散层中，因而复合材料试件的塑性没有显著改善。

10.4　钨–高熵复合材料

钨合金是一种以金属钨为增强相，以 NiFe、Cu 或其他低熔点元素作为基体相的伪合金。金属钨熔点大约为 3 415 ℃，直接采用粉末冶金的方法进行烧结难以获得致密的烧结成品。为使烧结后的材料致密并达到增强增韧的效果，最初采用低熔点元素作为黏结相。随着黏结相成分的逐步研发，黏结相从最初起致密化黏结作用的 NiFe 等，向功能化发展，即在兼顾材料力学性能的同时，充分发挥导电性、高密度、绝热剪切等性质。基于以上复合化的设计思路，充分考虑不同黏结相成分对钨合金的性能影响，从而可以开展钨增强金属基复合材料的研发。高熵合金具有高强度、高硬度、耐腐蚀等优点，成分体系丰富，力学性能特点鲜明，以 Cantor 合金和 CoCrFeNi 为代表的 FCC 结构高熵合金延展性高、屈服强度低，以 HfNbZrTi 为代表的 BCC 结构高熵合金则屈服强度高、延展性低，以 TaNbWMoV 为代表的高温高熵合金具有优异的高温力学性能。以高熵合金作为黏结相进行特定功能化新型钨合金的研发具有广阔发展前景。钨–高熵复合材料延续传统钨合金制备思路并结合金属基复合材料的设计思想，利用成分体系丰富、性能优越的高熵合金，有极大可能研发出一批新型、高性能的钨合金，实现特定材料功能，满足未来严苛的服役环境要求。

目前已报道的钨–高熵复合材料研究成果较少，钨–高熵复合材料的研发、制备主要面临以下两个问题：第一，金属基体成分的选择及其与金属钨的润湿性、界面结合情况探索；第二，制备工艺的选择与复合材料的实现。

10.4.1 钨–高熵合金的润湿性能

从已有的钨合金黏结相成分来看，主要有 Ni、Fe、Cu、Co、Mn 等元素，而当前研究较多的高熵合金体系主要有 AlCoCrFeNi、CoCrFeNiMn、CoCuFeNiSn 等，因此仅从元素成分的角度考虑，经过恰当选择的高熵合金不会与钨产生明显的界面反应。从高温润湿理论可知，一般情况下金属材料之间润湿性较好，润湿角远小于 90°。另外，已有研究证明，在高温下同样作为多组元熔体的非晶材料通过成分调控可以使其与金属钨基座的润湿角接近 10°，因此高熵合金和钨间的润湿性通过成分调控等手段有较大希望达到较好的程度。图 10–49 是通过座滴法测得的高熵合金 AlCrFeNiV/W 润湿铺展曲线，在 1 500 ℃条件下，二者间的平衡润湿角可以达到 34.5°。图 10–50 是高熵合金 AlCrFeNiV 和 W 之间界面的 SEM 照片，可以看到 AlCrFeNiV/W 之间界面没有出现大量的金属间化合物。

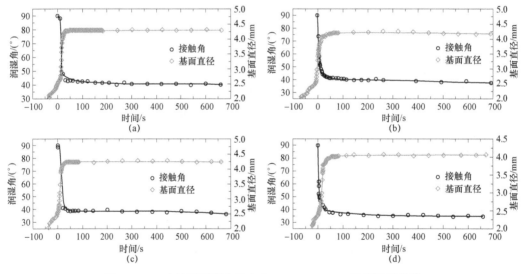

图 10–49 座滴法测量高熵合金 AlCrFeNiV/W 润湿铺展曲线

（a）测试温度 1 425 ℃；（b）测试温度 1 450 ℃；（c）测试温度 1 475 ℃；（d）测试温度 1 500 ℃

10.4.2 钨–高熵合金的组织和力学性能

钨合金制备方法主要是粉末冶金法，包括液相烧结、浸渗等。钨–高熵复合材料的制备借鉴传统钨合金的制备方法，依靠现有液相烧结等制备手段，可以快速实现工业化应用。但是正如 W–NiMn 孔隙率高、W–NiFe 不恰当镍铁比会带来脆性金属间化合物、W–Cu 液态金属不互溶，钨–高熵复合材料在实际开展

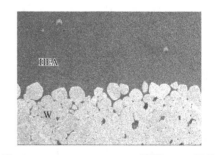

图 10–50 AlCrFeNiV/W 界面 SEM 照片

工作后也将面对各种工艺、材料问题。

北京理工大学薛云飞等人分别选择了 BCC 结构的 $Al_{0.6}CoCrFeNi$ 和 FCC 结构 AlCrFeNiV 作为黏结相，通过烧结法制备了钨合金。

图 10-51 为 93W-7Al0.6CoCrFeNi 合金烧结组织照片，可以发现钨颗粒呈椭球状。钨-钨连接度较高，黏结相体积分数低，钨颗粒尺寸长大到 15 μm，可见钨颗粒在烧结过程中也发生了溶解再析出过程。

图 10-51　93W-7Al0.6CoCrFeNi 液相烧结显微组织结构

对黏结相的成分测试发现，黏结相中存在成分变化。从图 10-52 中可以看出，浅灰色区域的主要成分为 W、Co、Fe、Ni，其中 W 的原子分数为 36.93%，其他元素含量普遍低于原始高熵合金成分。图 10-53 中的深灰色区域主要成分为 Ni、Fe、Co、Cr、Al、W，其中 Ni 的原子百分比占到 27.55%，高于原始高熵合金成分，而 Fe、Co、Cr、Al 含量低于原始高熵合金成分，其中 W 的原子分数仅为 2.83%。

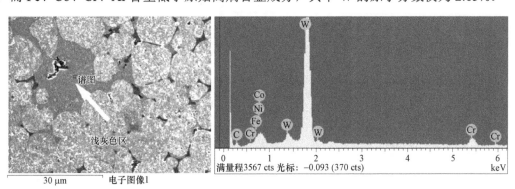

图 10-52　93W-7Al0.6CoCrFeNi 液相烧结 EDS 图谱

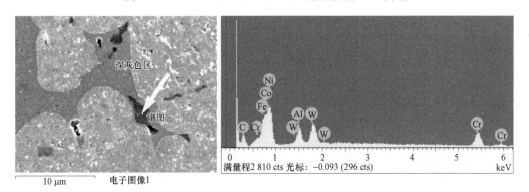

图 10-53　93W-7Al0.6CoCrFeNi 液相烧结 EDS 图谱

由图 10-54 发现，在钨颗粒与高熵合金黏结相的界面出存在不规则形状富 Cr 区域，EDS 能谱如图 10-55 所示。几种不同衬度区域所体现的不同成分相，其形成原因，可能一是制备过程工艺不成熟带来的不完全烧结扩散，二是钨与高熵合金组元之间的相互作用。

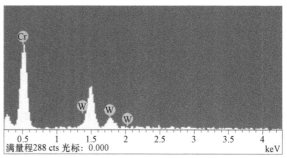

图 10-54   93W-7Al0.6CoCrFeNi 组织中的富 Cr 区

经测量，93W-7Al0.6CoCrFeNi 的平均致密度为 98.34%，平均维氏硬度为 514.96HV。93W-7Al0.6CoCrFeNi 合金的准静态压缩应力-应变曲线如图 10-56 所示，其准静态压缩屈服强度为 1 092.33 MPa，准静态抗压强度为 3 511.49 MPa，断裂应变达 30%。

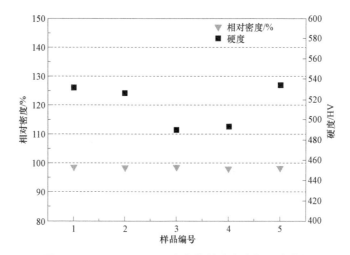

图 10-55   93W-7HEA 合金烧结致密度与硬度曲线

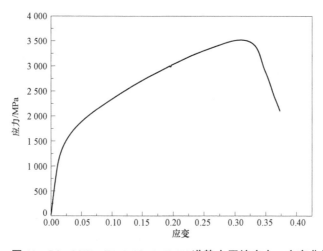

图 10-56   93W-7Al0.6CoCrFeNi 准静态压缩应力-应变曲线

　　试制的 W－AlCrFeNiV 复合材料的抗拉强度达到 1 100 MPa 以上，断裂总延伸率在 8%以上，合金致密度在 98%左右。图 10－57 是质量分数为 85%的 W－AlCrFeNiV 截面显微组织结构 SEM 照片，钨颗粒大小在 15 μm 左右，均匀分布在 AlCrFeNiV 基体上，并且没有明显的第三相形成。因此，在力学性能方面，与 BCC 结构高熵合金相比较，FCC 结构高熵合金更具有作为黏结相的潜力。已有研究成果可以发现，高熵合金的力学性能特点同样能够在钨合金中明显体现出来，因此具体成分的选择与调控将是新型 W/HEA 合金下一步发展的重点，例如以共晶高熵合金作为黏结相，以及以高温高熵合金为黏结相制备钨合金等，都有望成为新型 W/HEA 合金的发展方向。

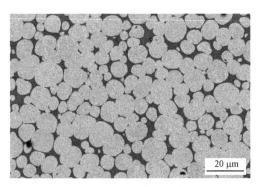

图 10－57　质量分数为 85%的 W－AlCrFeNiV 截面显微组织结构 SEM 照片

参考文献

［1］　Yeh J W，Chen S K，Lin S J，et al. Nanostructured high-entropy alloys with multiple principal elements：novel alloy design concepts and outcomes ［J］. Advanced Engineering Materials，2004（6）：299-303.

［2］　Yeh J W，Chen Y L，Lin S J，et al. High-entropy alloys-a new era of exploitation［J］. Materials Science Forum，2007（560）：1-9.

［3］　Chou H P，Chang Y S，Chen S K，et al. Microstructure，thermophysical and electrical properties in $Al_xCoCrFeNi$（$0 \leqslant x \leqslant 2$）high-entropy alloys ［J］. Materials Science and Engineering B，2009（163）：184-189.

［4］　Lin C M，Tsai H L，Bor H Y. Effect of aging treatment on microstructure and properties of high-entropy $Cu_{0.5}CoCrFeNi$ alloy ［J］. Intermetallics，2010（18）：1244-1250.

［5］　Hsu C Y，Sheu T S，Yeh J W，et al. Effect of iron content on wear behavior of $AlCoCrFe_xMo_{0.5}Ni$ high-entropy alloys ［J］. Wear，2010（268）：653-659.

［6］　Liu W H，Wu Y，He J Y，et al. Grain growth and the Hall-Petch relationship in a high-entropy FeCrNiCoMn alloy ［J］. Scripta Materialia，2013（68）：526-529.

［7］　Miracle D B，Senkov O N. A critical review of high entropy alloys and related concepts ［J］. Acta Materialia，2017（122）：448-511.

［8］　张勇. 非晶和高熵合金 ［M］. 北京：科学出版社，2010.

[9] Yeh J W. Recent progress in high-entropy alloys [J]. Annales De Chimie-Science Des Materiaux, 2006, 31 (6): 633-48.

[10] Yeh J W, Chen S K, Lin S J, et al. Nanostructured high-entropy alloys with multiple principal elements: novel alloy design concepts and outcomes [J]. Advanced Engineering Materials, 2004, 6 (5): 299-303.

[11] Yeh J W, Lin S J, Chin T S, et al. Formation of simple crystal structures in Cu-Co-Ni-Cr-Al-Fe-Ti-V alloys with multi-principal metallic elements[J]. Metallurgical and Materials Transactions A, 2004, 35 (8): 2533-2536.

[12] Tong C J, Chen Y L, Yeh J W, et al. Microstructure characterization of Al_xCoCrCuFeNi high-entropy alloy system with multi-principal elements [J]. Metallurgical and Materials Transactions A, 2005, 36 (4): 881-893.

[13] Yang X, Zhang Y. Prediction of high-entropy stabilized solid-solution in multi-component alloys [J]. Materials Chemistry and Physics, 2012, 132 (2): 233-238.

[14] Salishchev G A, Tikhonovsky M A, Shaysultanov D G, et al. Effect of Mn and V on structure and mechanical properties of high-entropy alloys based on CoCrFeNi system [J]. Journal of Alloys and Compounds, 2014 (591): 11-21.

[15] Chou H P, Chang Y S, Chen S K, et al. Microstructure, thermophysical and electrical properties in Al_xCoCrFeNi ($0 \leqslant x \leqslant 2$) high-entropy alloys [J]. Materials Science and Engineering B, 2009, 163 (3): 184-189.

[16] Varalakshmi S, Kamaraj M, Murty B S. Processing and properties of nanocrystalline CuNiCoZnAlTi high entropy alloys by mechanical alloying [J]. Materials Science and Engineering A, 2010, 527 (4): 1027-1030.

[17] Murty B S, Yeh J W, Ranganathan S. High-entropy alloys [M]. Britain: Butterworth-Heinemann, 2014.

[18] Senkov O N, Wilks G B, Miracle D B, et al. Refractory high-entropy alloys[J]. Intermetallics, 2010 (18): 1758-1765.

[19] Cantor B. Stable and metastable multicomponent alloys[J]. Annales De Chimie Science Des Materiaux, 2007, 32 (3): 245-256.

[20] Zhang Y, Zhou Y J, Lin J P, et al. Solid solution phase formation rules for multi-component alloys [J]. Advanced Engineering Materials, 2008, 10 (6): 534-537.

[21] Yeh J W, Chang S Y, Hong Y D, et al. Anomalous decrease in X-ray diffraction intensities of Cu-Ni-Al-Co-Cr-Fe-Si alloy systems with multi-principal elements [J]. Materials Chemistry and Physics, 2007 (103): 41-46.

[22] Tsai K Y, Tsai M H, Yeh J W. Sluggish diffusion in Co-Cr-Fe-Mn-Ni high-entropy alloys [J]. Acta Materialia, 2013 (61): 4887-4897.

[23] Tong C J, Chen Y L, Yeh J W, et al. Microstructure characterization of Al_xCoCrCuFeNi high-entropy alloy system with multi-principal elements [J]. Metallurgical and Materials Transactions A, 2005, 36 (4): 881-893.

［24］ Wang W R，Wang W L，Wang S C，et al. Effects of Al addition on the microstructure and mechanical property of Al_xCoCrFeNi high-entropy alloys［J］. Intermetallics，2012（26）：44-51.

［25］ Ranganathan S. Alloyed pleasures：multimetallic cocktails［J］. Current Science，2003（85）：1404-1406.

［26］ Tsai M H，Yeh J W. High-entropy alloys：a critical review［J］. Materials Research Letters，2014：1-17.

［27］ Michael，Gao C，David E，et al. Searching for Next Single-Phase High-Entropy Alloy Compositions［J］. Entropy，2013（15）：4504-4519.

［28］ Zhou Y J，Zhang Y，Wang F J，et al. Effect of Cu addition on the microstructure andmechanical properties of $CoCrFeNiTi_{0.5}$ solid-solution alloy［J］. Journal of Alloys and Compounds，2008，466（1-2）：201-204.

［29］ Sriharitha R，Murty B S，Kottada R S. Alloying，thermal stability and strengtheningin spark plasma sintered Al_xCoCrCuFeNi high entropy alloys［J］. Journal of Alloys and Compounds，2014（583）：419-426.

［30］ Zhou Y J，Zhang Y，Wang Y L，et al. Solid solution alloys of $AlCoCrFeNiTi_x$ withexcellent room-temperature mechanical properties［J］. Applied Physics Letters，2007（90）：181904.

［31］ Hsu C Y，Yeh J W，Chen S K. Wear resistance and high-temperature compression strength of FCC $CuCoNiCrAl_{0.5}Fe$ alloy with boron addition［J］. Metallurgical and Materials Transactions A，2004，35（5）：1465-1469.

［32］ Tong C J，Chen M R，Yeh J W，et al. Mechanical performance of the Al_xCoCrCuFeNi high-entropy alloy system with multiprincipal elements［J］. Metallurgical and Materials Transactions A，2005，36（5）：1263-1271.

［33］ Huang Y S，Chen L，Lui H W，et al. Microstructure，hardness，resistivity and thermal stability of sputtered oxide films of $AlCoCrCu_{0.5}NiFe$ high-entropy alloy［J］. Materials Science and Engineering A，2007，457（1-2）：77-83.

［34］ Yeh J W，Chen S K，Lin S J，et al. Nanostructured high-entropy alloys with multiple principal elements：novel alloy design concepts and outcomes［J］. Advanced Engineering Materials，2004，6（5）：299-303.

［35］ Yeh J W. Recent progress in high-entropy alloys［J］. Annales De Chimie Science Des Materiaux，2006（31）：633-648.

［36］ Zhang K B，Fu Z Y，Zhang J Y，et al. Annealing on the structure and properties evolution of the CoCrFeNiCuAl high-entropy alloy［J］. Journal of Alloys and Compounds，2010，502（2）：295-299.

［37］ 刘金民，袁晓光，张海峰，等. SiC 颗粒增强锆基非晶材料的组织与变形行为［J］. 沈阳工业大学学报，2010，32（2）：157-161.

［38］ Pan D G，Zhang H F，Wang A M，et al. Enhanced plasticity in Mg-based bulk metallic glass composite reinforced with ductile Nb particles［J］. Applied Physics Letters，2006（89）：261904.

［39］ Choi Y H，Conner R D，Szuecs F，et al. Processing，microstructure and properties of ductile metal particulate reinforced $Zr_{57}Nb_5Al_{10}Cu_{15.4}Ni_{12.6}$ bulk metallic glass composites［J］. Acta Materialia，2002，50（10）：2737-2745.

［40］ Conner R D，Choi Y H，Johnson W L. Mechanical properties of $Zr_{57}Nb_5Al_{10}Cu_{15.4}Ni_{12.6}$ metallic glass matrix particulate composites［J］. Journal of Materials Research，1999，14（8）：3292-3297.

［41］ Xu Y K，Xu J. Ceramics particulate reinforced $Mg_{65}Cu_{20}Zn_5Y_{10}$ bulk metallic glass composites［J］. Scripta Materialia，2003，49（9）：843-848.

［42］ Jang J S，Jian S R，Li T H，et al. Structural and mechanical characterizations of ductile Fe particles-reinforced Mg-based bulk metallic glass composites［J］. Journal of Alloys and Compounds，2009，485（1-2）：290-294.

［43］ Choi Y H，Schroers J，Johnson W L. Microstructures and mechanical properties of tungsten wire/particle reinforced ZrNbAlCuNi metallic glass matrix composites［J］. Applied Physics Letters，2002（80）：1906-1908.

［44］ 张波. W/Zr 基非晶合金复合材料的制备与性能研究［D］. 大连：大连理工大学，2013.

［45］ Yuan M，Zhang D C，Tan C G，et al. Microstructure and properties of Al-based metal matrix composites reinforced by $Al_{60}Cu_{20}Ti_{15}Zr_5$，glassy particles by high pressure hot pressing consolidation［J］. Materials Science and Engineering A，2014，590（1）：301-306.

［46］ Fu Z，Chen W，Wen H，et al. Effects of Co and sintering method on microstructure and mechanical behavior of a high-entropy $Al_{0.6}NiFeCrCo$ alloy prepared by powder metallurgy［J］. Journal of Experimental Biology，2015，646（18）：175-182.

［47］ Krell A，Pompe W. The influence of subcortical crack growth on the strength of ceramics［J］. Materials Science and Engineering，1987，89（7）：161-168.

［48］ Chen M，Zhu S，Wang F. Strengthening mechanisms and fracture surface characteristics of silicate glass matrix composites with inclusion of alumina particles of different particle sizes［J］. Physica B：Condensed Matter，2013，413（12）：15-20.

第 11 章
金属材料的构型复合化

    金属基复合材料一般是以金属为连续相，以强度较高的异质颗粒、纤维或晶须为增强相组成的复合材料。当代工业对结构材料的要求越来越严格，金属基复合材料因其更广泛、更高水平的适用性而成为当代结构材料领域的重要组成部分。在金属材料本征性能的基础上，金属基复合材料通过界面变形的协调作用，通过材料的刚度差异而引入增强体来分担大量的载荷，从而通过界面与界面间的协同耦合作用，来达到改善材料结构性能的目的。由于增强体为复合材料的主要承载相，均匀分散于基体的复合方式能够避免载荷的过度集中导致金属基复合材料脆性破坏失效。但这种单纯的分散均匀分布没有充分考虑到材料的结构效应，使得材料在提高强度和刚度的同时，塑、韧性急剧下降。金属基复合材料中增强体的含量与材料的塑、韧性及损伤容限存在倒置关系，即随着复合材料中增强体的体积分数增大，材料在强度、刚度增大的同时，牺牲了大量的塑、韧性及损伤容限。这是由于随着增强体和相界面的增多，载荷分布的不均匀性和变形的不协调性更加显著，相界面处很容易萌生裂纹并扩展。材料对增强体有限的容纳能力，限制了金属基复合材料性能的进一步提高。

    金属基复合材料的性能不仅取决于基体和增强体的种类及配比，增强体在基体中分布的模式（如分级复合、叠层结构、互穿网络等）及材料的尺度同样起着至关重要的作用。因此，复合材料的构型复合化设计理念逐渐引起了研究者的浓厚兴趣。

11.1　分级复合构型

11.1.1　分级复合

    分级复合构型概念如图 11-1 所示。复合材料一般由基体和一种或多种增强体相组成，若这些组成相中至少一种组成相本身也是复合材料，那么这种复合材料的构型称为分级复合构型。

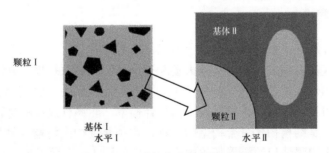

图 11-1　分级复合构型概念图

图 11-1 中的黑色颗粒就是二级复合材料。通常，分级复合材料中，将含有高增强体含量的复合材料作为二级复合材料，其与基体复合得到一级复合材料。所以，二级复合材料一般为具有高强度、高刚度的脆性相，类似传统复合材料中的增强体。分级复合材料的制备方法通常是先制备出确定增强体体积分数的二级复合材料，再与基体球磨混合、烧结后获得一级复合材料。例如，先将铝合金作为基体，与 SiC 复合得到 SiC 体积分数为 15%的二级复合材料，再将其与铝粉进行球磨混合，通过粉末冶金工艺制备出具有分级结构的 SiC-Al/Al 分级复合材料，如图 11-2 所示。

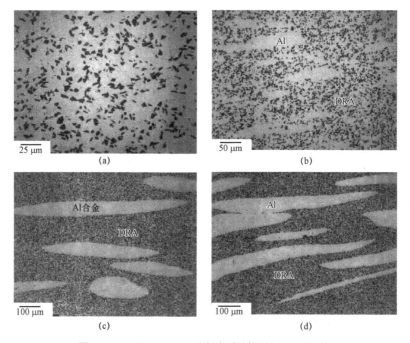

图 11-2 SiC-Al/Al 分级复合材料的 SEM 图像

对该材料的测试结果表明，通过这种分级复合构型，能够在比传统的均匀分散构型损失较少强度的前提下，提高复合材料的断裂韧性。

分级复合构型除了充分考虑了材料的"结构效应"，以达到提高材料的塑韧性之外，还可以通过对增强体材料预先进行包覆，达到降低烧结温度，提高材料的密度、综合力学性能等目的。考虑到 SiC/Cu 复合材料界面结合紧密，且通过烧结成型能够达到 100% 致密，于是 SiC-Cu/Al 复合材料中二级复合材料可采用 Cu 包覆 SiC，以提高复合材料的界面结合能力。

11.1.2 多芯复合

结构韧化是将金属基复合材料在结构上隔离，分为增强体富集相与无增强体基体相。这些无增强体相具有较高的韧性，能够吸收大量断裂能，阻止裂纹扩展。在断裂过程中，增强体富集区域和无增强体区域之间的界面将产生"脱黏"效应，使金属基复合材料抵抗失效的能力大幅上升。采用金属基复合材料韧化结构复合构型，能够有效提高材料塑性和韧性。

多芯复合构型就是结构韧化复合构型的一种，这种复合构型将增强体相富集于基体中形成棒状，均匀插入无增强体相的金属基体中形成，例如图 11-3 所示的 SiC-LD2/LD2 复合材料的横截面图。

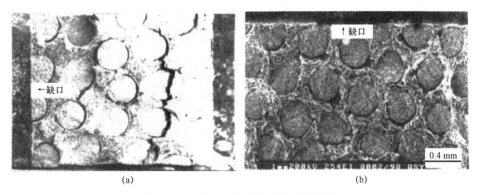

(a)　　　　　　　　　　　(b)

图 11-3　材料的多芯复合构型截面图

SiC-LD2/LD2 复合材料的结构是在整体材料的局部区域形成高体积分数的 SiC-LD2 复合材料棒，而在这些增强体棒的周围形成足够的未增强基体 LD2 相，通过基体变形充分吸收断裂的能量，大大提高了材料的断裂吸收功，以达到韧化的效果。图 11-4 为结构复合化前后的载荷-裂纹张开位移曲线。如图 11-4 所示，多芯复合构型复合材料的断裂吸收功远大于增强体均匀分散的普通复合材料。

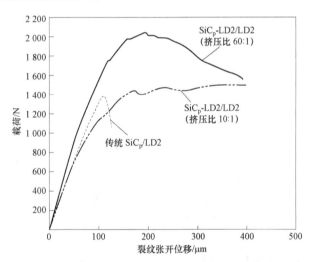

图 11-4　3 种 SiC/LD2 复合材料的载荷-裂纹张开位移曲线

11.2　叠层复合结构

11.2.1　铺层结构

自然界的贝壳材料含有质量分数为 95%的碳酸钙脆性相，但贝壳本身仍旧具有较高的强度和韧性，主要是因为贝壳作为复合材料的一种，具有独特的叠层结构，如图 11-5 所示。通过分析海洋生物蚌壳的微观结构，发现微观上的叠层结构可以达到材料强度、韧性的最佳配合。受其启发，研究者设计制备出金属/金属、金属陶瓷等叠层材料。通过叠层结构设计制成吸能界面，补偿单层材料各自性能的不足，满足高强韧性要求。进一步拓宽其设计思路，将热物理性能进行叠层设计，获得的层状复合材料有望用于耐高温材料、热障涂层等领域。

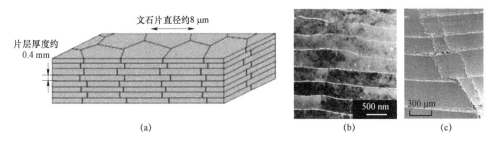

图 11-5　叠层复合材料结构（a），以及断裂模式示意图（b）和（c）

区别于仿生复合材料中使用的"砖泥"结构，叠层结构的复合材料一般由不定厚度的韧性相层和脆性相层以不定的层间距交替排列组成。在外力作用时，韧性相对裂纹起吸收能量和促使裂纹偏转的作用，阻止裂纹的扩展并延长裂纹的延伸距离，同时，层间断裂使得裂纹尖端的方向改变为不利于扩展的应力状态，进一步提高裂纹扩展的阻力。所以，这样的复合构型不仅使复合材料具有较高的强度，还能使材料具备传统复合状态下数十倍的断裂韧性。

对于金属而言，由于金属本身具有较好的韧性和本征特性，而许多金属间化合物作为脆性相，具有较高的强度和刚度。因此，合金和金属间化合物组成的金属间化合物基叠层复合材料显示出与单体材料截然不同的力学行为。叠层材料有效提高金属间化合物韧性的机制有裂纹偏转机制、裂纹钝化机制、裂纹桥连机制、应力再分布机制和裂纹前端回旋机制。从叠层材料的不对称结构上看，其力学性能必然存在各向异性。有学者对 Ti/Al_3Ti 复合材料的断裂机制进行了研究，发现无论在何种方向上，叠层复合材料的韧性都比单体 Al_3Ti 高出一个数量级。

叠层复合构型的制备方法通常为锻压法，制备的叠层厚度较大。现有的先进制备方法已能够制备出片层厚度为微纳米级的叠层复合材料。对叠层复合材料而言，一般脆性层厚度越大，体积分数越高，材料的强度越强，塑韧性越差。如何正确选择片层材料体系，并通过对制备方法和工艺的把握，有效控制叠层复合材料的综合力学性能，是制备叠层复合材料的关键。

在金属间化合物基复合材料的基础上，引入分级复合构型的设计理念，将叠层复合材料中的片层转变为二级复合材料。这种叠层复合材料利用 SiC/Al 薄板和 Al-Mn 合金薄板通过锻压形成，该材料的测试结果表明：与粉末冶金法制备的 SiC/Al 复合材料相比，该材料在损失较少强度的同时，有效改善了其断裂韧性。另外，如图 11-6 所示，有学者将陶瓷纤维引入叠层复合材料，制备出新型的陶瓷纤维增强金属间化合物基叠层复合材料，进一步提高了叠层复合材料的断裂韧性。

11.2.2　环形结构

另一种与铺层复合构型相似的复合材料构型为环状复合构型。将许多金属基复合材料圆片交替叠加，再通过真空挤压工艺制备出类似于树干年轮的环状复合材料，如 $Mg-Mg/Al_2O_3$，

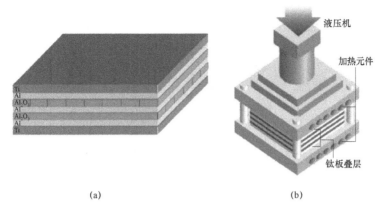

(a)　　　　　　　　　　　　　　　　(b)

图 11-6　锻压法制备叠层复合材料示意图

环的厚度为毫米级，如图 11-7 所示。

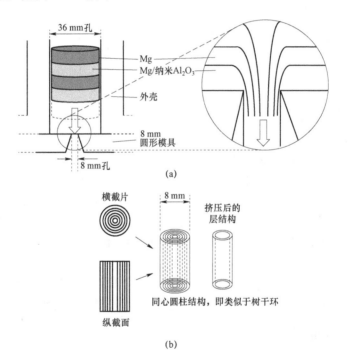

图 11-7　材料的环形复合构型及其制备过程示意图

测试结果表明，该复合材料的强度较常规 Mg/Al_2O_3 复合材料小幅下降，但塑性甚至高过金属基体，表明采用环状复合构型能够以牺牲较少强度的代价有效提高复合材料的塑性。

11.2.3　层合板结构

另一种与铺层复合构型相似的复合材料构型为层合板复合构型。层合板是由多层单层板黏合在一起组成整体的结构板，通常层合板的铺设是均匀对称的，铺层的方向，即铺层间的夹角，为 0°、90°、±45° 4 个方向，如图 11-8 所示。

这种构型复合时，要求铺层的纤维轴向与应力的拉压方向一致，以最大限度地利用纤维

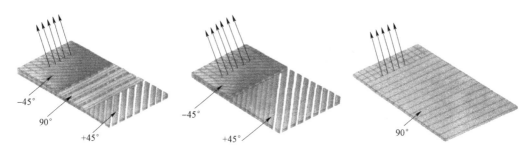

图 11-8 层合板复合材料的多轴向和单轴向纤维图

轴向的高性能。在与叠层复合材料具有相似结构性能的基础上,层合板复合材料具有性能的可设计性、易于加工、成型好的优势。但相对的,层合板复合材料由于其抵抗板厚方向载荷的能力较弱,容易产生分层破坏。

在引入各种异质增强体来提高金属材料结构力学性能的基础上,构型复合化弥补了金属基复合材料塑韧性大幅下降的缺点,找寻进一步提升复合材料各方面性能的方法,已成为推动金属基复合材料发展的必然趋势。但有关金属基复合材料构型复合化的研究还未成熟,依然存在着较多关键性的设计问题需要进一步探究,包括材料复合构型中二级复合材料体系的选择与设计、构型复合化材料的制备及工艺、复合结构中不同尺度的设计与协调搭配等。

11.3 网状结构金属基复合材料

为进一步提高钛合金的强度、弹性模量、服役温度、耐磨性,并保持较好的塑性、可加工与焊接性,如第 8 章所述,非连续相增强钛基复合材料得到了空前的发展,其制备方法主要包括与原位自生反应相结合的熔铸法和粉末冶金法。然而,不管采用哪种制备方法,均追求增强相在基体中的均匀分布,尤其是粉末冶金法制备得到的钛基复合材料,其塑性改善非常有限,这严重制约了钛基复合材料的开发及应用。哈尔滨工业大学黄陆军等打破传统思维,基于 Hashin-Shtrikman(H-S)理论、晶界强化理论及高塑性要求,设计与制备出了 TiB 晶须(TiB$_w$)呈准连续网状分布的系列钛基复合材料,不仅解决了粉末冶金法制备非连续钛基复合材料室温脆性大的"瓶颈"问题,还进一步提高了室温与高温性能。

11.3.1 设计与制备

图 11-9 所示为网状结构 TiB$_w$/Ti 复合材料的设计和制备基本原理。首先通过低能球磨技术使小尺寸的 TiB$_2$ 颗粒均匀镶嵌在大尺寸的钛颗粒表面,再通过真空热压烧结使复合材料致密化,并在高温保压过程中发生 Ti + TiB$_2$→2TiB 原位自生反应,消耗掉原始 TiB$_2$ 颗粒。原位生成的 TiB$_w$ 增强相,呈三维空间网状分布在复合材料中,从而形成三维网状结构,如图 11-10 所示。

三维网状结构钛基复合材料的结构参数分别为网状尺寸和界面处局部增强相含量。网状尺寸取决于原始钛粉尺寸,局部增强相含量由整体增强相含量与网状尺寸共同决定。在网状结构钛基复合材料的基础上,结合结构参数、增强相与基体种类、多级多尺度构型设计,有望实现钛基复合材料综合性能的大幅改善。

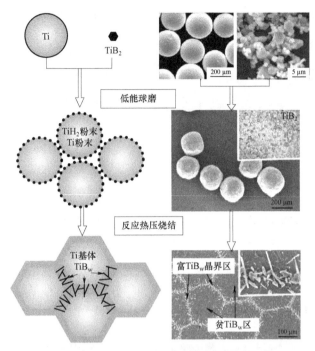

图 11-9　网状结构 TiB$_w$/Ti 复合材料的设计和制备基本原理图

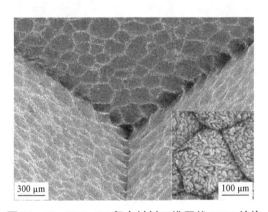

图 11-10　TiB$_w$/Ti 复合材料三维网状 SEM 结构

11.3.2　变形与成型

高温塑性变形主要包括挤压、轧制、锻造、超塑性等。针对金属基复合材料，在变形过程中，不仅基体晶粒、亚结构发生变化，增强相的分布、取向、破碎等也发生变化。图 11-11 所示为网状结构体积分数为 5% 的 TiB$_w$/TC4 复合材料经高温 60% 压缩变形后的径向显微组织特征，没有发现宏观的裂纹及扭曲变形现象，这一点甚至优于某些钛合金，说明网状结构钛基复合材料具有优异的塑性变形能力。

图 11-12 为网状结构 5% TiB$_w$/TC4 复合材料热挤压变形后的 SEM 组织照片。TiB$_w$ 增强相由原来的三维方向分布，变成沿挤压方向的定向分布。然而局部增强相含量大大降低，或基体连通程度大大增加，且界面区宽度降低。热挤压对复合材料组织与性能的影响非常复杂，

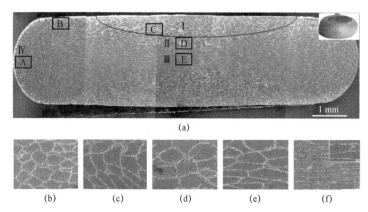

图 11-11　网状结构 TiB_w/TC4 复合材料压缩试样纵截面 SEM 组织照片（右上角为压缩试样宏观照片）

（a）整体界面；（b）A 区域放大；（c）B 区域放大；（d）C 区域放大；（e）D 区域放大；（f）E 区域放大

其中沿挤压方向，塑性由于基体连通度增加而得到提高，抗拉强度由于基体形变、热处理强化及晶须定向排列也得到提高。在横截面上，增强相分布仍然近似等轴状，只是由于变形发生了一定的扭曲，并且尺寸大大降低。

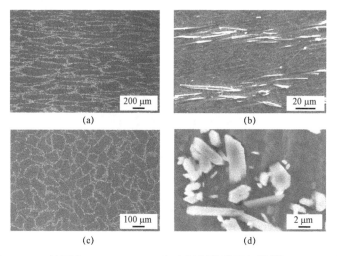

图 11-12　挤压态 5% TiB_w/TC4 复合材料纵截面与横截面 SEM 组织

（a）纵向低倍；（b）纵向高倍；（c）横向低倍；（d）横向高倍

图 11-13 所示为挤压比为 16:1 和 9:1 挤压态与烧结态 5% TiB_w/TC4（45～125 μm）复合材料的室温拉伸应力-应变曲线。从图中可以看出，挤压比为 16:1 的挤压态复合材料抗拉强度为 1 206 MPa，延伸率为 12%。而挤压比为 9:1 挤压态的复合材料的抗拉强度为 1 108 MPa，延伸率为 8.3%。可以看出，复合材料的强度和塑性随着变形程度增加而增加。这是挤压变形过程带来的增强相定向分布、增强相破碎、网状结构参数改变、基体组织变化共同作用的结果，其中基体加工硬化与组织细化对材料的强度与塑性提升的作用随着变形程度增加而越加明显。

11.3.3　热处理改性

通过热处理转变 β 组织或马氏体 α′ 的形成、细化基体组织及固溶与时效强化的交互作

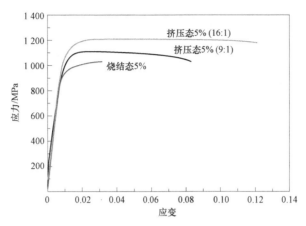

图 11-13　烧结态与不同挤压比挤压态 5% TiB_w/TC4 复合材料的室温拉伸应力-应变曲线

用，可进一步改善钛基复合材料的力学性能。图 11-14 所示为 5% TiB_w/TC4 复合材料在 990 ℃淬火、500 ℃时效处理 6 h 后的扫描照片。首先，初生 α 相的存在间接说明了 TiB_w 增强相的存在提高了 β 相的相变点温度。从插图中可以清楚地看出，淬火过程中形成的马氏体在时效过程中分解形成等轴细小的 α+β 组织，均匀地分布在转变 β 组织内部，这对其力学性能是有利的。并且细小 α+β 组织的体积分数与尺寸均随时效温度的提高而增加。另外，当时效温度超过 600 ℃时，细小等轴的 α+β 组织开始长成粗大的组织。

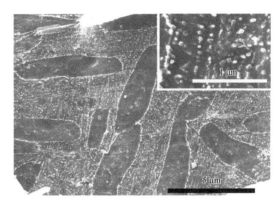

图 11-14　经淬火与时效处理后 5% TiB_w/TC4 复合材料的 SEM 照片

图 11-15 所示为烧结态网状结构 TiB_w/TC4 复合材料的抗拉强度随淬火温度升高而先增加后降低，其中在 870 ℃淬火得到最高的抗拉强度，淬火温度继续升高，抗拉强度反而降低。这是由于淬火温度过高，导致马氏体含量增加，使得基体硬度升高，塑性降低，不利于其抗

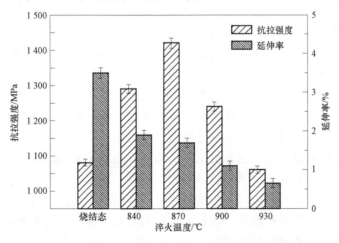

图 11-15　网状结构 5% TiB_w/TC4（200 μm）复合材料不同淬火温度处理后拉伸性能的变化

拉强度的增加。因此，由于钛基复合材料较钛合金的室温塑性低，钛基复合材料的热处理工艺不同于钛合金的热处理工艺。

图 11-16 所示为 5%和 8% TiB$_w$/TC4（45～125 μm）挤压态复合材料于 990 ℃淬火，在 600 ℃时效热处理前后的室温拉伸应力－应变曲线。对于挤压态 8%复合材料，热处理后抗拉强度由 1 311 MPa 提升到 1 470 MPa，提升了 12.1%，通过优化可以超过 1 500 MPa 的水平，延伸率由 4.8%下降到 2.5%。对于 5% TiB$_w$/TC4 复合材料，经相同热处理后，复合材料抗拉强度由 1 206 MPa 提高到 1 364 MPa，提升了 13.1%，延伸率由 12%下降到 7.8%。结合前面结果，说明网状结构参数影响着热处理后复合材料的力学性能，且影响规律基本一致。

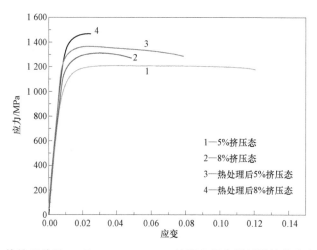

图 11-16 热处理前后 5%和 8% TiB$_w$/TC4 挤压态复合材料的拉伸应力－应变曲线

11.4 仿生构型金属基复合材料

金属基复合材料发展至今，其增强体大多数为单纯的均匀分布，没有充分发挥复合材料中不同组元间的协同和耦合及多功能响应，使得金属基复合材料无法摆脱"强度提高－韧塑性下降"这一规律。在这样的研究背景下，提高金属基复合材料在更高水平和更广范围内的应用及研究新材料复合制备方法已经成了必然趋势。

近年来，国内外的材料科学家研究发现，"非均匀"复合结构，如混杂、层状、换装、梯度、多孔等，更有利于发挥复合材料中不同组元之间的协同耦合作用，从而进一步提高金属基复合材料的性能。但是有关复合构型的研究比较零散，并且缺乏对非均匀复合构型金属基复合材料共性问题的阐述，也没能提出复合构型最优化设计的途径与方法。

为此，材料科学家们向大自然学习。自然界中的生物结构材料，如骨骼、牙齿、贝壳珍珠层等中精细的复合构型为人工复合材料的构型优化提供了灵感。在自然界生物结构材料的启发下，仿生复合成了近年来材料学领域的研究热点。仿生复合就是通过模仿具有优异力学和功能特性的自然生物材料的微观复合构型，并将其应用于工程材料的复合过程中，制备具有多尺度、多层次仿生物结构的复合材料。本章将主要从梯度构型和贝壳珍珠层构型两个方面介绍仿生构型金属基复合材料。

11.4.1　梯度构型金属基复合材料

梯度结构是由一种成分、组织或相逐渐向另一成分、组织或相过渡的结构材料。如图 11-17 所示，自然界中，骨头和竹子等微观结构的重要特点就是梯度结构。以骨头为例对这种梯度结构进行简单说明，骨头主要由 $CaCO_3$ 和胶原蛋白组成，根据功能，可分为相对致密、强度高的皮质骨和相对疏松且具有弹性的松质骨。人体骨头结构由外向内逐渐由皮质骨过渡到松质骨，外部坚硬，从而具有高的强度和耐磨损性能；内部疏松多孔，能提供良好的韧性并减小质量，从而达到强韧性的最佳匹配。与传统复合材料相比，梯度构型金属基复合材料因其独特的结构，使得材料的整体性能和实用性能得到了极大的提升，为实现材料强韧性完美匹配提供了重要方向。

材料研究者对梯度构型金属基复合材料的研究相对较早，中国大连理工大学的许富民等人采用粉末冶金的方法，通过混粉、压坯、热压烧结 3 个阶段制备出了 SiC 颗粒增强铝基梯度复合材料（FGMMC），微观结构如图 11-18 所示，并在对其疲劳裂纹扩展行为研究中发现，疲劳裂纹在到达 FGMMC 相邻两层的过渡区时，裂纹扩展发生分枝，从而导致了裂纹扩展延滞（图 11-19，其中 A、B、C 分别对应 30% SiC 与 25% SiC 层界面、25% SiC 与 20% SiC 层界面和 20% SiC 与 15% SiC 层界面）。

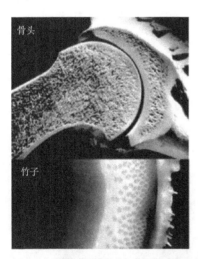

图 11-17　人体关节处骨头与竹子的微观结构

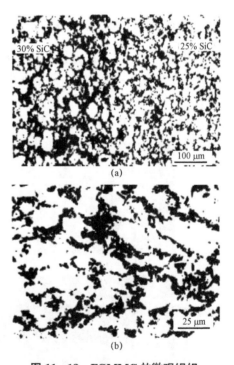

图 11-18　FGMMC 的微观组织

（a）25% SiC 和 30% SiC 层界面；（b）25% SiC 层微观结构

中国 52 研究所宁波分所的朱秀荣等人采用挤压铸造法制造了陶瓷纤维增强梯度铝基复合材料，该材料共设计成 4 层，最上层纤维含量最高，热膨胀系数小，可以承受发动机活塞工作时的热负荷，从 A 层到 D 层，纤维含量逐渐降低，可以缓和因热膨胀系数差造成的热应力分布。

梯度多孔金属基复合材料是孔径或者孔隙率沿厚度方向呈连续或准连续变化的一类金属基复合材料。相比于均质多孔材料来说，梯度多孔材料的性能更为优异，例如德国 Dresden 大学的 M.Thieme 等人通过粉末冶金方法制备出了梯度多孔 Ti 合金，该合金外部坚硬内部疏松，与人体骨骼相似，表现出更好的生物相容性。

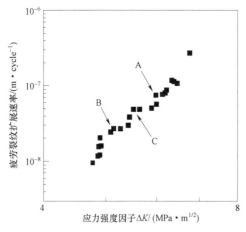

图 11-19 疲劳裂纹扩展的 **d***a* / d*N*-Δ***K*** 关系曲线

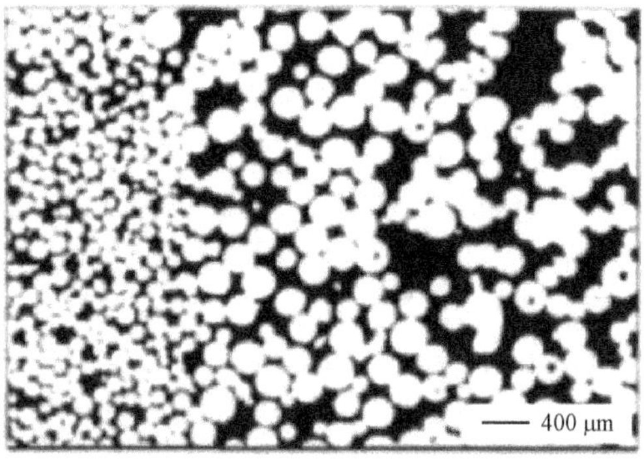

图 11-20 梯度多孔 Ti 合金的 SEM 图

中国西安理工大学的 Fangxia Ye 等人通过原位合成工艺和后续热处理工艺制备出了 $(Fe,Cr)_7C_3/Fe$ 表面梯度复合材料，其微观组织如图 11-21 所示。$(Fe,Cr)_7C_3$ 颗粒的体积分数从表面到基体呈梯度分布，且其形貌也发生了变化。该复合材料表面形成了致密的陶瓷层，其体积分数为 90%，致密陶瓷层的显微硬度为 1 484 HV0.1，相对耐磨性是铁基体的 5 倍。

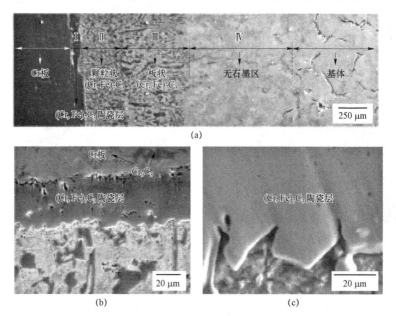

图 11-21 $(Fe, Cr)_7C_3/Fe$ 表面梯度复合材料纵向微观组织

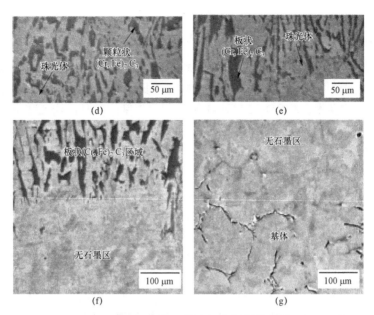

图 11-21　(Fe, Cr)₇C₃/Fe 表面梯度复合材料纵向微观组织（续）

　　俄罗斯科学院列别杰夫物理研究所的等人通过选区激光熔覆技术制备了梯度 TiB₂/Ti 复合材料，从图 11-22 可以看出，该复合材料分为 3 层，TiB₂ 的体积分数分别为 5%、10%、15%。并且随着 TiB₂ 体积分数的增加，其微观硬度相应增加，最顶层的显微硬度高达 650HV100。通过改变粉末成分和使用适当的 CAD 建模，可以控制多层结构的硬度值，这更扩展了该类材料的应用范围。

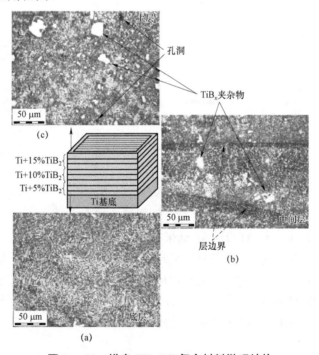

图 11-22　梯度 TiB₂/Ti 复合材料微观结构

（a）底层；（b）中间层；（c）上层

11.4.2 贝壳珍珠层构型金属基复合材料

贝壳珍珠层是自然界中常见的生物结构材料，其微观结构是由数百纳米的碳酸钙片层交错分布在有机介质基体中形成的"砖砌"复合构型。贝壳珍珠层中，脆性碳酸钙片层的体积分数高达 95%，但这并不影响到其塑性，在保持高的强度的同时，均匀变形可达 8%，断裂功也比脆性陶瓷材料组元高约 3 000 倍。而贝壳珍珠层这种优异的强塑性匹配主要来自纳米尺寸效应和几何约束效应，以及"砖砌"复合构型特有的阻止裂纹萌生和扩展、提高裂纹扩展时能量损耗等一系列韧化机制。近年来，材料科学家对贝壳珍珠层构型金属基复合材料的研究日益深入，相继制备出了多种叠层取向单一、有序的仿贝壳珍珠层砖砌结构复合材料，本节将介绍几种典型的贝壳珍珠层构型金属基复合材料。

（1）Al_2O_3 – Al 贝壳珍珠层构型金属基复合材料

上海交通大学郭强等人先后制备出了 Al_2O_3 – Al、CNTs – Al、石墨烯 – Al 等仿生砖砌构型金属基复合材料。研究发现，与传统的金属基复合材料相比，这些材料在提高强度的同时，仍然保持了良好的延伸率，实现了优异的强塑性匹配。因其制备工艺、微观结构及性能类似，这里以 Al_2O_3 – Al 仿贝壳珍珠层构型金属基复合材料为例进行说明。

Al_2O_3 – Al 纳米叠层复合材料是由片状粉末冶金技术制备出来的，其制备示意图如图 11-23 所示。片状粉末冶金工艺共分为 3 步：① 片状粉体的制备，通过球磨球形粉末可以获得片状铝粉体；② Al_2O_3 的原位生成，将所制备的片状粉末在 400 ℃的流动氩气气氛中加热 1 h，然后在室温下保存几天就可以生长原生 Al_2O_3 膜；③ 片状铝粉的排列和固结，首先将片状铝粉放入圆柱中，并在 500 MPa 下压实，然后进行烧结和热挤压。

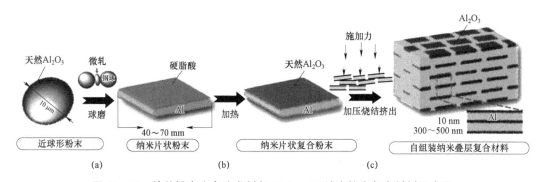

图 11-23 片状粉末冶金技术制备 Al_2O_3 – Al 纳米仿生复合材料示意图
（a）片状粉体的制备；（b）Al_2O_3 的原位生成；（c）固化

图 11-24（a）和（b）为 Al_2O_3 – Al 纳米叠层复合材料的金相照片。该材料横向截面上分布着不同尺寸的多边形片板，并且所有片板均沿着挤压方向平行排列。图 11-24（c）表明，挤压出的多层结构是由铝层和 Al_2O_3 层交替组成的，其中铝层厚度在 300～500 nm，Al_2O_3 层厚度在 10 nm 左右。图 11-24（d）为 Al_2O_3 层 HRTEM 照片，可以看出，经过 630 ℃烧结后，Al_2O_3 层主要是 γ – Al_2O_3 相，可以提高复合材料的塑性。

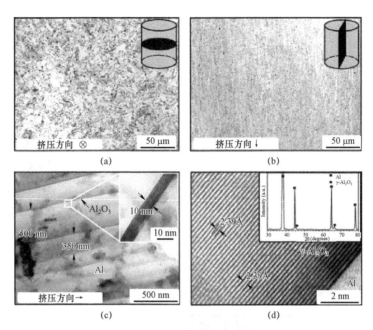

图 11-24　Al₂O₃-Al 纳米仿生复合材料金相照片

（a）横向；（b）纵向；（c）层状结构 TEM 照片；（d）HRTEM

图 11-25（a）为 Al₂O₃-Al 纳米叠层复合材料拉伸应力-应变曲线，抗拉强度为 262 MPa，延伸率为 22.9%，并且该材料均匀伸长率高达 16.5%，这远高于工程应用所需的 5%。这种出色的均匀变形伸长率主要得益于层状的纳米 Al₂O₃ 层，它能够有效地阻碍铝基体的回复和再结晶，从而显著提高应变硬化能力。图 11-25（b）为断口 SEM 照片，韧窝直径为 300～500 nm，这与铝层厚度类似。

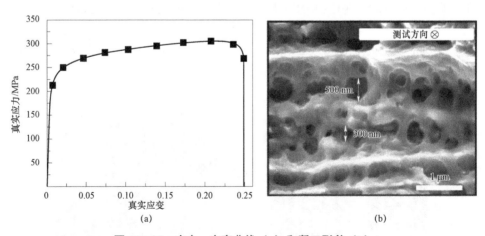

图 11-25　应力-应变曲线（a）和断口形貌（b）

（2）金属石墨烯纳米复合材料

韩国科学技术学院的 Youbin Kim 等人通过化学气相沉积技术和蒸发镀膜技术成功地制备了 Cu-石墨烯、Ni-石墨烯纳米复合材料，其制备过程如图 11-26 所示。首先通过化学气相沉积技术制备出石墨的单原子层，然后转移到氧化硅衬底上的金属薄膜上，接着除去PMMA层，然后蒸镀下一层金属薄膜层。通过重复金属沉积和石墨烯转移过程，就制备出了金属层厚度为 70 nm、125 nm 和 200 nm 的 Cu-石墨烯纳米复合材料，以及金属层厚度为 100 nm、150 nm 和 300 nm 的 Ni-石墨烯纳米复合材料。

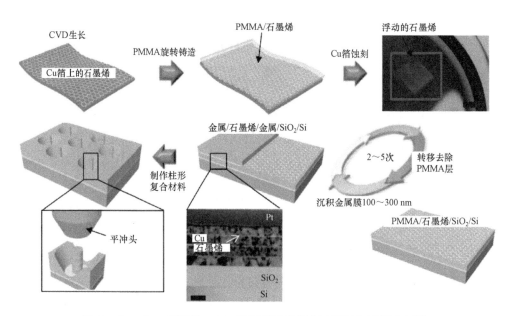

图 11-26 Cu-石墨烯、Ni-石墨烯纳米复合材料制备过程示意图

利用纳米柱压缩试验对金属-石墨烯纳米材料的力学性能进行表征，其结果如图 11-27 所示。图 11-27（a）和图 11-27（b）分别是金属层厚度为 125 nm 的 Cu-石墨烯纳米复合材料变形前后的 SEM 图像。对 Cu 和 Ni-石墨烯复合材料的纳米柱的压缩试验结果如图 11-27（c）～图 11-27（f）所示，两种复合材料均表现出极高的强度，并且金属层间距越小，流动应力越大。在变形量达到 5%时，Cu 和 Ni-石墨烯复合材料的平均流变应力分别为 1.5 GPa 和 4.0 GPa，远高于各自大块单晶金属的屈服强度。

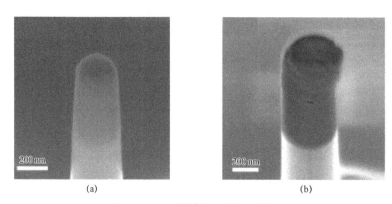

图 11-27 纳米柱的压缩试验结果

（a）金属层厚度为 125 nm 的 Cu-石墨烯纳米复合材料变性前的 SEM 图像；（b）变形后的 SEM 图像

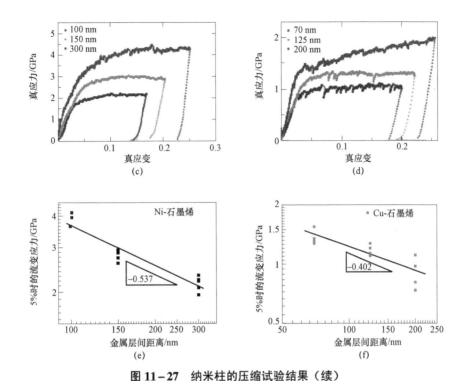

图 11-27　纳米柱的压缩试验结果（续）

（c）Ni-石墨烯应力-应变曲线；（d）Cu-石墨烯应力-应变曲线；（e）Ni-石墨烯应变为 5% 时的流变应力与金属层间距间的关系图；
（f）Cu-石墨烯应变为 5% 时的流变应力与金属层间距间的关系图

为了进一步研究变形的 Cu-石墨烯结构，韩国科学技术学院的 Youbin Kim 等人利用 HVEM 来观察其变形机制，如图 11-28 所示。图 11-28（b）为 Cu-石墨烯纳米柱在真应变为 23% 时的明场像照片，图 11-28（c）为图 11-28（b）的矩形中突出显示区域的放大图像，变形后的 Cu-石墨烯纳米柱界面上层存在大量的位错。由此可以看出，Cu-石墨烯界面是位错在界面上传播的有效屏障。此外，在总变形达到 23% 时，石墨烯仍未发生剪切，这得益于石墨烯固有的机械强度。因此，石墨烯能够有效地阻止位错在界面上的运动。

（3）V-石墨烯纳米复合材料

韩国科学技术学院的 Youbin Kim 等人又制备出了 V-石墨烯纳米复合材料，并研究了其抗辐射能力。V-石墨烯纳米复合材料的制备方法与 Ni-石墨烯和 Cu-石墨烯方法类似，V-石墨烯纳米薄膜沉积衬底为 Si/SiO$_2$（625 μm / 300 nm），利用射频溅射在衬底上镀上第一层纳米钒，然后将 CVD 制备出的石墨烯转移到纳米钒层上，再重复上述操作就可以制备出 110 nm 和 300 nm 金属层间距的 V-石墨烯纳米复合材料，其结构如图 11-29（a）所示。随后对 V-石墨烯纳米复合材料进行纳米柱压缩试验和氦离子辐照试验。图 11-29（b）所示为 V-石墨烯及纯钒纳米柱压缩应力-应变曲线，石墨烯层具有明显的强度增强作用，且层间距越小，V-石墨烯强度越高。其中，纯钒、金属层间距为 300 nm 和 110 nm 的 V-石墨烯在塑性变形为 5% 时的平均流变应力分别为 2.5 GPa、3.1 GPa 和 4.8 GPa。如前文所述，这种增强作用主要是因为石墨烯对界面上位错运动有着阻碍作用。TEM 照片和选区电子衍射（图 11-29（c））表明，V 层晶粒尺寸为数十纳米晶粒，这显著小于之前报道的铜或镍的石墨

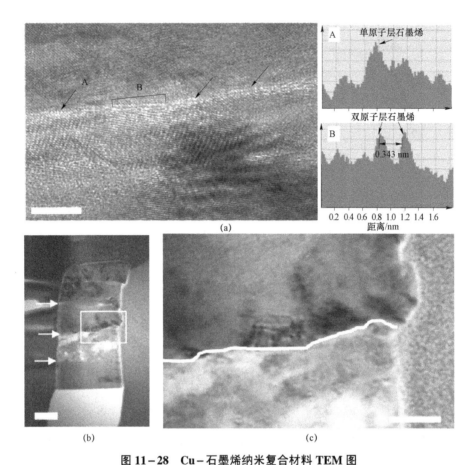

图 11-28　Cu-石墨烯纳米复合材料 TEM 图

（a）金属-石墨烯界面 TEM 图像；（b）125 nm 金属层间距的 Cu-石墨烯在变形后的低倍 TEM 图像；

（c）125 nm 金属层间距的 Cu-石墨烯在变形后的高倍 TEM 图像

烯纳米片层晶粒尺寸，这是因为 V 熔点比较高，降低了 V 的扩散系数，从而阻碍了溅射过程中晶粒的长大。图 11-29（d）为 He⁺辐照 SRIM 离子轨迹，辐照后的 400 nm 层间距 V-石墨烯 TEM 图片及选区电子衍射结果如图 11-29（e）所示，石墨烯界面和晶界处观察到了孔隙，并且损伤主要发生在最上的 V 层，石墨烯层以下的 V 层损伤较小。此外，辐照之后，晶粒尺寸明显变大。

　　图 11-30 为纯钒及 V-石墨烯辐照前后纳米压缩试验结果。纯钒及金属层间距为 110 nm 的 V-石墨烯经辐照后，强度增加而塑性降低。对于纯钒来说，辐射后导致明显的硬化和脆化，是由于晶体点缺陷凝聚成了孔洞。而对于 V-石墨烯纳米复合材料来说，辐照后引起的硬化和脆化程度更小，尤其是层间距较小的 V-石墨烯。为了更好地观察纯钒及金属层间距为 110 nm 的 V-石墨烯辐照后的变形过程，对其进行原位 SEM 纳米柱压缩试验。图 11-30（d）显示，纯钒在变形量达到 20% 时发生脆断，但 V-石墨烯裂纹刚在最上的钒层萌生，裂纹没有传播到较低的钒层（图 11-30（e））。石墨烯界面阻止了裂纹扩展，从而抑制了脆性破坏。进一步研究表明，V-石墨烯纳米复合材料强的抗辐射能力主要是因为石墨烯界面阻碍了 He 泡的迁移和聚集，从而抑制气泡的长大。

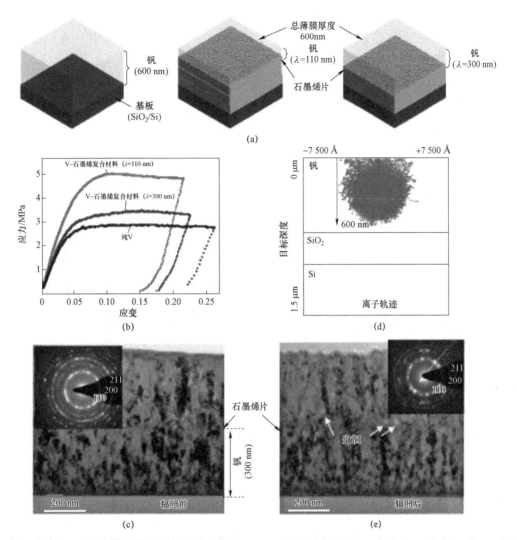

图 11-29　纯钒及 V-石墨烯复合材料结构示意图（a）、应力-应变曲线（b）、300 nm 层间距的 V-石墨烯辐照前 TEM 图片（c）、He⁺辐照 SRIM 离子轨迹（d）、辐照后的 TEM 照片（e）

　　自然界中独特的生物结构材料让材料科学家们看到了打破金属材料"强度提高，塑性下降"这一倒置规律的方法，仿生复合也成为近年来材料学领域的研究重点，仿生构型金属基复合材料在制备技术、综合性能提升及强化机理方面的研究也日益完善，但作为一种新兴金属结构材料，仍然存在许多问题需要解决，例如仿生构型金属基复合材料的大批量生产制备、综合性能的定向调控、多功能性的实现及跨学科研究等。

　　为此，研究者们一方面应该充分利用近年来发展起来的表征手段，进一步研究仿生构型金属基复合材料各参数对其性能的影响，以及不同组元间界面的协同耦合效应；另一方面，应建立相应的有限元和分子动力学模型，对材料的变形和断裂行为进行预测。通过试验与模拟相结合，推动仿生构型金属基复合材料的发展，使其能更早、更广泛地应用到实际中去。

　　仿生复合材料研究起步时间不长，在完美的生物材料面前，人工材料虽显得十分幼稚，但是其前景十分诱人。需要注意的是，天然生物材料不仅仅是单一的材料，更是材料与结构、

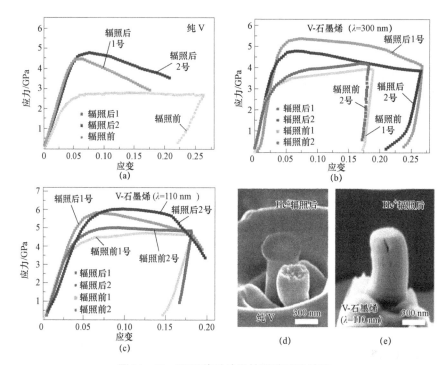

图 11-30 辐照前后纳米柱压缩试验结果

（a）纯 V 应力-应变曲线；（b）300 nm 层间距的 V-石墨烯应力-应变曲线；（c）110 nm 层间距的 V-石墨烯应力-应变曲线；
（d）纯 V 辐照后纳米柱压缩试验 SEM 照片；（e）110 nm 层间距的 V-石墨烯辐照后纳米柱压缩试验 SEM 照片

结构与性能一体化的杰作，其微观结构与宏观形态及生物功能保持了完美的和谐，这一点或许是材料工作者面对的更高层次的追求。

参考文献

[1] Pandey A B, Majumdar B S, Miracle D B. Effect of aluminum particles on the fracture toughness of a 7093/SiC/15p composite [J]. Materials Science and Engineering A Structural Materials Properties Microstructure and Processing, 1999, 259（2）: 296-307.

[2] Joshi S P, Ramesh K T. An enriched continuum model for the design of a hierarchical composite [J]. Scripta Materialia, 2007, 57（9）: 877-880.

[3] 秦蜀懿, 张国定. 改善颗粒增强金属基复合材料塑性和韧性的途径与机制 [J]. 中国有色金属学报, 2000（5）: 621-629.

[4] 郭强, 李志强, 赵蕾, 等. 金属材料的构型复合化 [J]. 中国材料进展, 2016, 35（9）: 21-25.

[5] 张荻, 张国定, 李志强. 金属基复合材料的现状与发展趋势 [J]. 中国材料进展, 2010, 29（4）: 1-7.

[6] 王海龙, 张锐, 汪长安, 等. 微波烧结 SiC-Cu/Al 复合材料的工艺及机理 [J]. 硅酸盐学报, 2006, 34（12）: 1431-1436.

[7] 张由景. Ti-Ni 系金属间化合物基复合材料的制备、表征及力学行为研究 [D]. 北京:

北京理工大学，2017.

[8]　郭鑫，马勤，季根顺，等. 金属间化合物基叠层复合材料研究进展 [J]. 材料导报，2007，21（6）：66-69.

[9]　Rohatgi A，Harach D J，Vecchio K S，et al. Resistance-curve and fracture behavior of Ti–Al 3 Ti metallic–intermetallic laminate（MIL）composites [J]. Acta Materialia，2003，51（10）：2933-2957.

[10]　Lesuer D R，Syn C K，Sherby O D，et al. Mechanical behaviour of laminated metal composites [J]. International Materials Reviews，1996，41（5）：169-197.

[11]　Wong J C，Paramsothy M，Gupta M. Using Mg and Mg–nanoAl$_2$O$_3$，concentric alternating macro-ring material design to enhance the properties of magnesium [J]. Composites Science and Technology，2009，69（3–4）：438-444.

[12]　Vecchio K S，Jiang F. Fracture toughness of Ceramic-Fiber-Reinforced Metallic-Intermetallic-Laminate（CFR-MIL）composites [J]. Materials Science and Engineering A，2016（649）：407-416.

[13]　Hwu K L，Derby B. Fracture of metal/ceramic laminates-Ⅱ. Crack growth resistance and toughness [J]. Acta Materialia，1999，47（2）：545-563.

[14]　蔡建明，曹春晓. 新一代 600 ℃高温钛合金材料的合金设计及应用展望 [J]. 航空材料学报，2014，34（4）：27-36.

[15]　Huang L J，Geng L，Peng H X. Microstructurally inhomogeneous composites：Is a homogeneous reinforcement distribution optimal [J]. Progress in Materials Science，2015（71）：93-168.

[16]　Tjong S C，Mai Y W. Processing-structure-property aspects of particulate- and whisker-reinforced titanium matrix composites [J]. Composites Science and Technology，2008，68（3）：583-601.

[17]　黄陆军，耿林. 网状结构钛基复合材料 [M]. 北京：国防工业出版社，2015.

[18]　Morsi K，Patel V V. Processing and properties of titanium–titanium boride（TiB$_w$）matrix composites—a review [J]. Journal of Materials Science，2007，42（6）：2037-2047.

[19]　Saito T. The automotive application of discontinuously reinforced TiB-Ti composites [J]. JOM，2004，56（5）：33-36.

[20]　Huang L J，Geng L，Li A B，et al. In situ TiB$_w$/Ti–6Al–4V composites with novel reinforcement architecture fabricated by reaction hot pressing [J]. Scripta Materialia，2009，60（11）：996-999.

[21]　Huang L J，Wang S，Dong Y S，et al. Tailoring a novel network reinforcement architecture exploiting superior tensile properties of in situ TiBw/Ti composites [J]. Materials Science and Engineering A，2012，545：187-193.

[22]　Huang L J，Geng L，Peng H X，et al. High temperature tensile properties of in situ TiB$_w$/Ti$_6$Al$_4$V composites with a novel network reinforcement architecture [J]. Materials Science and Engineering A，2012，534（2）：688-692.

[23]　Liu B X，Huang L J，Rong X D，et al. Bending behaviors and fracture characteristics of

laminatedductile-tough composites under different modes [J]. Composites Science and Technology, 2016 (126): 94 – 105.

[24] Liu B X, Huang L J, Geng L, et al. Fabrication and superior ductility of laminated Ti–TiB$_w$/Ti composites by diffusion welding [J]. Journal of Alloys and Compounds, 2014, 602 (10): 187 – 192.

[25] Liu B X, Huang L J, Wang B, et al. Effect of pure Ti thickness on the tensile behavior of laminated Ti–TiB$_w$/Ti composites [J]. Materials Science & Engineering A, 2014 (617): 115 – 120.

[26] Liu B X, Huang L J, et al. Gradient grain distribution and enhanced properties of novel laminated Ti – TiB$_w$/Ti composites by reaction hot-pressing [J]. Materials Science and Engineering A, 2014, 595 (3): 257 – 265.

[27] Liu B X, Huang L J, Geng L, et al. Microstructure and tensile behavior of novel laminated Ti–TiB$_w$/Ti composites by reaction hot pressing [J]. Materials Science and Engineering A, 2013 (583): 182 – 187.

[28] Jiao Y, Huang L J, Duan T B, et al. Controllable two-scale network architecture and enhanced mechanical properties of (Ti5Si3+TiB$_w$)/Ti6Al4V composites [J]. Scientific Reports, 2016 (6): 32991.

[29] Hu H T, Huang L J, Geng L, et al. Oxidation behavior of TiB-whisker-reinforced Ti60 alloy composites with three-dimensional network architecture [J]. Corrosion Science, 2014 (85): 7 – 14.

[30] Huang L J, Geng L, Xu H Y, et al. In situ TiC particles reinforced Ti6Al4V matrix composite with a network reinforcement architecture [J]. Materials Science and Engineering A, 2011, 528 (6): 2859 – 2862.

[31] 黄陆军, 耿林. 非连续增强钛基复合材料研究进展 [J]. 航空材料学报, 2014, 34 (4): 126 – 138.

[32] Huang L J, Geng L, Peng H X, et al. Room temperature tensile fracture characteristics of in situ TiB$_w$/Ti6Al4V composites with a quasi-continuous network architecture [J]. Scripta Materialia, 2011, 64 (9): 844 – 847.

[33] Huang L J, Yang F Y, Hu H T, et al. TiB whiskers reinforced high temperature titanium Ti60 alloy composites with novel network microstructure [J]. Materials and Design, 2013 (51): 421 – 426.

[34] Huang L J, Geng L, Peng H X, et al. Effects of sintering parameters on the microstructure and tensile properties of in situ TiB$_w$/Ti6Al4V composites with a novel network architecture [J]. Materials and Design, 2011, 32 (6): 3347 – 3353.

[35] Huang L J, Yang F Y, Guo Y L, et al. Effect of sintering temperature on microstructure of Ti$_6$Al$_4$V matrix composites [J]. International Journal of Modern Physics B, 2009, 23 (6-7): 1444 – 1448.

[36] Wang B, Huang L J, Hu H T, et al. Superior tensile strength and microstructure evolution of TiB whisker reinforced Ti60 composites with network architecture after β extrusion

［J］. Materials Characterization，2015（103）：140－149.

［37］ Huang L J，Geng L，Fu Y，et al. Oxidation behavior of in situ TiC_p/Ti6Al4V composite with self-assembled network microstructure fabricated by reaction hot pressing ［J］. Corrosion Science，2013，69（2）：175－180.

［38］ Huang L J，Geng L，Peng H X. In situ（TiB_w+TiC_p）/Ti6Al4V composites with a network reinforcement distribution ［J］. Materials Science and Engineering A，2010，527（24）：6723－6727.

［39］ Huang L J，Wang S，Geng L，et al. Low volume fraction in situ（Ti5Si3+Ti2C）/Ti hybrid composites with network microstructure fabricated by reaction hot pressing of Ti–SiC system ［J］. Composites Science and Technology，2013（82）：23－28.

［40］ Liu C，Huang L J，Geng L，et al. In situ synthesis of（TiC + Ti3SiC2 + Ti5Si3）/Ti6Al4V composites with tailored two-scale architecture［J］. Advanced Engineering Materials，2015，17（7）：933－941.

［41］ Jiao Y，Huang L J，An Q，et al. Effects of Ti5Si3 characteristics adjustment on microstructure and tensile properties of in-situ（Ti5Si3 +TiB_w）/Ti6Al4V composites with two-scale network architecture ［J］. Materials Science and Engineering A，2016，673（32）：595－605.

［42］ 黄陆军，唐鸷，戎旭东，等. 热轧制变形对网状结构 TiB_w/Ti6Al4V 复合材料组织与性能的影响 ［J］. 航空材料学报，2013，33（2）：8－12.

［43］ Huang L J，Geng L，Wang B，et al. Effects of extrusion and heat treatment on the microstructure and tensile properties of in situ TiBw/Ti6Al4V composite with a network architecture ［J］. Composites：Part A，2012，43（3）：486－491.

［44］ Huang L J，Zhang Y Z，Geng L，et al. Hot compression characteristics of TiB_w/Ti6Al4V composites with novel network microstructure using processing maps ［J］. Materials Science and Engineering A，2013（580）：242－249.

［45］ Huang L J，Zhang Y Z，Liu B X，et al. Superplastic tensile characteristics of in situ TiB_w/Ti6Al4V composites with novel network microstructure ［J］. Materials Science and Engineering A，2013，581（7）：128－132.

［46］ Tanaka Y，Yang J M，Liu Y F，et al. Characterization of nanoscale deformation in a discontinuously reinforced titanium composite using AFM and nanolithography ［J］. Scripta Materialia，2007，56（3）：209－212.

［47］ Huang L J，Geng L，Li A B，et al. Characteristics of hot compression behavior of $Ti_{6.5}Al_{3.5}Mo_{1.5}Zr_{0.3}Si$ alloy with an equiaxed microstructure ［J］. Materials Science and Engineering A，2009，505（1）：36－143.

［48］ Wang B，Huang L J，Geng L，et al. Compressive behaviors and mechanisms of TiB whiskers reinforced high temperature Ti60 alloy matrix composites ［J］. Materials Science and Engineering A，2015（648）：443－451.

［49］ Wang B，Huang L J，Liu B X，et al. Effects of deformation conditions on the microstructure and substructure evolution of TiB_w/Ti60 composite with network structure ［J］. Materials Science and Engineering A，2015，627（11）：316－325.

［50］ Zhang W C，Wang M M，Chen W Z，et al. Evolution of inhomogeneous reinforced structure in TiB$_w$/Ti-6Al-4V composite prepared by pre-sintering and canned β extrusion［J］. Materials and Design，2015（88）：471－477.

［51］ Yu Y，Zhang W C，Dong W Q，et al. Effects of pre-sintering on microstructure and properties of TiB$_w$/Ti6Al4V composites fabricated by hot extrusion with steel cup［J］. Materials Science and Engineering A，2015（638）：38－45.

［52］ 黄陆军，崔喜平，耿林，等. 轧制变形对网状结构 TiB$_w$/Ti 复合材料组织与力学性能的影响（英文）［J］. Transactions of Nonferrous Metals Society of China，2012（s1）：79－83.

［53］ Yang F Y，Li A B，Huang L J，et al. Study on the fabrication and heat treatment of the sheet material of in situ TiB$_w$/Ti60 composites ［J］. Rare Metals，2011（30）：614－618.

［54］ Lu C J，Huang L J，Geng L，et al. Mechanisms behind the superplastic behavior of as-extruded TiB$_w$/Ti6Al4V composites with a network architecture ［J］. Materials Characterization，2015（104）：139－148.

［55］ Huang L J，Lu C J，Yuan B，et al. Comparative study on superplastic tensile behaviors of the as-extruded Ti6Al4V alloys and TiB$_w$/Ti6Al4V composites with tailored architecture ［J］. Materials and Design，2016（93）：81－90.

［56］ Huang L J，Xu H Y，Wang B，et al. Effects of heat treatment parameters on the microstructure and mechanical properties of in situ TiB$_w$/Ti6Al4V composite with a network architecture ［J］. Materials and Design，2012（36）：694－698.

［57］ Gorsse S，Miracle D B. Mechanical properties of Ti-6Al-4V/TiB composites with randomly oriented and aligned TiB reinforcements ［J］. Acta Materialia，2003，51（9）：2427－2442.

［58］ Wang B，Huang L J，Geng L. Effects of heat treatments on the microstructure and mechanical properties of as-extruded TiB$_w$/Ti6Al4V composites ［J］. Materials Science and Engineering A，2012（558）：663－667.

［59］ Huang L J，Geng L，Xu H Y，et al. In situ TiC particles reinforced Ti6Al4V matrix composite with a network reinforcement architecture ［J］. Materials Science and Engineering A，2011，528（6）：2859－2862.

［60］ 戎旭东，黄陆军，王博，等. 热处理对网状结构 TiB$_w$/Ti60 复合材料组织与性能的影响［J］. 复合材料学报，2015，32（6）：1729－1736.

［61］ Wang B，Huang L J，Geng L，et al. Effects of heat treatments on microstructure and tensile properties of as-extruded TiBw/near-α Ti composites ［J］. Materials and Design，2015，85（15）：679－686.

［62］ 耿林，黄陆军. High Temperature Properties of Discontinuously Reinforced Titanium Matrix Composites：A Review ［J］. 金属学报（英文版），2014，27（5）：787－797.

［63］ Zhang W C，Jiao X Y，Yu Y，et al. Microstructure and Properties of 3.5 vol.% TiB$_w$/Ti6Al4V Composite Tubes Fabricated by Hot-hydrostatic Extrusion ［J］. Journal of Materials Science and Technology，2014，30（7）：710－714.

［64］ Yu Y，Zhang W C，Dong W Q，et al. Research on heat treatment of TiB$_w$/Ti6Al4V composites tubes ［J］. Materials and Design，2015（73）：1－9.

［65］李毅. 梯度结构金属材料研究进展［J］. 中国材料进展，2016，35（9）：658－665.

［66］许富民，李守新. SiC 颗粒增强铝基梯度复合材料的制备与性能［J］. 金属学报，2002，38（9）：998－1001.

［67］朱秀荣，童文俊，费良军，等. 陶瓷纤维增强梯度铝基复合材料研究［J］. 宇航材料工艺，2000，30（3）：42－44.

［68］Thieme M，Wieters K P，Bergner F，et al. Titanium powder sintering for preparation of a porous functionally graded material destined for orthopaedicimpl ants. Journal of Materials Science：Materials in Medicine，2001，12（3）：225.

［69］Ye F，Hojamberdiev M，Xu Y，et al.（Fe，Cr）7C3－Fe surface gradient composite：Microstructure，microhardness，and wear resistance［J］. Materials Chemistry and Physics，2014，147（3）：823－830.

［70］Shishkovsky I，Kakovkina N，Sherbakov V. Graded layered titanium composite structures with TiB2，inclusions fabricated by selective laser melting［J］. Composite Structures，2016.

［71］郭强，李志强，赵蕾，等. 金属材料的构型复合化［J］. 中国材料进展，2016，35（9）：021－25.

［72］Jiang L，Li Z，Fan G，et al. A flake powder metallurgy approach to Al_2O_3/Al biomimetic nanolaminated composites with enhanced ductility［J］. Scripta Materialia，2011，65（5）：412－415.

［73］Jiang L，Li Z，Fan G，et al. Strong and ductile carbon nanotube/aluminum bulk nanolaminated composites with two-dimensional alignment of carbon nanotubes［J］. Scripta Materialia，2012，66（6）：331－334.

［74］Zan L，Qiang G，Zhiqiang L，et al. Enhanced Mechanical Properties of Graphene（Reduced Graphene Oxide）/Aluminum Composites with a Bioinspired Nanolaminated Structure［J］. Nano Letters，2015，15（12）：8077.

［75］Youbin Kim，Jinsup Lee，Min Sun Yeom，et al. Strengthening effect of single-atomic-layer graphene in metal–graphenenanolayeredcomposites［J］. Nature Communications，2013（4）：2114.

［76］Kim Y，Baek J，Kim S，et al. Radiation Resistant Vanadium-GrapheneNanolayered Composite［J］. Scientific Reports，2016（6）：24785.